工程制图

主　审　张春雨

主　编　吴明明　周金霞

副主编　吴建美

参　编　王　兴　凤鹏飞　李　杨

　　　　张晓春　黄叶明

中国科学技术大学出版社

内 容 简 介

本书根据新形势下应用型本科院校教学的实际情况，按照教育部工程图学教学指导委员会提出的普通高等院校工程图学课程教学基本要求，在听取同行专家和教师意见的基础上编写而成。内容包括绪论、制图的基本知识、投影基础、立体的投影、组合体、轴测图、机件表达方法、标准件与常用件、零件图、装配图、计算机辅助绘图和附录。

本书及配套的《工程制图习题集》可作为高等院校工科专业 32～96 学时工程制图课程的教材，也可以作为相关工程技术人员的学习参考书。

图书在版编目(CIP)数据

工程制图/吴明明，周金霞主编. --合肥：中国科学技术大学出版社，2024.8. -- ISBN 978-7-312-06033-5

Ⅰ. TB23

中国国家版本馆 CIP 数据核字第 2024F6C57 号

工程制图

GONGCHENG ZHITU

出版 中国科学技术大学出版社
安徽省合肥市金寨路 96 号，230026
http://www.press.ustc.edu.cn
https://zgkxjsdxcbs.tmall.com

印刷 安徽省瑞隆印务有限公司

发行 中国科学技术大学出版社

开本 787 mm×1092 mm 1/16

印张 16.25

字数 395 千

版次 2024 年 8 月第 1 版

印次 2024 年 8 月第 1 次印刷

定价 45.00 元

前　　言

本书根据新形势下应用型本科院校教学的实际情况，按照教育部工程图学教学指导委员会在2015年提出的普通高等院校工程图学课程教学基本要求，在听取同行专家和教师意见的基础上编写而成。本书精选了该课程必须掌握的知识、技能，由简到繁、由浅到深展开论述，不仅系统地讲解了相应的理论知识，还通过一些实例介绍了生产中的实际应用，使学生在较少的学时内既能学到工程制图的基本知识，又能与实际生产相结合，达到学以致用的目的。

本书针对高校应用型人才培养目标要求和教学特点，突出教学内容应用性，使其更符合生产实际，力求突出以下特色：

1. 注重由浅入深，由简单到复杂，前后衔接，逐步提高，注重采用图文并茂、视图与实物立体对照的表现手法，使内容更加直观、简明、实用，方便学生快速掌握工程制图的基本理论及实际应用。

2. 内容全面，实用性强，以典型产品为载体编写课程内容，汇编来自教学、科研和行业的最新典型案例，展现新技术、新工艺和新方法。本书采用最新技术制图和机械制图相关国家标准，充分体现了与时俱进。

3. 教学资源丰富，形成可听、可视、可练、可互动的融媒体教材。本书配套习题集，方便学生及时消化、巩固学习效果。作者在"安徽智慧教育平台"(E会学)上设有相关在线开放课程，感兴趣的读者可扫描下方二维码登录后观看。

(E会学)

本书由芜湖学院吴明明(编写第9章)、安徽三联学院周金霞(编写第3～4章及第6～8章)担任主编，安徽三联学院吴建美(编写第5章)担任副主编，参与编写的还有安徽三联学院王兴(编写第10章)，凤鹏飞(编写第1章)、李杨(编写第2章)、铜陵职业技术学院张晓春副教授(编写附录)。本书由安徽科技学院张春雨教授主审。安徽安凯汽车股份有限公司黄叶明高级工程师在本书编写过程中提出了很多宝贵的意见和建议，在此表示衷心的感谢！

限于编者水平，书中难免出现疏漏之处，殷切希望各位专家、同仁和读者在使用过程中提出宝贵意见(邮箱：wmm1984@aliyun.com)。

编　者

目　录

绪　论

工程图样是表达和交流技术思想的重要工具，是表达工业产品形状和大小的重要技术资料，是工程技术界的通用语言。绘制工程图样是设计过程中必不可少的一个步骤。随着计算机图形学的发展，计算机辅助设计绘图技术为工程技术人员提供了现代化的设计绘图手段。

1. 工业产品的设计过程与表达方式

工业产品设计学科有多个分支，如汽车制造设计、飞机制造设计、机械设计等。随着科学技术的飞速发展，工业产品的功能要求日益增多、复杂性增加、更新换代速度加快，这就要求工业产品的设计过程要紧扣时代脉搏。一般情况下工业产品的设计过程如图 0-1 所示。

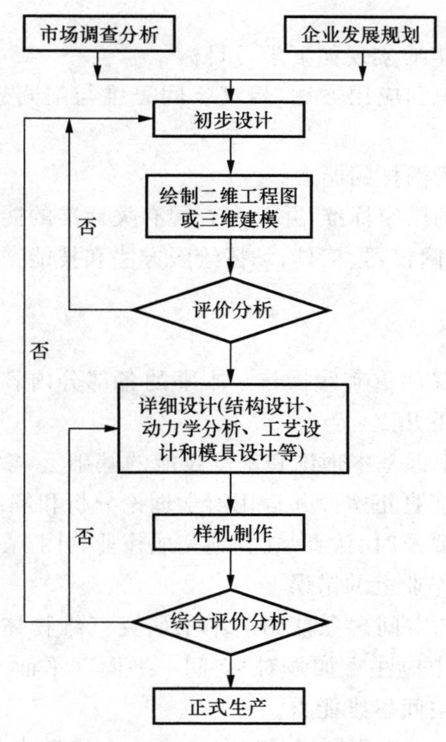

图 0-1　工业产品的设计过程

工业产品表达是整个工业产品设计过程中的重要一环。工业产品表达方式分为二维表达和三维表达。二维表达是先构思产品的三维形状，再用二维工程图表达；三维表达是对产品构思进行三维建模，再将三维建模转化为二维工程图。现在，某些高端行业已经不需要绘制二维工程图，而是直接根据三维模型用数控机床进行无图化加工。然而无论是二维工程图还是三维建模，都越来越依靠各种先进的计算机辅助设计技术。

工业产品的设计正朝着计算机辅助设计（CAD）、智能化设计和异地协同设计的方向迈进。计算机辅助技术是利用计算机系统来辅助设计人员进行工程或产品设计，以实现最佳设计效果的一种技术。智能化设计主要利用三维图形软件和虚拟现实技术进行设计，直观性较好。异地协同设计以智能化设计和发达的网络为基础，可以满足异地协同设计产品的需求。

2. 本书的内容

本书是研究用投影法绘制和阅读工程图样、图解空间几何问题的理论和方法的一门技术基础教材，具有很强的实践性，是应用型工科院校相关专业必修课的配套教材。本书主要内容包括以下几个方面：

① 画法几何。应用正投影法介绍空间几何形体和图解空间几何问题的基本理论和方法。

② 制图基础。制图的基本知识和国家标准中常用的基本规定；绘图的基本方法；第三角画法。

③ 机械制图。一般机械设备的零件图和装备图的绘制与阅读方法。

3. 本书的学习目标

通过对本书的学习，学生应实现如下学习目标：

① 掌握制图的基本知识和应用方法，提高空间思维与空间想象能力，初步具备工程技术人员的基本素质和能力。

② 具备绘制和阅读工程图样的能力。

③ 了解有关工程制图的国家标准，并具有查阅有关标准的能力。

④ 正确、熟练地使用制图仪器、工具，掌握绘图方法和技能。

4. 本书的学习方法

本书既重视系统理论，又注重实践操作。本书的各部分内容既存在紧密联系又各有特点，在学习过程中应注意以下几点：

① 强化实践环节。在掌握基本理论和基本技能的基础上，学生只有通过一系列的制图作业及绘图和读图练习，才能真正掌握并运用所学理论分析和解决实际问题的正确方法、步骤。因此，学生在学习期间要及时、认真、独立地完成作业，并且在完成作业的过程中一定要多画、多看、多想，及时改正作业上的错误。

② 有意识地培养自己的空间想象能力。本书研究三维物体的形状与二维平面图形之间的关系，学生在学习过程中应注重加强对“空间—平面”“平面—空间”之间有机联系的理解，不断提高空间想象力和空间思维能力。

③ 树立严谨的工作作风。工程图样是产品在全生命周期内的重要技术文件，在生产中起着非常重要的作用。因此，学生要注意养成耐心细致、严谨认真的工作作风，图纸上的细小差错往往会带来严重的后果；要学会查阅有关制图的参考资料，在绘图时应严格按照国家标准进行绘制。

第 1 章　制图的基本知识

工程图样是工程技术人员表达设计思想，进行技术交流的工具，同时也是指导生产的重要文件。掌握制图的基本知识是培养作图与看图能力的基础。本章主要介绍《技术制图》等国家标准对图纸幅面的格式、比例、字体、图线和尺寸标注的有关规定，介绍常用的绘图方式和几何图作图方法。

1.1　国家标准《技术制图》和《机械制图》的有关规定

国家标准简称国标，代号为 GB、GB/T、GB/Z 等。我国颁布实施的有关制图的国家标准有《技术制图》《机械制图》《建筑制图》等，国标《技术制图》对各类技术图样和有关技术文件作出共同适用的基本规定；国标《机械制图》只适用于机械图样，是设计和制造机械产品过程中更明确更细化的制图标准。制图相关国家标准是绘制和读图的基本准则，每一个工程技术人员都必须严格遵守。

1.1.1　图纸幅面的规定（GB/T 14689—2008）

图纸幅面是指由图纸宽度与长度组成的图面。绘制图样时，应优先采用表 1-1 所示的基本幅面，基本幅面代号分别为 A0、A1、A2、A3、A4，基本幅面尺寸的关系如图 1-1 所示。

必要时，也允许选用国家标准规定的加长幅面。这些幅面的尺寸由基本幅面的短边成整数倍增加后得出，如图 1-2 所示。

表 1-1　图纸幅面代号和尺寸(mm)

幅面代号	A0	A1	A2	A3	A4
$B\times L$	841×1189	594×841	420×594	297×420	210×297
a	25				
c	10			5	
e	20		10		

每张图纸都应用粗实线画出图框和标题栏的框线。图框有两种格式：不留装订边和留装订边。要装订的图样应留装订边，其图框格式如图 1-3 所示；不需要装订的图样的图框格式如图 1-4 所示。但同一产品的图样只能采用同一种格式，图样必须画在图框之内。

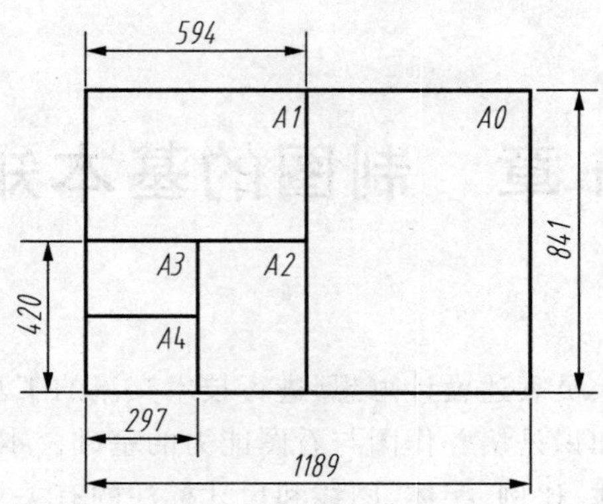

图 1-1 基本幅面尺寸间关系

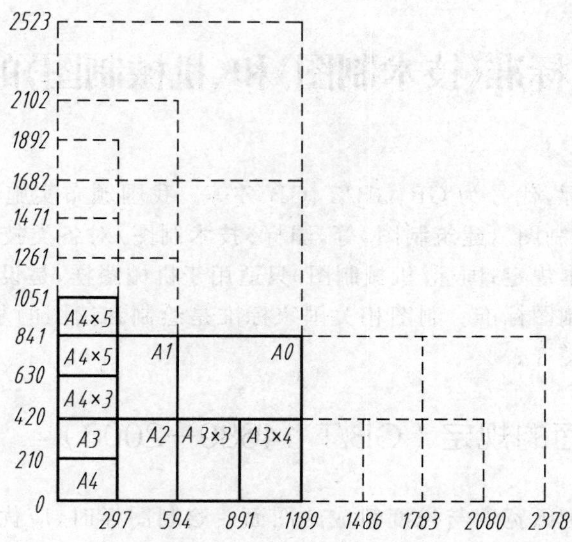

图 1-2 加长图纸的幅面

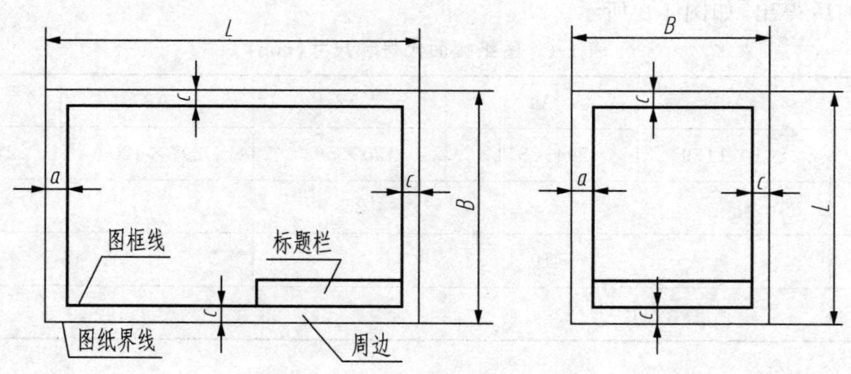

图 1-3 需要装订图样的图框格式

为了使绘制的图样便于管理及查阅，每张图都必须有标题栏。标题栏的位置一般在图框的右下角。若标题栏的长边置于水平方向并与图纸长边平行，构成 X 型图纸；若标题栏的长边垂直于图纸长边，则构成 Y 型图纸，如图 1-5 所示。看图的方向应与标题栏的方向一致。GB/T 10609.1—2008《技术制图 标题栏》规定了两种格式，主要内容包括零件的名称、制图者姓名、制图日期、制图的比例、图号、审核者姓名、审核日期等，如图 1-6(a)所示。制图作业中，具体分栏格式及尺寸建议采用图 1-6(b)所示的格式。

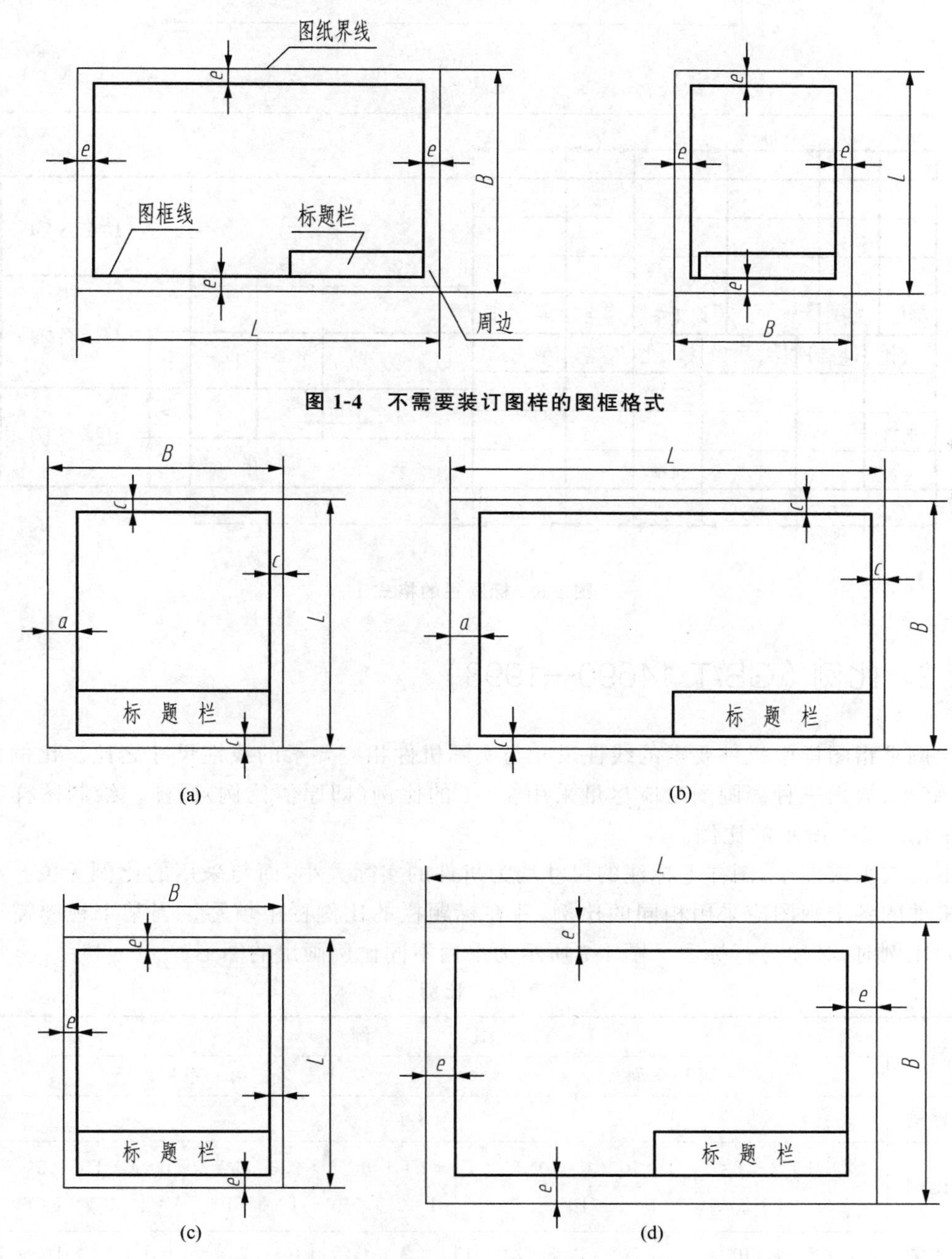

图 1-4　不需要装订图样的图框格式

图 1-5　标题栏的位置

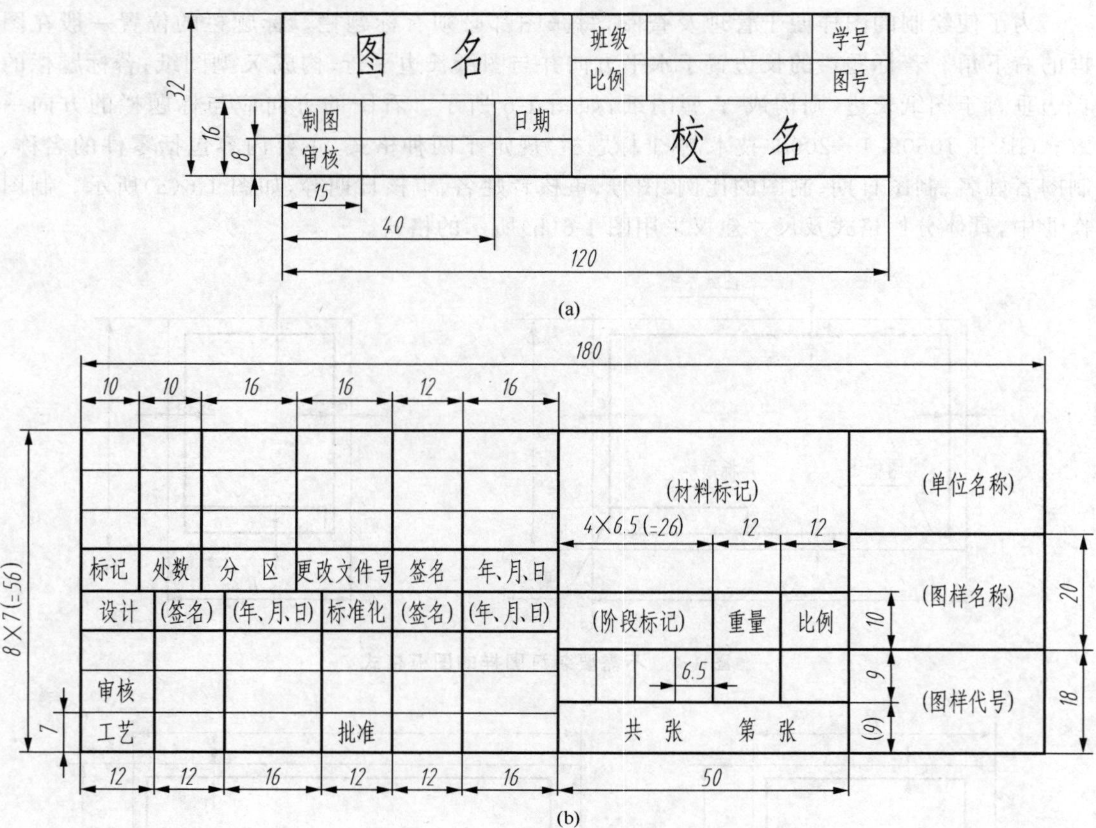

图 1-6　标题栏的格式

1.1.2　比例（GB/T 14690—1993）

比例是指图样中机件要素的线性尺寸与实际机件相应要素的线性尺寸之比。比例分为原值、缩小、放大三种。画图时应尽量采用 1∶1 的比例(即原值比例)画图。绘制图样时一般应采用表 1-2 所示的比例。

不论放大或缩小,图样上标注的尺寸均为机件的实际大小,而与采用的比例无关。绘制同一机件的各个视图应采用相同的比例,并在标题栏的比例栏中填写。当某个视图需要采用不同比例时,必须另行标注。图 1-7 所示为采用不同比例画出的图形。

表 1-2　比例

种类	比例	
	第一系列	第二系列
原值比例	1∶1	
缩小比例	1∶2　1∶5　1∶10　1∶10^n 1∶2×10^n　1∶5×10^n	1∶1.5　1∶2.5　1∶3　1∶4　1∶1.5×10^n 1∶2.5×10^n　1∶3×10^n　1∶4×10^n　1∶6×10^n
放大比例	2∶1　5∶1　10^n∶1　2×10^n∶1　5×10^n∶1	2.5∶1　4∶1　2.5×10^n∶1　4×10^n∶1

注:n 为正整数。

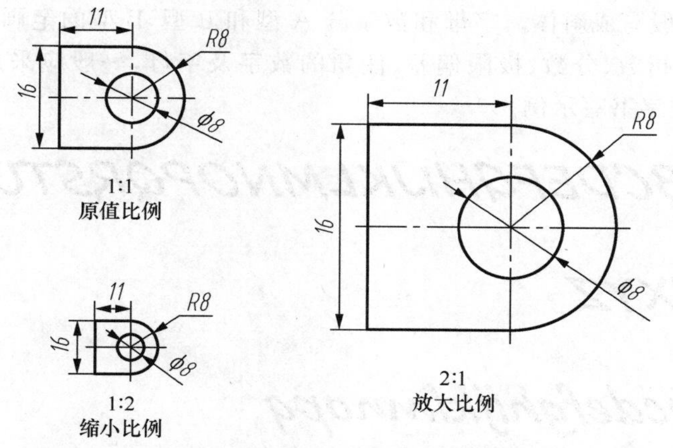

图 1-7　采用不同比例所画的图形

1.1.3　字体（GB/T 14691—1993）

GB/T 14691—1993《技术制图 字体》中，规定了汉字、字母和数字的结构形式及基本尺寸。书写的字体必须做到：字体工整、笔画清楚、间隔均匀、排列整齐。字体的高度（用 h 表示）的公称尺寸系列为：1.8 mm、2.5 mm、3.5 mm、5 mm、7 mm、10 mm、14 mm、20 mm。如果需要书写更大的字，字体高度应按 $\sqrt{2}$ 的比率递增。字体号数即字体高度。

1. 图纸

图样中的汉字应采用长仿宋体，并采用国家正式颁布的简化字。字宽一般为字高的 2/3，字高不应小于 3.5 mm。

长仿宋体汉字书写的特点：横平竖直、起落有锋、粗细一致、结构匀称，如图 1-8 所示。

10号字

字体工整笔画清楚间隔均匀排列整齐

7号字

横平竖直注意起落结构均匀填满方格

5号字

技术制图机械电子汽车航船土木建筑矿山井坑港口纺织服装

图 1-8　汉字书写示例

2. 字母和数字

在图样中，字母和数字可写成斜体或直体，斜体字字头向右倾斜，与水平基准线成 75°

角。字母和数字一般写成斜体。字母和数字分 A 型和 B 型，B 型的笔画宽度比 A 型宽，我国采用 B 型。用作指数、分数、极限偏差、注角的数字及字母，一般应采用小一号字体。图 1-9所示为字母和数字书写示例。

ABCDEFGHIJKLMNOPQRSTUV

WXYZ

abcdefghijklmnopq

rstuvwxyz

0123456789

图 1-9 字母和数字书写示例

1.1.4 图线（GB/T 17450—1998，GB/T 4457.4—2002）

绘制图样时，采用的各种线型及其应用场合应符合国标规定，以 GB/T 17450—1998 为基础，以 GB/T 4457.4—2002 为补充。表 1-3 中列出了 8 种线型及其应用。图 1-10 列出了各种形式图线的主要用途。

图线分粗、细两种。粗线的宽度 b 应按照图的大小及复杂程度，在 0.5～2 mm 之间选择，细线的宽度约为 $b/2$。

图线宽度的推荐系列为：0.18 mm、0.25 mm、0.35 mm、0.5 mm、0.7 mm、1 mm、1.4 mm、2 mm。制图作业中一般优先选择 0.5 mm、0.7 mm。

绘图时，图线的画法有如下要求（图 1-11）：

① 同一图样中，同类图线的宽度应基本一致。虚线、点画线及双点画线的线段长度和间隔应各自大致相等。

② 两条平行线（包括剖面线）之间的距离应不小于粗实线的两倍宽度，其最小距离不得小于 0.7 mm。

③ 绘制圆的对称中心线时，圆心应为线段的交点。

④ 在较小的图形上绘制点画线或双点画线有困难时，可用细实线代替。

⑤ 点画线、虚线以及其他图线相交时，都应在线段处相交，不应在空隙处或短画处相交。当虚线成为实线的延长线时，在虚、实线的连接处，虚线应留出空隙。

表 1-3　线型及应用

代号	线　型		名　称	应　用
01	实线		粗实线	1.可见轮廓线 2.表示剖切面起讫的剖切符号
			细实线	1.尺寸线及尺寸界线 2.剖面线 3.指引线 4.重合断面轮廓线
			波浪线	1.断裂处边界线 2.视图和剖视图分界线
			双折线	断裂处边界线
02		1　4~6	虚线	不可见轮廓线
10	点画线	3　15~30	细点画线	1.轴线 2.对称中心线 3.剖切线
			粗点画线	有特殊要求的线或表面的表示线条
12		5　15~20	细双点画线	1.相邻辅助零件轮廓线 2.极限轮廓线 3.假想投影轮廓线

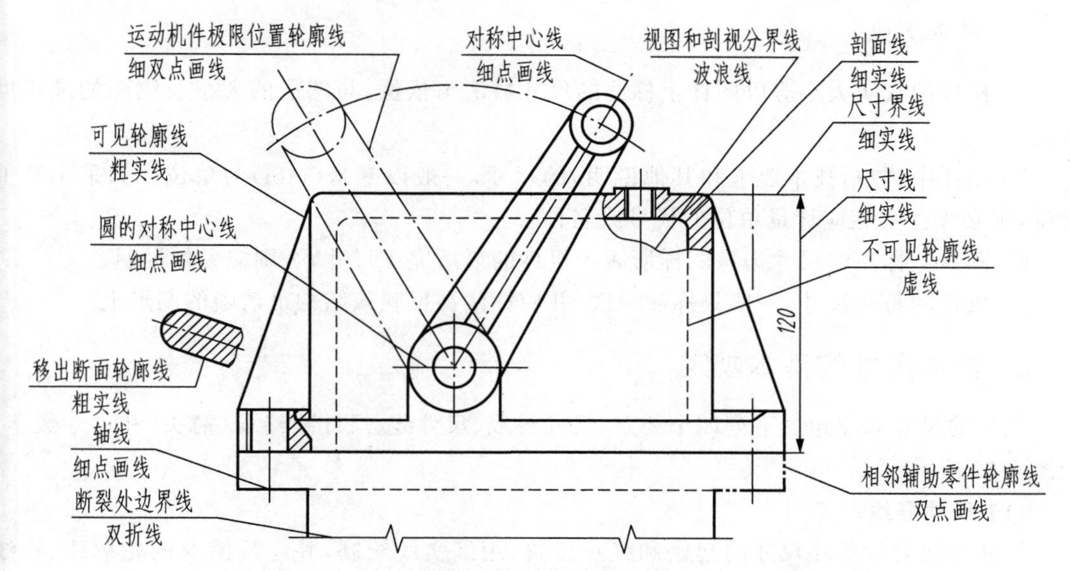

图 1-10　图线的用途

⑥ 点画线和双点画线中的“点”应画成约 1 mm 的短画，点画线和双点画线的首尾两端应是线段而不是短画。

⑦ 轴线、对称中心线、双折线和作为中断处的双点画线，应超出轮廓线 2～5 mm。

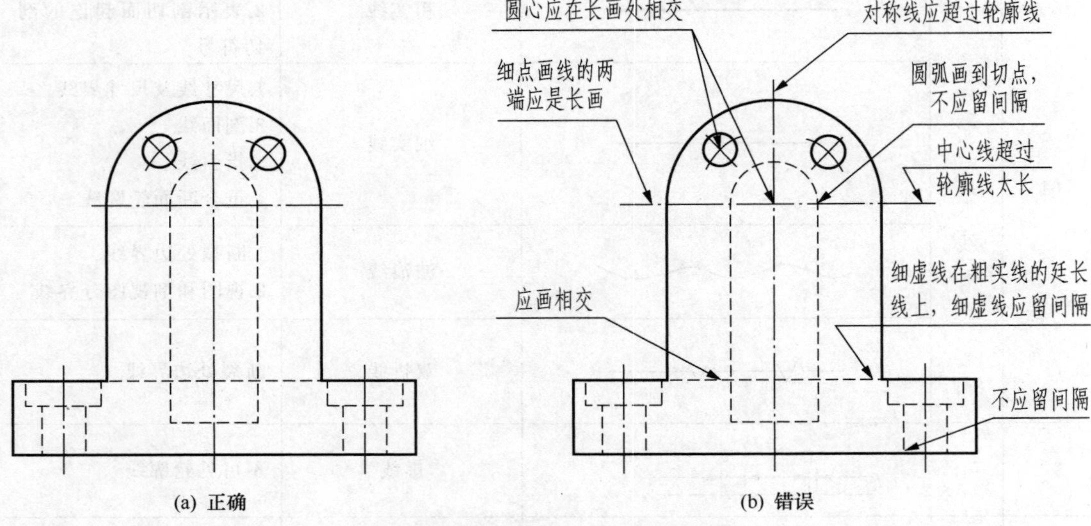

图 1-11 图线的正确画法

1.1.5 尺寸注法（GB/T 4458.4—2003，GB/T 16675.2—2012）

工程图样中视图表达了机件的形状，其大小则通过标注的尺寸确定。标注尺寸必须按国家标准中对尺寸标注的基本规定进行标注。下面介绍 GB/T 4458.4—2003《机械制图 尺寸注法》及 GB/T 16675.2—2012《技术制图 简化表示法 第 2 部分：尺寸注法》的一些基本内容。

1. 基本规则

① 机件的真实大小应以图样上标注的尺寸数值为依据，与图形的大小及绘图的准确度无关。

② 图样中（包括技术要求和其他说明）的尺寸，一般以毫米（mm）为单位。如采用其他单位，则必须注明相应计量单位的代号或名称。

③ 图样上标注的尺寸为该图样所表示机件的最后完工尺寸，否则应另加说明。

④ 机件的每一尺寸，一般只标注一次，并应标注在反映该结构最清晰的图形上。

2. 标注尺寸的基本规定

完整的尺寸标注包含下列四个要素：尺寸界线、尺寸线、尺寸线终端（箭头）和尺寸数字，如图 1-12 所示。

(1) 尺寸界线

尺寸界线表示所注尺寸的起始和终止位置，用细实线绘制，并应从图形的轮廓线、轴线或对称中心线处引出。也可利用轮廓线、轴线或对称中心线本身作尺寸界线，如图 1-13(a)

所示。尺寸界线一般应与尺寸线垂直，并超出尺寸线 2～3 mm。特别需要时，尺寸界线可画成与尺寸线成适当的角度，此时尺寸界线尽可能画成与尺寸线成 60°角，如图 1-13(b)所示。

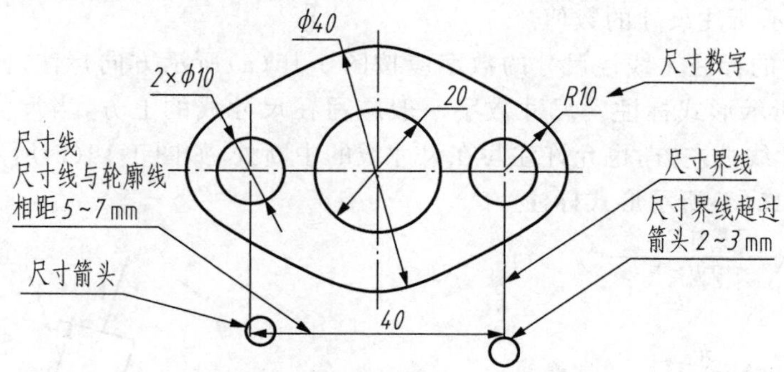

图 1-12　尺寸的组成及标注

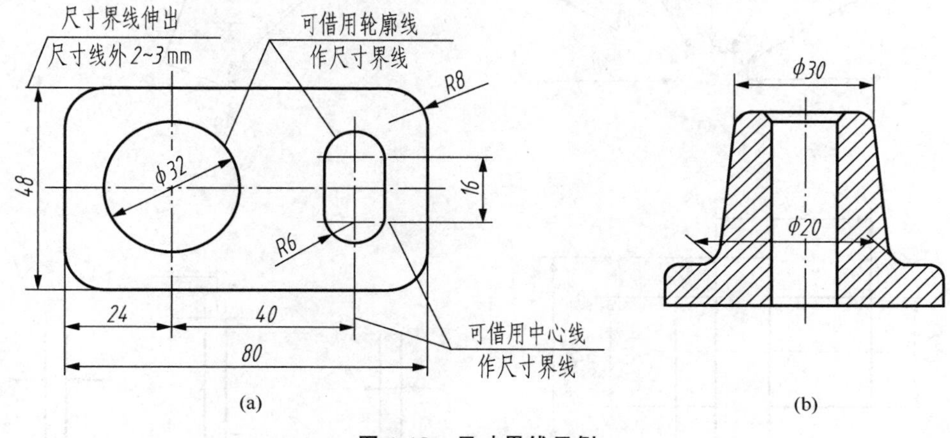

图 1-13　尺寸界线示例

(2) 尺寸线

尺寸线表示所注尺寸的范围，用细实线绘制。尺寸线不能用其他图线代替，不得与其他图线重合或画在其延长线上，并应尽量避免尺寸线之间及尺寸线与尺寸界线相交。

标注线性尺寸时，尺寸线必须与所标注的线段平行，尺寸线相互平行时，小尺寸在内，大尺寸在外，依次排列整齐，并且各尺寸线的间距要均匀，间隔应大于 5 mm，以便注写尺寸数字和有关符号。

(3) 尺寸线终端

尺寸线终端有两种形式：箭头和细斜线。机械图样一般用箭头形式，箭头尖端与尺寸界线接触，不得超出也不得偏离，如图 1-14(a)所示。

当尺寸线太短，没有足够的位置画箭头时，允许将箭头画在尺寸线外边；标注连续的小

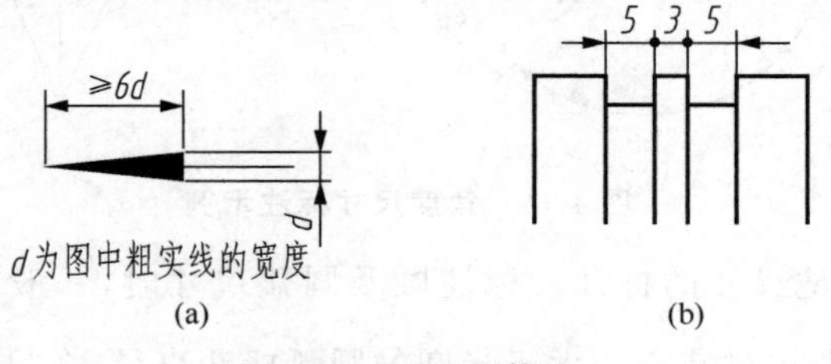

图 1-14　尺寸线箭头

尺寸时可用圆点或倾斜 45°的细实线代替箭头，如图 1-14(b)所示。

(4) 尺寸数字

尺寸数字表示所注尺寸的数值。

① 线性尺寸的标注。线性尺寸的数字应按图 1-15(a)所示方向标注，图示 30°范围内，应按图 1-15(b)所示形式标注。尺寸数字一般应写在尺寸线的上方，当尺寸线为垂直方向时，应注写在尺寸线的左方，也允许注写在尺寸线的中断处，如图 1-15(c)所示。狭小部位的尺寸数字按图 1-15(d)所示形式标注。

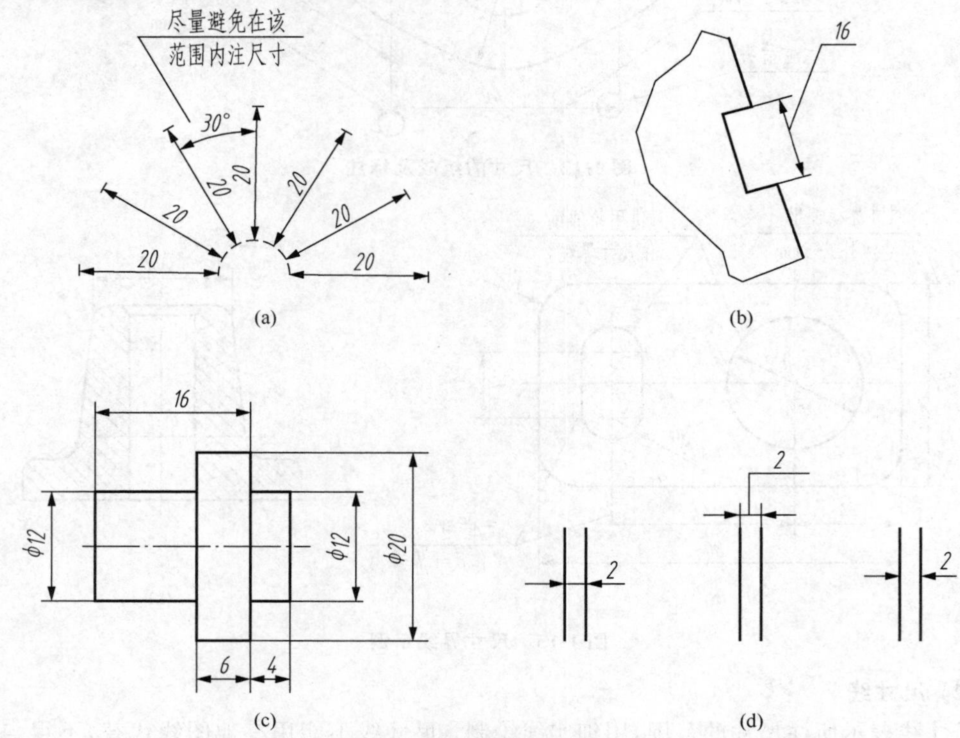

图 1-15　线性尺寸的数字标注

② 角度尺寸的标注。角度的尺寸界线应沿径向引出，尺寸线是以角的顶点为圆心画出的圆弧线。角度的数字应水平书写，一般注写在尺寸线的中断处，必要时也可写在尺寸线的上方或外侧。角度较小时也可以用指引线引出标注。角度尺寸必须标注单位，如图 1-16 所示。

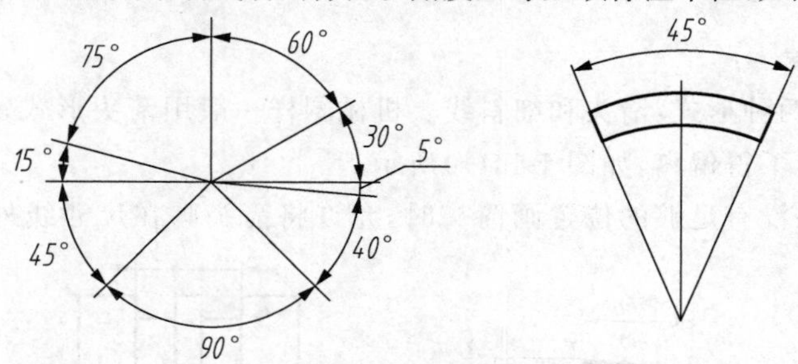

图 1-16　角度尺寸标注示例

③ 圆弧、半径及其他尺寸的标注。标注圆及圆弧尺寸时，一般可将轮廓线作为尺寸界线，尺寸线或其延长线要通过圆心。大于半圆的圆弧标注直径，在尺寸数字前加注符号“ϕ”；

小于或等于半圆的圆弧标注半径，在尺寸数字前加注符号“R”。没有足够的空间时，尺寸数字也可写在尺寸界线的外侧或引出标注。圆和圆弧的小尺寸，以及常见结构的尺寸可按图 1-17 所示形式标注。

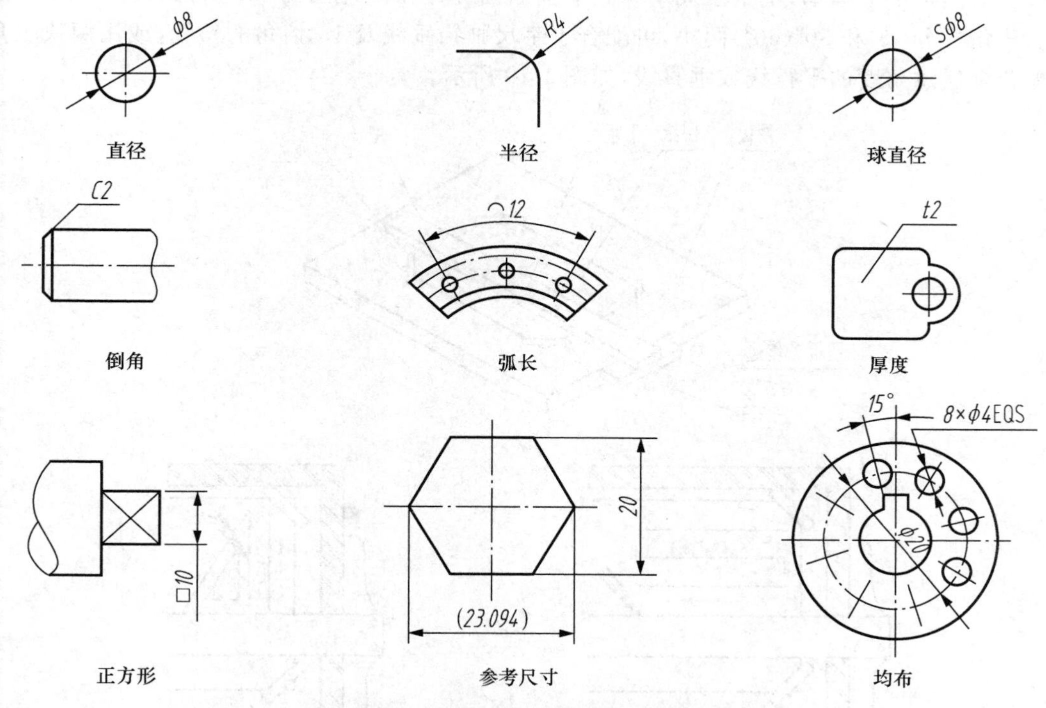

图 1-17　圆弧、半径及其他尺寸的标注示例

3. 标注尺寸时应注意的问题

(1) 尺寸数字

同一张图上基本尺寸的字高要一致，一般采用 3.5 号字，不能根据数值的大小而改变字符的大小；字符间隔要均匀；字体应严格按国家标准规定书写。

(2) 箭头

同一张图上箭头的大小应一致，机械图样中箭头一般为闭合的实心箭头。

(3) 尺寸线

互相平行的尺寸线间距要相等，尽量避免尺寸线相交。

1.2　常用绘图工具和仪器的使用

1.2.1　图板、丁字尺、三角板

图板是铺贴图纸用的，要求板面平滑光洁，因其左侧边为丁字尺的导边，所以必须平直

光滑，图纸用胶带固定在图板上。当图纸较小时，应将图纸铺贴在图板靠近左上方的位置，如图 1-18 所示。

丁字尺由尺头和尺身组成。使用时尺头的内侧边必须紧贴绘图板左侧，用左手推动丁字尺头沿图板上下移动，把丁字尺调整到准确的位置，然后压住丁字尺进行画线。

三角板分 45°和 30°(60°)两块，可配合丁字尺画铅垂线及 15°倍角的斜线，或用两块三角板配合画任意角度的平行线或垂直线，如图 1-19 所示。

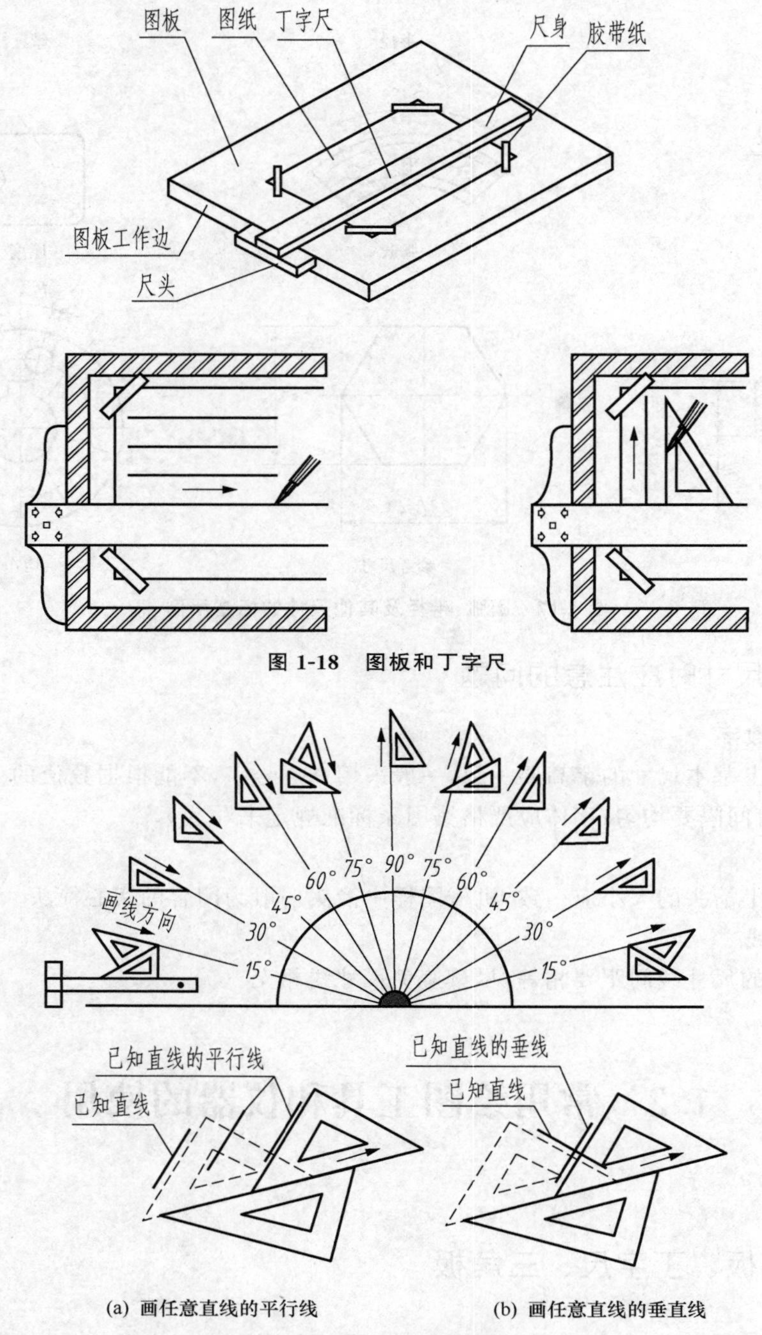

图 1-18　图板和丁字尺

(a) 画任意直线的平行线　　(b) 画任意直线的垂直线

图 1-19　用两块三角板配合画线

1.2.2　圆规和分规

1. 圆规

圆规用来画圆和圆弧。圆规的一个脚上装有钢针，称为针脚，用来定圆心；另一个脚可装铅芯，称为笔脚。

在使用前应先调整针脚，使针尖略长于铅芯，如图 1-20 所示。笔脚上的铅芯应削成鸭嘴形，以便画出粗细均匀的圆弧。

画图时圆规向前进方向稍微倾斜；画较大的圆时，应使圆规两脚都与纸面垂直，如图 1-21所示。

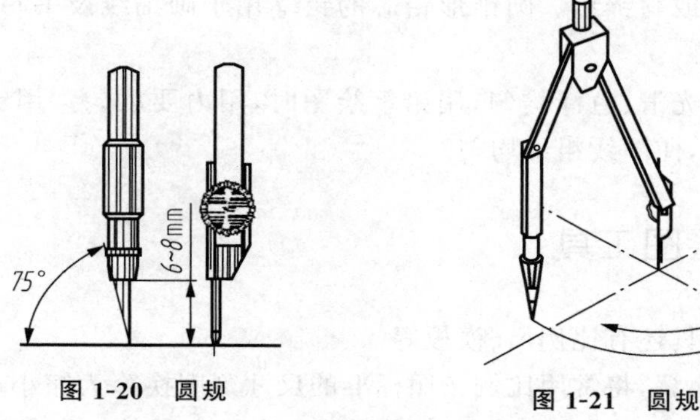

图 1-20　圆规　　**图 1-21　圆规的使用**

2. 分规

分规是用来等分和量取线段的，如图 1-22 所示。

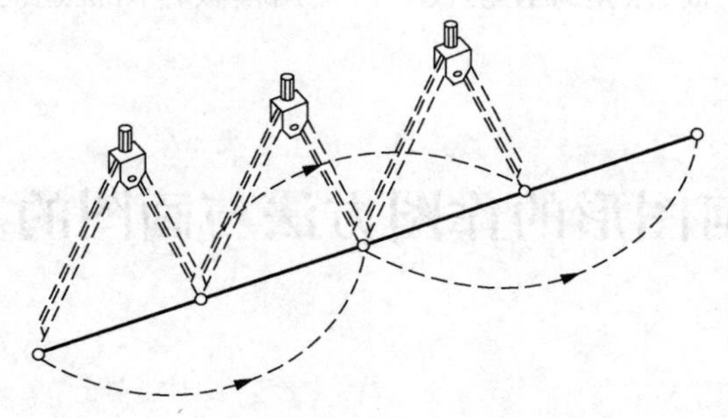

图 1-22　分规的使用

1.2.3　曲线板

曲线板是用来绘制非圆曲线的。首先要定出曲线上足够数量的点，再用铅笔轻轻地将各点光滑地连接起来，然后选择曲线板上曲率与之吻合的分段并画出各段曲线。注意应留出各段曲线末端的一小段不画，用于连接下一段曲线，这样曲线才显得圆滑，如图 1-23 所示。

图 1-23　用曲线板作图

1.2.4　铅笔

常用绘图铅笔的铅芯软硬程度以字母 B、H 及其前端的数值表示。字母 B 前的数字越大表示铅芯越软，字母 H 前的数字越大表示铅芯越硬。标号 HB 表示铅芯软硬适中。画图时，通常用 H 或 2H 铅笔画底稿，用 B 或 HB 铅笔加粗加深全图，写字时用 HB 铅笔。

铅笔可修磨成圆锥形或扁铲形。圆锥形铅芯的铅笔用于画细线及书写文字，扁铲形铅芯的铅笔用于描深粗实线。

图样上的线条应清晰光滑、色泽均匀，用铅笔绘图时，用力要均匀。用锥形笔芯的铅笔画长线时要经常转动笔杆，使图线粗细均匀。

1.2.5　其他常用绘图工具

工程中常用的绘图工具还有比例尺、模板等。

作图时，为方便尺寸换算，将常用比例按照标准的尺寸刻度换算为缩小比例刻度或放大比例刻度并刻在尺上，具有此类刻度的尺称为比例尺。当确定了某一比例后，不需要计算，可直接按照尺面所刻的数值，读取实际线段在比例尺上所反映的长度。

为了提高绘图速度，可使用各种多功能的绘图模板直接描画图形。有适合绘制各种专用图样的模板，如椭圆模板、六角螺栓模板等。使用模板作图快速简便，但作图时应注意对准定位线。

1.3　几何图形的作图方法与画图的基本技能

1.3.1　线段和圆周的等分

1. 等分直线段

过已知线段的一个端点，画任意角度的直线，并用分规自线段的起点量取 n 个线段。将等分的最末点与已知线段的另一端点相连，再过各等分点作该线的平行线与已知线段相交即可得到等分点，如图 1-24 所示。作法：

① 过端点 A 任作一直线 AC，用分规以等距离在 AC 上量 1、2、3、4、5 各一等分。

② 连接 $5B$，过 1、2、3、4 等分点分别作 $5B$ 的平行线与 AB 相交，得等分点 $1'$、$2'$、$3'$、$4'$

即为所求。

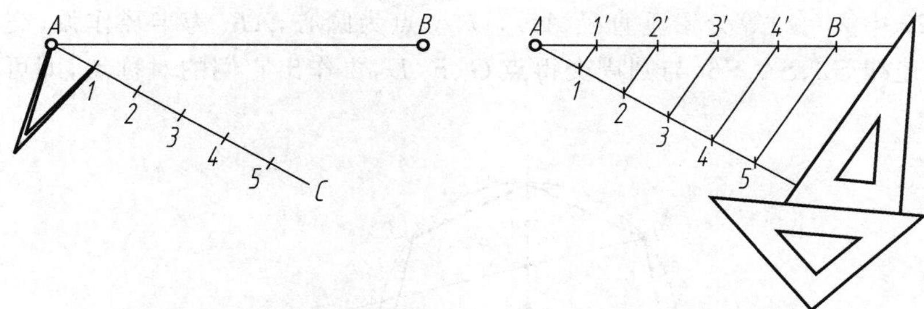

图 1-24　等分直线段

2. 等分圆周

下面介绍圆内接正五边形、正六边形的作法,并以正七边形为例,介绍圆内接正 n 边形的近似作法。

(1) 正五边形(图 1-25)

① 作 OA 的中点 M。

② 以 M 点为圆心,$M1$ 为半径作弧,交水平直径于 K 点。

③ 以 $1K$ 为边长,将圆周五等分,即可作出圆内接正五边形。

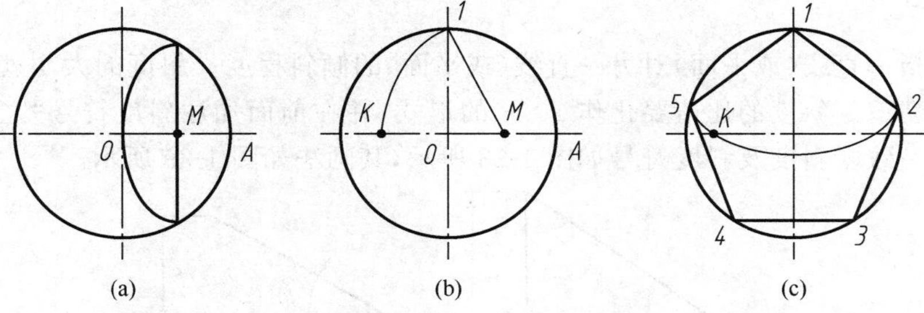

图 1-25　正五边形画法

(2) 正六边形(图 1-26)

① 用圆规作图:分别以已知圆在水平直径上的两处交点 A、B 为圆心,以 $R = D/2$ 作圆弧,与圆交于 C、D、E、F 点,依次连接 A、B、C、D、E、F 点即得圆内接正六边形,如图 1-26(a)所示。

② 用三角板作图:以 60°三角板配合丁字尺作平行线,画出四条斜边,再以丁字尺作上、下水平边,即得圆内接正六边形,如图 1-26(b)所示。

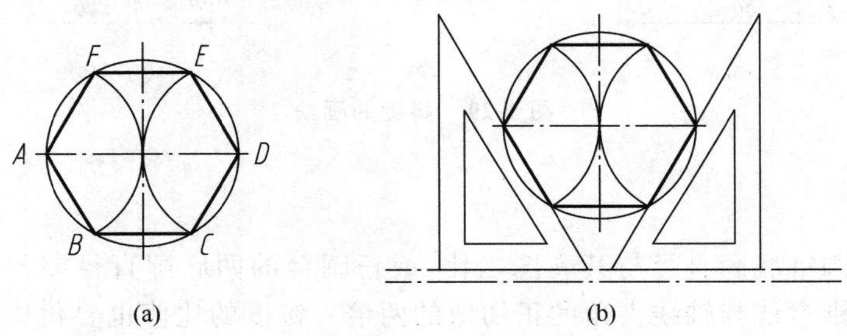

图 1-26　正六边形画法

(3) 正 n 边形(图 1-27)

n(图 1-27 中 $n=7$)等分铅垂直径 AK,以 A 点为圆心,AK 为半径作弧,交水平中心线于点 S,延长连线 $S2$、$S4$、$S6$,与圆周交得点 G、F、E,再作出它们的对称点,即可作出圆内接正 n 边形。

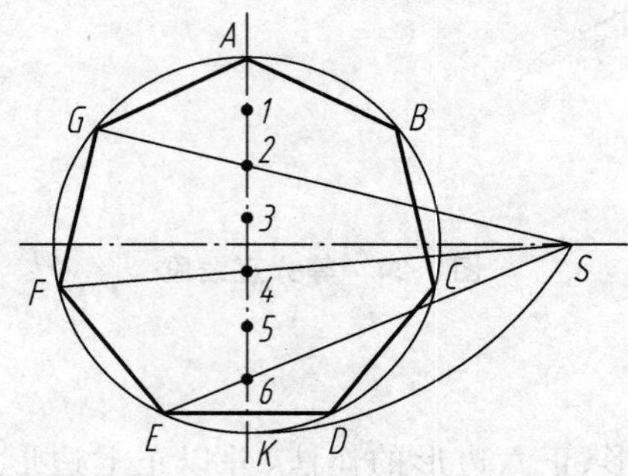

图 1-27 正 n 边形画法

1.3.2 斜度和锥度

1. 斜度

斜度是指一直线(或平面)对另一直线(或平面)的倾斜程度。斜度的大小就是这两条直线夹角的正切值。斜度的比值要化作 1 : n 的形式,并在前面加注斜度符号"∠",其方向与斜度的方向一致。斜度及斜度符号如图 1-28 所示,其画法如图 1-29 所示。

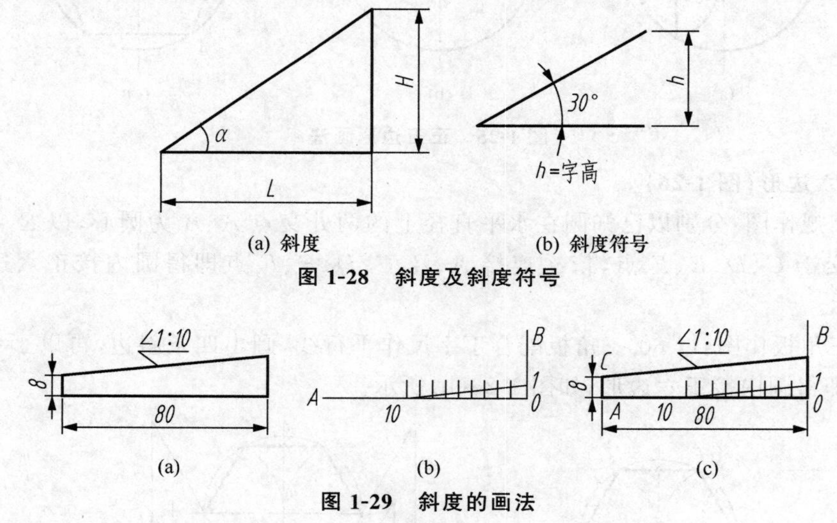

图 1-28 斜度及斜度符号

(a) (b) (c)

图 1-29 斜度的画法

2. 锥度

锥度是指正圆锥底圆直径与其高度之比,或正圆台的两底圆直径差与其高度之比。锥度的大小也是圆锥素线与轴线夹角的正切值的两倍。锥度的比值也要化作 1 : n 的形式,并在前面加注锥度符号,其方向与锥度的方向一致。锥度及锥度符号如图 1-30 所示,锥度的画法如图1-31所示。

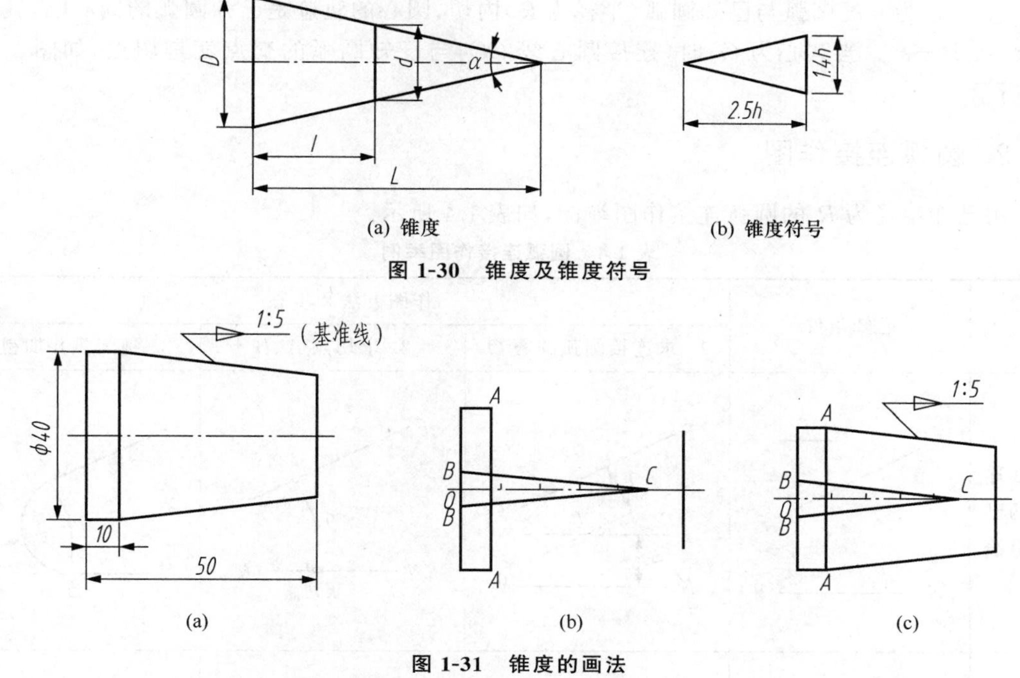

(a) 锥度 (b) 锥度符号

图 1-30 锥度及锥度符号

(a) (b) (c)

图 1-31 锥度的画法

1.3.3 圆弧的连接

用已知半径的圆弧光滑连接(即相切)两个已知线段(直线或圆弧),称为圆弧连接。为了保证相切,必须准确地作出连接圆弧的圆心和切点。

1. 圆弧连接的基本作图

① 半径为 r 的圆弧与已知直线 I 相切,圆心的轨迹是距离直线 I 为 r 的两条平行直线,当圆心为 O 时,由 O 向直线 I 所作垂线的垂足就是切点,如图 1-32(a)所示。

② 半径为 r 的圆弧与已知圆弧(半径为 R)外切,圆心的轨迹是已知圆弧的同心圆,其半径 $R_1=R+r$,当圆心为 O_1 时,连接圆心线 OO_1 与已知圆弧的交点就是切点,如图 1-32(b)所示。

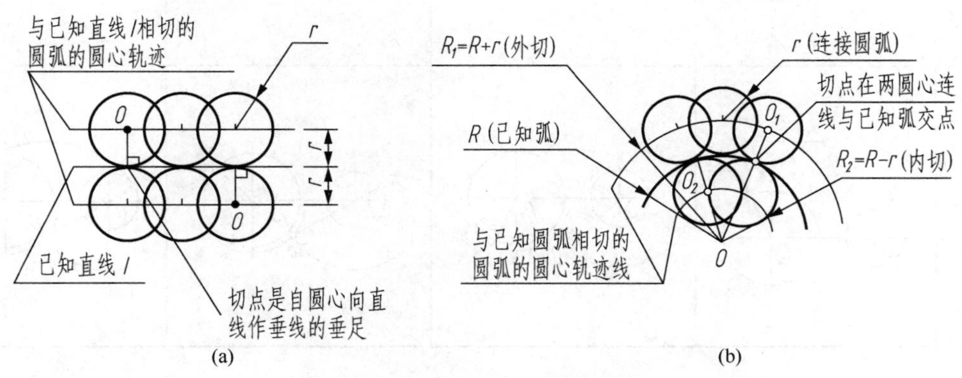

(a) (b)

图 1-32 圆弧连接的基本作图

③ 半径为 r 的圆弧与已知圆弧(半径为 R)内切,圆心的轨迹是已知圆弧的同心圆,其半径 $R_2 = R - r$ 。当圆心为 O_2 时,连接圆心线 OO_2 与已知圆弧的交点就是切点,如图 1-32(b)所示。

2. 圆弧连接作图

用已知半径为 R 的圆弧连接作图举例,如表 1-4 所示。

表 1-4　圆弧连接作图举例

	已知条件	作图方法和步骤		
		1. 求连接圆弧圆心 O	2. 求切点 A、B	3. 画圆弧并加粗
圆弧连接两已知直线	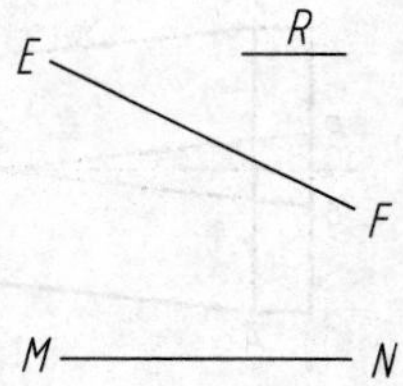	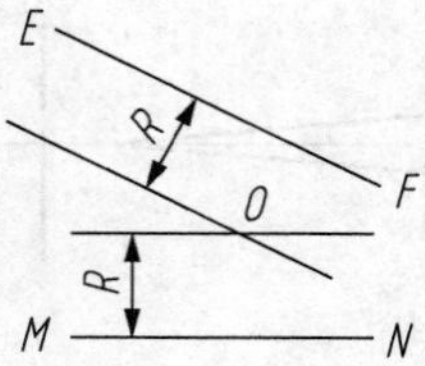	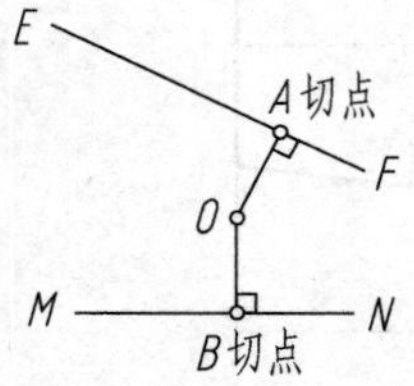	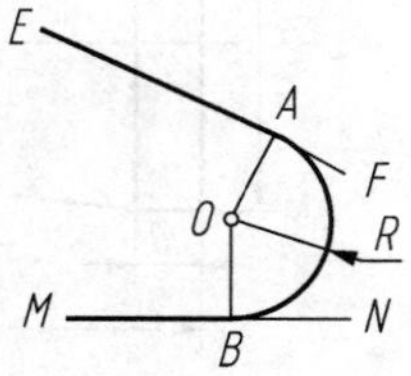
圆弧连接已知直线和圆弧	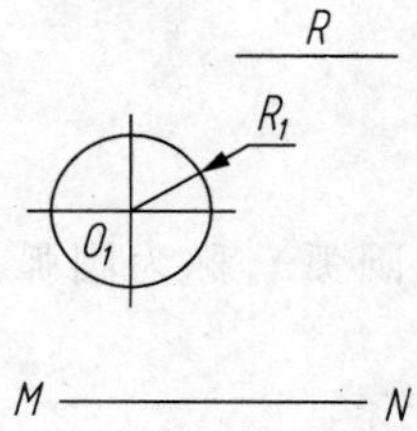	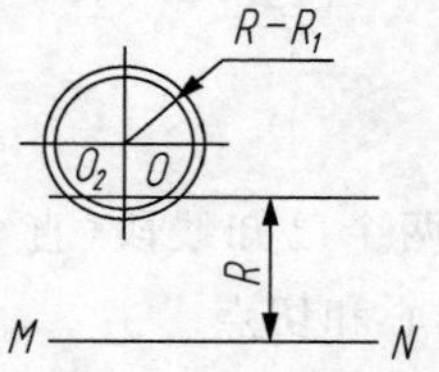	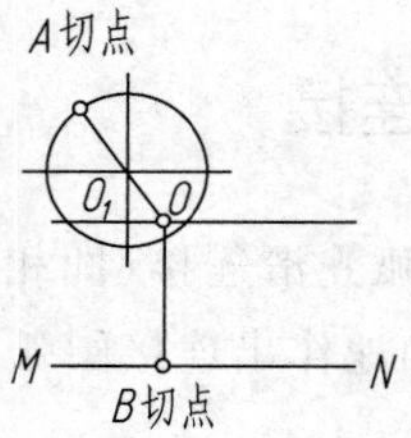	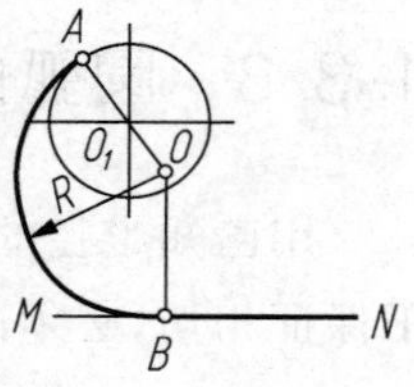
圆弧外切连接两已知圆弧	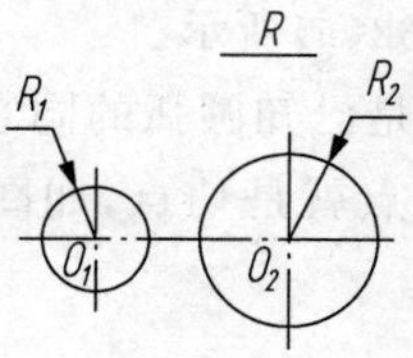	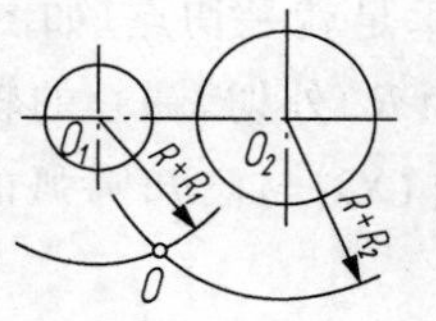	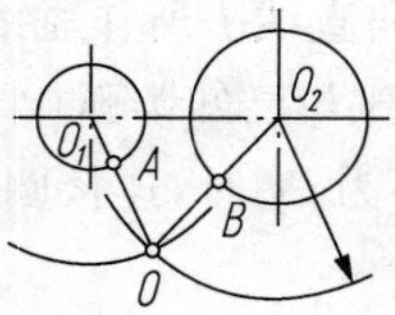	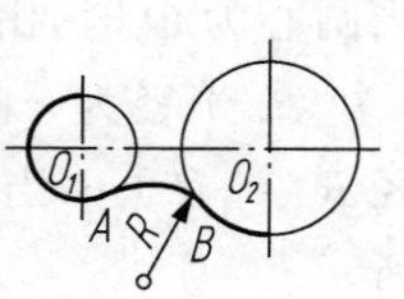
圆弧内切连接两已知圆弧	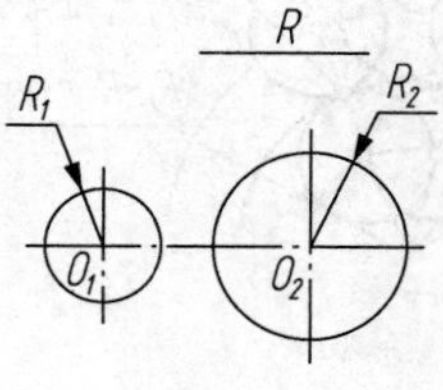	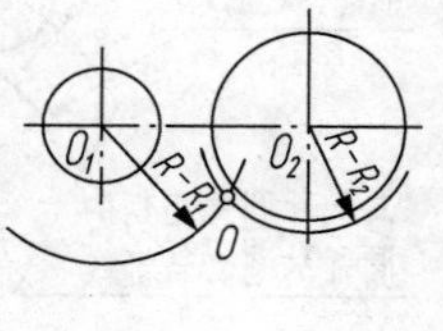	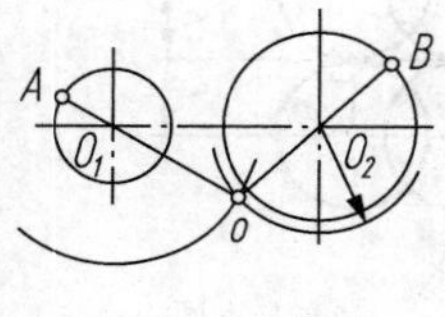	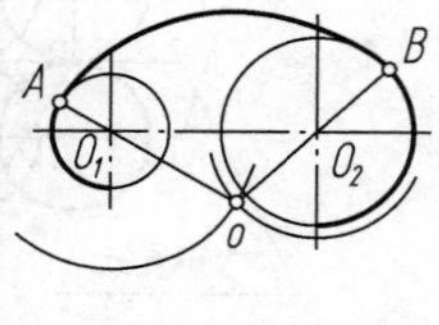

3. 作与已知圆相切的直线

与圆相切的直线，垂直于该圆心与切点的连线。因此，利用三角板的两直角边，便可作圆的切线。图 1-33(a)所示为过圆上一点 A 作圆的切线，图 1-33(b)所示为过圆外一点 K 作圆的切线，图 1-33(c)、(d)所示为作两圆的公切线。

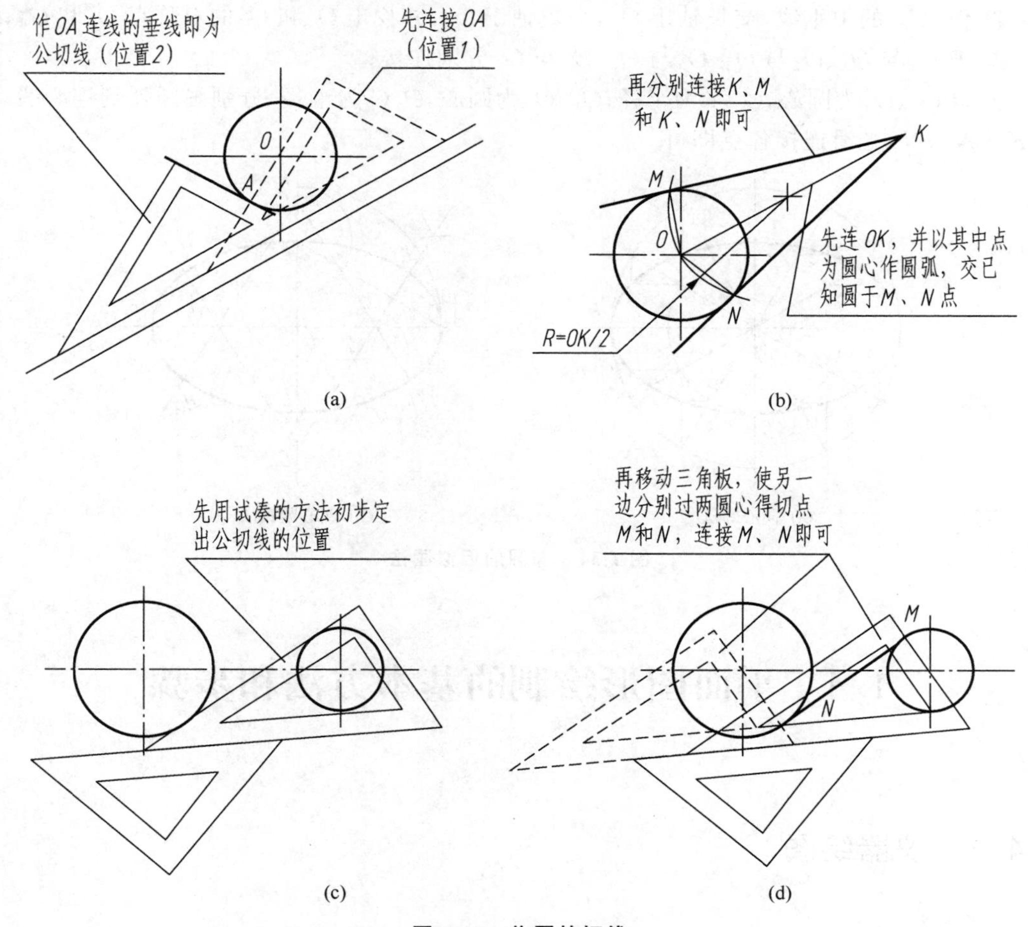

图 1-33　作圆的切线

1.3.4　椭圆的画法

椭圆常用画法有同心圆法和四心圆弧法两种。

1. 同心圆法

如图 1-34(a)所示，首先以 AB 和 CD 为直径画同心圆；然后过圆心作一系列直径与两圆相交，由各交点分别作与长轴、短轴平行的直线，即可相应找到椭圆上各点；最后光滑连接各点即可。

2. 椭圆的近似画法（四心圆弧法）

已知椭圆的长轴 AB 与短轴 CD。

① 连 AC，以 O 为圆心，OA 为半径画圆弧，交 CD 延长线于 E；

② 以 C 为圆心，CE 为半径画圆弧，截 AC 于 E_1；

③ 作 AE_1 的中垂线，交长轴于 O_1，交短轴于 O_2，并找出 O_1 和 O_2 的对称点 O_3 和 O_4；

④ 把 O_1 与 O_2、O_2 与 O_3、O_3 与 O_4、O_4 与 O_1 分别连接；

⑤ 以 O_1、O_3 为圆心，O_1A 为半径；O_2、O_4 为圆心，O_2C 为半径，分别画圆弧到连心线，得 K、K_1、N_1、N，光滑连接各点即可。

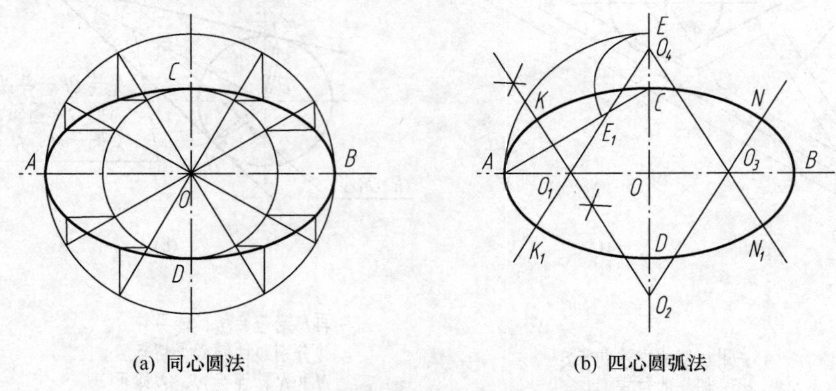

(a) 同心圆法　　(b) 四心圆弧法

图 1-34　椭圆的近似画法

1.4　平面图形绘制的基本方法和步骤

1.4.1　仪器绘图

1. 准备工作

画图前应先了解所画图样的内容和要求，准备好必要的绘图工具：圆规、铅笔、橡皮、丁字尺、图板、三角板、透明胶带等。清理桌面，暂时不用的工具、资料不要放在图板上。

2. 选定图幅

根据图形大小和复杂程度选定比例，确定图纸幅面。

3. 固定图纸

图纸要固定在图板左下方，下部空出的距离要能放得下丁字尺，图纸要用胶带纸固定，不得使用图钉，以免损坏图板。

4. 画底稿

画出图框和标题栏轮廓。画图时,应先画出各图形的对称中心线、圆形的中心线,再画主要轮廓线,最后画细部。注意各图的位置要布局匀称,底稿线要细、轻,但应清晰。

5. 检查并清理底稿,加深图形和标注尺寸等

加深图形的步骤与画底稿时不同。一般先加深图形,其次加深图框和标题栏,最后标注尺寸和书写文字(也可在注好尺寸后再加深)。

加深图形时,应按照先曲线后直线,由上到下,由左到右,所有图形同时加深的原则进行。将同一种粗细的图线加深后,再加深另一种图线;对于粗细相同的直线,将同一方向的直线加深完后,再加深另一方向的直线。

6. 全面检查图纸

加深图形后再一次全面检查全图,确认无误后,填写标题栏,完成全图。

1.4.2 徒手绘图

依靠目测来估计物体各部分的尺寸比例,徒手绘制的图样称为草图。在设计、测绘、修配机器时,都要绘制草图。因此,徒手绘图是和使用仪器绘图同样重要的绘图技能。

1. 草图的绘制方法

绘制草图时使用软一些的铅笔(如 HB、B 或者 2B),铅笔削长一些,铅芯呈圆形,粗细各一支,分别用于绘制粗、细线。

画草图时,可以用有方格的专用草图纸,或者在白纸下面垫一张有格子的纸,以便控制图线的平直和图形的大小。

(1) 直线的画法

画直线时,可先标出直线的两端点,在两点之间先画一些短线,再连成一条直线。运笔时手腕要灵活,目光应注视线的端点,不可只盯着笔尖。

画水平线应自左至右画出;垂直线自上而下画出;斜线斜度较大时可自左向右下或自右向左下画出,如图 1-35 所示。

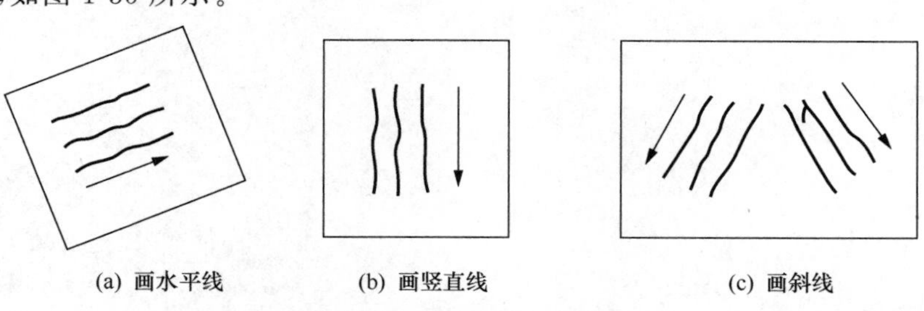

(a) 画水平线　(b) 画竖直线　(c) 画斜线

图 1-35　徒手绘制直线

(2) 圆的画法

画圆时,应先画中心线。较小的圆在中心线上定出半径的四个端点,过这四个端点画

圆。稍大的圆可以过圆心再作两条斜线，再在各线上定半径长度，然后过这八个点画圆。圆的直径很大时，可以用手作圆规，以小指支撑于圆心，使铅笔与小指的距离等于圆的半径，笔尖接触纸面不动，转动图纸，即可得到所需的大圆。也可在一纸条上作出半径长度的记号，使其一端置于圆心，另一端置于铅笔，旋转纸条，便可以画出所需圆，如图 1-36 所示。

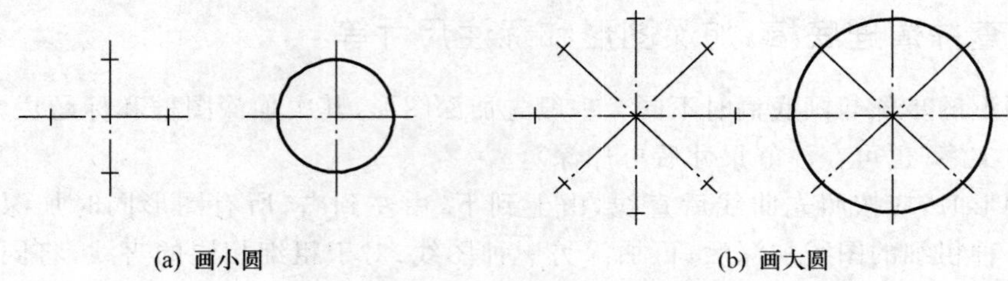

(a) 画小圆　　(b) 画大圆

图 1-36　徒手绘制圆形

2. 徒手绘制平面图形

徒手绘制平面图形时，也和使用尺、规作图时一样，要进行图形的尺寸分析和线段分析，先画已知线段，再画中间线段，最后画连接线段。在方格纸上画平面图形时，主要轮廓线和定位中心线应尽可能利用方格纸上的线条，图形各部分之间的比例可借助方格纸上的格数来确定。

第2章 投影基础

投影法是画法几何的基础，它源于光线照射空间形体后在平面上留下阴影这一物理现象。工程上利用投影法可以实现空间三维形体和平面上的二维图形的相互映射。本章主要介绍空间几何元素（点、直线、平面）的投影规律，为今后学习工程制图奠定基础。

2.1 投影法及其分类

2.1.1 投影法与投影的概念

光线照射物体时，可在预设的面上产生影子，利用这个原理在平面上绘制出物体的图像，以表示物体的形状和大小，这种方法称为投影法。工程上应用投影法获得工程图样的方法，是从日常生活中光照投影现象抽象出来的。

三角板在灯光的照射下会在桌面上产生影子（图 2-1），可以看出，影子与物体本身的形状有一定的几何关系，人们将这种自然现象加以科学的抽象得出投影法。将光源抽象为一个点 S，称为投影中心，投影中心与物体上各点（A、B、C）的投影连线（SAa、SBb、SCc）称为投影线，接受投影的面，称为投影面。过物体上各点（A、B、C）的投影线与投影面的交点（a、b、c）称为这些点的投影。

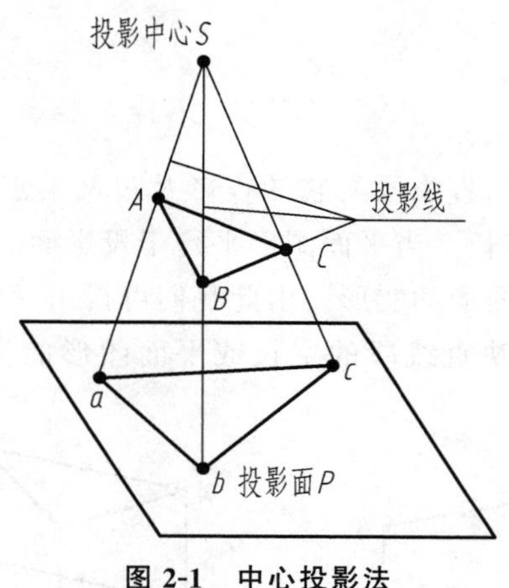

图 2-1　中心投影法

2.1.2 投影法的种类及应用

由投影中心、投影线和投影面这三要素决定的投影法可再分为中心投影法和平行投影法。

1. 中心投影法

投影线汇交一点的投影法称为中心投影法，所得投影称为中心投影。中心投影法主要用于绘制产品或建筑物富有真实感的立体图，也称透视图。

2. 平行投影法

当把投影中心移到无穷远处时，所有的投影线都互相平行，这样的投影称为平行投影，如图 2-2 所示。根据投影线与投影面是否垂直，平行投影又分为斜投影和正投影两种。当投影线倾斜于投影面时，称斜投影；投影线垂直于投影面时，称正投影。正投影法主要用于绘制工程图样；斜投影法主要用于绘制有立体感的图形，如斜轴测图。工程图样一般都是采用正投影法绘制的。正投影法是本书的研究重点，今后若不特殊说明，都是指正投影。

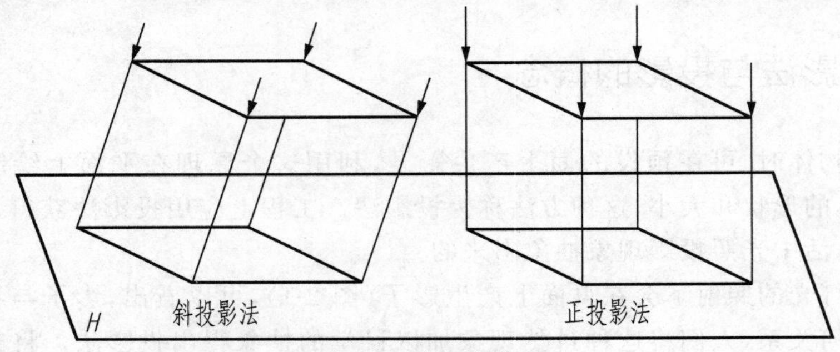

图 2-2 平行投影法

2.1.3 正投影的基本性质

1. 真实性

当直线段平行于投影面时，直线段与它的投影及过两端点的投影线组成一矩形，因此，直线段的投影反映直线段的实长。当平面图形平行于投影面时，不难得出，平面图形与它的投影为全等图形，即反映平面图形的实形。由此我们可得出：平行于投影面的直线段或平面图形，在该投影面上的投影反映直线段的实长或平面图形的实形，这种投影特性称为真实性，如图 2-3 所示。

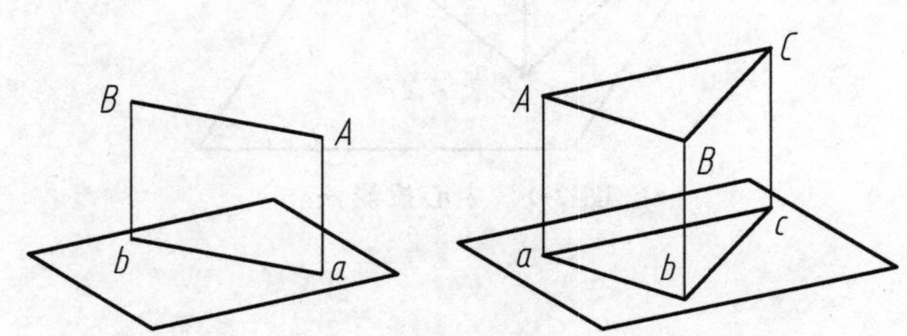

图 2-3 直线段和平面图形投影的真实性

2. 积聚性

当直线段或平面图形垂直于投影面时，它们在该投影面上的投影积聚成一点或一直线段，这种投影特性称为积聚性，如图 2-4 所示。

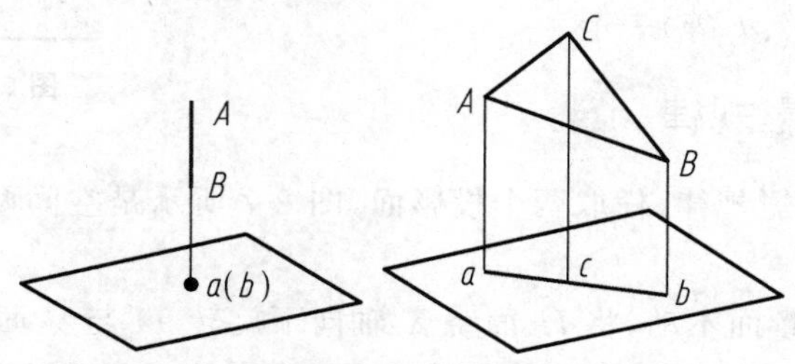

图 2-4　直线段和平面图形投影的积聚性

3. 类似性

当直线段或平面倾斜于投影面时，则直线段的投影小于直线段的实长，平面的投影是小于平面实形的类似形。类似形并不是相似形，它和原图形只是边数相同、形状类似，如图2-5所示。

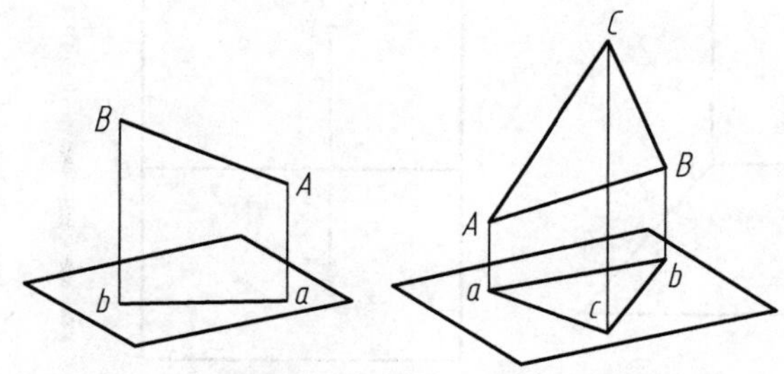

图 2-5　直线段和平面图形投影的类似性

正投影的这三个基本性质即线面的投影特性，是画图的依据，应熟练掌握。

2.2 点的投影

2.2.1 点的投影规律

1. 点的投影及其标记

点没有大小，只有在空间中的位置，在绘图中我们用涂黑的小圆圈或是两线相交来表示点。点的投影是指过空间点 A 的投射线与投影面 P 的交点 a，点 a 是点 A 的单面投影，如图 2-6 所示。但是只有一个投影并不能确定点的空间位置，因此工程上采用的是多面正投影。

关于点及其投影的标记，我们规定：在三面投影体系中，空间点用大写字母（如 A、B、C、D 等）来表示，水平投影用相应的小写字母（如 a、b、c、d 等）表示，正面投影用相应的小写字母加一撇（如 a'、b'、c'、d'等）表示，侧面投影用相应的小写字母加两撇（如 a''、b''、c''、d''等）表示。

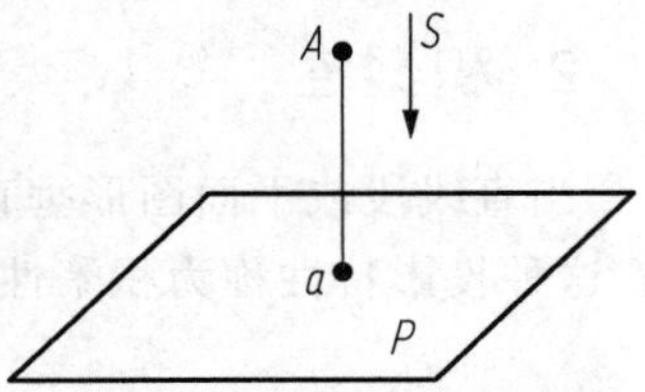

图 2-6　点的单面投影图

2. 点的两面投影规律

为研究点的两面投影规律，任取两个投影面，图 2-7 所示是空间两个相互垂直的投影面 V 面与 H 面。

与三视图类似，使 V 面不动，将 H 面绕 X 轴向下旋转 90°与 V 面展成一个平面，去掉投影面边框，得到点的两面投影图，简称点的两面投影。点的两面投影规律为：

① 两投影 s、s'的连线 ss'垂直于投影轴 X 轴。

② 点的投影到投影轴的距离等于空间点到另一投影面的距离，即 $s's_X$ 为点 S 到 H 面的距离，ss_X 为点 S 到 V 面的距离。

可见，已知一点的两面投影，即可唯一确定该点的空间位置。

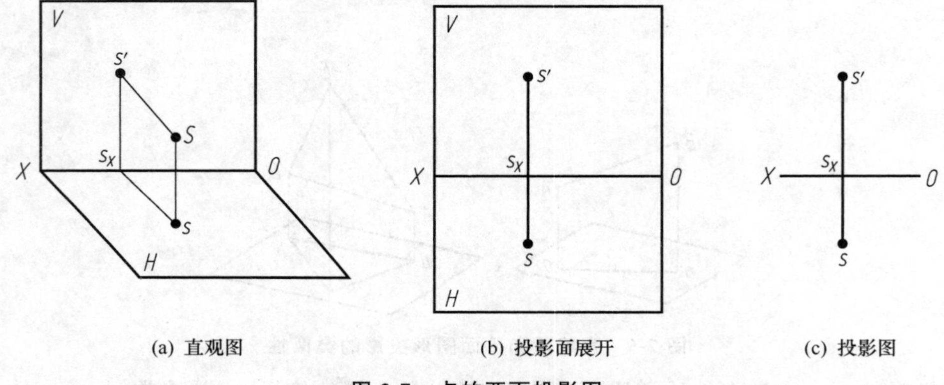

(a) 直观图　　(b) 投影面展开　　(c) 投影图

图 2-7　点的两面投影图

3. 点的三面投影规律

如图 2-8 所示，将三面体系展开，得到点 S 的三面投影图，根据三面投影图的形成过程，可总结出点的三面投影规律：

① 点的投影的连线垂直于相应的投影轴（如点的正面投影与水平投影的连线 ss'垂直于 X 轴，点的正面投影与侧面投影的连线 $s's''$垂直于 Z 轴）。

② 点的投影到投影轴的距离等于空间点到相应的投影面的距离，即 $s's_X = s''s_Y = S$ 点到 H 面的距离 $Ss = S$ 点的 Z 坐标，$ss_X = s''s_Z = S$ 点到 V 面的距离 $Ss' = S$ 点的 Y 坐标，$ss_Y = s's_Z = S$ 点到 W 面的距离 $Ss'' = S$ 点的 X 坐标。

③ 点的一个投影只能反映该点的两个坐标。利用任意两个投影即可求出第三个投影，得出三个坐标，从而确定点的空间位置。

利用点的三面投影规律，也就是“长对正，高平齐，宽相等”，可以由点的已知的两个投影图作出第三个投影图。

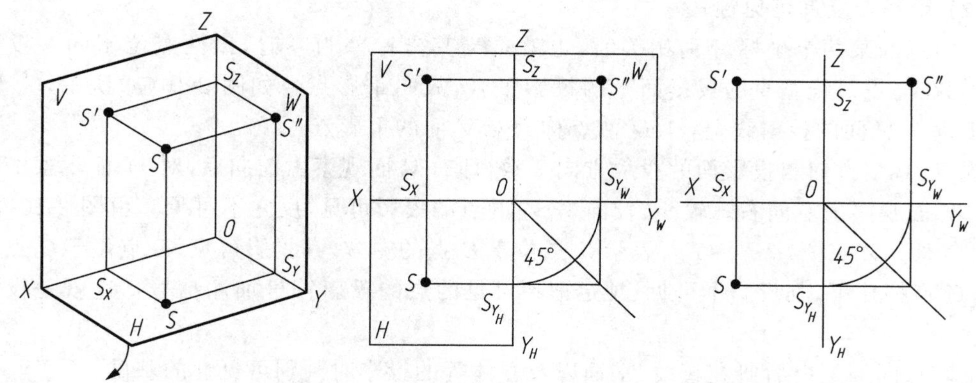

图 2-8　点的三面投影图

4. 两点的相对位置

两点的相对位置，是指空间点在投影体系中的相对位置，即两点间的左右、前后和上下的位置关系。在三面投影体系中，需要分析清楚两点在各个投影面上的投影坐标关系，判断两点的相对位置。

(1) 判断两点相对位置的原则

两点的相对位置关系由两点的坐标差来确定，即两点的左右相对位置由 X 坐标差来确定，两点的前后相对位置由 Y 坐标差来确定，两点的上下相对位置由 Z 坐标差来确定。

规定：Z 坐标值大者为上，小者为下；Y 坐标值大者为前，小者为后；X 坐标值大者为左，小者为右。

如图 2-9 所示，先选定点 A（或 B）为基准，然后将点 B（或 A）的坐标与之进行比较。$X_B < X_A$，表示点 B 在点 A 的右方；$Y_B < Y_A$，表示点 B 在点 A 的后方；$Z_B > Z_A$，表示点 B 在点 A 的上方。

故点 B 在点 A 的右后上方；反之，点 A 在点 B 的左前下方。若已知两点的相对位置，以及其中一点的投影，就可以作出另一点的投影。

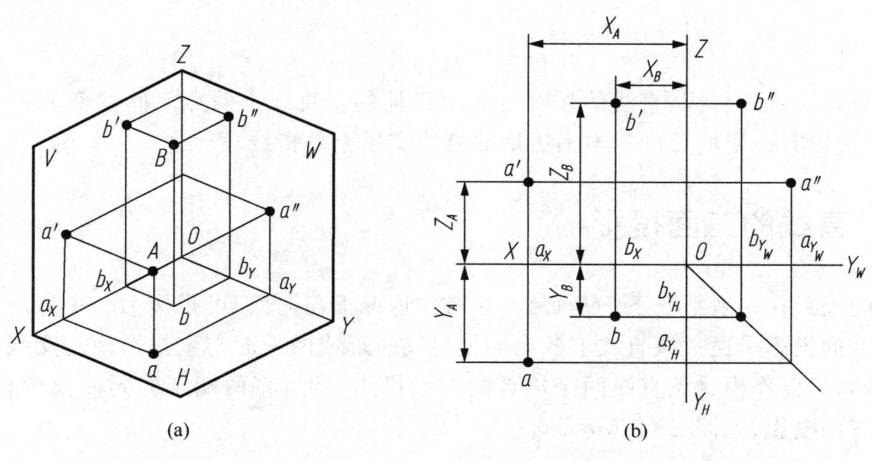

图 2-9　点 A、B 的相对位置

(2) 重影点及其可见性

当两点的某两个坐标分别相等时，也就是当其坐标差为零时，该两点位于同一投射线上，它们在与投射线垂直的投影面上的投影重合，故叫重影点。如图 2-10(a)所示，C、D 两点位于垂直 V 面的投射线上，C、D 两点称为对 V 面的重影点。

规定：观察方向与投影面的投射方向一致，即对 V 面观察由前向后，对 H 面观察由上至下，对 W 面观察由左向右。较高、较前、较左的点的投影可见，反之不可见。由图 2-10(b)可知，$X_C > X_E$，$Z_C = Z_E$，$Y_C = Y_E$，表示 C 点位于 E 点的左方，其投影可见，E 点位于 C 点的右方，被 C 点挡住了，其投影不可见(规定把不可见的点的投影符号加注括号)，这就是投影的可见性。

重影点问题是以后研究直线、平面以及立体等的投影时判别可见性的基础。

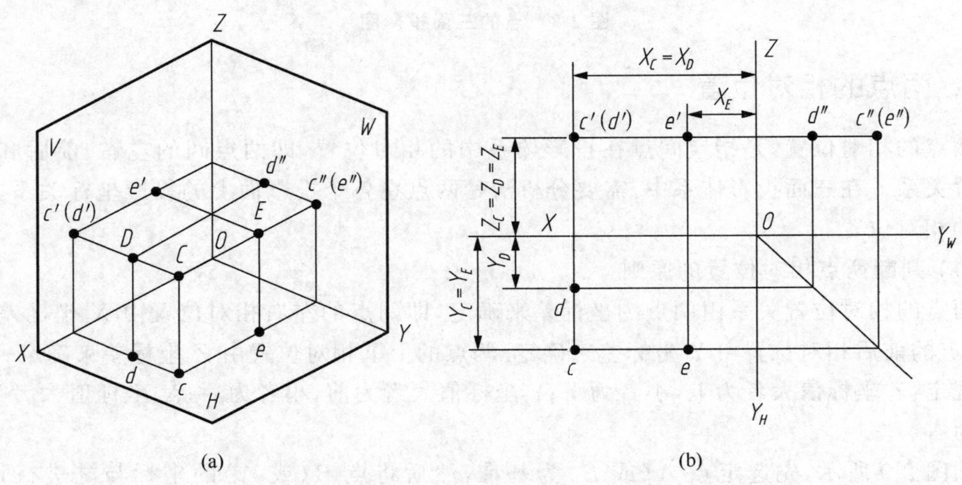

图 2-10 重影点的投影及其可见性

2.3 直线的投影

两点可以决定一直线，直线的长度是无限延伸的。直线上两点之间的部分(一段直线)称为线段，线段有一定的长度。本书所讲的直线实质上是指线段。

2.3.1 直线的三面投影

直线的投影在一般情况下仍是直线，在特殊情况下，其投影可积聚为一个点。直线在某一投影面上的投影是通过该直线上各点的投射线所形成的平面与该投影面的交线。作某一直线的投影，只要作出这条直线两个端点的三面投影，然后将两端点的同面投影相连，即可得直线的三面投影，如图 2-11 所示。

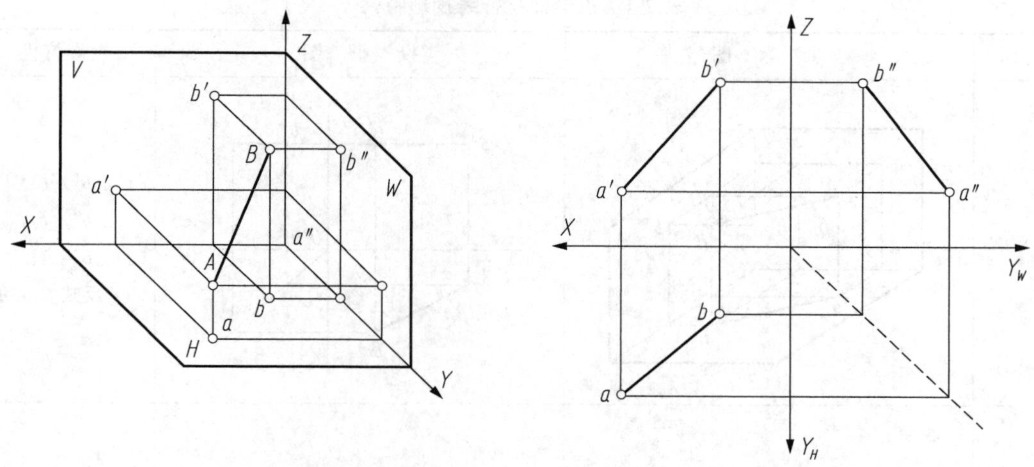

图 2-11　直线的三面投影

2.3.2　各种位置直线的投影特性

按直线与三个投影面之间的相对位置，将空间直线分为两大类，即特殊位置直线和一般位置直线。特殊位置直线又分为投影面平行线和投影面垂直线。直线与投影面之间的夹角称为直线的倾角。直线对 H 面、V 面、W 面的倾角分别用希腊字母 α、β、γ 表示。

1. 投影面平行线

平行于一个投影面而与另外两个投影面都倾斜的直线，称为投影面平行线。投影面平行线可分为以下三种：

① 平行于 H 面，同时倾斜于 V、W 面的直线称为水平线。

② 平行于 V 面，同时倾斜于 H、W 面的直线称为正平线。

③ 平行于 W 面，同时倾斜于 H、V 面的直线称为侧平线。

投影面平行线的投影特性如表 2-1 所示。下面以水平线为例说明投影面平行线的投影特性。

在表 2-1 中，由于水平线 AB 平行于 H 面，同时又倾斜于 V、W 面，因而其 H 投影 ab 与直线 AB 平行且相等，即 ab 反映直线的实长。投影 ab 倾斜于 OX、OY_H 轴，其与 OX 轴的夹角反映直线对 V 面的倾角 β 的实形，与 OY_H 轴的夹角反映直线对 W 面的倾角 γ 的实形，AB 的 V 面投影和 W 面投影分别平行于 OX、OY_W 轴，同时垂直于 OZ 轴。同理可分析出正平线 CD 和侧平线 EF 的投影特性。综合表 2-1 中的水平线、正平线、侧平线的投影规律，可归纳出投影面平行线的投影特性如下：

① 投影面平行线在它所平行的投影面上的投影反映实长，且倾斜于投影轴，该投影与相应投影轴之间的夹角，反映空间直线与另外两个投影面的倾角。

② 其余两个投影平行于相应的投影轴，长度小于实长。

表 2-1 投影面平行线投影特性

名称	轴测图	投影图	投影特性
水平线	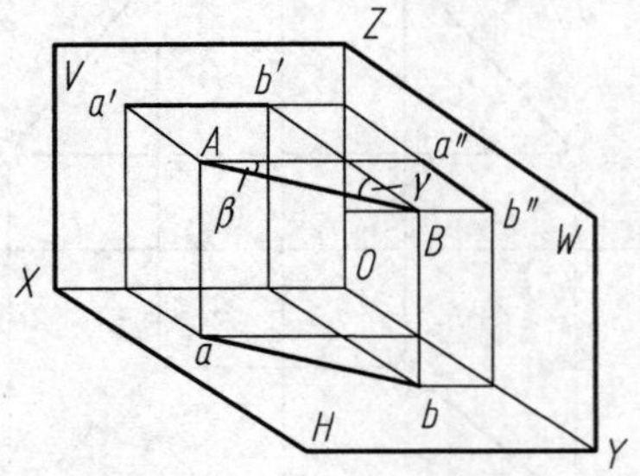	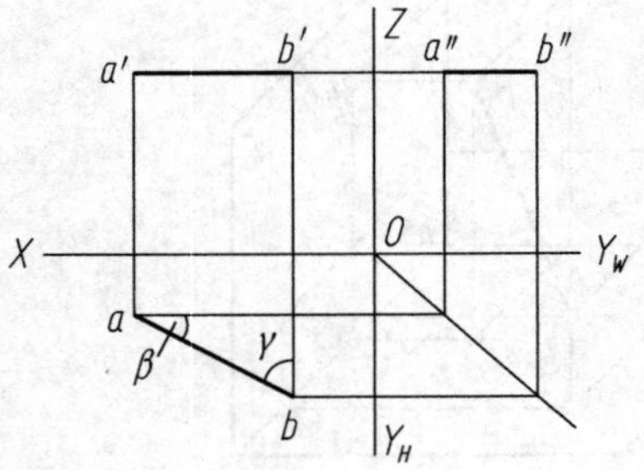	(1) $a'b' /\!/ OX$ $a''b'' /\!/ OY_W$ (2) $ab = AB$ (3) 反映 β、γ 角
正平线	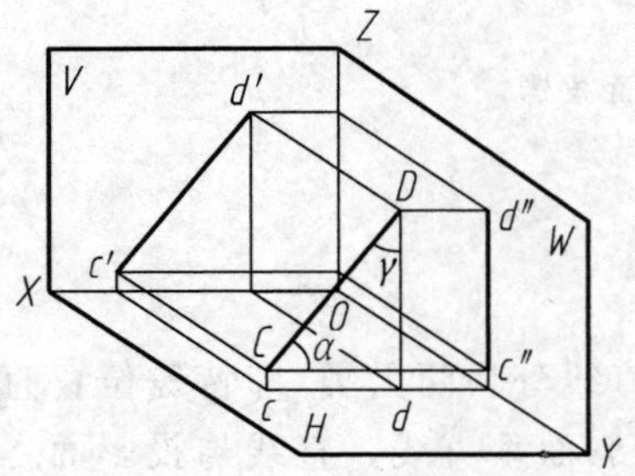	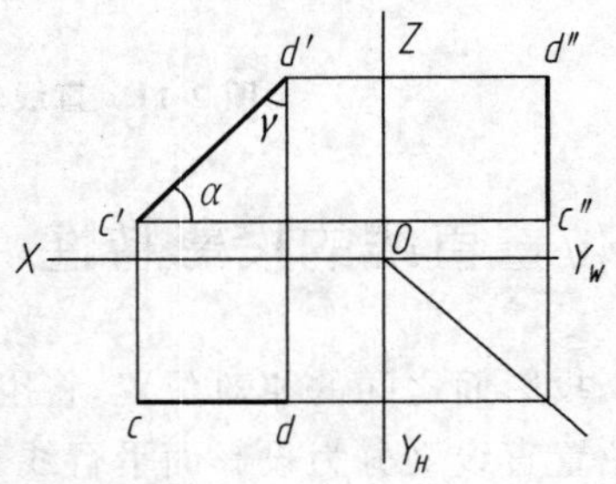	(1) $cd /\!/ OX$ $c''d'' /\!/ OZ$ (2) $c'd' = CD$ (3) 反映 α、γ 角
侧平线	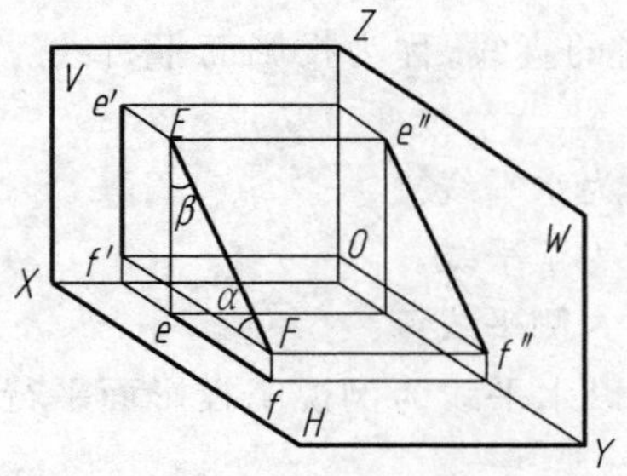	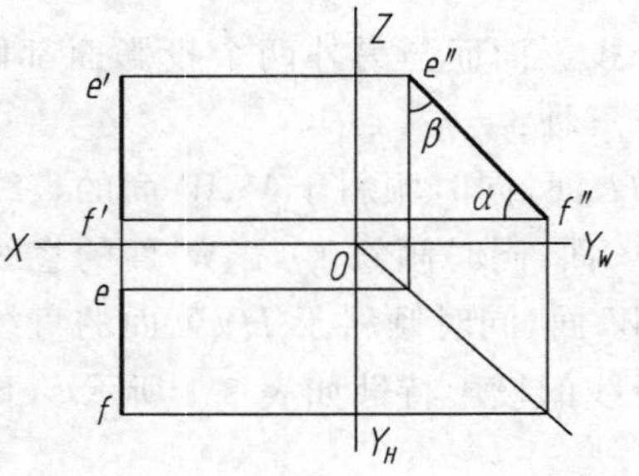	(1) $ef /\!/ OY_H$ $e'f' /\!/ OZ$ (2) $e''f'' = EF$ (3) 反映 α、β 角

2. 投影面垂直线

垂直于一个投影面的直线称为投影面垂直线，它分为三种：

① 垂直于 H 面的直线称为铅垂线。

② 垂直于 V 面的直线称为正垂线。

③ 垂直于 W 面的直线称为侧垂线。

投影面垂直线的投影特性如表 2-2 所示。下面以铅垂线为例说明投影面垂直线的投影特性。

在表 2-2 中，因直线 AB 垂直于 H 面，所以 AB 的 H 投影积聚为一点 $a(b)$；AB 垂直于

H 面的同时必定平行于 V 面和 W 面，所以由平行投影的显实性可知 $a'b'=a''b''=AB$，并且 $a'b'$ 垂直于 OX 轴，$a''b''$ 垂直于 OY_W 轴，它们同时平行于 OZ 轴。

综合表 2-2 中的铅垂线、正垂线、侧垂线的投影规律，可归纳出投影面垂直线的投影特性如下：

① 直线在它所垂直的投影面上的投影积聚为一点。

② 直线的另外两个投影平行于相应的投影轴，且反映实长。

表 2-2　投影面垂直线投影特性

名称	轴 测 图	投 影 图	投影特性
铅垂线	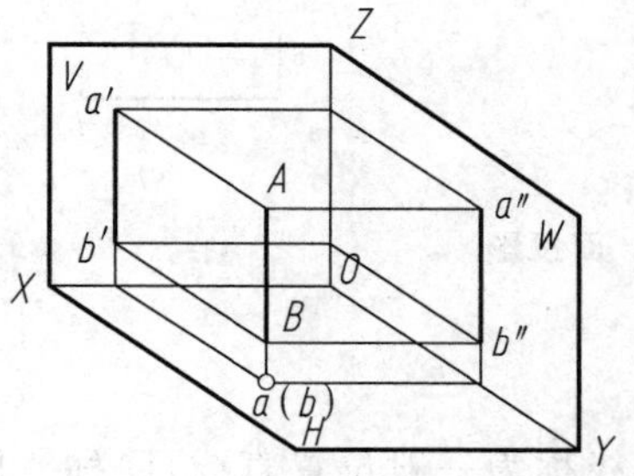 Z, V, a′, A, a″, W, b′, O, X, B, b″, a(b), H, Y	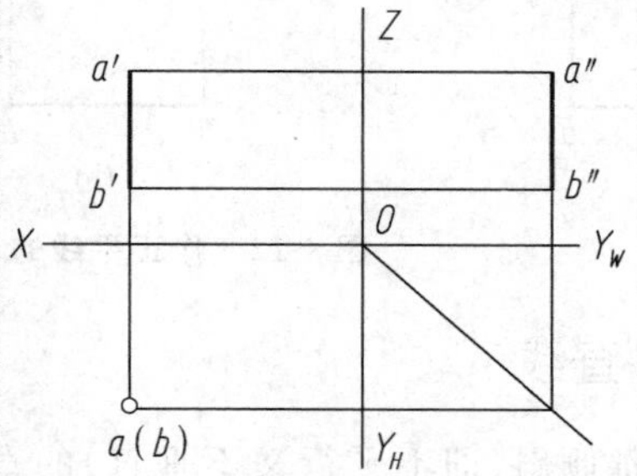 Z, a′, a″, b′, b″, O, X, Y_W, a(b), Y_H	(1) ab 积聚为一点 (2) $a'b' \perp OX$ $a''b'' \perp OY_W$ (3) $a'b'=a''b''=AB$
正垂线	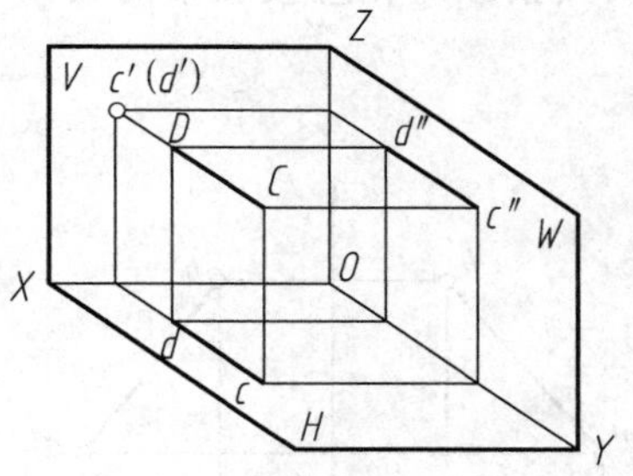 Z, V, c′(d′), D, d″, C, c″, W, O, X, d, c, H, Y	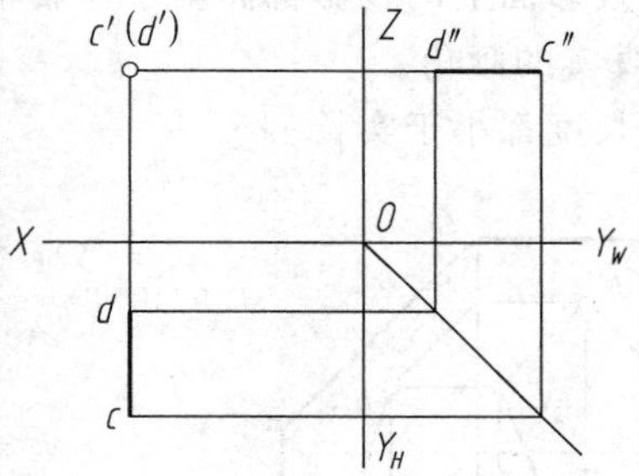 c′(d′), Z, d″, c″, O, X, Y_W, d, c, Y_H	(1) $c'd'$ 积聚为一点 (2) $cd \perp OX$ $c''d'' \perp OZ$ (3) $cd=c''d''=CD$
侧垂线	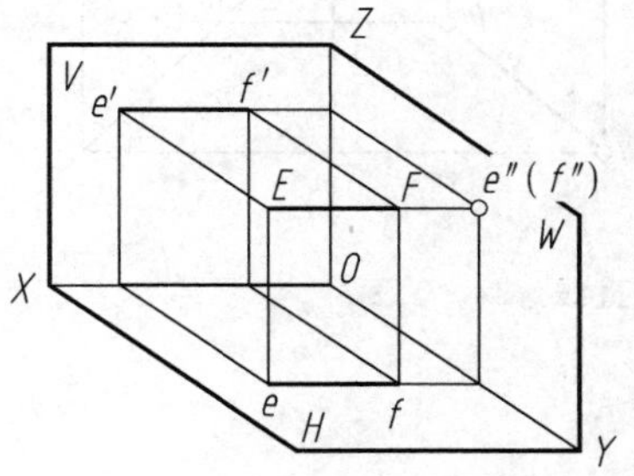 Z, V, e′, f′, E, F, e″(f″), W, O, X, e, H, f, Y	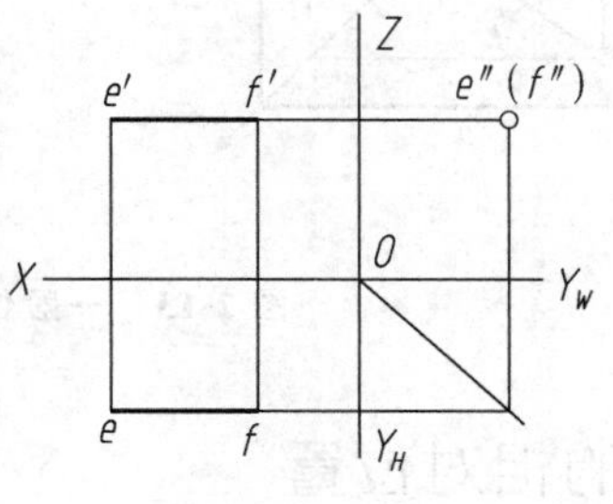 Z, e′, f′, e″(f″), O, X, Y_W, e, f, Y_H	(1) $e''f''$ 积聚为一点 (2) $ef \perp OY_H$ $e'f' \perp OZ$ (3) $ef=e'f'=EF$

【例 2-1】　已知直线 AB 的水平投影 ab，AB 对 H 面的倾角为 30°，端点 A 距水平面的距离为 10，A 点在 B 点的左下方，求 AB 的正面投影 $a'b'$，如图 2-12(a)所示。

分析

由已知条件可知，AB 的水平投影 ab 平行于 OX 轴，因而 AB 是正平线，正平线的正面

投影与 OX 轴的夹角反映直线与 H 面的倾角。A 点到水平面的距离等于其正面投影 a' 到 OX 轴的距离，从而求出 a'。

作图

① 过 a 作 OX 轴的垂线 aa_x，在 aa_x 的延长线上截取 $a'a_x=10$，如图 2-12(b)所示。

② 过 a' 作与 OX 轴成 30°的直线，与过 b 作 OX 轴垂线 bb_x 的延长线相交，因 A 点在 B 点的左下方，故所得交点即为 b'，连接 $a'b'$ 即为所求，如图 2-12(c)所示。

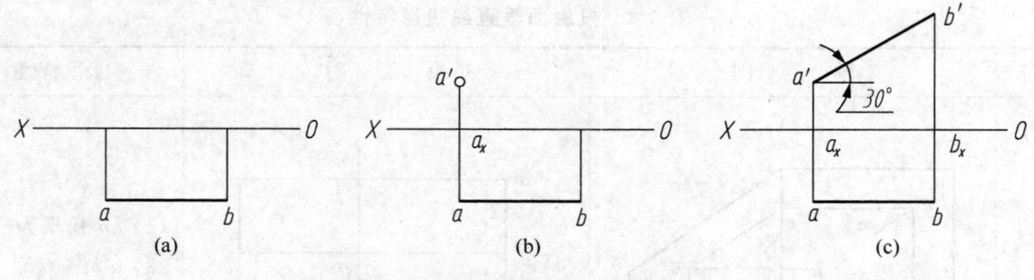

图 2-12 作正平线的 V 面投影

3. 一般位置直线

与三个投影面都倾斜(即不平行又不垂直)的直线称为一般位置直线，简称一般线。从图 2-13 可以看出，一般位置直线具有以下的投影特性：

① 直线在三个投影面上的投影都倾斜于投影轴，其投影与相应投影轴的夹角不能反映其与相应投影面的真实的倾角。

② 三个投影的长度都小于实长。

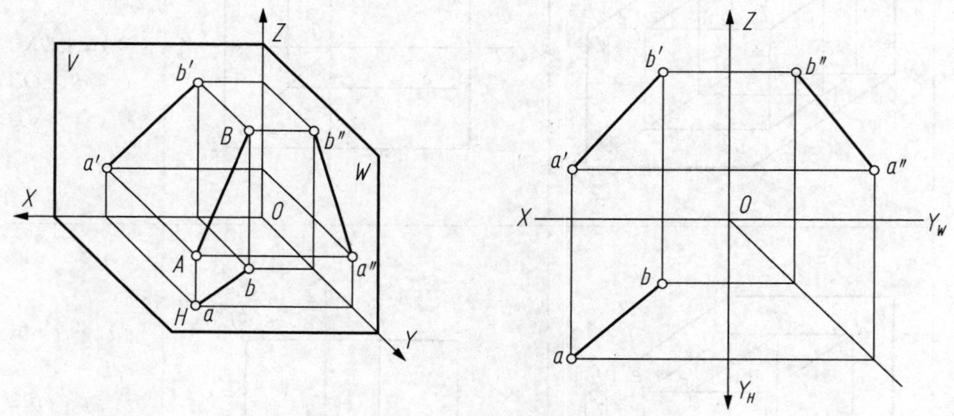

图 2-13 一般位置直线

2.3.3 两直线的相对位置

空间两直线的相对位置可分为三种：两直线平行、两直线相交、两直线交叉。前两种直线又称为同面直线，后一种又称为异面直线。其投影特点如下：

1. 平行两直线

平行两直线的同面投影平行或重合，如图 2-14 所示。

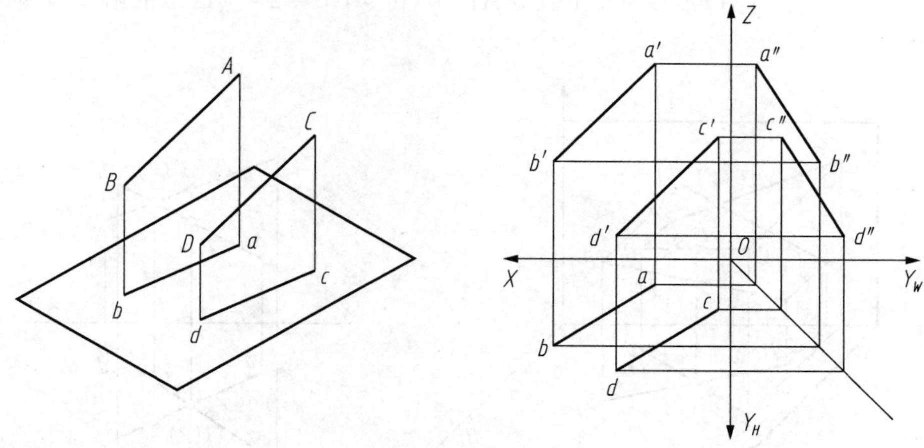

图 2-14　平行两直线的同面投影

2. 相交两直线

相交两直线的同面投影相交或重合，且交点符合直线上点的投影规律。如图 2-15 所示，AB 与 CD 的交点 E 的投影符合点的投影规律，其投影连线垂直于相应的投影轴。

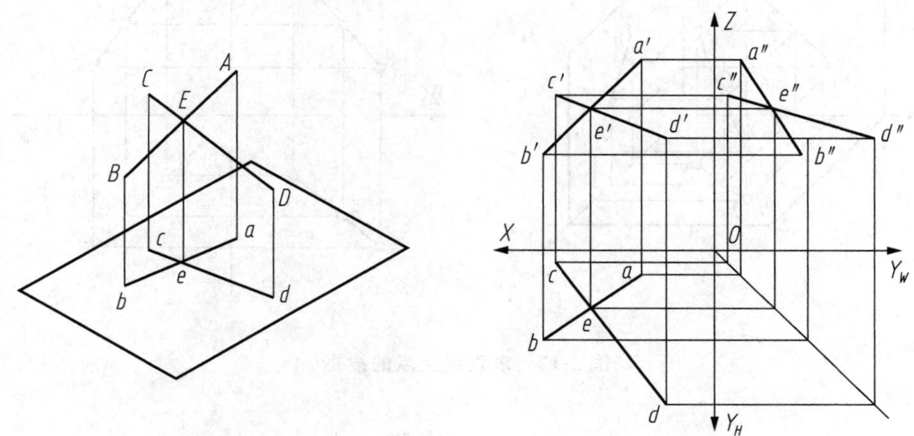

图 2-15　相交两直线的同面投影

3. 交叉两直线

交叉两直线的同面投影相交或平行，且交点不符合直线上点的投影规律，如图 2-16 所示。

2.3.4　直线上点的投影

如果点在直线上，则点的三面投影就必定在直线的三面投影之上。这一性质是点的从属性。

一直线上的两线段之比，等于其同面投影之比。这一性质是点的定比性。

已知 AB 的两投影，C 点在 AB 上且分 AB 为 $AC:CB=2:5$，C 点的两投影，如图2-17所示。

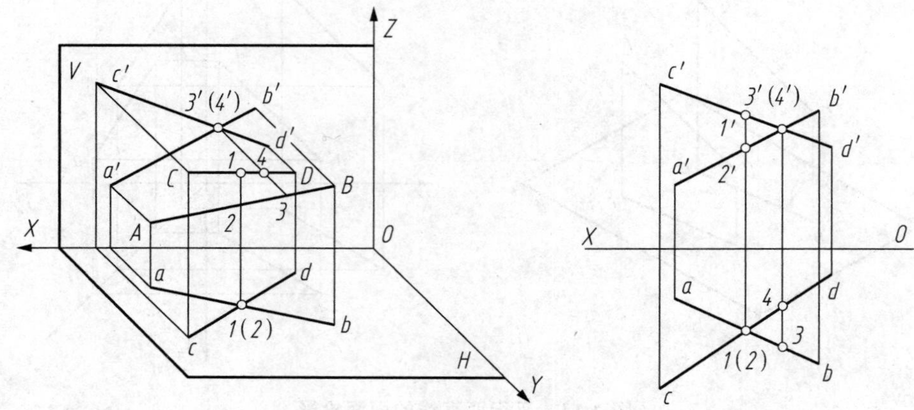

图 2-16　交叉两直线的同面投影

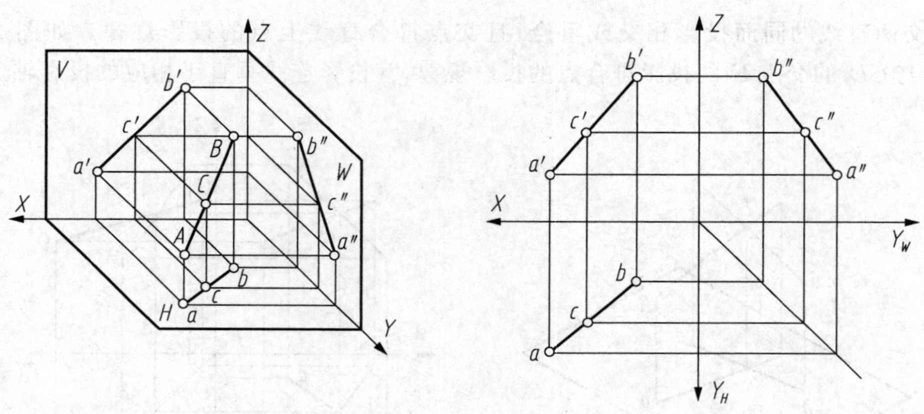

图 2-17　求直线上点的投影

2.4　平面的投影

2.4.1　平面的表示法

由几何学可知，平面的空间位置可由下列几何元素确定：不在同一条直线上的三点、一直线及直线外一点、两相交直线、两平行直线、任意的平面图形。

图 2-18 所示是用上述各几何元素所表示的平面及其投影图。

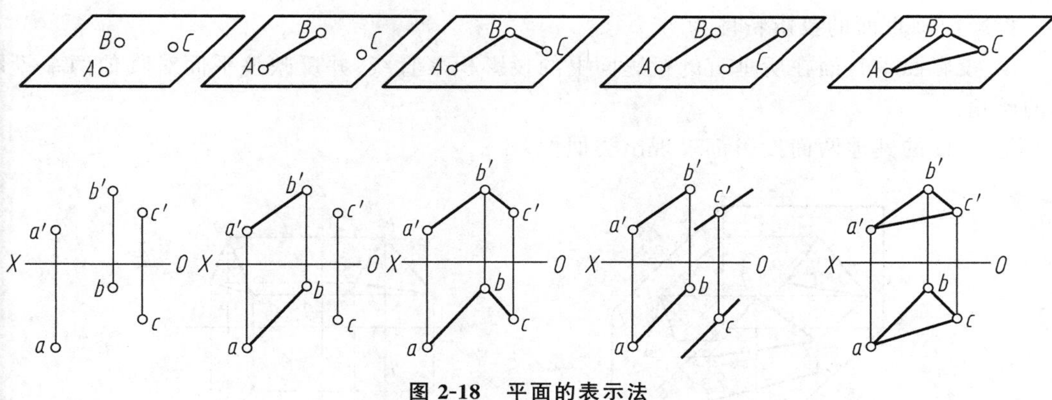

图 2-18　平面的表示法

2.4.2　平面的投影特性

平面对投影面的相对位置有三种：一般位置平面、投影面垂直面、投影面平行面，后两种称特殊位置平面。

规定平面对 H、V、W 面的倾角分别用 α、β、γ 来表示。平面的倾角是指平面与某一投影面所成的二面角。

1. 一般位置平面

一般位置平面是与三个投影面都倾斜的平面，其投影如图 2-19 所示。由于△ABC 对 H、V、W 面都倾斜，因此它的三个投影都是三角形，为原平面图形的类似形，面积均比实形小。

2. 投影面垂直面

投影面垂直面是与一个投影面垂直，与另两个投影面倾斜的平面，可分为三种：垂直于 V 面的平面叫正垂面；垂直于 H 面的平面叫铅垂面；垂直于 W 面的平面叫侧垂面，其投影特性如表 2-3 所示。

图 2-20 所示是铅垂面△ABC 的投影。由于△ABC 垂直于 H 面，倾斜于 V、W 面，因此其水平投影积聚成一条直线，V 面投影和 W 面投影都是类似的三角形，H 面投影与 OX 轴、OY 轴的夹角分别反映△ABC 与 V 面、W 面的倾角 β、γ。

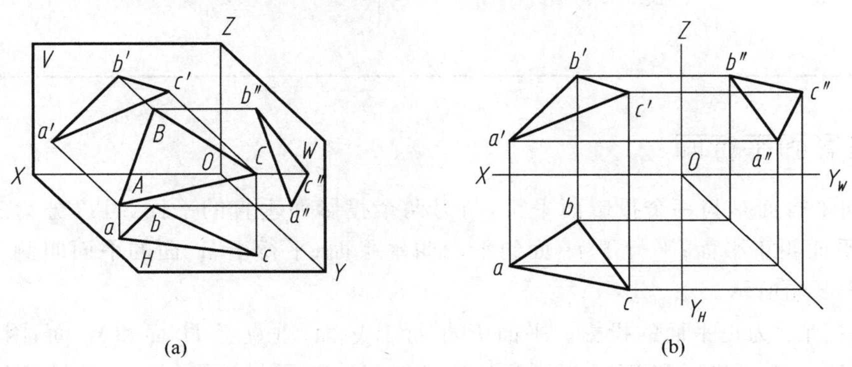

图 2-19　一般位置平面的投影特性

投影面垂直面的投影特性为：

① 投影面垂直面在所垂直的投影面上的投影积聚直线，并反映该平面对其他两个投影面的倾角。

② 平面的其他两面投影都表现出类似性。

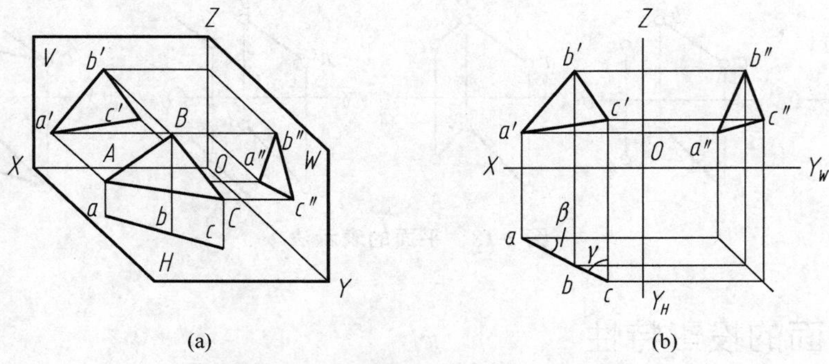

图 2-20　铅垂面的投影特性

表 2-3　投影面垂直面的投影特性

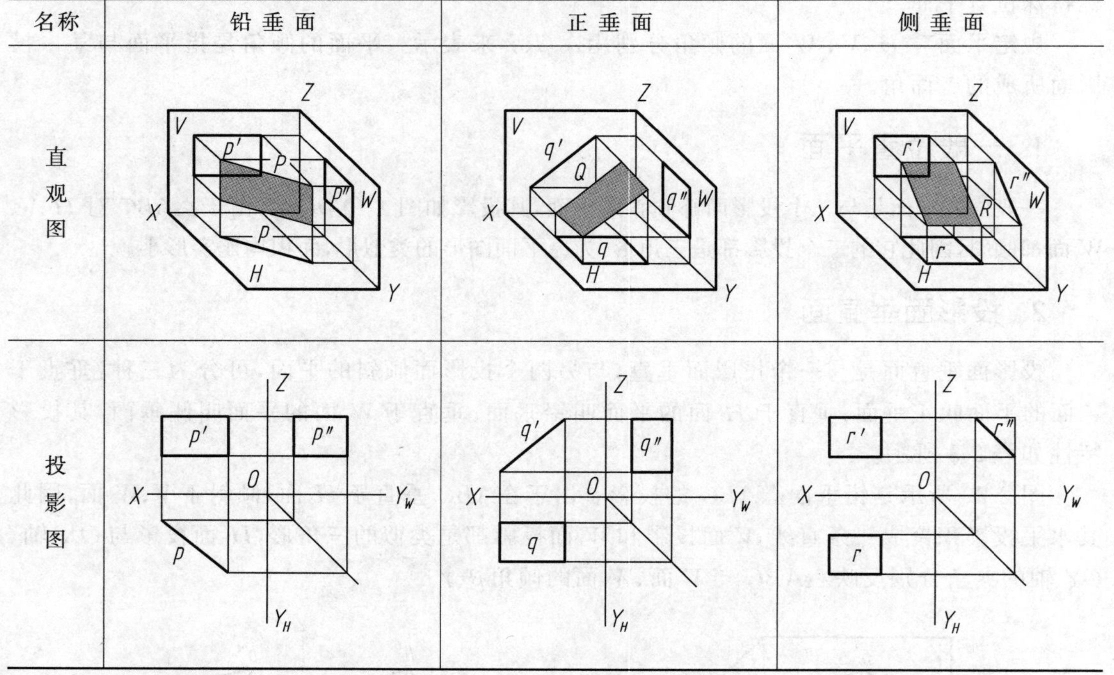

名称	铅 垂 面	正 垂 面	侧 垂 面
直观图			
投影图			

3. 投影面平行面

投影面平行面是与一个投影面平行，与另两个投影面垂直的平面，可以分为三种：平行于 V 面的平面叫正平面；平行于 H 面的平面叫水平面；平行于 W 面的平面叫侧平面，其投影特性如表 2-4 所示。

图 2-21 所示为正平面的投影。平面 P 平行于 V 面，垂直于 H 面和 W 面，因此其 V 面投影反映实形，H 面投影和 W 面投影积聚成直线，且 H 面投影平行于 OX 轴，W 面投影平行于 OZ 轴。

投影面平行面的投影特性为：

① 投影面平行面在其所平行的投影面上的投影反映实形。

② 投影面平行面的另外两面投影均积聚成平行于相应投影轴的直线。

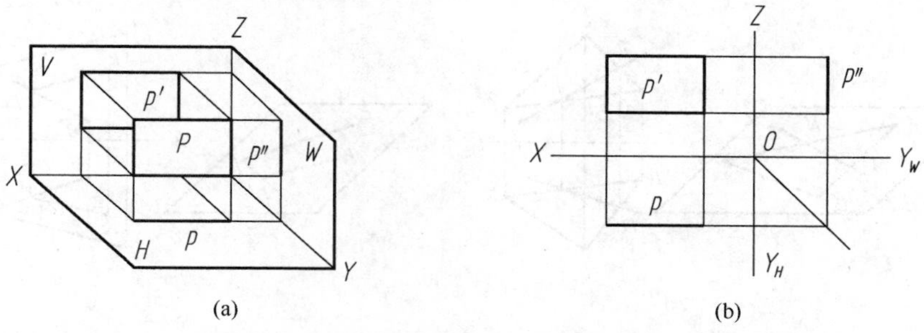

(a)　　(b)

图 2-21　正平面的投影特性

表 2-4　投影面平行面的投影特性

名称	水 平 面	正 平 面	侧 平 面
直观图	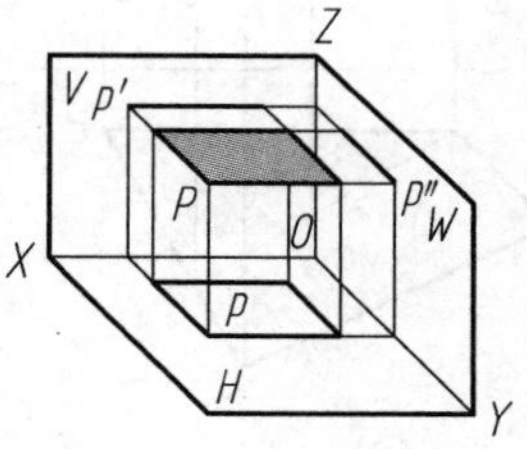	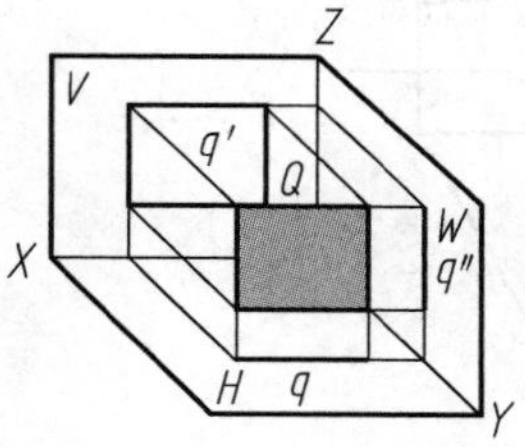	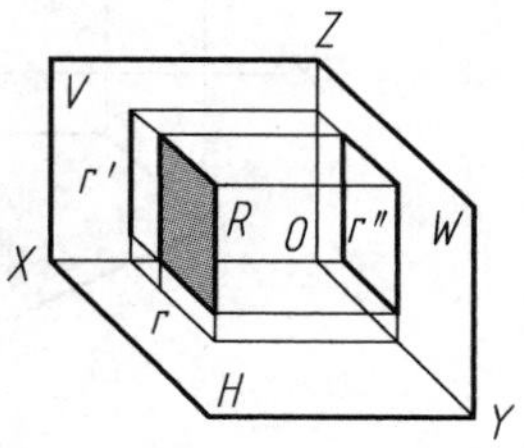
投影图	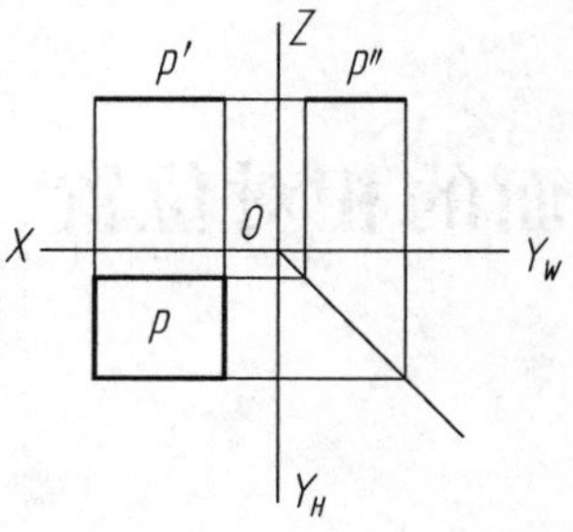	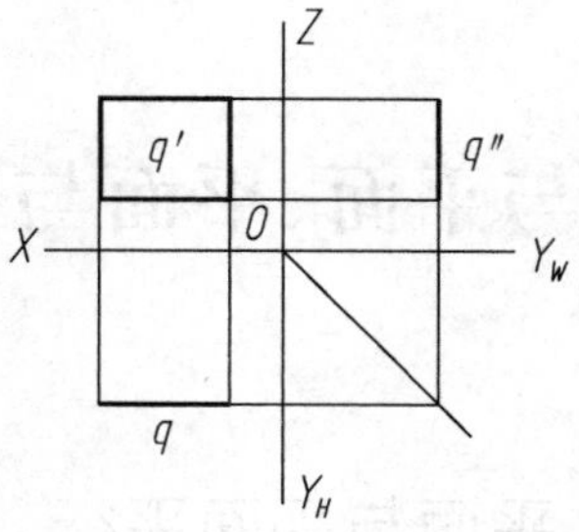	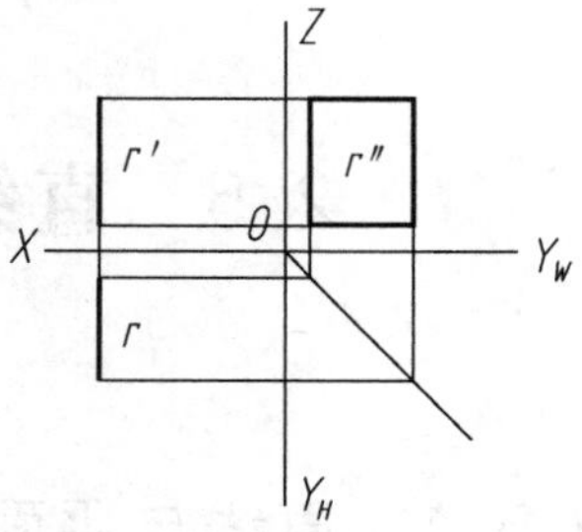

2.4.3　平面内的直线和点

由几何学可知，直线在平面上的几何条件是直线通过平面上的两点，或通过平面上的一点并平行于平面上的另一条直线；点在平面上的几何条件是点在平面的一条直线上，如图 2-22所示。

【例 2-2】　如图 2-23 所示，判断点 M 是否在平面 $ABCD$ 上。

分析

若点 M 在平面上，则一定在平面 $ABCD$ 的一条直线上，否则就不在 $ABCD$ 上。

作图

① 连 $b'm'$，并延长于 $c'd'$ 相较于 n'；

② 由 n' 作出 n，连 bn，m 不在 bn 上，显然点 M 不在 BN 上，所以点 M 不在平面 $ABCD$ 上。

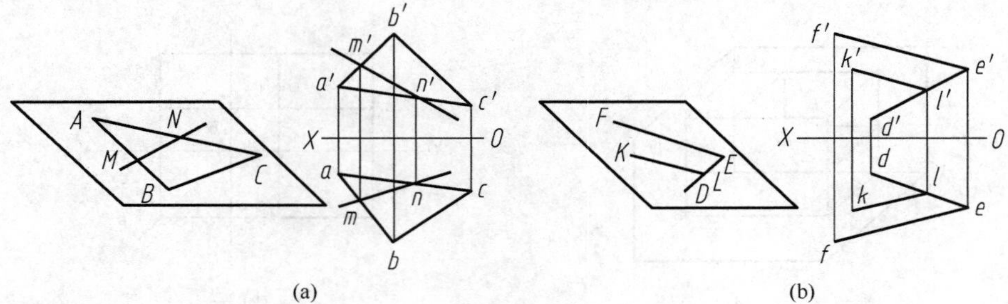

图 2-22　平面上的直线和点

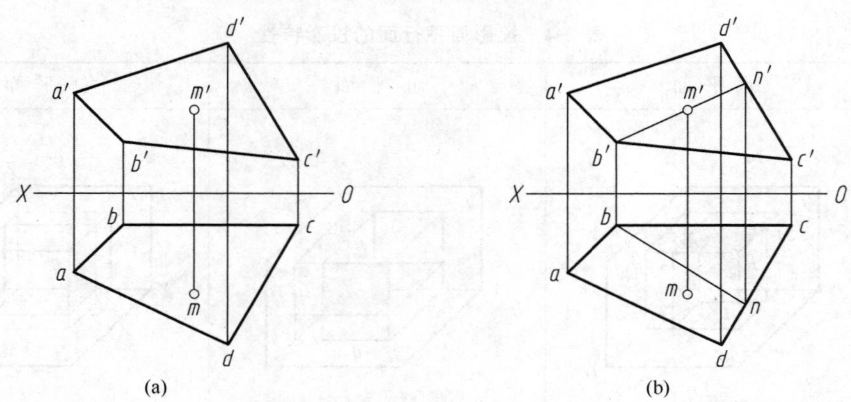

图 2-23　判断点 M 是否在平面 $ABCD$ 上

2.5　直线与平面、平面与平面的相对位置

2.5.1　直线与平面、平面与平面平行

由几何学可知，直线与平面平行的几何条件是直线平行于平面内的某一直线；平面与平面平行的几何条件是一平面上两条相交直线对应平行于另一平面上两条相交直线。

由图 2-24 可以得出直线与投影面垂直面平行时，直线的投影平行于平面有积聚性的同面投影，或者直线和平面的同面投影都有积聚性。

由图 2-25 可知，两投影面的垂直面平行时，它们积聚性的同面投影平行。

2.5.2　直线与平面、平面与平面相交

求直线与平面或两平面相交时，应求出直线与平面的交点或两平面的交线，并判断可见

性，将被平面遮住的直线或另一平面的轮廓画成细虚线。

1. 直线与平面相交

直线与平面相交的交点是直线与平面的共有点，且是直线可见与不可见的分界点。

如图 2-26(a)所示，一般位置直线 DE 与铅垂面△ABC 相交，交点 K 的 H 面投影 k 在△ABC 的 H 面投影 abc 上，又必在直线 DE 的 H 面投影 de 上，因此，交点 K 的 H 面投影 k 就是 abc 与 de 的交点，由 k 作 $d'e'$ 上的 k'，如图 2-26(b)所示。交点 K 也是直线 DE 在△ABC 范围内可见与不可见的分界点。由图 2-26(c)可以看出，直线 DE 在交点右上方的一段 KE 位于△ABC 平面之前，因此 $e'k'$ 为可见，$k'd'$ 被平面遮住的一段为不可见。也可利用两交叉直线的重影点来判断，$e'd'$ 与 $a'c'$ 有重影点 $1'$ 和 $2'$，根据 H 面投影可知，DE 上的点 Ⅰ 在前，AC 上的点 Ⅱ 在后，因此 $1'k'$ 可见，另一部分被平面遮挡，不可见，应画细虚线。

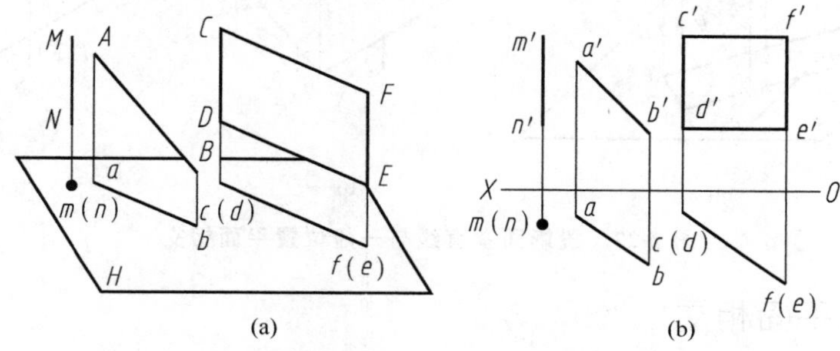

图 2-24　直线与平面平行

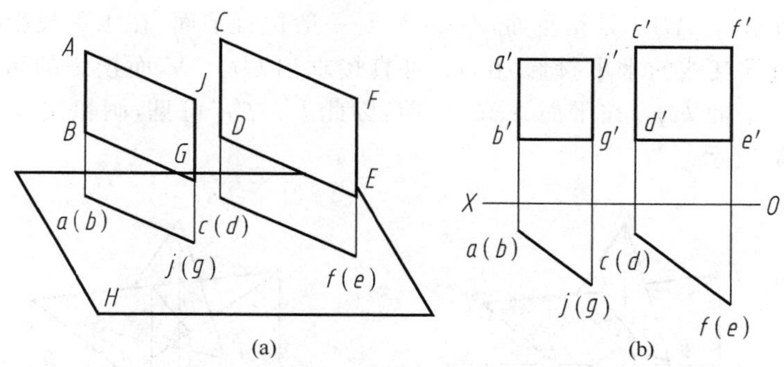

图 2-25　平面与平面平行

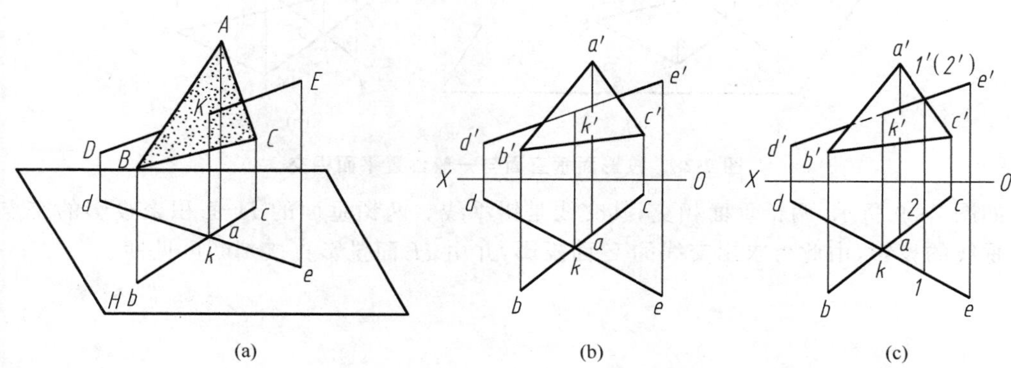

图 2-26　一般位置直线与投影面垂直面相交

如图 2-27(a)、(b)所示，正垂线 EF 与平面 $ABCD$ 相交，EF 的 V 面投影积聚成一点，交点 K 的 V 面投影 k' 与 $e'f'$ 重合，同时点 K 也是平面 $ABCD$ 上的点，因此，可以利用在平面上取点的方法，求出点 K 的 H 面投影 k。EF 的可见性，可利用两交叉直线的重影点来判断。ef 与 ad 有重影点 1 和 2，根据 V 面投影可知，EF 上的点 Ⅰ 在上，AD 上的点 Ⅱ 在下，因此 $1k$ 可见，另一部分被平面遮挡不可见，应画虚线，如图 2-27(c)所示。

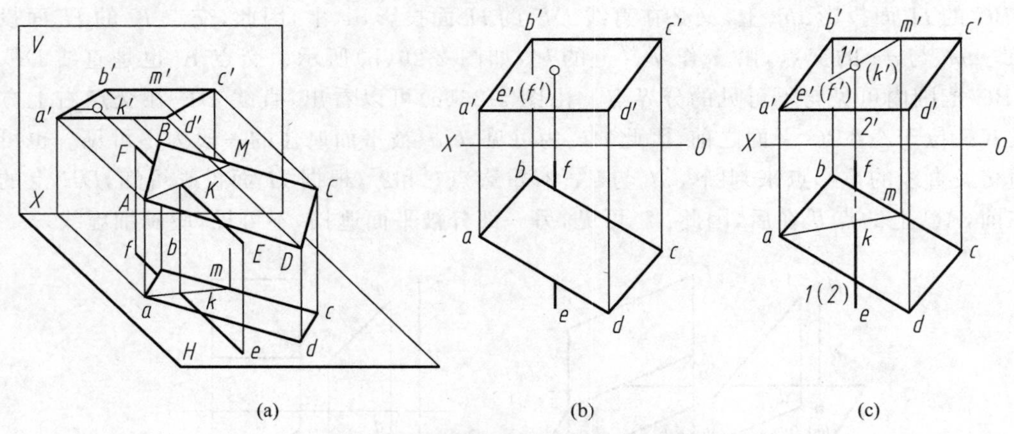

图 2-27 投影面垂直线与一般位置平面相交

2. 平面与平面相交

两平面相交的交线是两平面的共有线，而且是平面可见与不可见的分界线。

如图 2-28 所示，△ABC 是铅垂面，△DEF 是一般位置平面，在水平投影上，两平面的共有部分 kl 就是所求交线的水平投影，由 kl 可直接求出 $k'l'$。V 面投影的可见性可以从 H 面投影直接判断：平面 $klfe$ 在平面 ABC 之前，因此 $k'l'f'e'$ 可见，画粗实线，其余部分的可见性如图 2-28(b)所示。

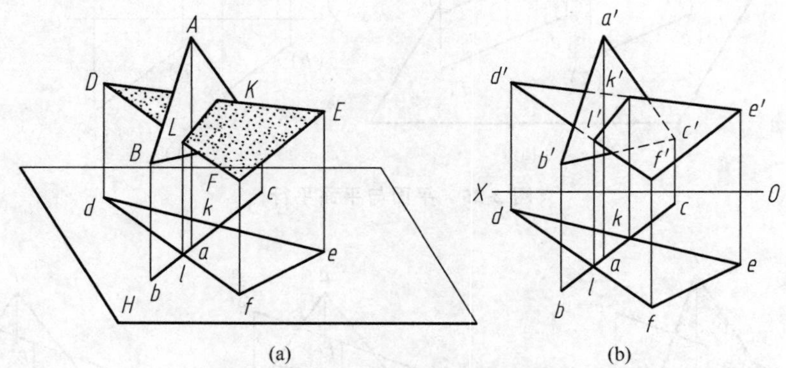

图 2-28 投影面垂直面与一般位置平面相交

如图 2-29 所示，两铅垂面相交，其交线是铅垂线。两铅垂面的 H 面积聚投影的交点就是铅垂线的投影，由此可求出交线的 V 面投影，并由 H 面投影直接判断可见性。

2.5.3 直线与平面、平面与平面垂直

1. 直线与平面垂直

由几何学可知：一直线如果垂直于一平面上任意两相交直线，则直线垂直于该平面，直线垂直于平面上的所有直线。

从图 2-30 可以看出：当直线垂直于投影面垂直面时，该直线平行于平面所垂直的投影面。图中直线 AB 垂直于铅垂面 $CDEF$，AB 是水平线，且 $ab \perp cdef$。

同理，与正垂面垂直的直线是正平线，它们的正面投影相互垂直；与侧垂面垂直的直线是侧平线，两者的侧面投影相互垂直。

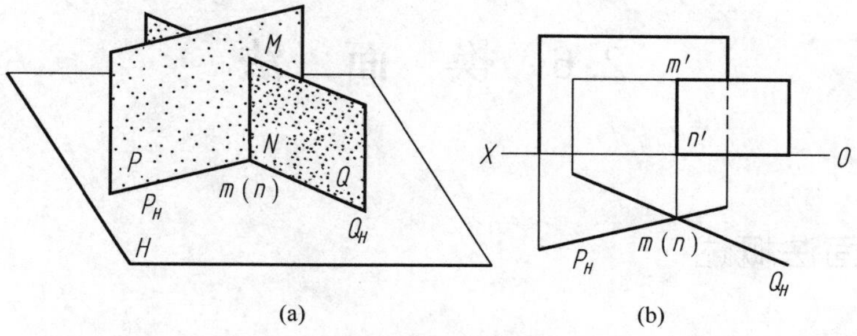

图 2-29　两铅垂面相交

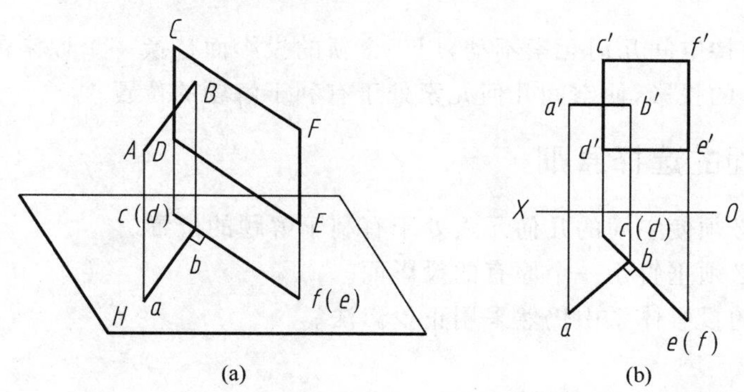

图 2-30　直线与铅垂面垂直

2. 平面与平面垂直

当两个相互垂直的平面同时垂直于一个投影面时，两平面有积聚性的同面投影垂直，交线是该投影面的垂直线。

如图 2-31 所示，两铅垂面 $ABCD$、$CDEF$ 相互垂直，它们的 H 面有积聚性的投影垂直相交，交点是两平面交线——铅垂线的投影。

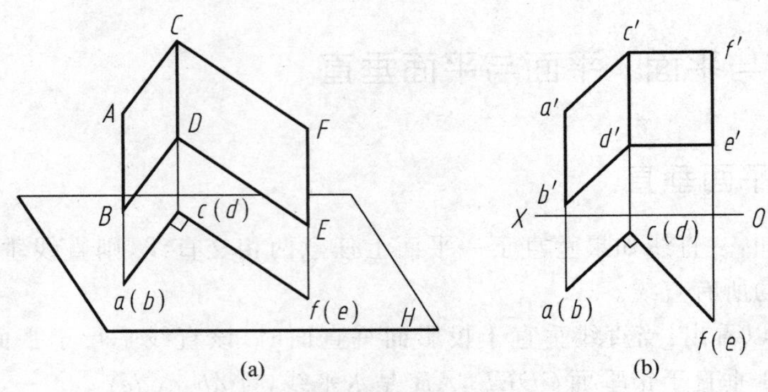

图 2-31　两铅垂面相互垂直

2.6 换 面 法

2.6.1 换面法概述

1. 换面法的基本概念

换面法就是保持空间几何元素不动，用一个新的投影面替换一个原来的投影面，然后找出其在新投影面上的投影，使空间几何元素处于有利于解题的位置。

2. 新投影面的选择原则

① 新投影面必须使空间的几何元素处于有利于解题的位置。

② 新投影面必须垂直于一个原有的投影面。

③ 在新建立的投影体系中仍然采用正投影法。

2.6.2 换面法的投影规律

点是一切几何元素的基本元素。因此在研究换面时，首先从点的投影变换来研究换面法的投影规律。

1. 点的一次换面

(1) 换 V 面

图 2-32(a)表示点 A 在原投影体系 V/H 中，其投影为 a 和 a'，现令 H 面不动，用新投影面 V_1 来代替 V 面，V_1 面必须垂直于不动的 H 面，这样便形成新的投影体系 V_1/H，O_1X_1 是新投影轴。

过点 A 向 V_1 面作垂线，得到 V_1 面上的新投影 a'_1，点 a'_1 是新投影，点 a' 是旧投影，点 a 是新、旧投影体系中的共有的不变投影。a 和 a'_1 是新的投影体系中的两个投影，将 V_1 面绕

O_1X_1轴旋转到与 H 面重合的位置时，就得到图 2-32(b)所示的投影图。

由于在新投影体系中，仍采用正投影方法，又在 V/H 投影体系和 V_1/H 体系中，具有公共的 H 面，所以点 a 到 H 面的距离（Z 坐标）在两个体系中是相等的。所以有：$a_1'a \perp O_1X_1$轴，$a_1'a_{X_1}=a'a_X=Aa$，即换 V 面时 Z 坐标不变。由此得出点的投影变换规律是：

① 点的新投影和不变投影的连线，必垂直于新投影轴。

② 点的新投影到新投影轴（O_1X_1）的距离等于点的旧投影到旧投影轴（OX）的距离，也即换 V 面时高度坐标不变。

如图 2-32(b)所示，换 V 面的作图方法和步骤如下：

① 在被保留的 H 投影 a 附近（适当的位置）作 O_1X_1轴。

② 由 H 投影 a 向新投影轴 O_1X_1 作垂线，在此垂线上量取 $a_1'a_{X1}=a'a_X$，点 a_1' 即为所求。

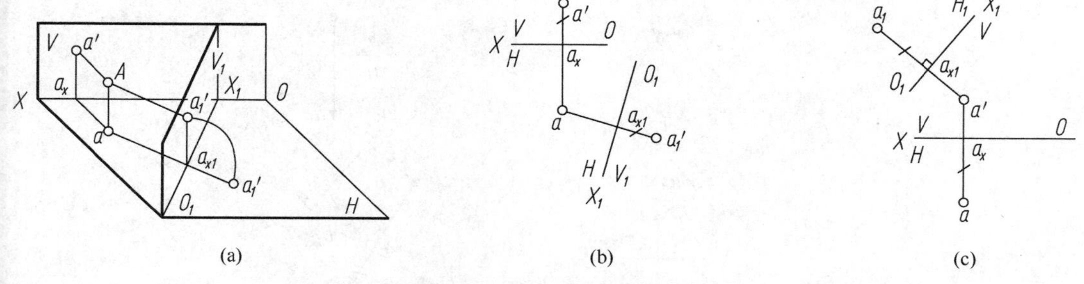

图 2-32　点的一次换面

(2) 换 *H* 面

换 H 面时，新旧投影之间的关系与换 V 面类似：$a'a_1 \perp O_1X_1$轴；$a_1a_{X_1}=aa_X=Aa'$，换 H 面时 Y 坐标不变。

其作图方法和步骤与换 V 面类似，如图 2-32(c)所示。

2. 点的二次换面

由于应用换面法解决实际问题时，有时一次换面后还不便于解题，还需要二次或多次变换投影面。图 2-33 表示点的二次换面，其求点的新投影的作图方法和原理与一次换面相同。

但要注意，在更换投影面时，不能一次更换两个投影面。为了在换面过程中二投影面保持垂直，必须在更换一个之后，在新的投影体系中再更换另一个。如图 2-33(a)所示，先由 H_1代替 H 面，构成新的投影体系 V/H_1，O_1X_1为新坐标轴；再以这个新投影体系为基础，以 V_2面代替 V 面，又构成新的投影体系 V_2/H_1，O_2X_2为新坐标轴。

二次换面的作图步骤如图 2-33(b)所示：

① 先换 H 面，以 H_1面替换 H 面，建立 V/H_1新投影体系，得新投影 a_1，而 $a_1a_{X1}=aa_X=Aa'$，作图方法与点的一次换面完全相同；

② 再换 V 面，以 V_2面替换 V 面，建立 V_2/H_1新投影体系，得新投影 a_2'，而 $a_2'a_{X2}=a'a_{X1}=Aa_1$，作图方法与点的一次换面类似。

根据实际需要也可以先换 V 面，后换 H 面，但二次或多次换面应该是 V 面和 H 面交替更换，如：$\frac{V}{H}\rightarrow\frac{V_1}{H}\rightarrow\frac{V_1}{H_2}\rightarrow\frac{V_3}{H_2}\cdots\cdots$。

3. 几个基本作图问题

(1) 将一般位置直线变换为投影面的平行线

图 2-34(a)所示为把一般位置直线 AB 变换为投影面平行线的情况。用 V_1 面代替 V 面，使 V_1 面 $/\!/ AB$ 并垂直于 H 面。此时，AB 在新投影体系 V_1/H 中为正平线。图 2-34(b)所示为投影图。作图时，先在适当位置画出与不变投影 ab 平行的新投影轴 O_1X_1($O_1X_1 /\!/ ab$)，然后根据点的投影变换规律和作图方法，求出 A、B 两点在新投影面 V_1 上的新投影 a_1'、b_1'，再连接 $a_1'b_1'$。则 $a_1'b_1'$ 反映线段 AB 的实长，即 $a_1'b_1'=AB$，并且新投影 $a_1'b_1'$ 和新投影轴(O_1X_1 轴)的夹角即为直线 AB 对 H 面的倾角 α，如图 2-34(b)所示。

如图 2-34(c)所示，若求线段 AB 的实长和与 V 面的倾角 β，应将直线 AB 变换成水平线($AB /\!/ H_1$ 面)，也即应该换 H 面，建立 V/H_1 新投影体系，基本原理和作图方法同上。

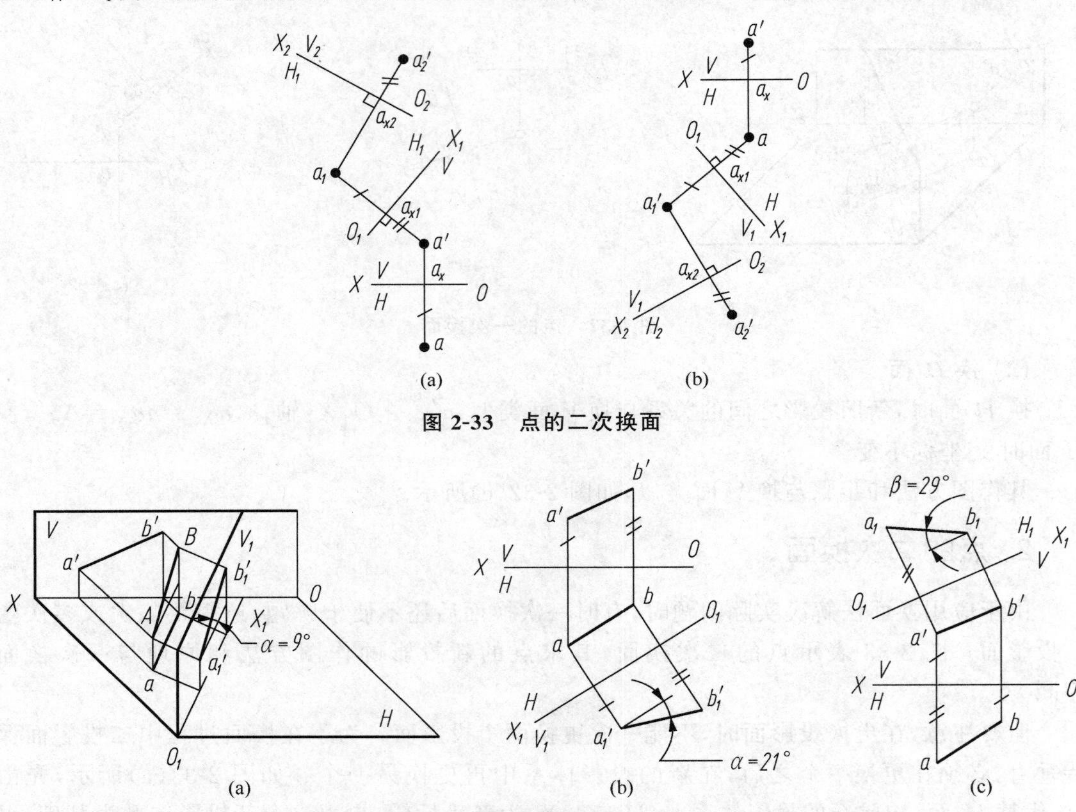

图 2-33 点的二次换面

图 2-34 将一般位置直线变换为投影面平行线

(2) 将投影面的平行线变换为投影面垂直线

将投影面平行线变换为投影面的垂直线，是为了使直线积聚成一个点，从而解决与直线有关的度量问题(如求两直线间的距离)和空间问题(如求线段面交点)。应该选择哪一个投影面进行变换，要根据直线的位置而定，即选择一个与已知平行线垂直的新投影面进行变换，使该直线在新投影体系中成为垂直线。

图 2-35(a)所示为将水平线 AB 变换为新投影面的垂直线的情况。图 2-35(b)所示为投影图的作法。因所选的新投影面垂直于 AB，而 AB 为水平线，所以新投影面一定垂直于 H 面，故应换 V 面，用新投影体系 V_1/H 更换旧投影体系 V/H，其中 $O_1X_1 \perp ab$。

(3) 将一般位置直线变换为投影面垂直线(需要二次换面)

如果要将一般位置直线变换为投影面垂直线,必须变换两次投影面。先将一般位置直线变换为投影面的平行线,然后再将该投影面平行线变换为投影面垂直线。

如图2-36所示,先换V面,使直线AB在新投影体系V_1/H中成为正平线,然后再换H面,使直线AB在新投影体系V_1/H_2中成为铅垂线。其作图方法详见图2-36(b),其中$O_1X_1 /\!/ ab$,$O_2X_2 \perp a_1'b_1'$。

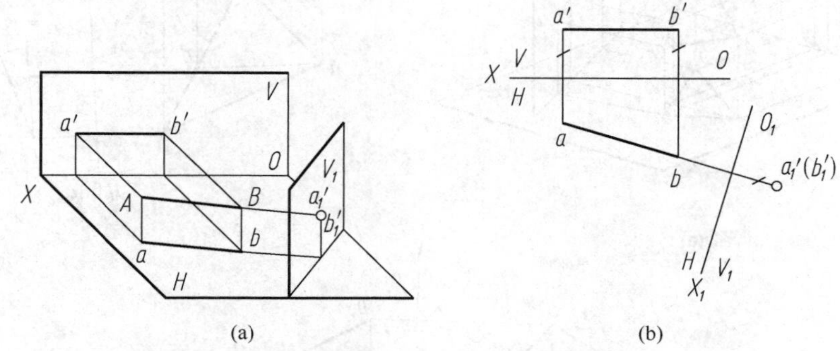

图2-35 将投影面的平行线变换为投影面垂直线

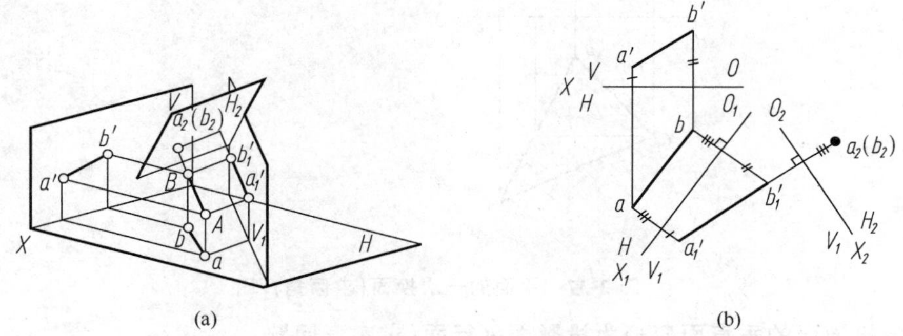

图2-36 直线的二次换面

(4) 将一般位置平面变换为投影面垂直面(求倾角问题)

将一般位置平面变换为投影面垂直面,只需使平面内的任一条直线垂直于新的投影面。我们知道要将一般位置直线变换为投影面的垂直线,必须经过两次变换,而将投影面平行线变换为投影面垂直线只需要一次变换。因此,在平面内取一条投影面的平行线为辅助线,再取与辅助线垂直的平面为新投影面,则平面也就和新投影面垂直了。

图2-37所示为将一般位置平面△ABC变换为新投影体系中的正平线的情况。由于新投影面V_1既要垂直于△ABC平面,又要垂直于原有投影面H面,因此,它必须垂直于△ABC平面内的水平线。作图步骤如下:

① 在△ABC平面内作一条水平线AD作为辅助线,并作出其投影ad、$a'd'$。

② 作$O_1X_1 \perp ad$。

③ 求出△ABC在新投影面V_1上的投影a_1'、b_1'、c_1',三点连线必积聚为一条直线,即为所求。而该直线与新投影轴的夹角即为该一般位置平面△ABC与H面的倾角α,如图2-37(b)所示。

同理,也可以将△ABC平面变换为新投影体系V/H_1中的铅垂面,并同时求出一般位置平面△ABC 与 V 面的倾角 β，如图 2-37(c)所示。

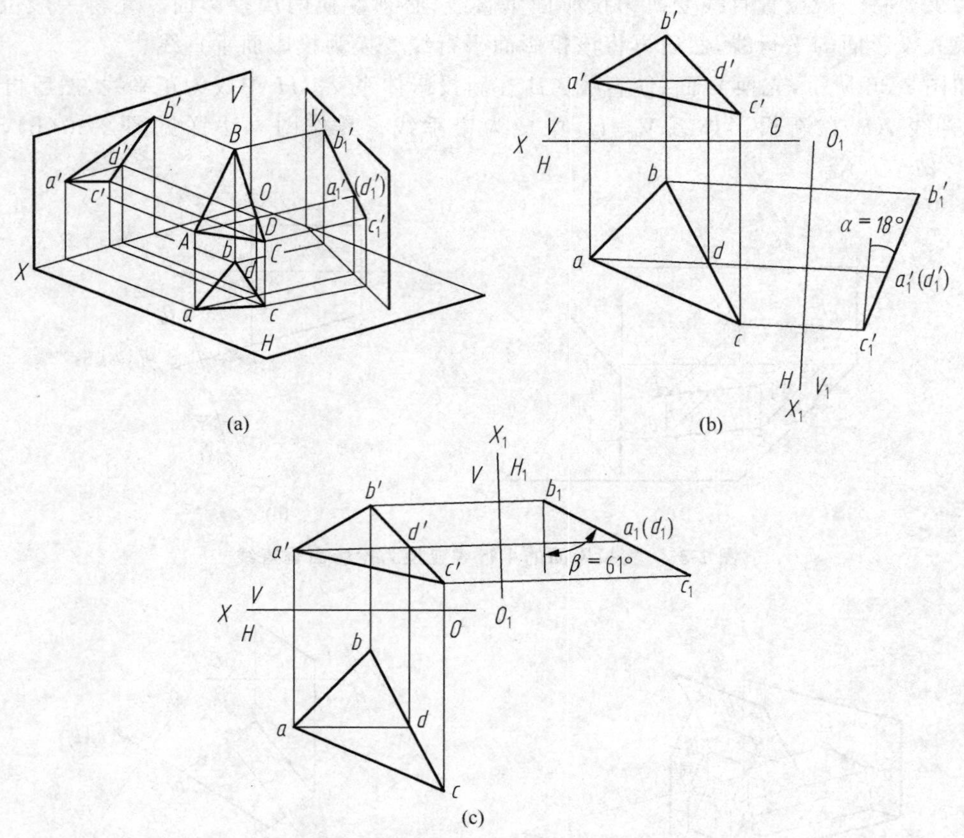

图 2-37　平面的一次换面(求倾角)

(5) 将投影面的垂直面变换为投影面平行面(求实形问题)

图 2-38 所示为将铅垂面△ABC 变为投影面平行面(求实形)的情况。由于新投影面平行于△ABC，因此它必定垂直于投影面 H，并与 H 面组成 V_1/H 新投影体系。△ABC 在新投影体系中是正平面。作图步骤如下：

① 在适当位置作 $O_1X_1 /\!/ abc$。

② 求出△ABC 在 H_1 面的投影 a_1'、b_1'、c_1'，连接此三点，得△$a_1'b_1'c_1'$，即为△ABC 的实形。

(6) 将一般位置平面变换为投影面平行面(二次换面)

要将一般位置平面变换为投影面平行面，必须经过两次换面。因为如果取新投影面平行于一般位置平面，则这个投影面也一定是一般位置平面，它和原体系 V/H 中的哪个投影面都不垂直而无法构成新投影体系。因此，一般位置平面变换为投影面平行面，必须经过两次换面。

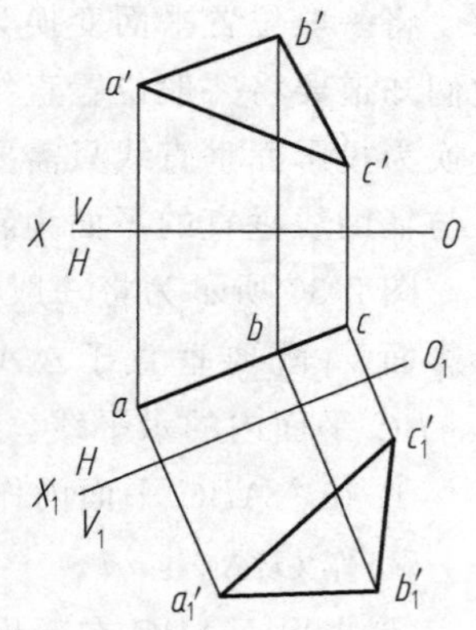

图 2-38　将投影面的垂直面变换为投影面平行面

如图 2-39(a)所示，先换 V 面，其变换顺序为 $X\,\dfrac{V}{H}\rightarrow X_1\,\dfrac{V_1}{H}$

$\rightarrow X_2\dfrac{V_1}{H_2}$，在 H_2 面上得到 $\triangle a_2b_2c_2=\triangle ABC$，即 $\triangle a_2b_2c_2$ 是 $\triangle ABC$ 的实形。

如图 2-39(b)所示，先换 H 面，其变换顺序为 $X\dfrac{V}{H}\rightarrow X_1\dfrac{V}{H_1}\rightarrow X_2\dfrac{V_2}{H_1}$，在 V_2 面上得到 $\triangle a_2'b_2'c_2'=\triangle ABC$，即 $\triangle a_2'b_2'c_2'$ 是 $\triangle ABC$ 的实形。

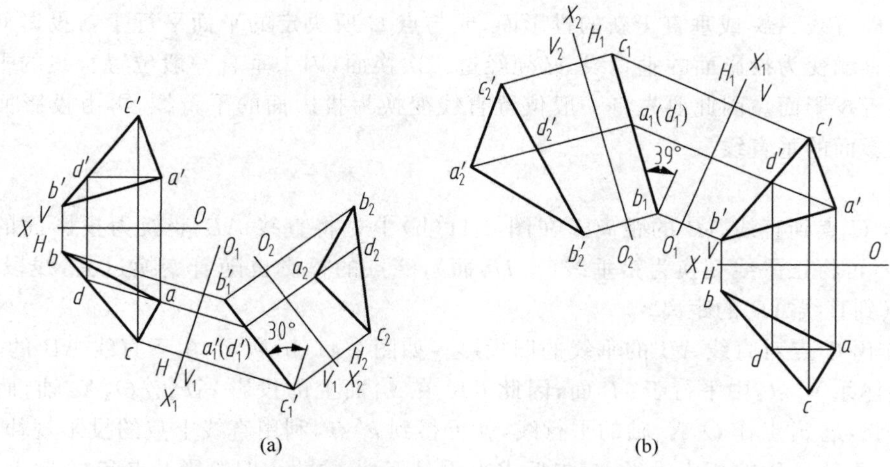

图 2-39　平面的二次换面

4. 应用举例

(1) 到平面的距离

确定点到平面的距离，只要把已知的平面变换成垂直面，点到平面的实际距离就可反映在投影图上。

如图 2-40 所示，用变换 V 面的方法，确定点 D 到 $\triangle ABC$ 的距离，作图步骤如下：

① 由于 $\triangle ABC$ 中的 AB 为水平线，故直接取新轴 $O_1X_1\perp ab$。

② 再作出 D 点和 $\triangle ABC$ 的新投影 d_1' 和 $a_1'b_1'c_1'$（为一直线）。

③ 过点 d_1' 作直线 $a_1'b_1'c_1'$ 的垂线，得垂足的新投影 k_1'，投影 $d_1'k_1'$ 之长即为所求的距离。

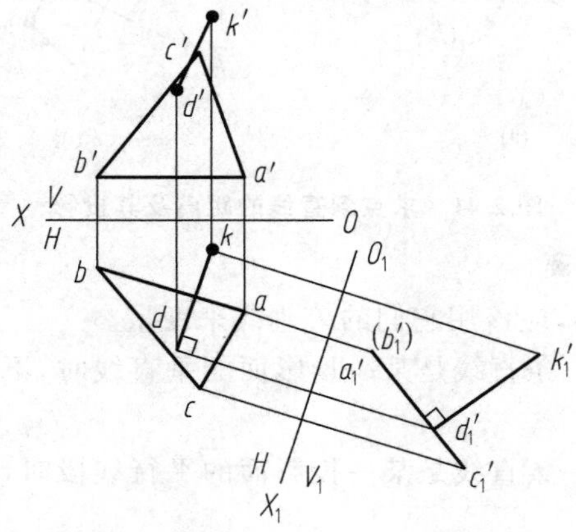

图 2-40　点到平面的距离

(2) 到直线的距离及其投影

【例 2-3】 如图 2-41(a)所示,已知线段 AB 和线外一点 C 的两个投影,求点 C 到直线 AB 的距离,并作出 C 点对 AB 的垂线的投影。

分析

要使新投影直接反映 C 点到直线 AB 的距离,过 C 点对直线 AB 的垂线必须平行于新投影面。即直线 AB 或垂直于新的投影面,或与点 C 所决定的平面平行于新投影面。要将一般位置直线变为投影面的垂直线,必须经过二次换面,因为垂直一般位置直线的平面不可能又垂直于投影面。因此要先将一般位置直线变换为投影面的平行线,再由投影面平行线变换为投影面的垂直线。

作图

① 求 C 点到直线 AB 的距离。在图 2-41(b)中先将直线 AB 变换为投影面的正平线($/\!/V_1$面),再将正平线变换为铅垂线($\perp H_2$面),C 点的投影也随着变换过去,线段 c_2k_2 即等于 C 点到直线 AB 的距离。

② 作出 C 点对直线 AB 的垂线的旧投影。如图 2-41(b)所示,由于直线 AB 的垂线 CK 在新投影体系 V_1H_2 中平行于 H_2 面,因此 CK 在 V_1 面上的投影 $c_1'k_1' /\!/ O_2X_2$ 轴,而 $c_1'k_1' \perp a_1'b_1'$。据此,过 c_1' 点作 O_2X_2 轴的平行线,就可得到 k_1' 点,利用直线上点的投影规律,由 k_1' 点返回去,在直线 AB 的相应投影上,先后求得垂足 K 点的两个旧投影 k 点和 k' 点,连接 $c'k'$、ck。$c'k'$、ck 即为 C 点对直线 AB 的垂线的旧投影。

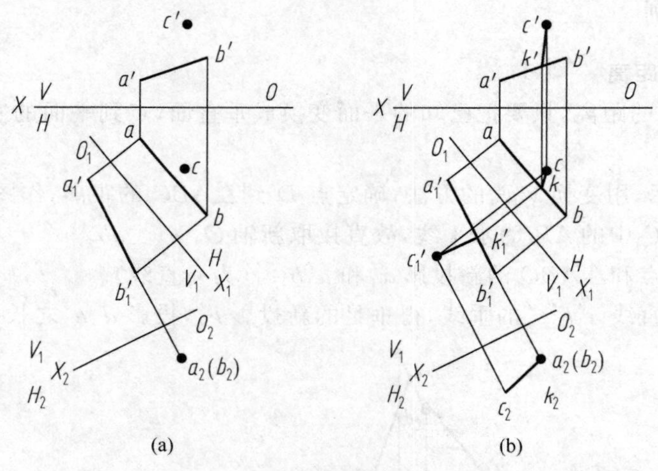

图 2-41 求点到直线的距离及其投影

(3) 交叉直线之间的距离

两交叉直线之间的距离,应该用它们的公垂线来度量。

① 当两交叉直线中有一条直线是某一投影面的垂直线时,不必换面即可直接求出两交叉直线之间的距离。

② 当两交叉直线中有一条直线是某一投影面的平行线段时,只需要一次换面即可求出两交叉直线之间的距离。

③ 当两交叉直线都是一般位置直线时,则需要进行二次换面才能求出两交叉直线之间的距离。

【例 2-4】 如图 2-42 所示,已知两条交叉直线 AB、CD,求两直线间的距离。

作图

① 因为 AB、CD 两直线在 V/H 体系中均为一般位置直线，所以需要二次换面。先用 V_1面代替 V 面，使 V_1面$/\!/CD$，同时 $V_1 \perp H$ 面。此时 AB 在新投影体系 V_1/H 中为新投影面的平行线。在新投影体系中求出 AB、CD 的新投影 $a'_1b'_1$、$c'_1d'_1$。

② 在适当的位置引新投影轴 $O_2X_2 \perp c'_1d'_1$，用 H_2代替 H 面，使 H_2面$\perp c'_1d'_1$。

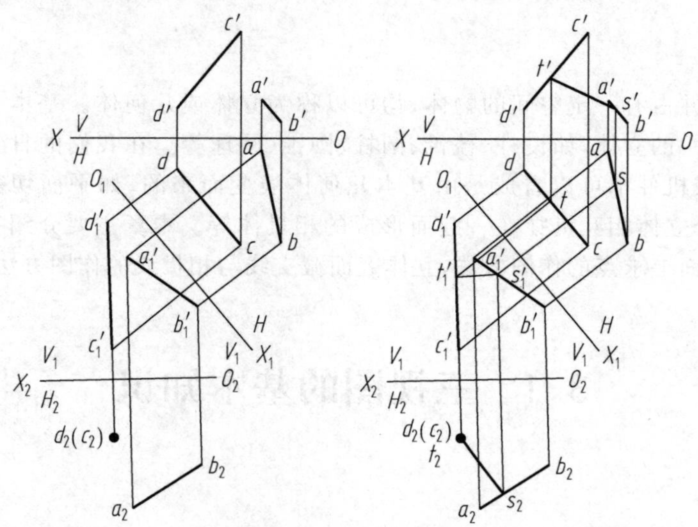

图 2-42　两交叉直线之间的距离

第 3 章　立体的投影

由表面围成并占有一定空间的物体，均可以称为立体或几何体。基本几何体是指构成表面要素比较单一的立体，如棱柱、棱锥、圆柱、圆锥、圆球等。在我们的日常生活和实际工作中，许多物体或机件都可以看成是由基本几何体演变而来的，如平面切割而形成的切割体，由两个或多个立体相互贯穿在一起而形成的相贯体等。本章主要介绍基本几何体的投影特性以及在表面上求点的作图方法，立体表面截交线与相贯线的作图方法和步骤。

3.1　三视图的基本知识

3.1.1　三视图的形成

将物体放在观察者和投影面之间，将观察者的视线视为一组相互平行并且与投影面垂直的投射线，将物体向选定的投影面投射得到物体的正投影图，这种用正投影法绘制出的物体图形称为视图。物体是立体的，有一定的形状和大小，有长、宽、高三个方向的尺寸，用一个视图很难表达清楚，如图 3-1 所示。在工程上常用三面视图来反映物体，这就是三视图。

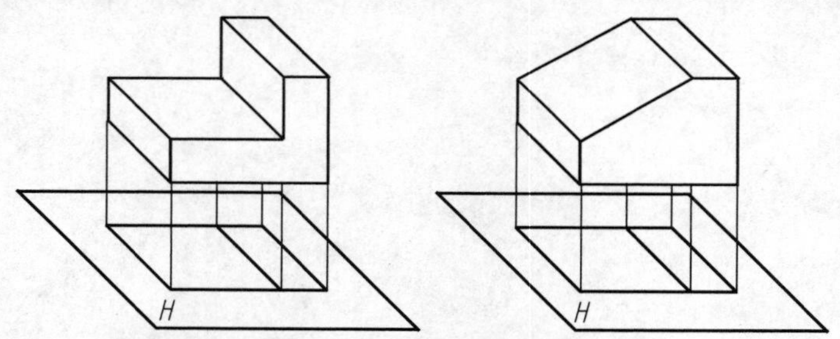

图 3-1　单一投影不能确定物体的形状和大小

1. 三投影面体系的建立

如图 3-2 所示，三投影面体系由三个互相垂直的投影面所组成：正前方的正立投影面，简称为正面或 V 面；平行于地平面的水平投影面，简称为水平面或 H 面；在右侧的侧立投影面，简称为侧面或 W 面。

三个投影面之间的交线称为投影轴。正面 V 与水平面 H 的交线称为 OX 轴，简称为 X 轴，来反映物体的长度；正面 V 与侧面 W 之间的交线称为 OZ 轴，简称为 Z 轴，来反映物体的高度；侧面 W 与水平面 H 之间的交线称为 OY 轴，简称为 Y 轴，反映物体的宽度。三个轴

之间的交点 O 称为原点。

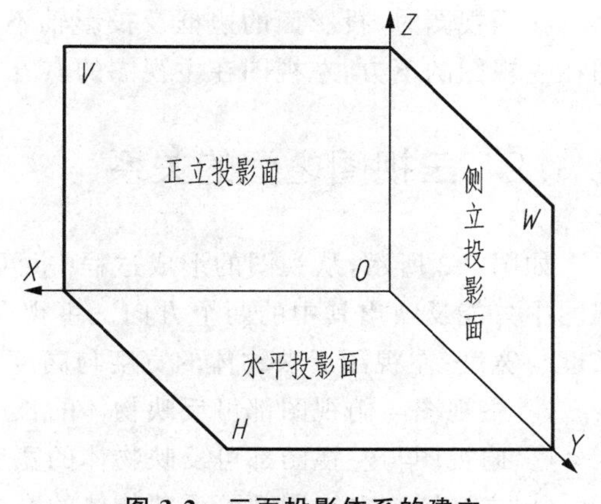

图 3-2　三面投影体系的建立

2. 物体在三面投影体系中的投影

将物体放置在三投影面体系中，按正投影法向三个面投射，即可分别得到物体的正面投影、水平投影和侧面投影，如图 3-3(a)所示。

3. 三投影面的展开与视图的形成

为了绘图的方便，需要将互相垂直的三个投影面放在一个平面上。规定：V 面保持不动，水平面 H 绕 OX 轴向下旋转 90°，侧立面绕 OZ 轴向右旋转 90°，OY 轴被分成两份，在水平面 H 上的用 OY_H 表示；在侧立面上的用 OY_W 表示，如图 3-3(b)所示。

物体从前向后在正面 V 上投射所得的投影称为主视图；物体从上向下在水平面 H 上投射所得的投影称为俯视图；物体从左向右在侧立面 W 上投射所得的投影称为左视图，如图 3-3(c)所示。

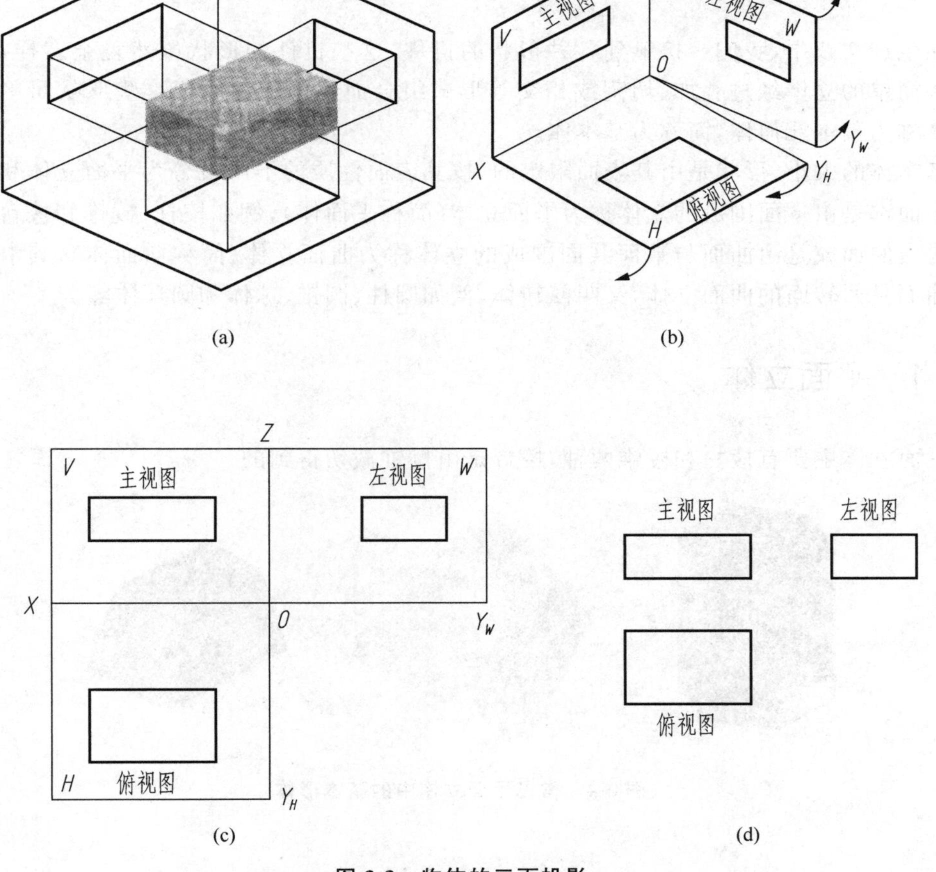

图 3-3　物体的三面投影

在画视图时，投影面的边框及投影轴不必画出，三个视图的相对位置不能变动，即俯视图在主视图的下方，左视图在主视图的右方，如图 3-3(d)所示。

3.1.2　三视图之间的关系

如图 3-3 所示，从视图的形成过程中可以看出物体的长度、宽度、高度三个尺寸，在每个视图中只能反映出其中的两个方向。主视图反映出物体的长度与高度；俯视图反映物体的长度与宽度；左视图反映物体的宽度与高度。由此可以总结出以下特征：

① 主视图与俯视图都可反映物体的长度——长对正；

② 俯视图与左视图都可反映物体的宽度——宽相等；

③ 主视图与左视图都可反映物体的高度——高平齐。

即物体三面投影的三等规律为“长对正、宽相等、高平齐”。在绘图时，为实现投影的三等规律，可从原点 O 在 OY_H 轴与 OY_W 轴之间作一条 45°辅助线来完成或用尺量取尺寸。

3.2　基本体的三视图

在生产实践中，我们会接触到各种形状的机件，这些机件的形状虽然复杂多样，但都是由一些简单的立体经过叠加、切割或相交等形式组合而成的。我们把这些形状简单且规则的立体称为基本几何体，简称为基本体。

基本体的大小、形状是由其表面限定的，按其表面性质的不同可分为平面立体和曲面立体。表面都是由平面围成的立体称为平面立体(简称平面体)，例如棱柱、棱锥和棱台等。表面都是由曲面或是由曲面与平面共同围成的立体称为曲面立体(简称曲面体)，其中围成立体的曲面是回转面的曲面立体，又叫回转体，例如圆柱、圆锥、球体和圆环体等。

3.2.1　平面立体

平面立体主要有棱柱和棱锥两种，棱台是由棱锥截切得到的。

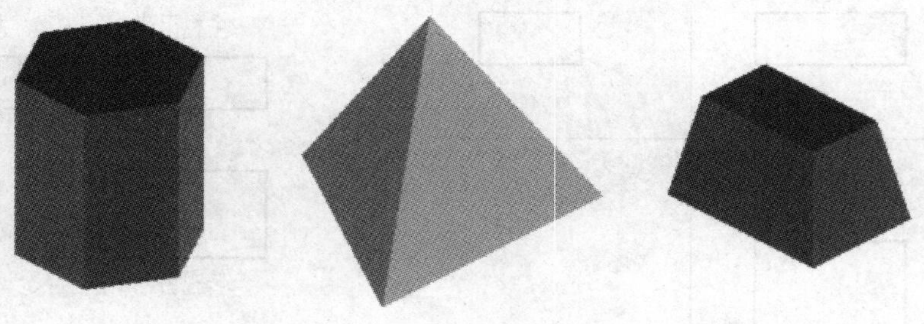

图 3-4　常见平面立体中的基本形体

1. 棱柱

(1) 棱柱的三视图

图 3-5(a)所示为一个正六棱柱的视图情况。分析棱柱各表面所处的位置,顶面和底面为水平面;六个侧棱面中,前后两面为正平面,其余为铅垂面。

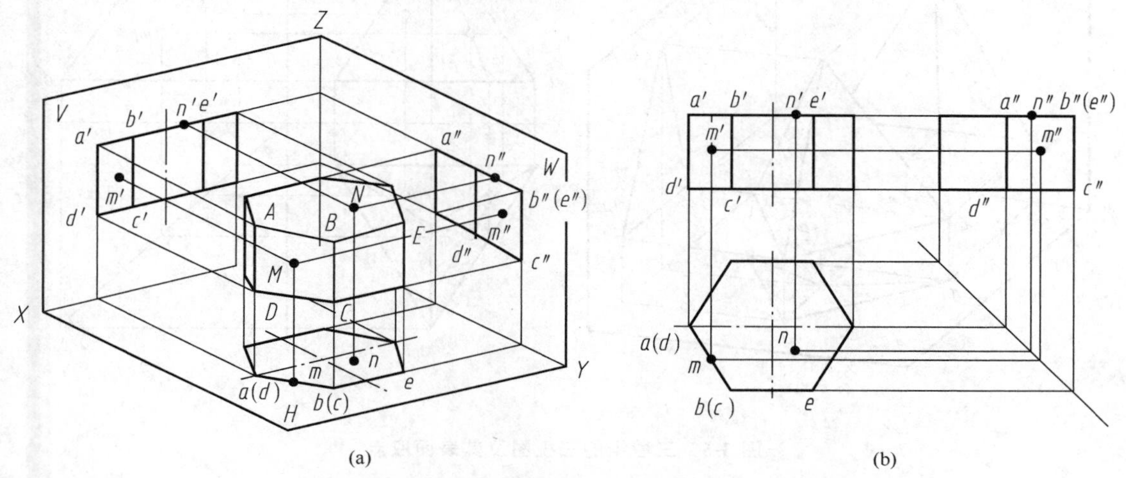

图 3-5　六棱柱的三视图及其表面取点

画棱柱的三视图时,一般先画顶面和底面的投影,它们为水平面,水平投影反映实形,其余两面投影积聚为直线。再画侧棱线的投影,六条侧棱线均为铅垂线,水平投影积聚成正六边形的六个顶点,其余两个投影均为竖直线,且反映棱柱的高。画完上述面与棱线的投影后,即得到棱柱的三视图,如图 3-5(b)所示。

画平面立体的三视图时,还要判断每个棱线的可见性。不可见棱面的交线一定不可见,投影用虚线表示。在实际作图中,可不必画出投影轴,但三个视图必须要符合三视图的"三等"关系。

(2) 棱柱表面上取点

在平面立体表面取点,其原理和方法与平面上取点相同。由于棱柱的各个表面均处在特殊位置,因此可利用积聚性来取点。棱柱表面上点的可见性可根据点所在的平面可见性来判别,若平面可见,则平面上点的同面投影可见,反之不可见。在图 3-5 中,如已知正六棱柱上一点 M 的正面投影 m',求 m 和 m'',作图方法如图 3-5(b)所示。

2. 棱锥

(1) 棱锥的三视图

图 3-6(a)所示为正三棱锥的三视图。它由底面和三个棱面所组成,各表面的空间位置及投影如图 3-6 所示。画棱锥的三视图时,一般先画俯视图,底面为水平面,水平投影反映实形,其他两面投影积聚成直线;再画顶点 S 的三个投影,连接各侧棱线的同面投影即得到该锥体的三视图,如图 3-6(b)所示。

(2) 棱锥表面上取点

棱锥的表面有的处在特殊位置,有的处于一般位置。处于特殊位置平面上的点,其投影可以利用投影的积聚性直接求得;处于一般位置平面上的点,可通过作辅助线的方法求得。

在图 3-6 中，如已知三棱锥上点 M 的正面投影 m' 和点 N 的水平投影 n，M、N 的其余两面投影的作图方法如图 3-6(b)所示。

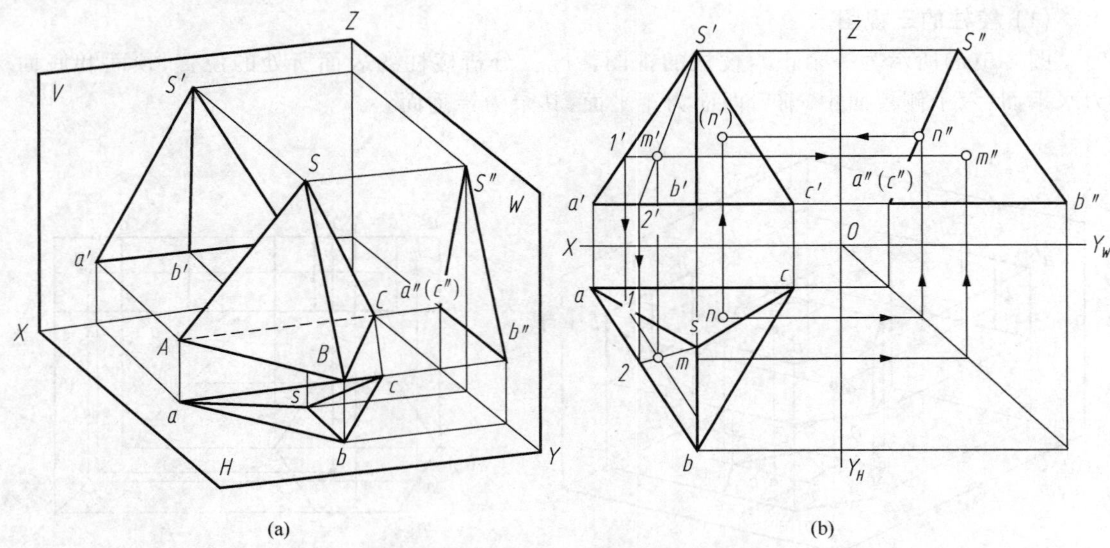

图 3-6 三棱锥的三视图及其表面取点

3.2.2 曲面基本体

工程上常见的曲面立体为回转体。回转体是由回转面或回转面与平面所围成的立体。常见的回转体有圆柱、圆锥、圆球等。

回转面是由一母线(也称动线)绕轴线旋转而成的。回转面上任一位置上的母线称为素线。母线上任一点的运动轨迹皆为垂直于轴线的圆，称其为纬圆。

1. 圆柱

图 3-7 所示为一圆柱的立体图和三视图，它是由顶面、底面和圆柱面所围成。圆柱面是由一直母线绕与之平行的轴线旋转而成的。

(1) 圆柱的三视图

图 3-7 所示的圆柱，轴线垂直于 H 面。顶面、底面皆为水平面，H 面投影反映实形，其余两面投影积聚为直线。由于圆柱上所有素线都垂直于 H 面，所以圆柱面的 H 面投影积聚为圆。圆柱面的 V 面投影为矩形，矩形的两条竖线分别是圆柱最左、最右素线的投影。圆柱最左、最右素线是前、后两个半圆柱面可见与不可见的分界线，称为圆柱面正面投影的转向轮廓线。圆柱面最前、最后素线是左、右两半圆柱面可见与不可见的分界线，称为圆柱面侧面投影的转向轮廓线，当转向轮廓线的投影与中心线重合时，规定只画中心线。

圆柱的投影特性：在与轴线垂直的投影面上的投影为一圆，另两面投影均为矩形。

画圆柱体三视图时，应先画出轴线和中心线，再画出反映为圆的视图，最后定高画出其余两个视图。

(2) 圆柱表面上取点

对轴线处于特殊位置的圆柱，可利用其积聚性来取点；对位于转向轮廓线上的点，则可利用投影关系直接求出。

若已知圆柱表面上点 M、N 的正面投影 m'、n'，求出它们的其余两个投影。作图方法如图 3-7(c)所示。

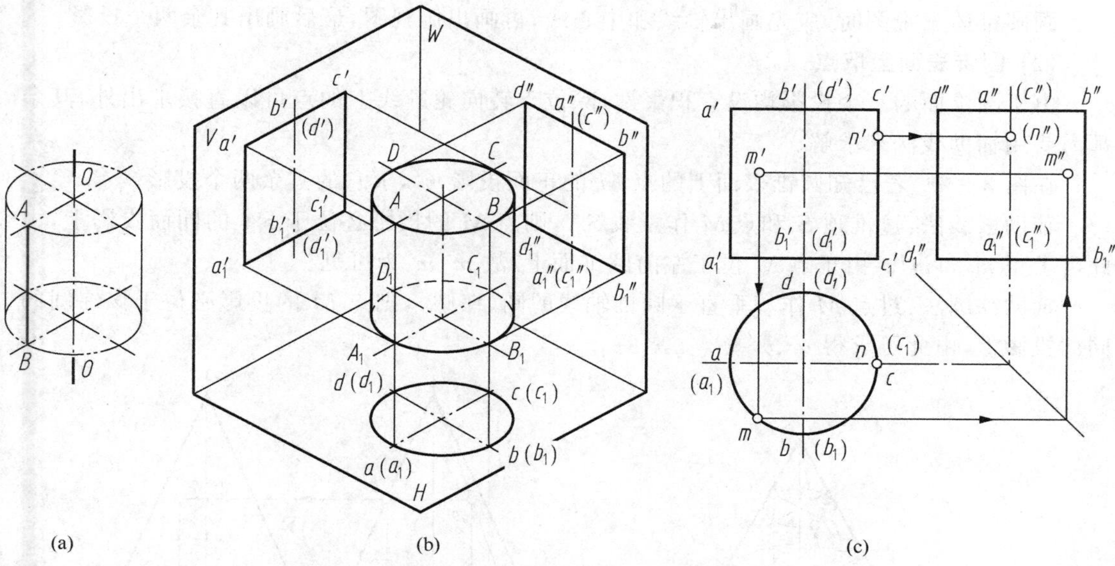

图 3-7　圆柱体的三视图及其表面取点

2. 圆锥

图 3-8 所示为一圆锥的立体图和三视图，它是由底面和圆锥面所围成，圆锥面是由一直母线绕与之相交的轴线旋转而成的。

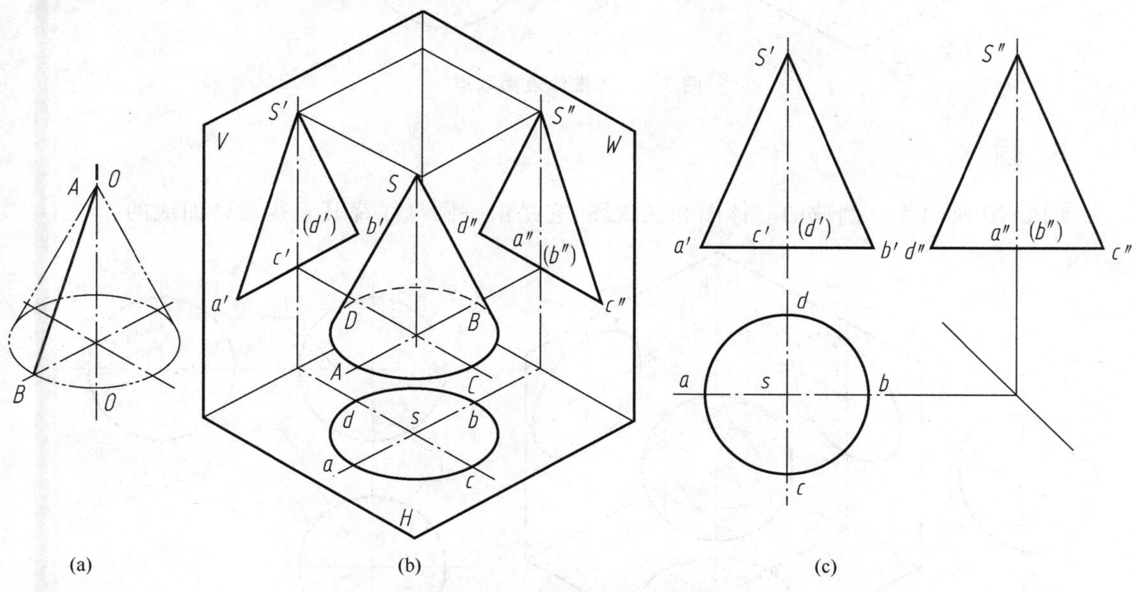

图 3-8　圆锥体的三视图

(1) 圆锥的三视图

图 3-8 所示的圆锥，轴线垂直于 H 面。圆锥的投影分析与圆柱相似，但圆锥表面在 H

面上的投影不具有积聚性，投影仍为圆；其他两面投影均为等腰三角形，三角形的两腰为转向轮廓线的投影。

圆锥的投影特性：在与轴线垂直的投影面上投影为圆，另两个投影均为三角形。

画圆锥体三视图时，应先画出轴线和中心线，再画出俯视图，最后画出其余两个投影。

(2) 圆锥表面上取点

由于圆锥面的三个投影均没有积聚性，除位于转向轮廓线上的点可以直接求出外，其余都需要用辅助线法来求解。

在图 3-9 中，若已知圆锥表面上的点 M 的正面投影 m'，求它的其余两个投影。

辅助素线法：过锥顶 S 和点 M 作素线 SA，则点 M 的投影必位于 SA 的同面投影上，由此可求得 m 和 m'。由于点 M 位于左前圆锥面上，故 m、m''为可见。

辅助纬圆法：过点 M 作一垂直于圆锥轴线的圆（纬圆），则点 M 的投影必位于该纬圆的同面投影上，由此可求得 m、m''。

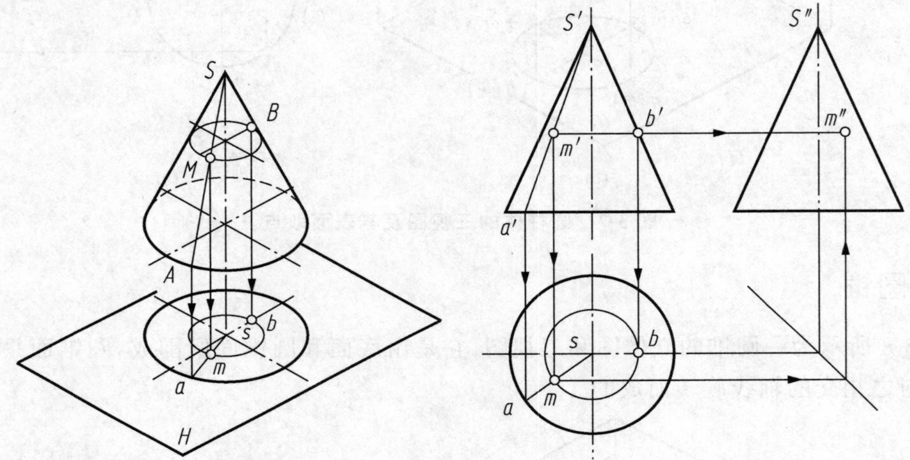

图 3-9 圆锥体表面取点

3. 圆球

图 3-10 所示为一圆球的立体图和三视图，它是由一圆母线绕其直径旋转而成的。

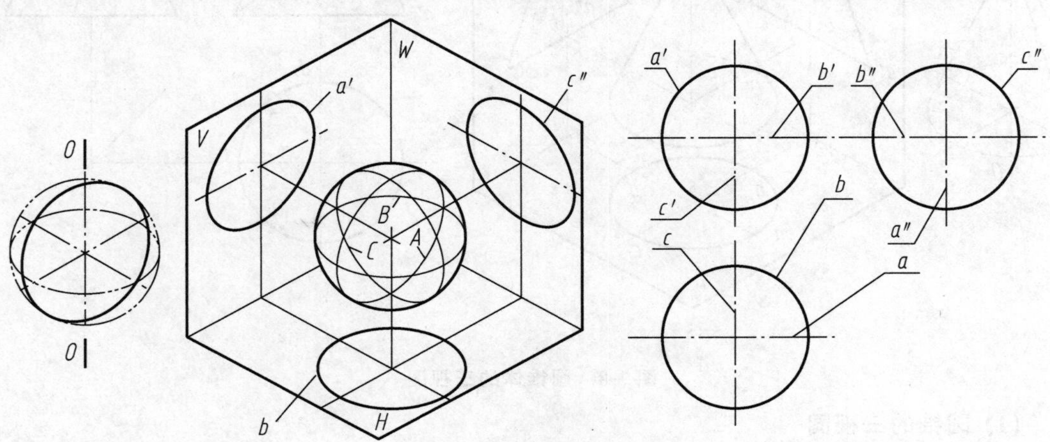

图 3-10 圆球的三视图

(1) 圆球的三视图

圆球的三视图均为等直径的圆。俯视图的圆是圆球水平投影转向轮廓线的投影;主视图的圆是球体正面投影转向轮廓线的投影;左视图的圆是球体侧面投影转向轮廓线的投影。

(2) 圆球表面上取点

由于球体的三视图均无积聚性,除位于转向轮廓线上的点能直接求出外,其余都需要用纬圆法来求解。图 3-11 所示为球面上点 M、N、K 的求解过程。

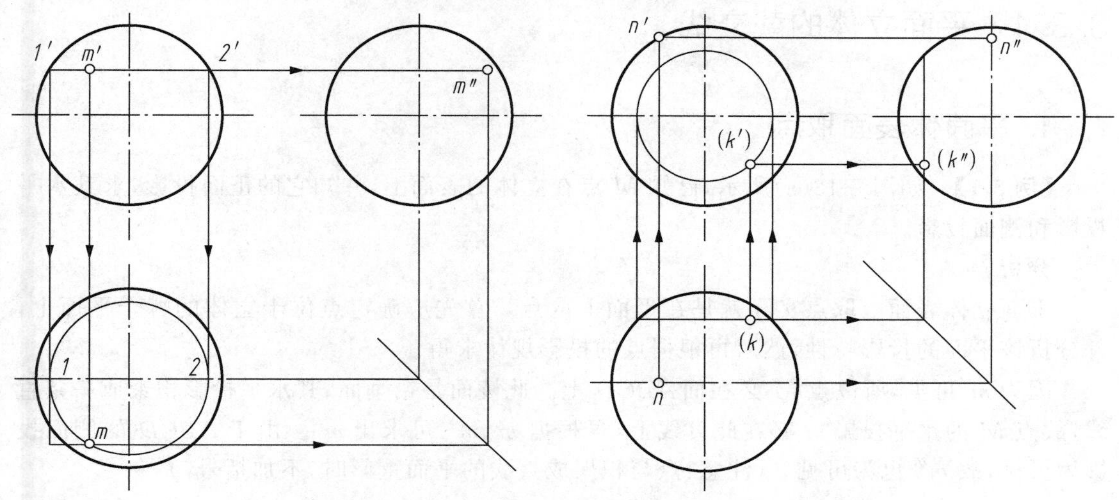

图 3-11　球面上取点

3.3　立体表面的截交线

在工程中,许多机件可以看成是某个立体被一个或多个平面切割而形成的,如图 3-12 所示。切割立体的平面为截平面,截平面与立体表面的交线为截交线。为了清楚地表达这些由切割而形成的立体形状,必须准确画出截交线的投影。

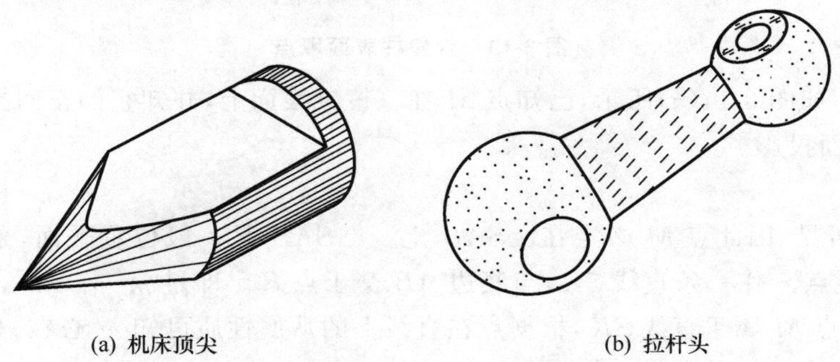

(a) 机床顶尖　　(b) 拉杆头

图 3-12　截交线、截平面

为了正确分析和表达机件的结构形状,我们需要了解截交线的性质和画法。由于立体的形状和截平面与立体的相对位置不同,截交线的形状也各不相同。但任何截交线都具有以下两个基本性质:

① 截交线一定是一个封闭的平面图形。

② 截交线既在截平面上,又在立体表面上,截交线是截平面和立体表面的共有线。截交线上的点都是截平面与立体表面上的共有点。

因为截交线是截平面与立体表面的共有线,所以求作截交线的实质,就是求出截平面与立体表面的共有点。

3.3.1 平面立体的截交线

1. 平面体表面取点

【例 3-1】 如图 3-13(a)所示,已知 M 点在立体的表面上,并知它的正面投影,求其水平投影和侧面投影。

分析

平面立体表面上取点实际就是在平面上取点。首先应确定点位于立体的哪个平面上,并分析该平面的投影特性,然后再根据点的投影规律求得。

因为 m'可见,所以点 M 必在面 $ABCD$ 上。此棱面是铅垂面,其水平投影积聚成一条直线,故点 M 的水平投影 m 必在此直线上,再根据 m、m' 可求出 m''。由于 $ABCD$ 的侧面投影为可见,故 m'' 也为可见。(注意:点与积聚成直线的平面重影时,不加括号。)

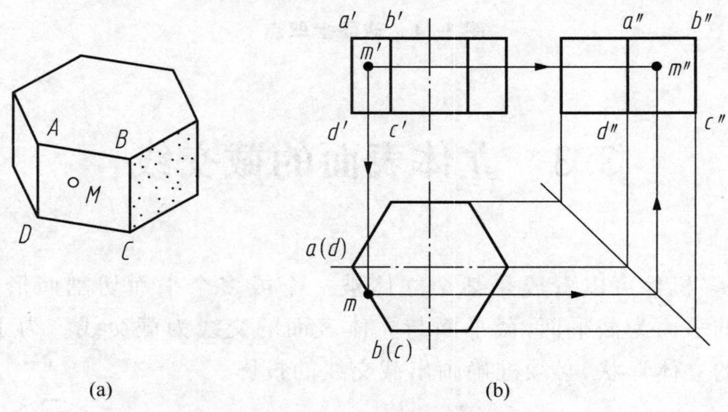

图 3-13　六棱柱表面取点

【例 3-2】 如图 3-14(a)所示,已知点 M 在三棱锥表面上,并知它的正面投影,求出点的水平投影和侧面投影。

分析

因为 m' 可见,因此点 M 必定在△SAB 上。△SAB 是一般位置平面,采用辅助线法,过点 M 及锥顶点 S 作一条直线 SK,与底边 AB 交于点 K。即过 m' 作 $s'k'$,再作出其水平投影 sk。由于点 M 属于直线 SK,根据点在直线上的从属性质可知 m 必在 sk 上,求出水平投影 m,再根据 m、m' 可求出 m''。

2. 平面截交线的形状

平面立体的表面是平面图形,因此平面与平面立体的截交线为封闭的平面多边形。多边形的各个顶点是截平面与立体的棱线或底边的交点,多边形的各条边是截平面与平面立体表面的交线。

3. 平面截交线的画法

作平面体截交线的投影，实质就是求截平面与被截平面体上各棱线的交点的投影，然后顺序连接各交点的同面投影。作图时，首先根据截切位置判断出截交线的空间形状，进而分析截交线的投影情况，然后确定作图方法与顺序。

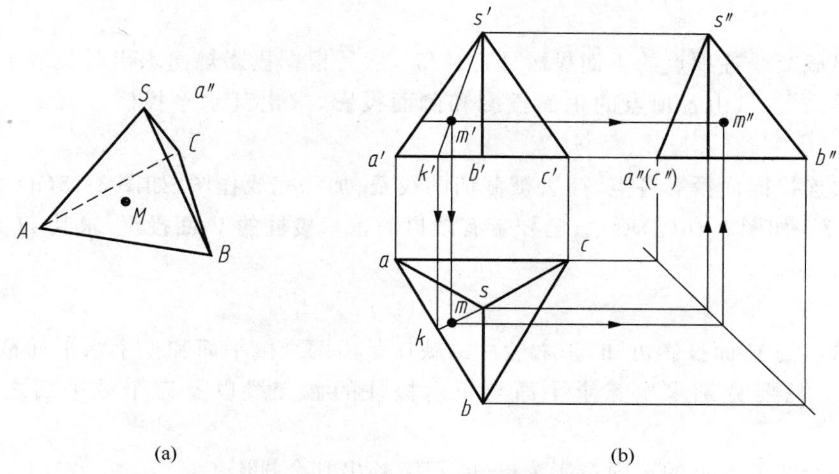

(a)　　(b)

图 3-14　棱锥表面取点

【例 3-3】 如图 3-15(a)所示，求作正垂面 P 斜切正三棱锥的截交线。

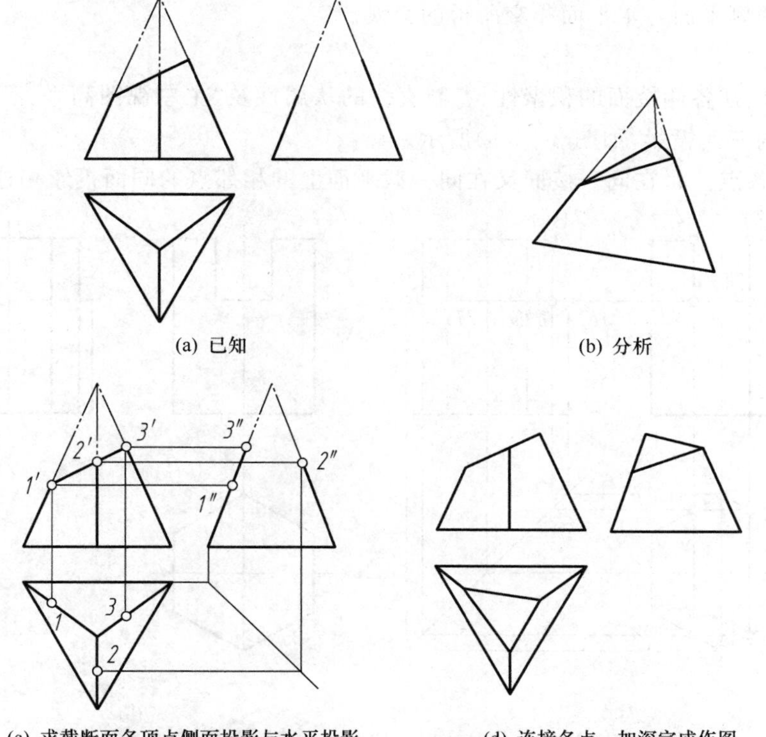

(a) 已知　　(b) 分析

(c) 求截断面各顶点侧面投影与水平投影　　(d) 连接各点，加深完成作图

图 3-15　三棱锥的截交线

分析

截平面斜切三棱锥，三棱锥的三个棱面被截切，截交线是三角形，如图 3-15(b)所示。截平面是正垂面，截交线的正面投影积聚成一斜直线为已知，水平投影与侧面投影为类似形，需求作。截平面的正面积聚投影与三棱锥各侧棱投影的交点即为截面各顶点的正面投影，根据直线上点的投影特性及投影规律，可求出各交点的水平投影及侧面投影，依次连接即为所求。

作图

① 标出截交线各顶点的正面投影 *1′*、*2′*、*3′*，然后根据投影规律求出截交线上各顶点的侧面投影 *1″*、*2″*、*3″*，由各顶点的正面投影和侧面投影，求出其水平投影 *1*、*2*、*3*，如图 3-15(c)所示。

② 依次连接同面投影各点，擦去被截切的线条，加深完成作图，如图 3-15(d)所示。

【例 3-4】 如图 3-16(a)所示，已知带有缺口的正六棱柱的 V 面投影，求其 H 面和 W 面投影。

分析

① 从给出的 V 面投影可知，正六棱柱的缺口是由两个侧平面和一个水平面截割正六棱柱而形成的。只要分别求出三个平面与正六棱柱的截交线以及三个截平面之间的交线即可。

② 这些交线的端点的正面投影为已知，只需补出其余投影。

③ *1*、*2*、*7*、*8* 四点是左边的侧平面与立体相交得到的点，*3*、*4*、*9*、*10* 是右边的侧平面与立体相交得到的点，*5*、*6* 两点为前后棱线与水平面相交得到的点，其中直线 *7*、*8* 和 *9*、*10* 又分别是左右两侧平面与水平面相交所得的交线。

作图

① 利用棱柱各侧棱面的积聚性、点与直线的从属性及“主左视图高平齐”的投影关系依次作出各点的三面投影，如图 3-16(a)所示。

② 连接各点。将在同一棱面又在同一截平面上的相邻点的同面投影相连。

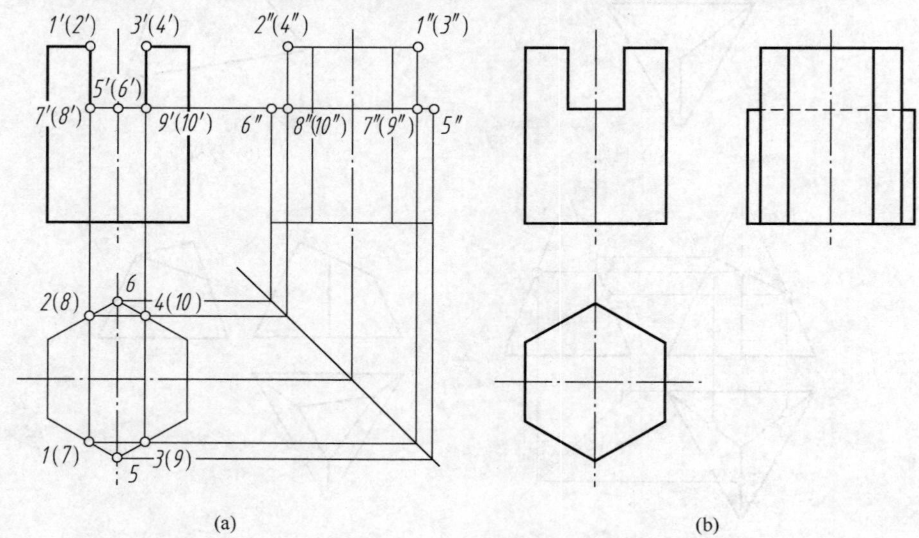

图 3-16　带缺口的正六棱柱的投影

③ 判别可见性。只有 $7''8''$、$9''10''$交线不可见，画成虚线。

④ 检查、整理、描深图线，完成全图，如图 3-16(b)所示。

3.3.2 回转体表面的截交线

1. 曲面体表面取点

曲面体表面取点和平面上取点的基本方法相同，即当曲面的一个投影有积聚性时，可利用积聚性直接求得点的投影；当曲面体的各个投影都没有积聚性时，则需利用辅助线法来求。曲面体无论有没有积聚性，轮廓素线上的点均可以直接求出。

【例 3-5】 如图 3-17(a)所示，已知圆柱面上点 M 的正面投影，求另两面投影。

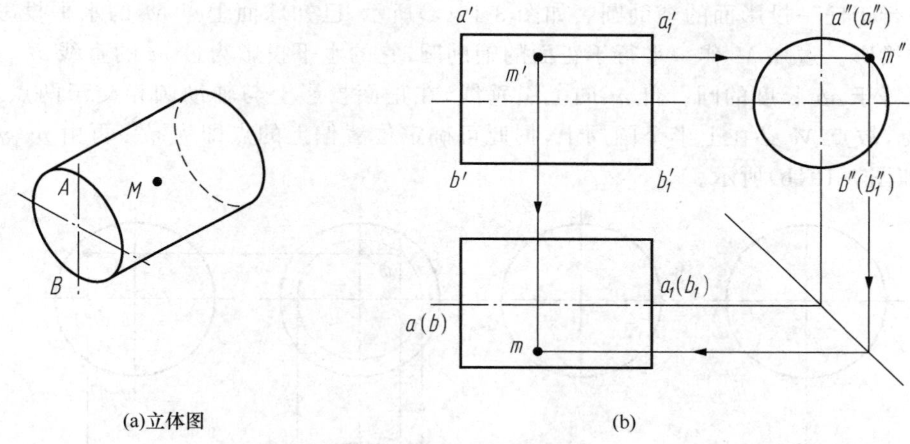

图 3-17　圆柱表面上取点

【例 3-6】 如图 3-18 所示，已知圆锥面上点 M 的正面投影，求另两面投影。

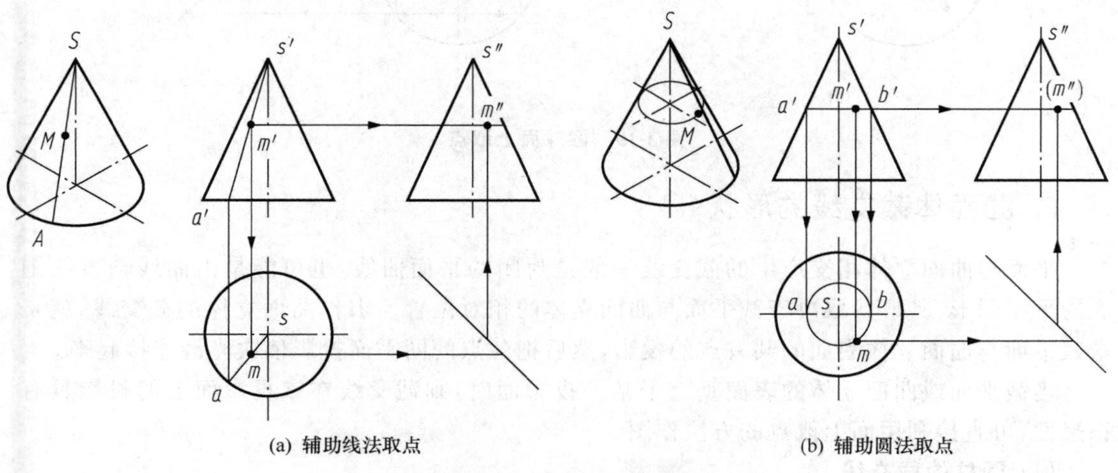

图 3-18　圆锥表面上取点

如图 3-18 所示，已知圆锥表面上 M 的正面投影 m'，求作点 M 的其余两个投影。因为 m' 可见，所以 M 必在前半个圆锥面的左边，故可判定点 M 的另两面投影均为可见。作图方法有两种：

① 辅助线法。如图 3-18(a)所示，过锥顶 S 和 M 作一直线 SA，与底面交于点 A。点 M 的各个投影必在此 SA 的相应投影上，过 m' 作 $s'a'$，然后求出其水平投影 sa。由于点 M 属于直线 SA，根据点在直线上的从属性质可知 m 必在 sa 上，求出水平投影 m，再根据 m、m' 可求出 m''。

② 辅助圆法。如图 3-18(b)所示，过圆锥面上点 M 作一垂直于圆锥轴线的辅助圆，点 M 的各个投影必在此辅助圆的相应投影上，过 m' 作水平线 $a'b'$，此为辅助圆的正面投影积聚线。辅助圆的水平投影为一直径等于 $a'b'$ 的圆，圆心为 s，由 m' 向下引垂线与此圆相交，且根据点 M 的可见性，即可求出 m。然后再由 m' 和 m 可求出 m''。

【例 3-7】 如图 3-19 所示，已知圆球面上点 M 的正面投影，求另两面投影。

圆球面的投影没有积聚性，求作其表面上点的投影需采用辅助圆法，即过该点在球面上作一个平行于任一投影面的辅助圆。如图 3-19(a)所示，已知球面上点 M 的水平投影，求作其余两个投影。过点 M 作一平行于正面的辅助圆，它的水平投影为过 m 的直线 ab，正面投影为直径等于 ab 长度的圆。自 m 向上引垂线，在正面投影上与辅助圆相交于两点。又由于 m 可见，故点 M 必在上半个圆周上，据此可确定位置偏上的点即为 m'，再由 m、m' 可求出 m''。如图 3-19(b)所示。

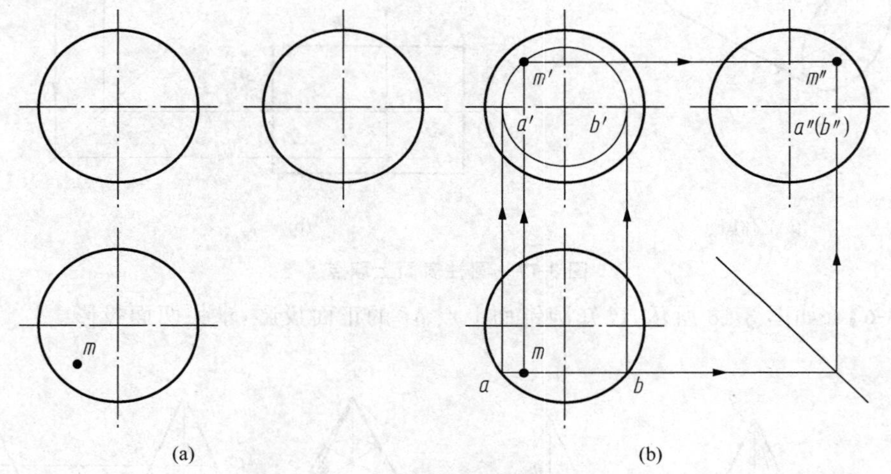

图 3-19　圆球面上取点

2. 曲面体截交线的形状

平面与曲面立体相交产生的截交线一般是封闭的平面曲线，也可能是由曲线与直线围成的平面图形，其形状取决于截平面与曲面立体的相对位置。求作曲面立体的截交线，就是求截平面与曲面立体表面的共有点的投影，然后把各点的同平面投影依次光滑连接起来。

当截平面或曲面立体的表面垂直于某一投影面时，则截交线在该投影面上的投影具有积聚性，可直接利用面上取点的方法作图。

(1) 圆柱的截交线

平面截切圆柱时，根据截平面与圆柱轴线的相对位置不同，其截交线有三种不同的形状，如表 3-1 所示。

表 3-1　圆柱的截交线

截平面位置	与轴线平行	与轴线垂直	与轴线相交
立体图	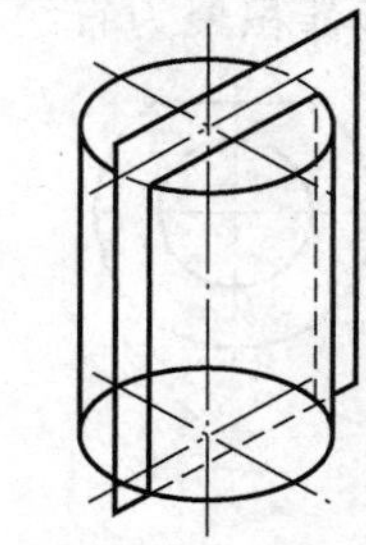	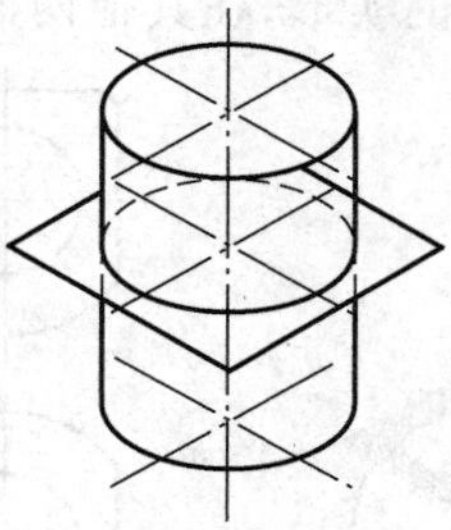	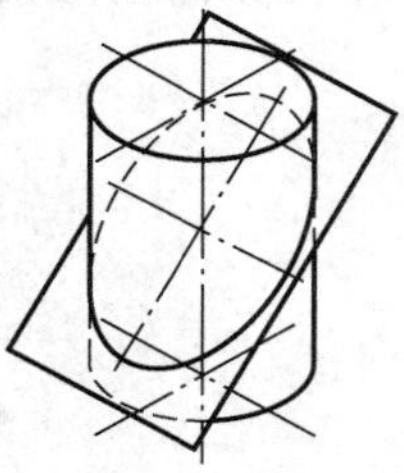
投影图	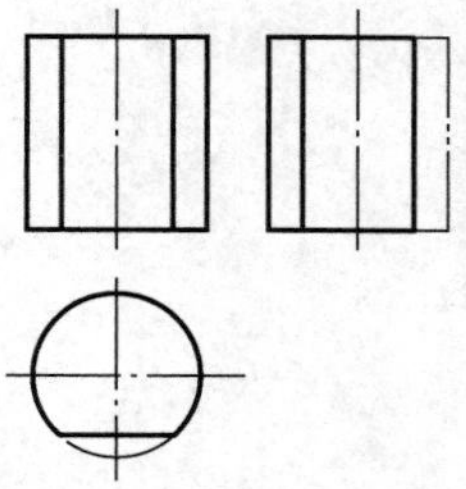	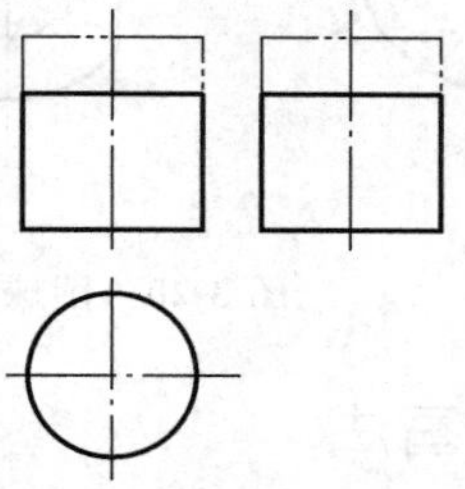	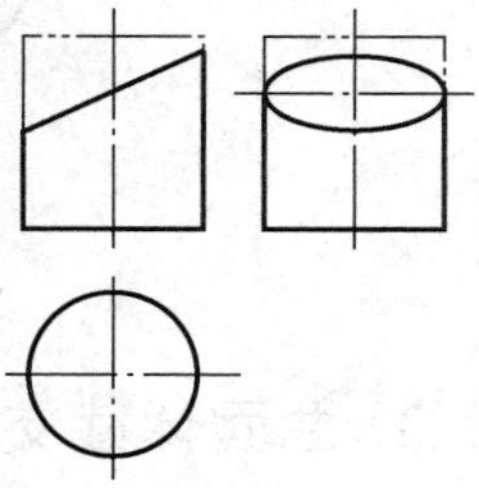
截交线形状	矩形	圆	椭圆

(2) 圆锥的截交线

平面截切圆锥时，根据截平面与圆锥轴线的相对位置不同，其截交线有五种不同的情况，如表 3-2 所示。

表 3-2　圆锥的截交线

截平面位置	与轴线垂直	与轴线平行	过锥顶	倾斜于轴线 $\theta=\alpha$	倾斜于轴线 $\theta>\alpha$
立体图	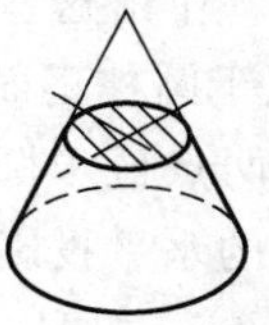	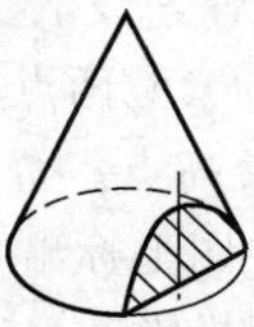	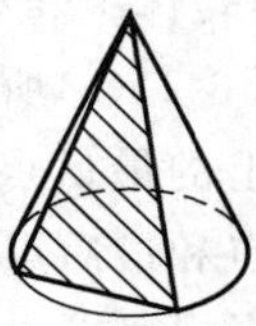	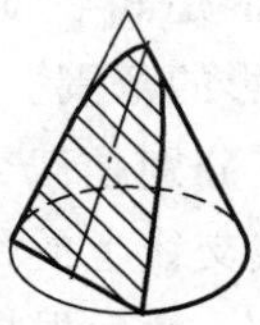	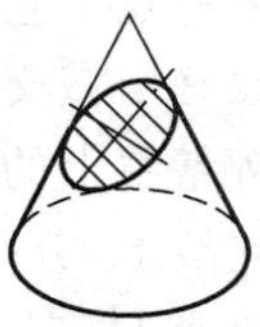
投影图	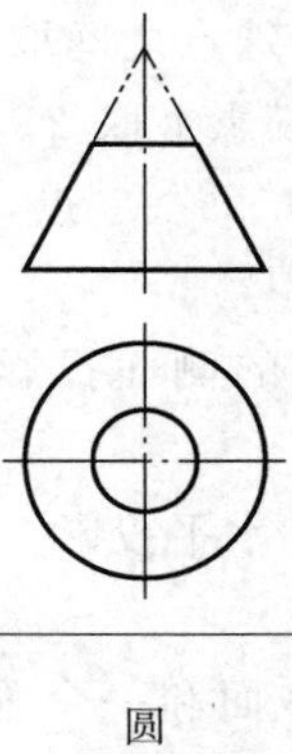	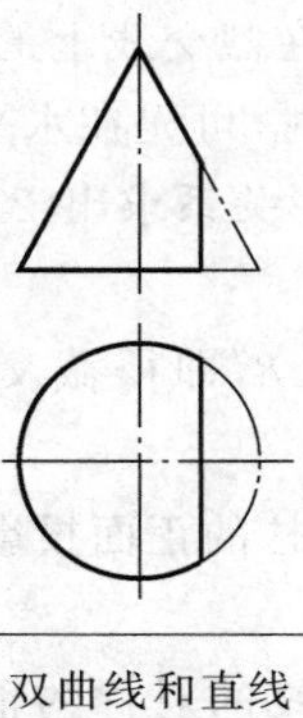	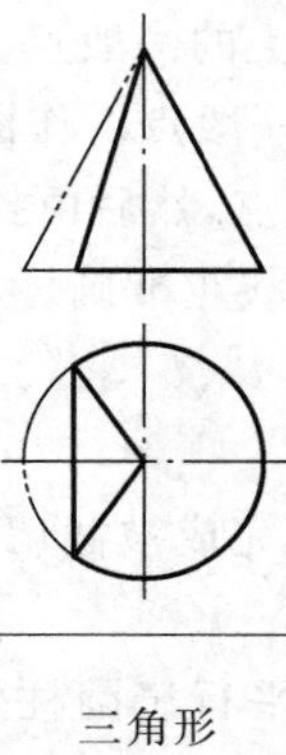	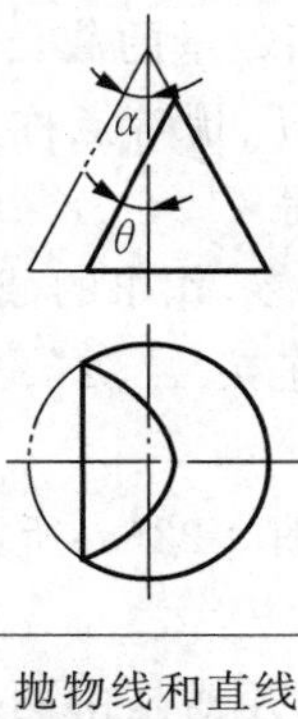 α θ	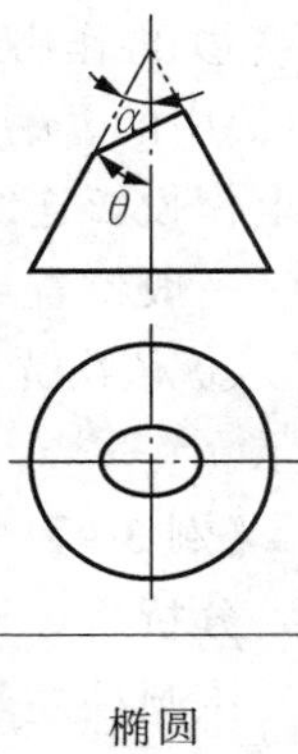 α θ
截交线形状	圆	双曲线和直线构成的平面图形	三角形	抛物线和直线构成的平面图形	椭圆

(3) 圆球的截交线

平面在任何位置与圆球截切的截交线都是圆。当截平面平行于某一投影面时，截交线在该投影面上的投影为圆的实形，在其他两面上的投影都积聚为直线，如图 3-20 所示。

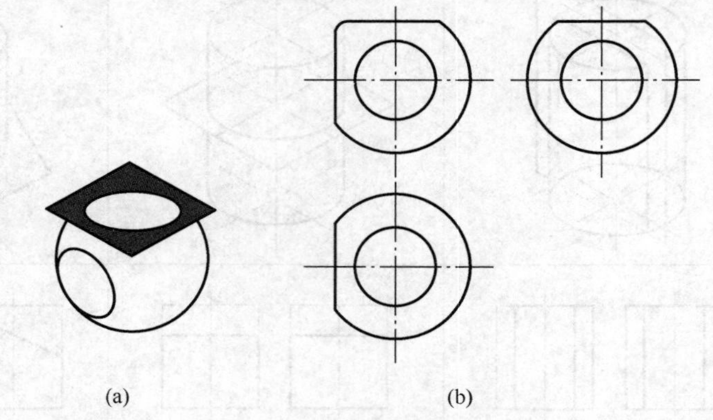

图 3-20 圆球的截交线

3. 曲面体截交线的画法

【例 3-8】 如图 3-21(a)所示，求圆柱被正垂面截切后的截交线。

分析

截平面与圆柱的轴线倾斜，故截交线为椭圆。此椭圆的正面投影积聚为一直线。由于圆柱面的水平投影积聚为圆，而椭圆位于圆柱面上，故椭圆的水平投影与圆柱面水平投影重合。椭圆的侧面投影是它的类似形，仍为椭圆。可根据投影规律由正面投影和水平投影求出侧面投影。

作图

① 先找出截交线上的特殊点。特殊点一般是指截交线上最高、最低、最左、最右、最前、最后等点。它们通常是截平面与回转体上特殊位置素线的交点。作出这些点的投影，就能大致确定截交线投影的范围。如图 3-21(a)所示，*Ⅰ*、*Ⅴ* 两点是位于圆柱正面左、右两条转向轮廓素线上的点，且分别是截交线上的最低点和最高点。*Ⅲ*、*Ⅶ* 两点位于圆柱最前、最后两条素线上，分别是截交线上的最前点和最后点。在图上标出它们的水平投影 *1*、*5*、*3*、*7* 和正面投影 *1′*、*5′*、*3′*、*7′*，然后根据投影规律求出侧面投影 *1″*、*5″*、*3″*、*7″*，如图 3-21(b)所示。

② 再作出适当数量的截交线上的一般点。在截交线上的特殊点之间取若干点，如图 3-21(a)中的 *Ⅱ*、*Ⅳ*、*Ⅵ*、*Ⅷ* 等点称为一般点。作图时，可先在水平投影上取 *2*、*4*、*6*、*8* 等点，再向上作投影连线，得 *2′*、*4′*、*6′*、*8′* 点，然后由投影关系求出 *2″*、*4″*、*6″*、*8″*点，如图 3-21(c)所示。一般位置点越多，作出的截交线越准确。

③ 依次光滑连接 *1″*、*2″*、*3″*、*4″*、*5″*、*6″*、*7″*、*8″*即得截交线的侧面投影，如图 3-21(d)所示。

【例 3-9】 如图 3-22(a)所示，完成被截切圆柱的正面投影和水平投影。

分析

该圆柱左端的开槽是由两个平行于圆柱轴线的对称的正平面和一个垂直于轴线的侧平面切割而成。圆柱右端的切口是由两个平行于圆柱轴线的水平面和两个侧平面切割而成。

作图

① 画左端开槽部分。三个截平面的水平投影和侧面投影均已知，只需补出正面投影。两个正平面与圆柱面的交线是四条平行的侧垂线，它们的侧面投影分别积聚成点 a''、b''、c''、d''，它们的水平投影重合成两条直线。侧平面与圆柱面的交线是两段平行于侧面的圆弧，它们的侧面投影反映实形，水平投影积聚为一直线。根据点的投影规律，可求出上述截交线的正面投影，如图 3-22(b)、(c)所示。

② 画右端切口部分。各截平面的正面投影和侧面投影已知，只需补出水平投影。具体作法与前面类似，如图 3-22(c)所示。

③ 整理轮廓，完成全图，如图 3-22(d)所示。其间应注意：圆柱的最上、最下两条素线均被开槽切去一段，故开槽部分的外形轮廓线向内"收缩"；左端开槽底面的正面投影的中间段(a'→b')是不可见的，应画成虚线。

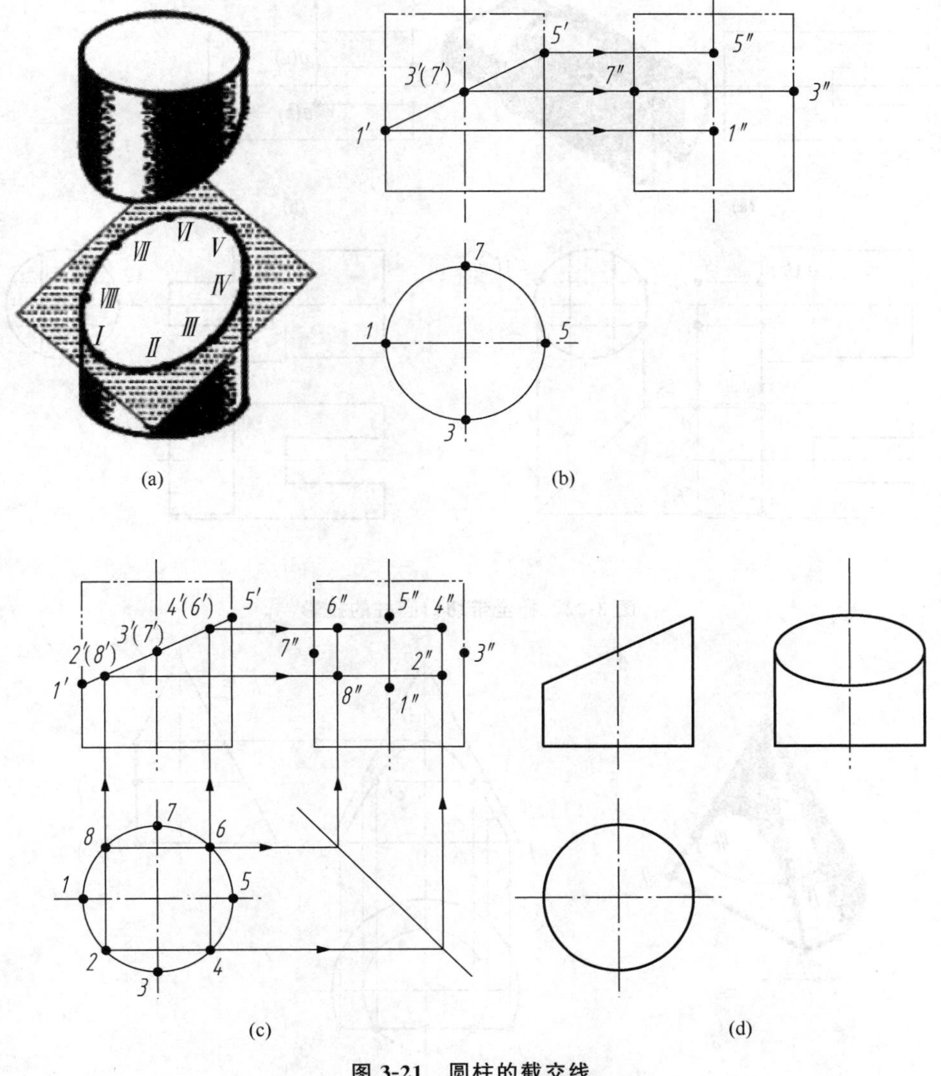

图 3-21　圆柱的截交线

【例 3-10】　如图 3-23(a)所示，求作被正平面截切的圆锥的截交线。

分析

因截平面为正平面，与轴线平行，故截交线为双曲线。截交线的水平投影和侧面投影都积聚为直线，只需求出正面投影。

作图

① 先求特殊点。点Ⅲ为最高点，是截平面与圆锥最前素线的交点，可由其侧面投影 $3''$ 直接作出正面投影 $3'$。点Ⅰ、Ⅱ为最低点且位于圆锥底圆上，可由水平投影 1、2 直接作出正面投影 $1'$、$2'$。

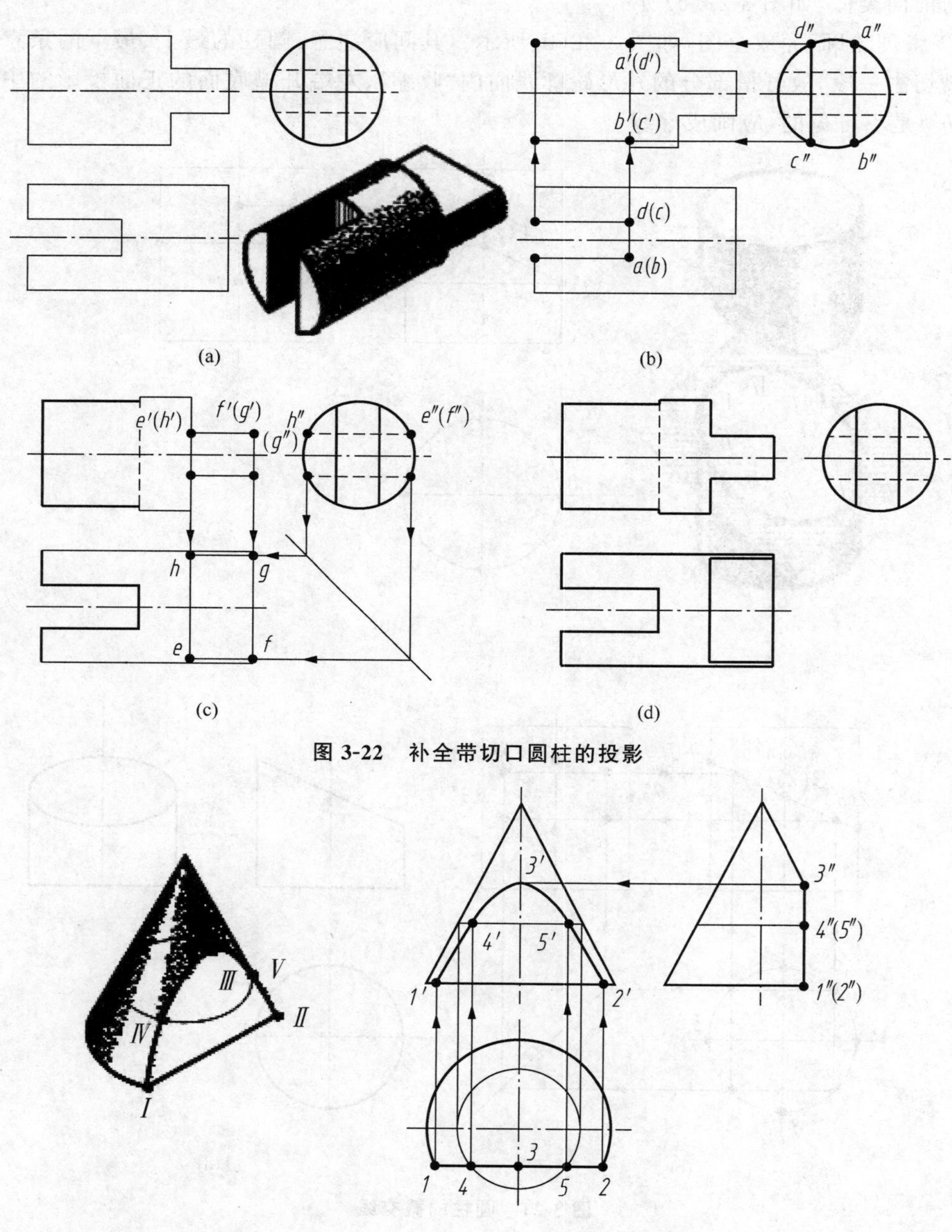

图 3-22　补全带切口圆柱的投影

图 3-23　正平面截切圆锥的截交线

② 再求一般点。用辅助圆法，在点Ⅲ与点Ⅰ、Ⅱ间作一辅助圆，该圆与截平面的两个交点Ⅳ、Ⅴ必是截交线上的点。易作出这两点的水平投影 4、5 与侧面投影 4″、5″，据此可求出它们的正面投影 4′、5′。

③ 依次光滑连接 1′、4′、3′、5′、2′，即得截交线得正面投影，如图 3-23(b)所示。

【例 3-11】 如图 3-24(a)所示，完成开槽半圆球的截交线。

分析

球表面的凹槽由两个侧平面和一个水平面切割而成，两个侧平面和球的交线为两段平行于侧面的圆弧，水平面与球的交线为前后两段水平圆弧，截平面之间得交线为正垂线。

作图

① 先画出完整半圆球的投影，再根据槽宽和槽深尺寸作出槽的正面投影，如图 3-24(a)所示。

② 用辅助圆法作出槽的水平投影，如图 3-24(b)所示。

③ 根据正面投影和水平投影作出侧面投影，如图 3-24(c)所示。其间应注意：由于平行于侧面的圆球素线被切去一部分，所以开槽部分的轮廓线在侧面的投影会向内“收缩”；槽底

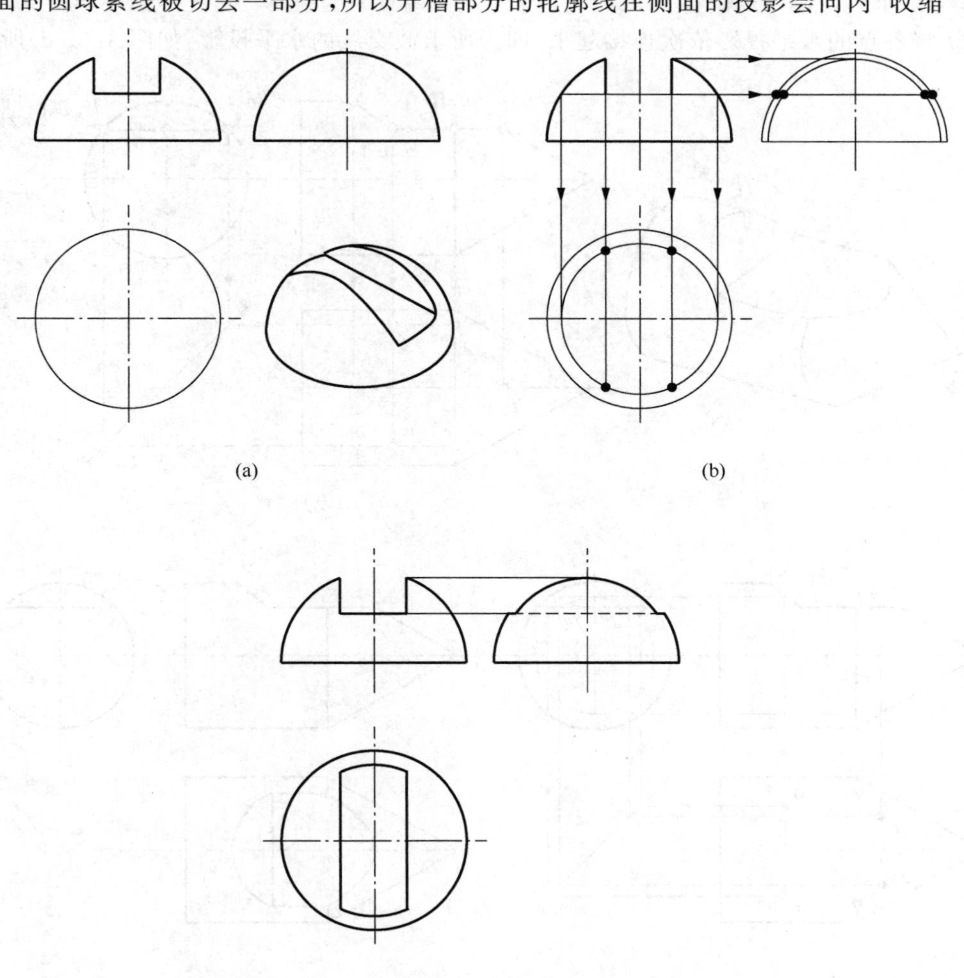

(c)

图 3-24　开槽圆球的截交线

的侧面投影此时不可见,应画成虚线。

【例 3-12】 如图 3-25(a)所示,求作顶尖头的截交线。

分析

顶尖头部是由同轴的圆锥与圆柱组合而成。它的上部被两个相互垂直的截平面 P 和 Q 切去一部分,在它的表面上共出现三组截交线和一条平面 P 与 Q 的交线。截平面 P 平行于轴线,所以它与圆锥面的交线为双曲线,与圆柱面的交线为两条平行直线。截平面 Q 与圆柱斜交,它截切圆柱的截交线是一段椭圆弧。三组截交线的侧面投影分别积聚在截平面 P 和圆柱面的投影上,正面投影分别积聚在 P、Q 两面的投影(直线)上,因此只需求作三组截交线的水平投影。

作图

① 作特殊点。根据正面投影和侧面投影可作出特殊点的水平投影 *1*、*3*、*5*、*6*、*8*、*10*,如图 3-25(b)所示。

② 求一般点。利用辅助圆法求出双曲线上一般点的水平投影 *2*、*4*,以及椭圆弧上的一般点 *7*、*9*,如图 3-25(c)所示。

③ 将各点的水平投影依次连接起来,即为所求截交线的水平投影,如图 3-25(d)所示。

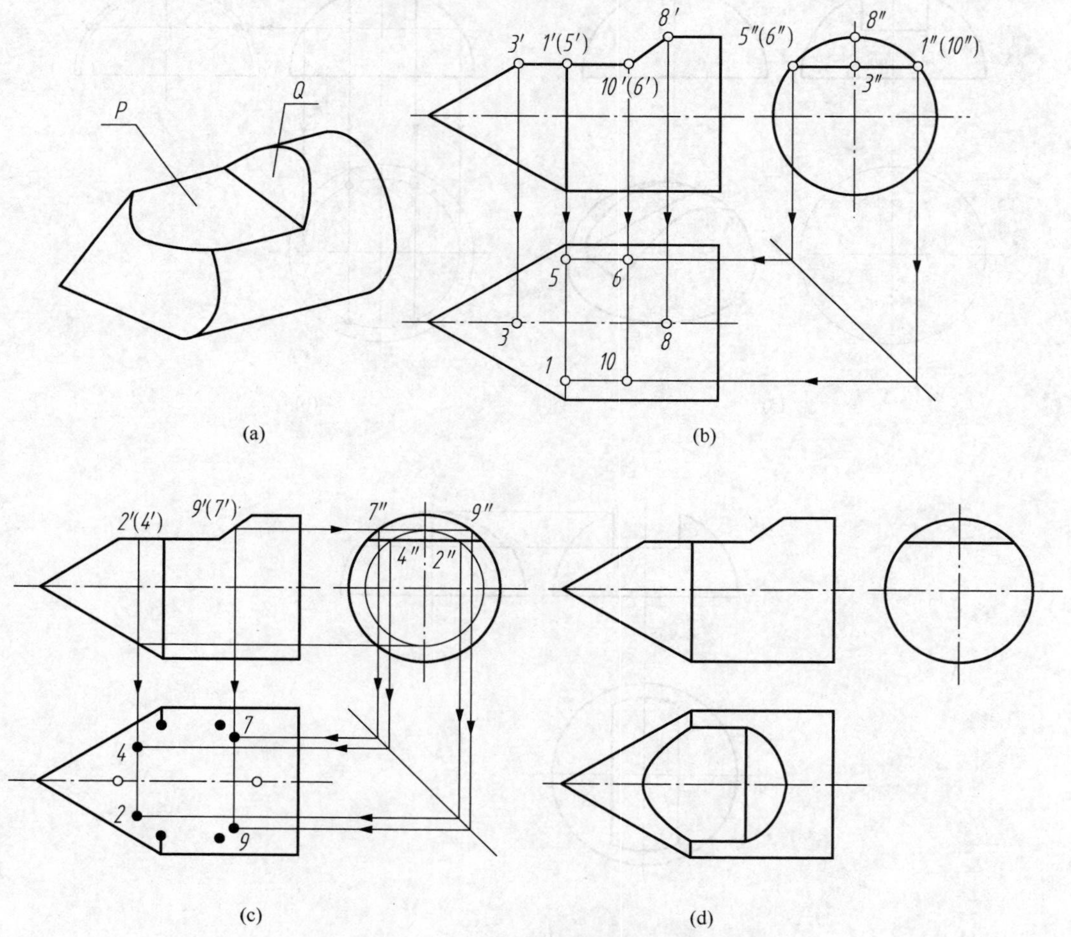

图 3-25　顶尖头的截交线

3.4 相 贯 线

两个基本体相交(或称相贯),表面产生的交线称为相贯线。由于基本体有平面立体和曲面立体之分,所以相交时有平面立体与平面立体相交、平面立体与曲面立体相交和曲面立体与曲面立体相交三种情况。前两种情况的相贯线,可看作是平面与平面相交或平面与曲面相交所产生的交线,可用上节求平面与立体截交线的方法来作出。本节只讨论最为常见的两个曲面立体相交的问题。

3.4.1 相贯线的性质

由于相交的两个曲面立体的几何形状不同或它们的相对位置不同,相贯线的形式也各不相同,但它们具有以下两个共同的性质:

① 相贯线是两个曲面立体表面的共有线,也是两个曲面立体表面的分界线。相贯线上的点是两个曲面立体表面的共有点。

② 两个曲面立体的相贯线一般为封闭的空间曲线,特殊情况下可能是平面曲线或直线。

求两个曲面立体相贯线的实质就是求它们表面的共有点。作图时,依次求出特殊点和一般点,判别其可见性,然后将各点光滑连接起来,即得相贯线。求两相贯体共有点常采用表面取点法和辅助平面法。

3.4.2 表面取点法求相贯线

两个相交的曲面立体中,如果其中一个是柱面立体(常见的是圆柱面),且其轴线垂直于某投影面时,相贯线在该投影面上的投影一定积聚在柱面投影上,相贯线的其余投影可用表面取点法求出。

【例 3-13】 如图 3-26(a)所示,求正交两圆柱体的相贯线。

分析

两圆柱体的轴线正交,且分别垂直于水平面和侧面。相贯线在水平面上的投影积聚在小圆柱水平投影的圆周上,在侧面上的投影积聚在大圆柱侧面投影的圆周上,故只需求作相贯线的正面投影。

作图

① 求特殊点。与作截交线的投影一样,首先应求出相贯线上的特殊点,特殊点决定了相贯线的投影范围。由图 3-26(a)可知,相贯线上 *Ⅰ*、*Ⅴ* 两点是相贯线上的最高点,同时也分别是相贯线上的最左点和最右点。*Ⅲ*、*Ⅶ* 两点是相贯线上的最低点,同时也分别是相贯线上的最前点和最后点。定出它们的水平投影 1、5、3、7 和侧面投影 $1''$、($5''$)、$3''$、$7''$,然后根据点的投影规律可作出正面投影 $1'$、$5'$、$3'$、($7'$)。

② 求一般点。如图 3-26(b)所示,在相贯线的水平投影圆上的特殊点之间适当地定出

若干一般点的水平投影，如图中 2、4、6、8 等点，再按投影关系作出它们的侧面投影 2″、(4″)、(6″)、8″。然后根据水平投影和侧面投影可求出正面投影 2′、4′、(6′)、(8′)。

③ 判断可见性。只有当两曲面立体表面在某投影面上的投影均为可见时，相贯线的投影才可见，可见与不可见的分界点一定在轮廓转向线上。在图 3-26 中，两圆柱的前半部分均为可见，可判定相贯线由 1、5 两点分界，前半部分 1′、2′、3′、4′、5′ 可见，后半部分 5′、(6′)、(7′)、(8′)、1′ 不可见且与前半部分重合。

④ 依次将 1′、2′、3′、4′、5′ 光滑连接起来，即得正面投影。

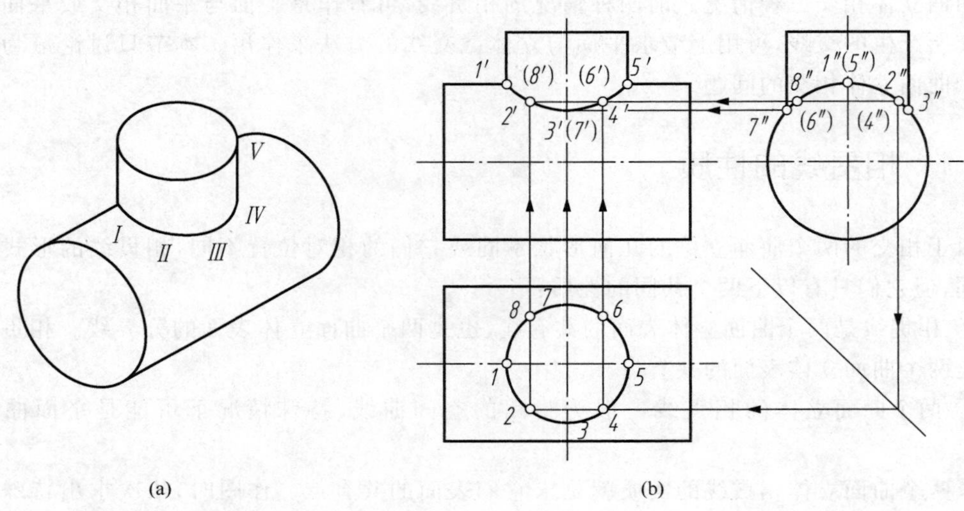

图 3-26　正交两圆柱的相贯线

在圆柱上开孔或两圆柱孔相交的相贯线求作方法与上述方法相同。

两圆柱正交有三种情况：两外圆柱面相交，外圆柱面与内圆柱面相交，两内圆柱面相交。这三种情况的相交形式虽然不同，但相贯线的性质和形状一样，求法也是一样的，如图 3-27 所示。

3.4.3　辅助平面法求相贯线

当两立体相交的表面有一个面或所有面都不具有积聚性时，可采用辅助平面法求相贯线。辅助平面法就是用辅助平面同时截断相贯的两基本体，找出两体截交线的交点，即相贯线上的点，如图 3-28 所示，这些点既在两曲面体的表面上，又在辅助平面内。辅助平面法就是利用三面共点的原理，选择若干个合适的辅助平面求出相贯线上一系列共有点，光滑连接即得立体的相贯线。图 3-29 所示为圆柱体与圆台体相交时交线的辅助平面法求解过程。在辅助平面法求解过程中，就是要抓住轴测图(图 3-29(a))上 Ⅰ—Ⅷ 点是圆柱和圆台的共有点。利用点的相关投影特性求出两者交线，如图 3-29(b)所示。

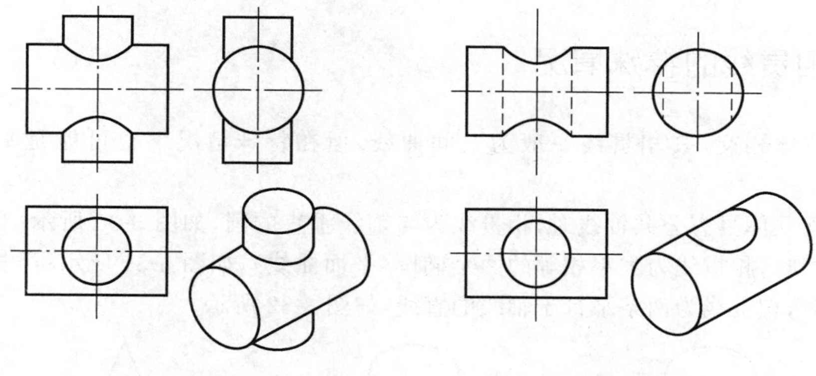

(a) 两外圆柱面相交　　　　(b) 外圆柱面与内圆柱面相交

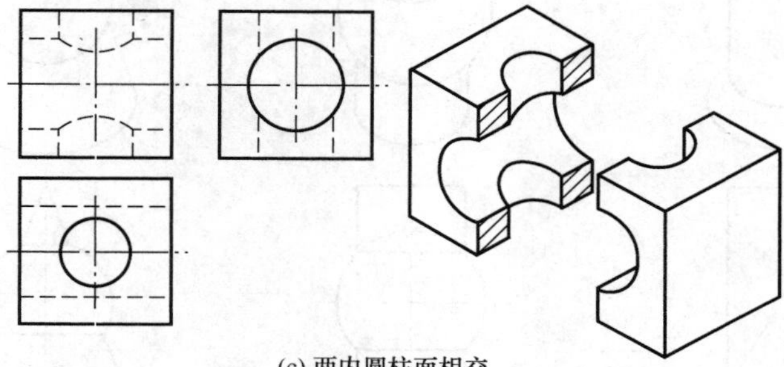

(c) 两内圆柱面相交

图 3-27　两正交圆柱相交的三种情况

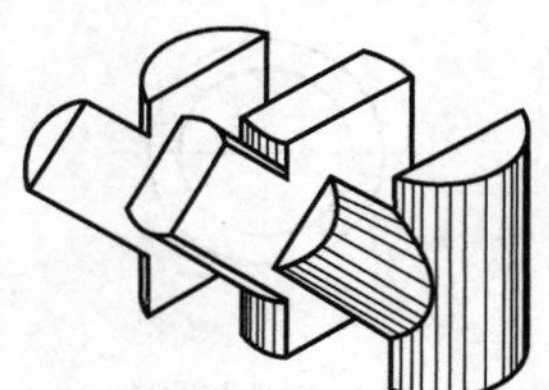

图 3-28　辅助平面的选择

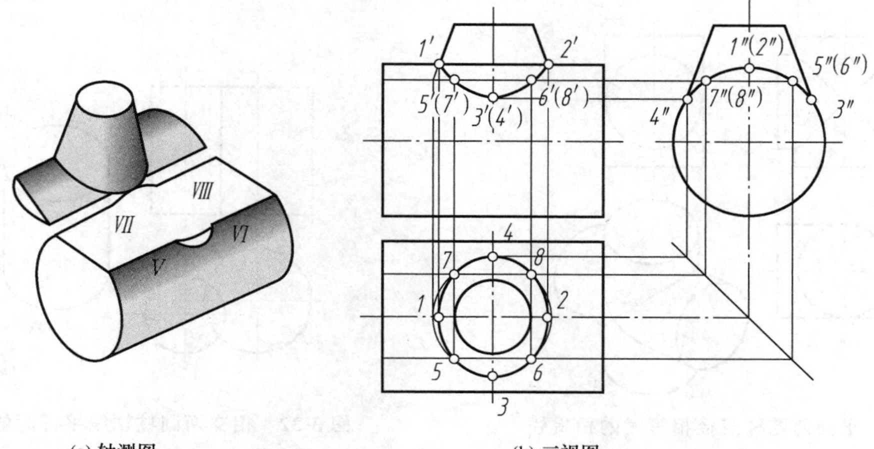

(a) 轴测图　　　　(b) 三视图

图 3-29　圆柱与圆锥正交

3.4.4 相贯线的特殊情况

两曲面立体相交，其相贯线一般为空间曲线，但在特殊情况下也可能是平面曲线或直线。

两个曲面立体具有公共轴线时，相贯线为与轴线垂直的圆，如图 3-30 所示；当正交的两圆柱直径相等时，相贯线为大小相等的两个椭圆（平面曲线），如图 3-31 所示；当相交的两圆柱轴线平行时，相贯线为两条平行于轴线的直线，如图 3-32 所示。

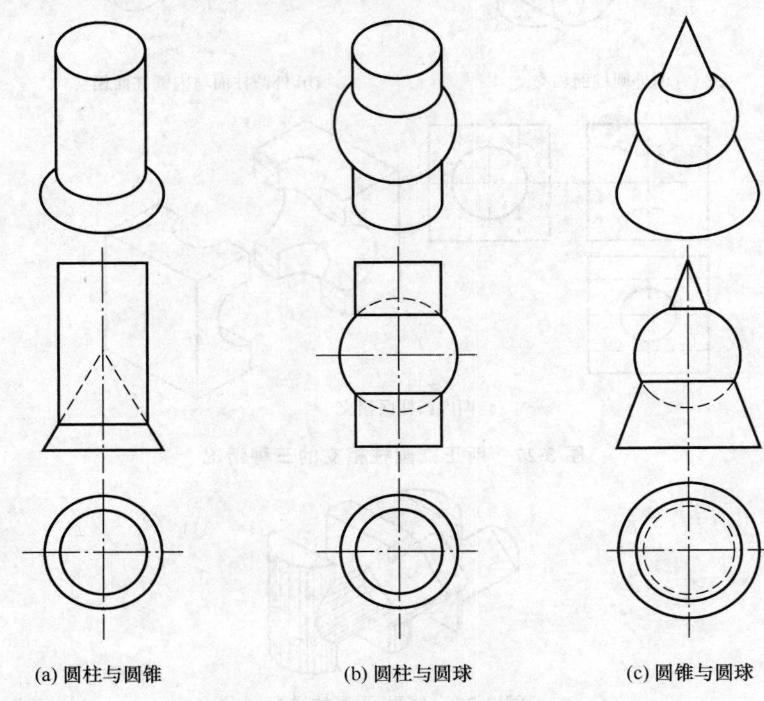

图 3-30 两个同轴回转体的相贯线

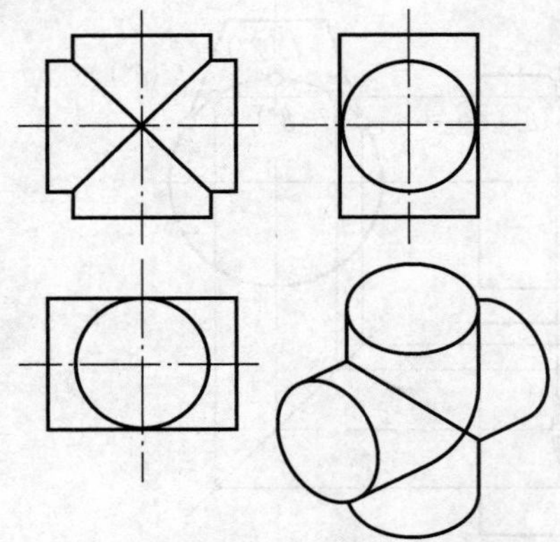

图 3-31 正交两圆柱直径相等时的相贯线

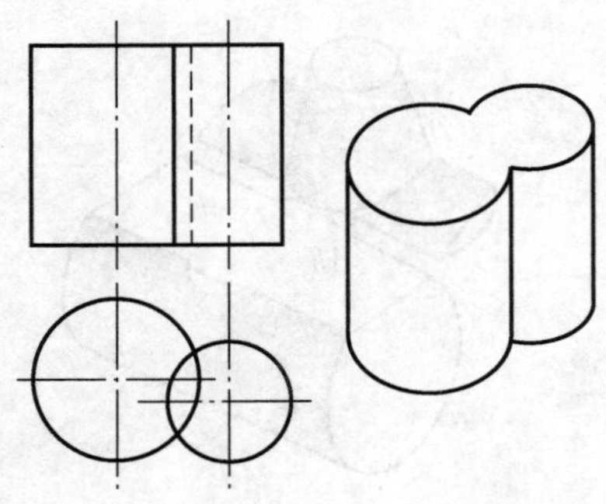

图 3-32 相交两圆柱轴线平行时的相贯线

3.4.5　相贯线的简化画法

相贯线的作图步骤较多,如对相贯线的准确性无特殊要求,当两圆柱垂直正交且直径不相等时,可采用圆弧代替相贯线的近似画法。如图 3-33 所示,垂直正交两圆柱的相贯线可用大圆柱的 $D/2$ 为半径作圆弧来代替。

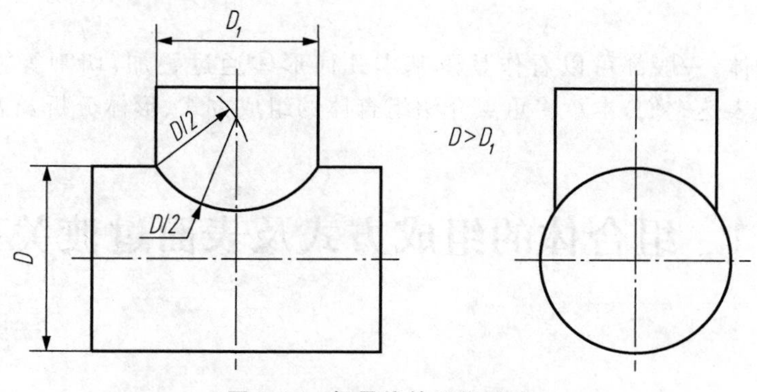

图 3-33　相贯线的近似画法

第 4 章　组　合　体

工程中的物体，一般都可以看作是由基本几何形体通过叠加、切割等方式形成的组合体。为了正确地表达它们，本章将重点介绍组合体的组成方式、形体分析及表达方法。

4.1　组合体的组成方式及表面过渡关系

4.1.1　组合体的组成方式

组合体是由若干基本几何形体按照一定的组合方式组合而成的复杂形体。形体间的组合方式有两种形式：叠加和切割。因此，组合体按其组成方式可分为叠加型、切割型和综合型三种。

1. 叠加型（相加型）

若干个基本几何形体以平面相接触，进行堆砌或拼合，这个过程叫叠加。按叠加方式组合而成的形体叫叠加型组合体，也可以看成是若干个几何形体相加而成，因而这种组合体又叫相加型组合体，如图 4-1 所示。

2. 切割型（相减型）

基本几何形体被切去或挖掉若干个几何体，这个过程叫切割。在一个基本体上通过切割若干基本体形成的形体叫切割型组合体，也可以看成是减去了若干形体，因而这种组合体又叫相减型组合体，如图 4-2 所示。

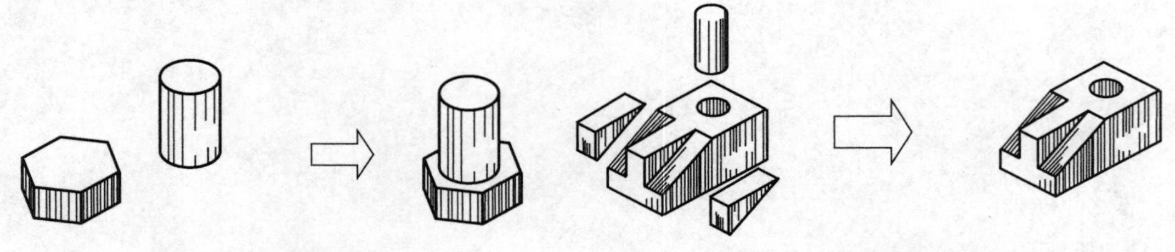

图 4-1　叠加型组合体　　　　图 4-2　切割型组合体

3. 综合型（混合型）

有些组合体的组合方式既有叠加又有切割，组合体是综合构成的，叫综合型组合体，也叫混合型组合体。实际中大多数形体都是综合型组合体，如图 4-3 所示。

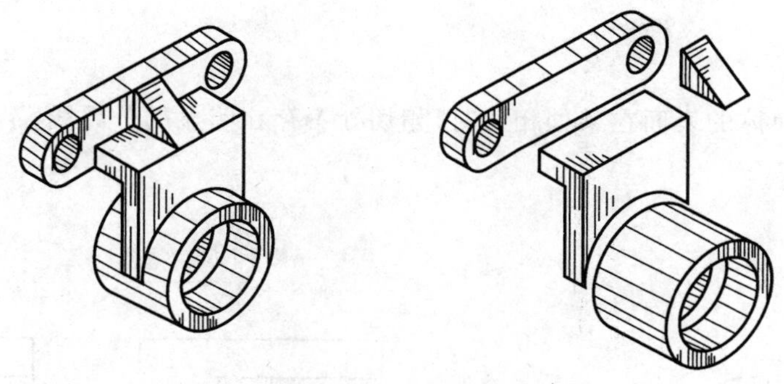

图 4-3　综合型组合体

4.1.2　形体间表面过渡关系

当两基本形体组合时，表面间的过渡关系有三种：相交、平齐和相切。

1. 相交

当两个基本形体表面相交时，相交处会产生交线。在视图中要画出交线，如图 4-4 所示。

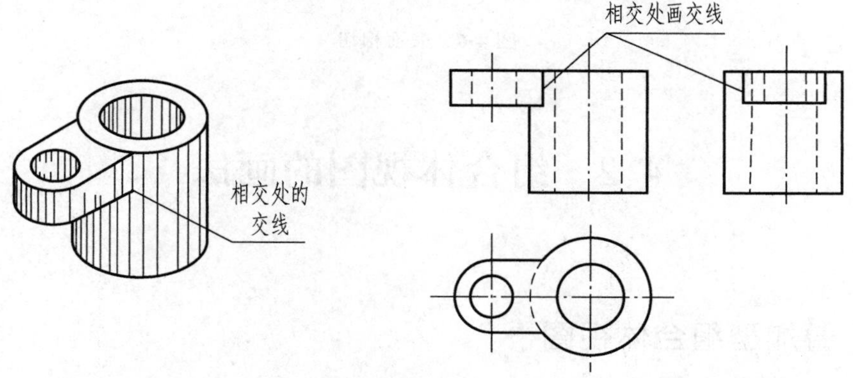

图 4-4　表面相交

2. 平齐

当两个基本形体表面平齐时，两立体的表面共面，共面的表面在视图上没有分界线，如图 4-5(a)所示。当两基本形体的表面不平齐时，视图表面有分界线，如图 4-5(b)所示。

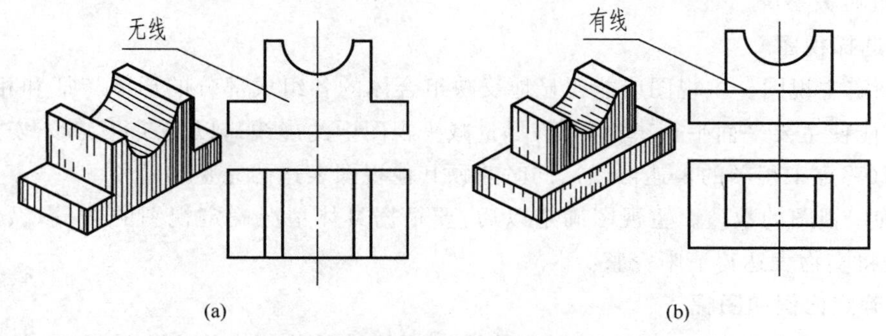

图 4-5　表面平齐与表面不平齐

3. 相切

当两基本几何体的表面在某处相切时，相切处不存在明显的分界线，不应画线，如图 4-6 所示。

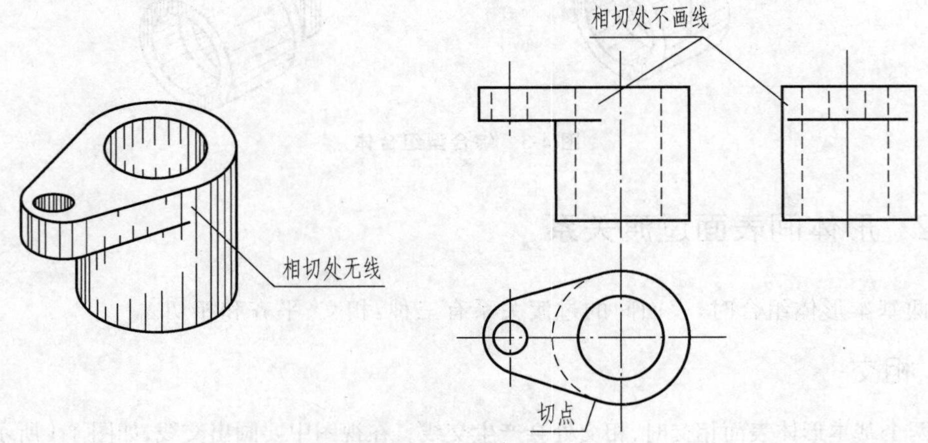

图 4-6　表面相切

4.2　组合体视图的画法

4.2.1　叠加型组合体视图

1. 画法及步骤——形体分析法

(1) 形体分析

画图前，先要分析组合体的形体构成，弄清楚组合体的组合形式、各部分形状及相对位置、表面过渡关系等。

(2) 选择视图

① 确定主视图。主视图应能明显地反映组合体的各组成部分的形体特征和相对位置，并且尽可能使主要平面平行于投影面(尽量减少视图中的虚线)，以便获得实形，安放平稳且便于读图(尊重工程图的表达习惯)，同时兼顾其他视图表达的完整和清晰。

② 确定视图的数量。主视图确定以后，要根据具体情况确定视图的数量，以便用最简单的方法将实物表达得清晰完整。

(3) 确定比例和图幅

画图的比例应根据所画组合体的大小和制图标准的比例来确定。尽量采用 1∶1 的比例，或根据所选的比例计算组合体的长、宽、高及三视图的面积，考虑标注尺寸的位置以及图框与视图的间距，选择合适的标准图幅。

(4) 画底稿

画组合体三视图应注意以下几点：

① 根据投影规律，逐个画出各形体的三视图。画形体的顺序是，一般按照先大后小（先画较大形体，后画较小形体）；先主后次（先画主要部分，后画次要部分）；先实后虚（先画可见部分，后画不可见部分）；先画积聚性投影后再画其他投影；先画轮廓后再画细节。

② 为保证画图速度和视图的完整性，可从主视图着手，按照投影关系将三个视图联系起来同时画图，不要孤立地作图。

③ 先用细线条画出底稿，便于修改，保证图面的整洁。

(5) 检查、加深图线

画完底稿后，要逐个形体检查投影，改正错误。加深图线时，要由上而下，先加深曲线再加深直线。

2. 综合举例

下面以轴承座立体为例，说明叠加型组合体的画法。

【例 4-1】 试画出轴承座的三视图（图 4-7）。

绘图步骤如下：

① 形体分析。轴承座是由底板、支撑板、肋板和圆筒四部分叠加组成的，底板上钻去两个圆孔，组合体整体左右对称。

② 选择视图。图 4-7 中轴承座的主视图方向沿箭头方向。

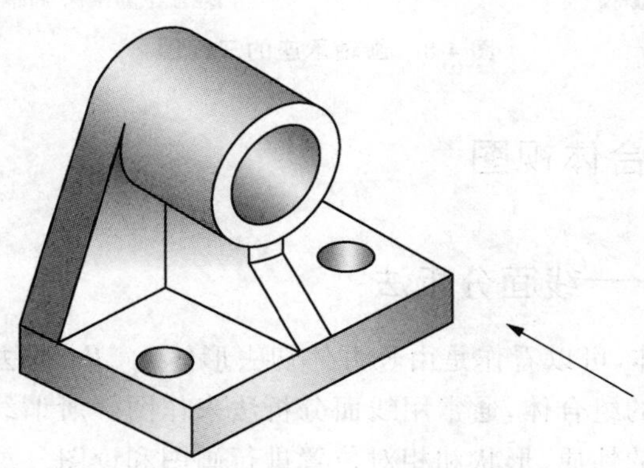

图 4-7 轴承座形体图

③ 确定比例和图幅。

④ 画底稿。详细绘图步骤如图 4-8 所示，先画中心基准线，再逐步画各组成部分的投影（底板、圆筒、支撑板、肋板），最后画连接部分和各交线。

⑤ 检查、加深图线。

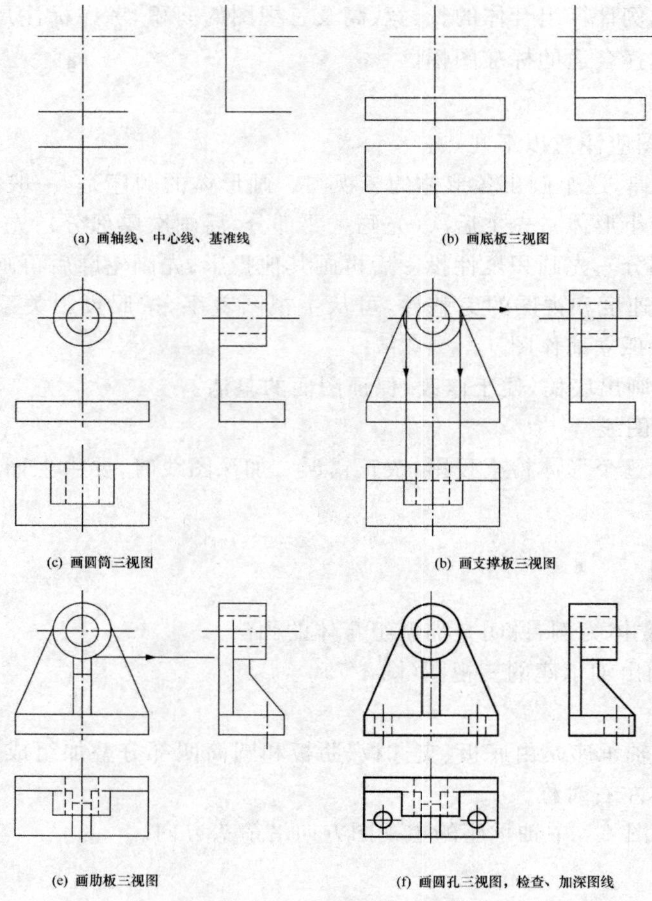

(a) 画轴线、中心线、基准线
(b) 画底板三视图
(c) 画圆筒三视图
(b) 画支撑板三视图
(e) 画肋板三视图
(f) 画圆孔三视图，检查、加深图线

图 4-8　画轴承座的三视图

4.2.2　切割型组合体视图

1. 画法及步骤——线面分析法

图 4-9 所示的组合体，可以看作是由长方体切去形体 *Ⅰ*、*Ⅱ*，挖去 *Ⅲ*、*Ⅳ* 而形成的。这种主要由基本体切割而成的组合体，通常用线面分析法来作图。所谓线面分析法，就是根据表面的投影特性分析表面的性质、形状和相对位置进行画图和读图。

2. 综合举例

图 4-9 展示了切割型组合体的画图方法。

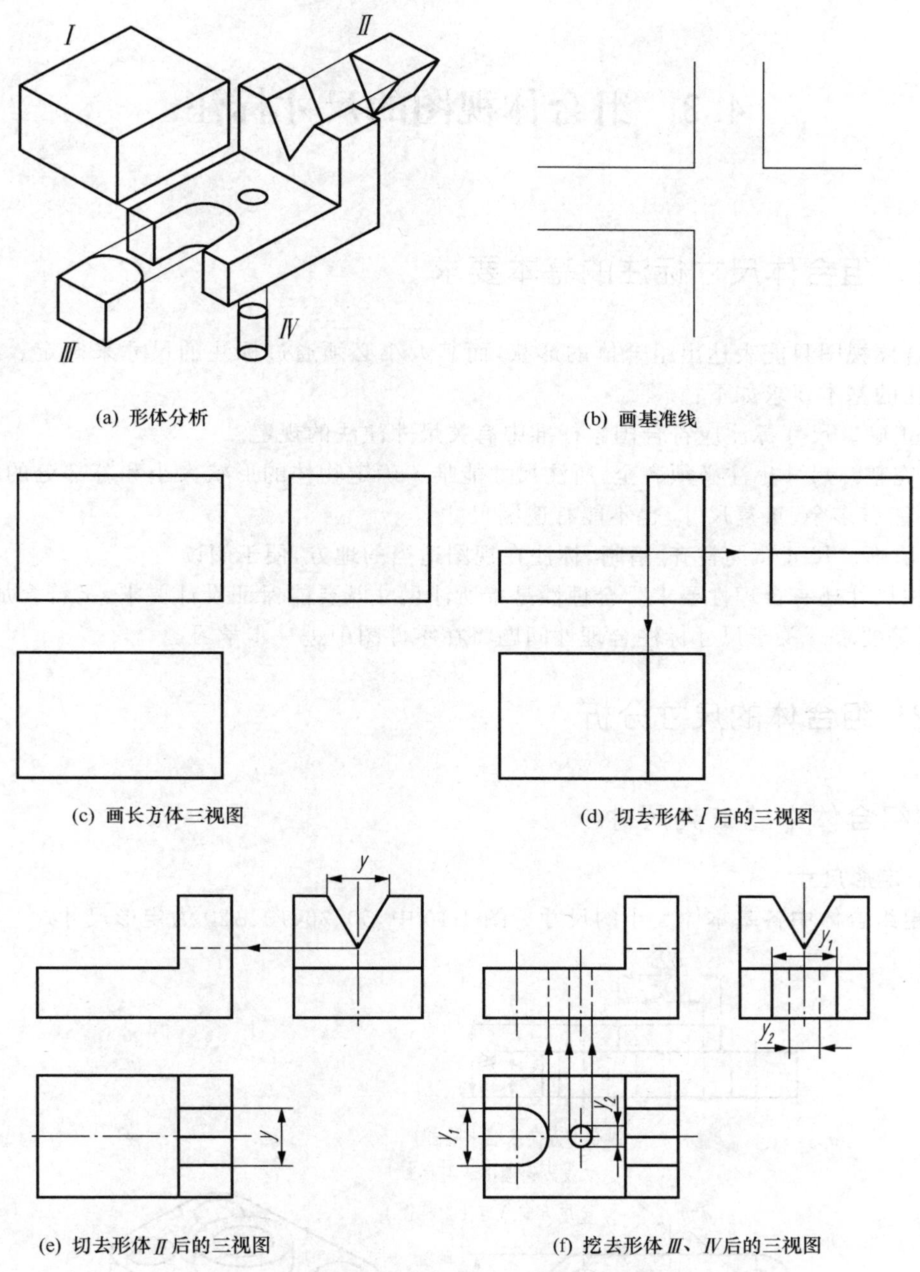

图 4-9 切割型组合体的画图方法

4.3 组合体视图的尺寸标注

4.3.1 组合体尺寸标注的基本要求

组合体视图只能表达出组合体的形状，而其大小必须通过标注的尺寸来确定。组合体尺寸标注的基本要求如下：

① 正确。尺寸标注应符合国家标准中有关尺寸注法的规定。

② 完整。尺寸标注必须齐全，所注尺寸能唯一确定物体的形状大小和各部分的相对位置，但不能有多余、重复尺寸，也不能有遗漏尺寸。

③ 清晰。尺寸布局整齐、清晰，标注在视图适当的地方，便于阅读。

标注尺寸还有合理性要求。合理性是指所注尺寸既要能保证设计要求，又符合加工、装配、测量等要求。关于尺寸标注合理性问题将在零件图中进一步学习。

4.3.2 组合体的尺寸分析

1. 组合体中的三类尺寸

(1) 定形尺寸

确定组合体中各基本体大小的尺寸。图 4-10 中，50、36、10、ϕ20 为定形尺寸。

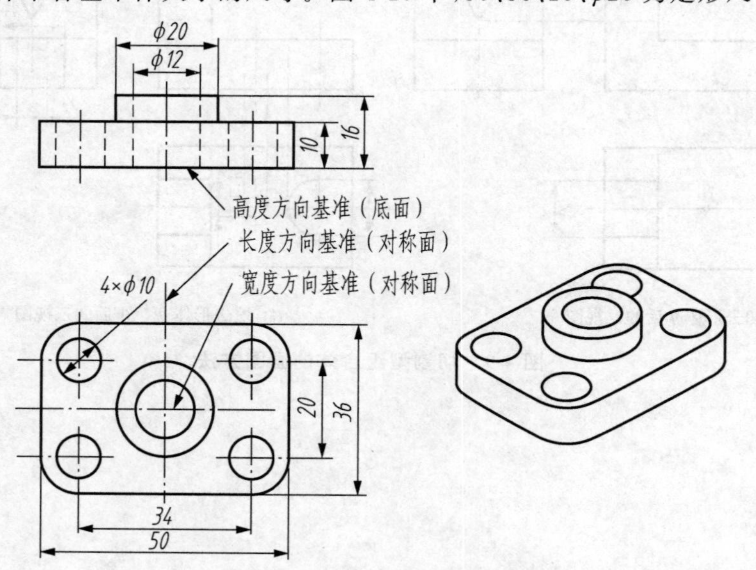

图 4-10 组合体的尺寸标注

(2) 定位尺寸

确定组合体中各基本体之间相对位置的尺寸。图 4-10 中，34、20 为定位尺寸。

(3) 总体尺寸

总体尺寸是确定组合体总长、总宽、总高的尺寸。图 4-10 中,50、36、16 为总体尺寸。有时总体尺寸会被某个基本形体的定形尺寸所代替,如图 4-10 中的尺寸 50 和 36 既是底板的长和宽,又是组合体的总长和总宽。当组合体的外端为回转体或部分回转体时,一般不以轮廓线为界直接标注其总体尺寸。图 4-11 中总高由中心高 30 和 ϕ15 间接确定。

2. 尺寸基准

标注和度量尺寸的起点,称为尺寸基准。在标注各形体间相对位置的定位尺寸时,必须先确定长、宽、高三个方向的尺寸基准,如图 4-10 所示。可以选作尺寸基准的通常是组合体的对称平面、底面、重要端面、回转体的轴线。以对称面为基准标注对称尺寸时,应标注对称总尺寸。

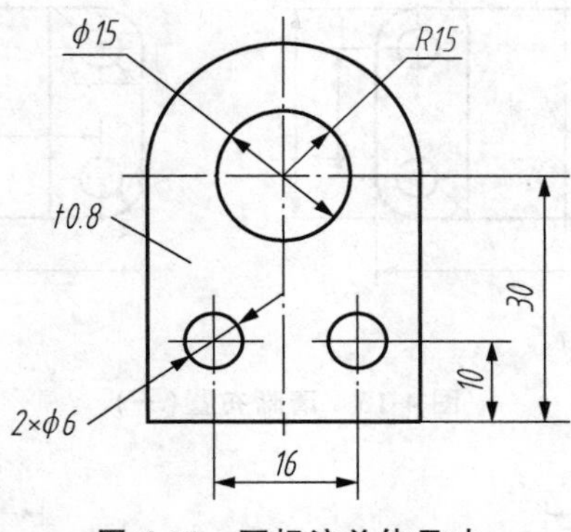

图 4-11 不标注总体尺寸

4.3.3 组合体尺寸标注中应注意的问题

1. 尺寸标注必须完整

尺寸完整,才能完全确定物体的形状和大小。通过形体分析,逐个地注出各基本体的定形尺寸、定位尺寸及总体尺寸,即能达到完整的要求。

2. 避免出现"封闭尺寸"链

如图 4-12 所示,尺寸 16、36、52 若同时标出,则形成"封闭尺寸"链。一般情况下,这样标注是不允许的。

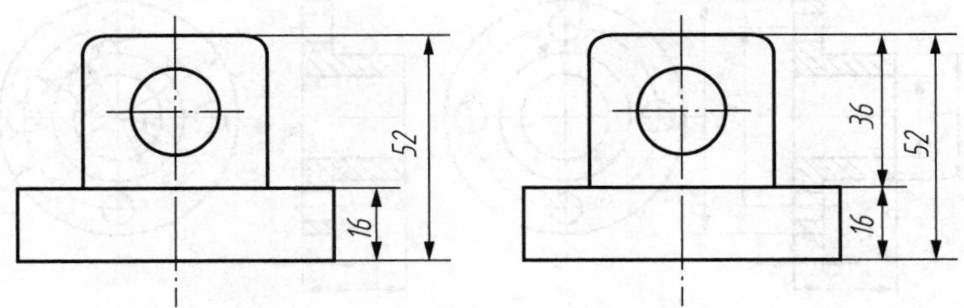

图 4-12 "封闭尺寸"链

3. 尺寸标注必须清晰

① 应尽量标注在视图外面，以免尺寸线、尺寸数字与视图的轮廓线相交，如图 4-13 所示。

② 相互平行的尺寸，应按大小顺序排列，小尺寸在内，大尺寸在外，如图 4-14 所示。

③ 尽量不在虚线上标注尺寸。

④ 同心圆柱的直径尺寸，最好标注在非圆视图上，如图 4-15 所示。

⑤ 内形尺寸与外形尺寸最好分别标注在视图的两侧，如图 4-16 所示。

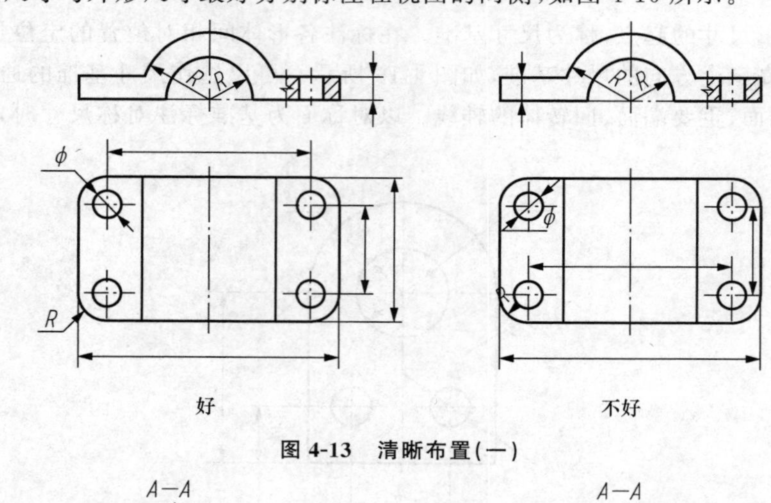

图 4-13　清晰布置(一)

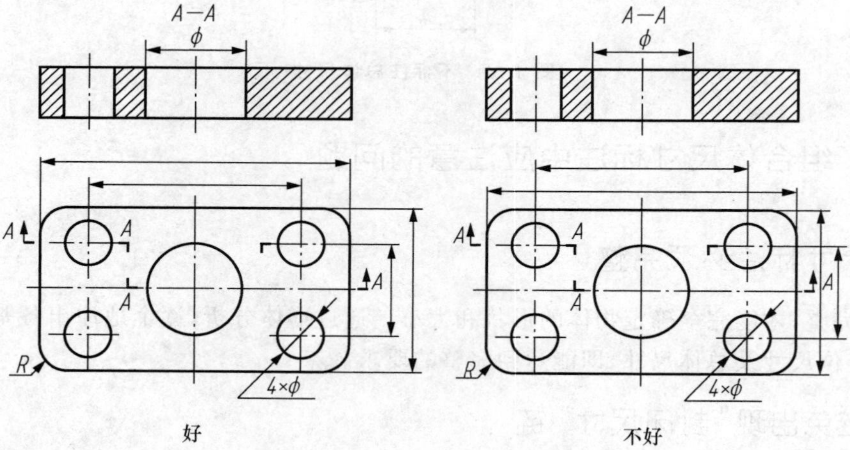

A—A
ϕ
A
R
4×ϕ
好
不好

图 4-14　清晰布置(二)

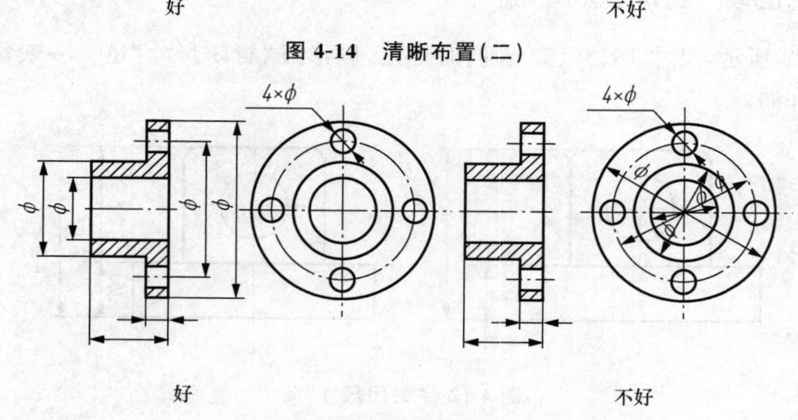

图 4-15　清晰布置(三)

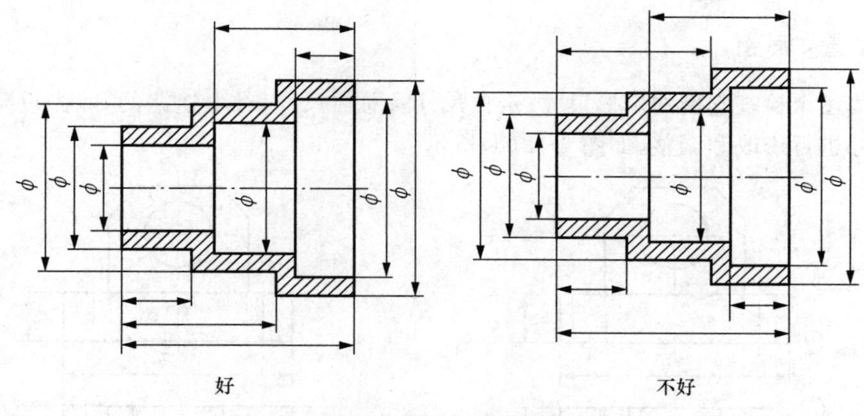

图 4-16 清晰布置(四)

4.3.4 标注实例

下面以图 4-17 为例,说明组合体尺寸标注。

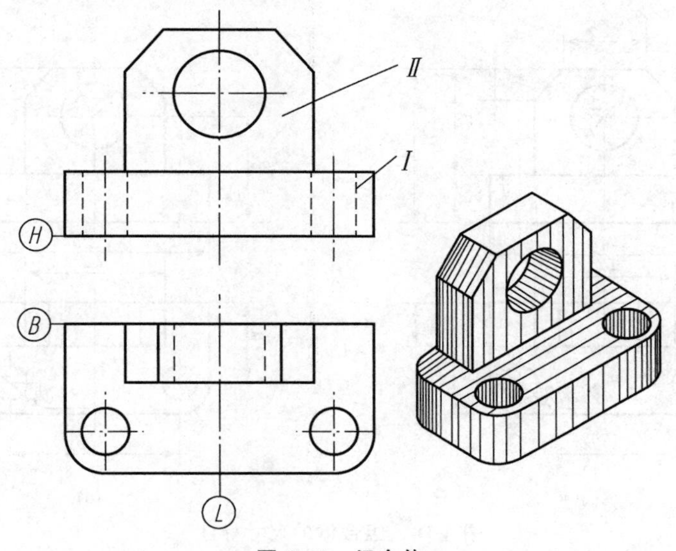

图 4-17 组合体

1. 分析形体

该组合体由底板和立板两个形体叠加而成,形状及相对位置如图 4-17 所示。

2. 选尺寸基准

字母 L、B、H 分别表示长、宽、高三个方向的尺寸基准,如图 4-18 所示。

3. 标注尺寸

逐个标注其定形尺寸、定位尺寸及组合体的总体尺寸,如图 4-18(a)、(b)和(c)所示。

4. 检查、调整

按形体逐个检查它们的定形尺寸、定位尺寸及总体尺寸，补上遗漏的，除去重复的，并对不合理尺寸进行修改和调整，如图 4-18(d)所示。

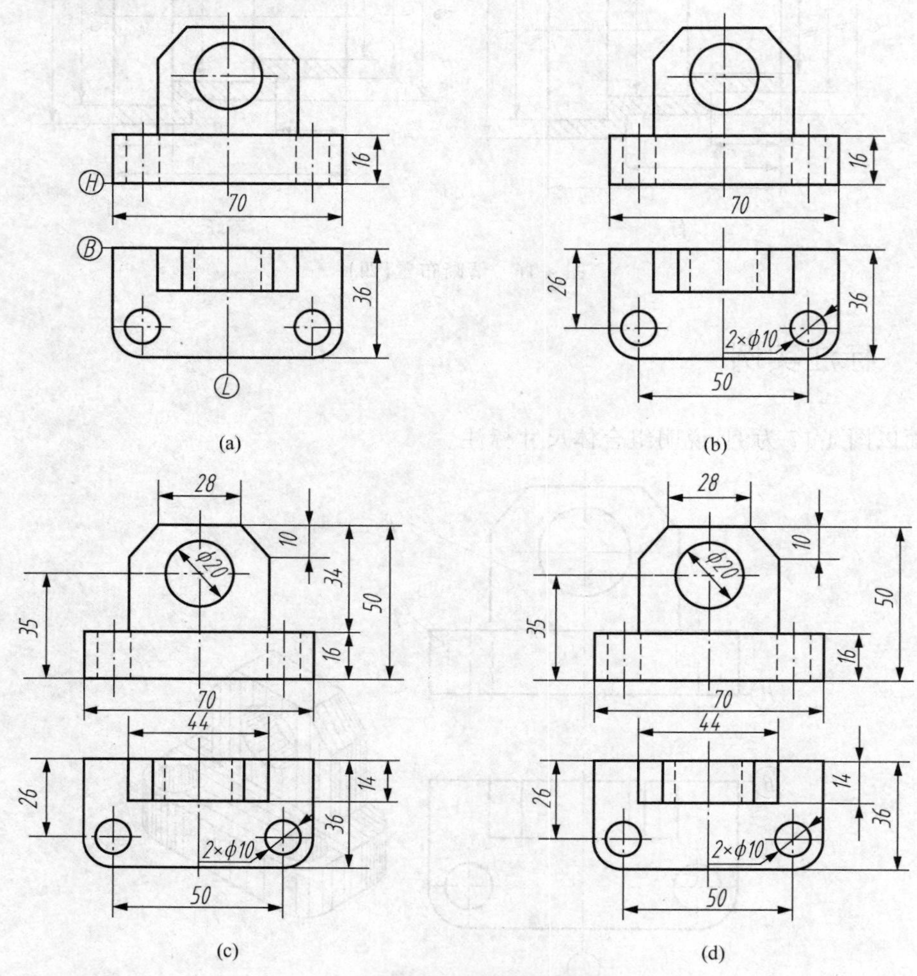

图 4-18　组合体的尺寸标注

4.4　组合体视图的阅读方法

组合体的画图是运用形体分析法把空间的三维立体，按照投影规律画成二维平面图形的过程，是三维形体到二维形体的过程，而组合体的读图是从二维形体到三维形体的过程，也是在投影规律的基础上，利用形体分析法和线面分析法想象出空间立体的实际形状。因此，画图和读图是密不可分的两个部分。

读图时要注意以下几个问题：

① 善于抓住能反映物体形状特征的图形。

② 了解视图中线框和图线的含义,注意反映过渡关系的图线。

③ 善于构思,将几个视图联系起来读图。

4.4.1 读图的基本方法

1. 形体分析法

【例 4-2】 已知如图 4-19(a)所示的三视图,试想象出它的空间形状。

本例题是典型的形体分析法读图。

① 通过投影形体分析,判断其为叠加型组合体,分离出各基本形体的线框。看主视图,可把整体分为 A、B、C、D 四部分线框。

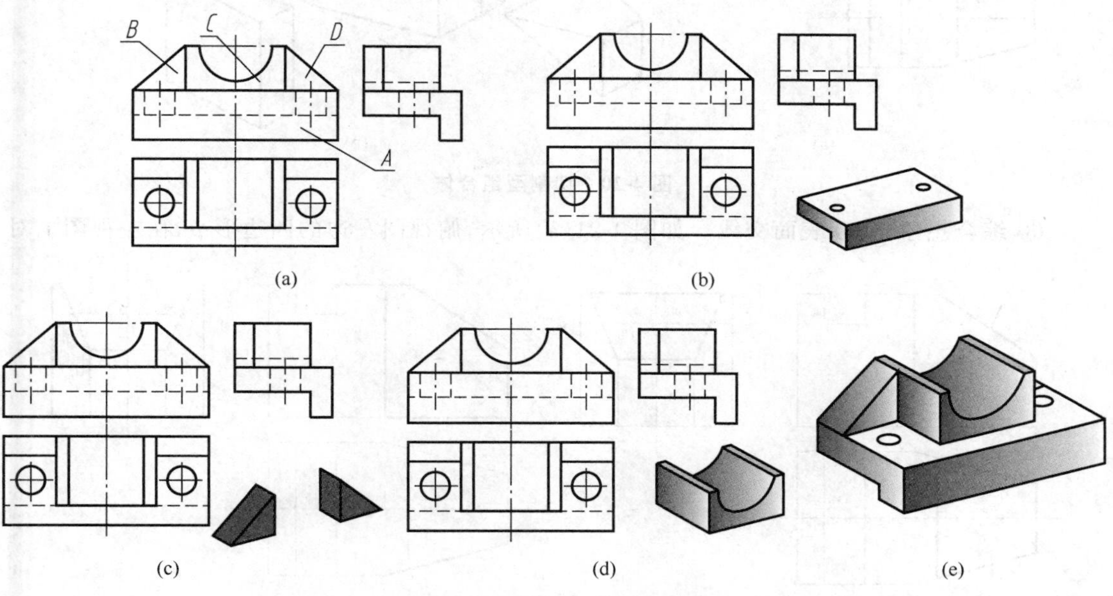

图 4-19 用形体分析法读图

② 根据投影规律,对应投影位置,分别想象出几个几何体的空间形状。先确定形体 A,即底板,底板上有两个对称的圆孔,底板上方左右两侧是三角形肋板 B、D,再确定肋板间的形体 C,分别如图 4-19(b)、(c)、(d)所示。

③ 综合想象,判断几个几何体间的相对位置和表面交线,如图 4-19(e)所示。

2. 线面分析法

对于切割型组合体或较复杂的组合体,很难用形体分析法确定其形状,同切割型组合体的画法一样,采用线面分析法。

读图的分析过程,往往是以形体分析为主、线面分析为辅,两种读图方法穿插使用。

读图的顺序是先主后次、先易后难、先局部后整体。

读图的步骤是先形体分析,再逐个分析组成部分,最后综合想象整体。

【例 4-3】 读懂图 4-20(a)的切割型组合体三视图 ,并判断出物体的形状。

可以将该形体想象成一长方体被切去几部分。因而,可以先补全再切去,采用线面分析法。

① 确定物体的整体形状为长方体。

② 确定切割面的位置和面的形状(对于复杂形体分线框,找投影)。如图 4-20 所示,俯视图的左前和左后方向各缺一角,左视图的左右两侧各给出一条竖直线,说明各被切去了一个三棱柱;主视图的上方缺一角,说明长方体的左上方被切去一个三棱柱;主视图右上方有一凹槽,说明长方体的右上方被切去一个四棱柱。

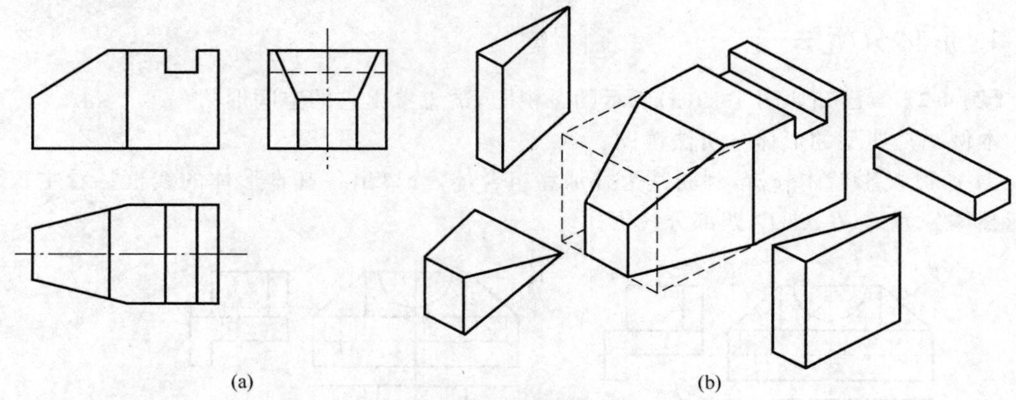

(a)　　(b)

图 4-20　切割型组合体

③ 综合想象,判断表面交线。如图 4-21(a)所示,俯视图左边的四边形 p,在左视图上对

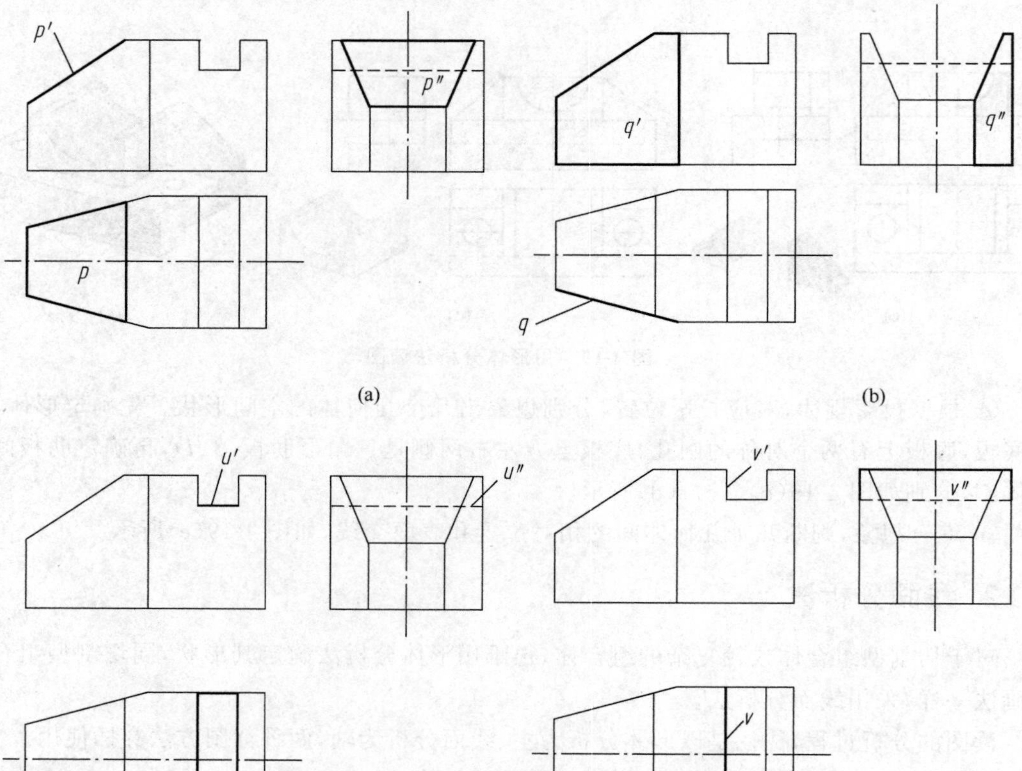

(a)　　(b)

(c)　　(d)

图 4-21　用线面分析法读图

应于四边形 p'',在主视图上对应于斜线 p'。根据投影特性,可以断定 P 面是正垂面。

如图 4-21(b)所示,主视图左边的五边形 q',在左视图上对应于五边形 q'',在俯视图上对应于斜线 q。根据投影特性,可以断定 Q 面是铅垂面。

如图 4-21(c)所示,俯视图右边的矩形 u,在左视图上对应于虚线 u'',在主视图上对应于直线 u'。根据投影特性,可以断定 U 面是水平面。

如图 4-21(d)所示,左视图上方的矩形 v'',在主视图上对应于一直线 v',在俯视图上对应于一直线 v。根据投影特性,可以断定 V 面是侧平面。

详细地了解三视图后,综合以上分析,想象出物体的形状如图 4-22 所示。

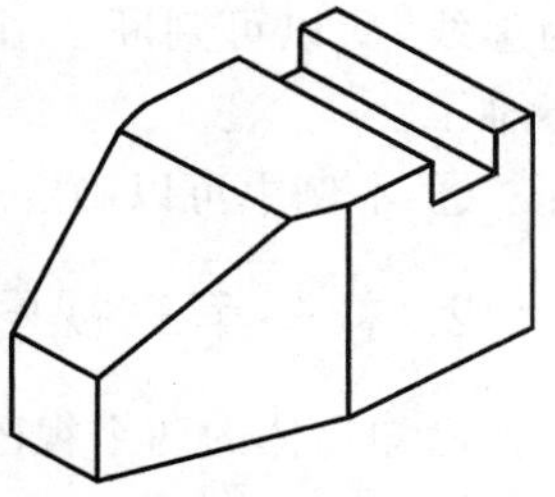

图 4-22　切割型组合体

4.4.2　综合举例

读图能力的训练途径有两个方面:一是根据给出的不完整的投影补画视图上遗漏的图线;二是根据给出的两个视图补画第三视图。

1. 补漏线

补全组合体视图中漏画的图线可以有效地提高读图、画图能力,增强图形思维、判断和纠错能力。

【例 4-4】　补画图 4-23(a)俯视图中遗漏的图线。

解法如下:

① 从主视图中可以看出,视图上呈现四个圆弧:$1'$、$2'$、$3'$、$4'$,它们均为可见面。根据投影规律,四个圆弧面在左视图中都是虚线,说明是切除的部分,像这样的形体要分清层次。

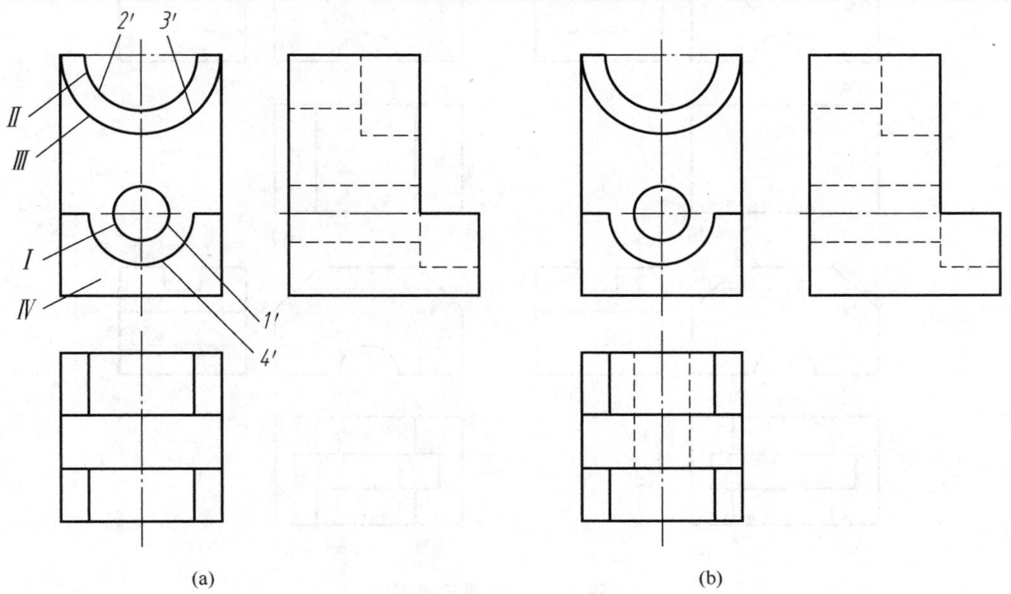

图 4-23　补画漏线

② 综合主视图和左视图，可以看出 2′和 3′对应半圆孔Ⅱ和Ⅲ，从主视图可以看出半圆孔Ⅲ是在半圆孔Ⅱ上存在，从而可以确定它们在俯视图上如图 4-23(a)所示。怎样确定Ⅰ和Ⅳ谁在前呢？假设Ⅰ在前，而且从主视图看Ⅰ在上面，那么Ⅳ在俯视图上应被遮住为虚线，所以可判断Ⅰ在后、Ⅳ在前。像这样的形体只要把层次、方位分清楚了，作图就不难了。

③ 本例中可以确定在俯视图中缺少Ⅰ(通孔)的两条虚线，如图 4-23(b)所示。

2. 补画第三视图

已知物体的两个视图，求第三视图(二求三)，可以进一步培养读图和画图的能力。

【例 4-5】 如图 4-24(a)所示，已知物体的主视图和左视图，求作俯视图。

解法如下：

① 线面分析，读懂两已知视图，想象出物体的立体形状。可以分析出此组合体是由一个长方体经切割形成的。原长方体的左上、右上方尖角被切去，底部中间开有前后贯通的半圆槽，顶部开有左右贯通的矩形槽。

② 画出未切割的长方体的俯视图，如图 4-24(b)所示。

③ 在俯视上画出切去左、右尖角的图线，如图 4-24(c)所示。

④ 在俯视图上画出顶部所开矩形凹槽的图线，如图 4-24(d)所示。

⑤ 在俯视图上画出底部所开半圆形凹槽的图线，得到俯视图，如图 4-24(e)所示。

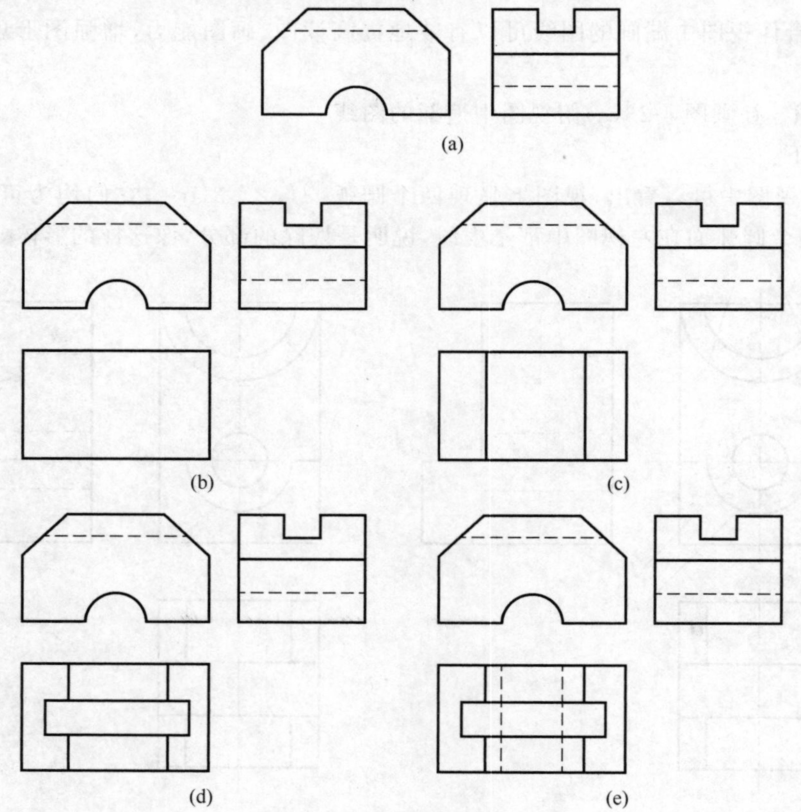

图 4-24　补画三视图

第 5 章　轴　测　图

应用正投影法绘制的三视图能够准确地表达物体形状,但缺乏立体感。而轴测图由于直观性强,在机械工程中常被用来表达机器结构的外观、内部结构或工作原理等。在制图课程的教学中,画轴测图有助于想象物体的形状,培养空间想象能力。

5.1　轴测图的基本知识

5.1.1　轴测图的形成

轴测图是一种具有立体感的单面投影图。已知物体的三个坐标轴都倾斜于 P 平面,将物体和坐标轴一起向 P 平面投影,如果投影方向 S 与平面 P 垂直,则此投影方法就是正投影法,用这种方法得到的投影图称为正轴测图,如图 5-1(a)所示。当物体的三个坐标轴中的 Y 轴垂直于 Q 平面时,采用斜投影法,即投影方向 S 倾斜于 Q 平面,将物体连同坐标轴一起向 Q 平面投影,用这种方法得到的投影图,称为斜轴测图,如图 5-1(b)所示。由于正轴测图和斜轴测图采用的都是平行投影法,因此都具有平行投影的特性。

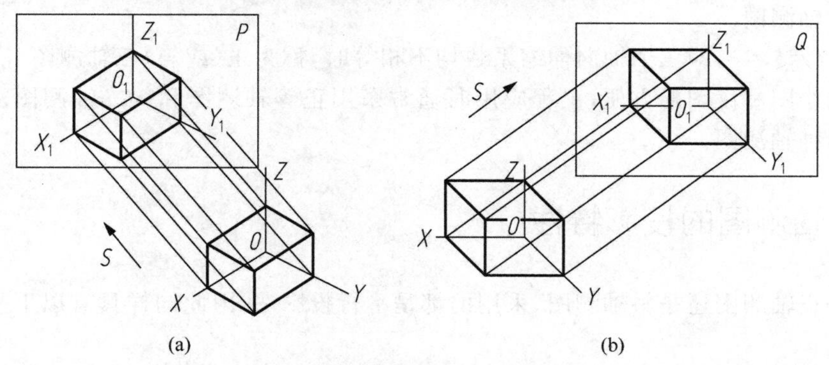

图 5-1　轴测图的形成

5.1.2　轴间角和轴向伸缩系数

轴间角和轴向伸缩系数是绘制轴测图的两个重要参数。

1. 轴间角

如图 5-2 所示，物体上的坐标轴 OX、OY、OZ 在轴测投影面 P 上的投影 O_1X_1、O_1Y_1、O_1Z_1 称为轴测轴。相邻轴测轴之间的夹角，如 $\angle X_1O_1Y_1$、$\angle X_1O_1Z_1$、$\angle Y_1O_1Z_1$ 称为轴间角。

2. 轴向伸缩系数

轴测轴上线段长度与该线段在空间的实际长度之比，称为轴向伸缩系数。

X 轴的轴向伸缩系数 $p=\dfrac{O_1A_1}{OA}$，Y 轴的轴向伸缩系数 $g=\dfrac{O_1B_1}{OB}$，Z 轴的轴向伸缩系数 $r=\dfrac{O_1C_1}{OC}$。

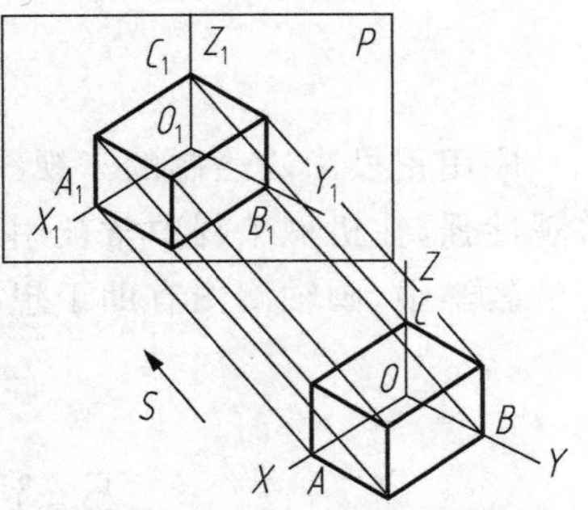

图 5-2　轴间角和轴向伸缩系数

轴向伸缩系数的大小与物体上的坐标轴对轴测投影面的倾斜程度及投影方法有关。因此，正轴测图和斜轴测图的轴间角和轴向伸缩系数不相同。

5.1.3　轴测图的分类

如前所述，轴测图按照投射方向与轴测投影面所成角度的不同可以分为正轴测图和斜轴测图两大类。

根据轴向伸缩系数的不同，这两类轴测图又各自可以细分为以下三种：

① 当 $p=g=r$，即三个轴向伸缩系数相等时，称为正（或斜）等轴测图。

② 当 $p=g\neq r$，或 $p=r\neq g$，或 $g=r\neq p$，即有且只有两个轴向伸缩系数相等时，称为正（或斜）二轴测图。

③ 当 $p\neq g\neq r$，即三个轴向伸缩系数均不相等时，称为正（或斜）三轴测图。

考虑到绘图和读图的方便，工程应用时通常采用正等轴测图和斜二轴测图。下面将主要介绍这两种轴测图。

5.1.4　轴测图的投影特性

无论是正轴测图还是斜轴测图，采用的都是平行投影法，因此同样具有以下平行投影的性质：

① 物体上平行于坐标轴的线段，轴测投影后平行于相应的轴测轴，而且线段的轴测投影长度与线段实际长度之比等于相应坐标轴的轴向伸缩系数。

② 空间中相互平行的直线，轴测投影后仍然相互平行。

5.2　正等轴测图

5.2.1　正等轴测图的形成

当固结在物体上的坐标系的坐标轴与轴测投影面的夹角相等时，将物体和坐标轴用正投影法向轴测投影面投影所得到的图形，称为正等轴测图。

如图 5-3 所示，正等轴测图的三个轴间角均相等，并且都是 120°，即$\angle X_1O_1Y_1=\angle X_1O_1Z_1=\angle Y_1O_1Z_1=120°$；正等轴测图的轴向伸缩系数相等，即 $p=g=r=0.82$。为了作图方便，常采用简化伸缩系数 $p=g=r=1$，即沿各轴向的所有尺寸都按照物体的实际尺寸来绘制。用简化伸缩系数绘制的正等轴测图，沿各轴向的尺寸放大了约 1.22(1/0.82)倍，但是不影响物体的直观形象。

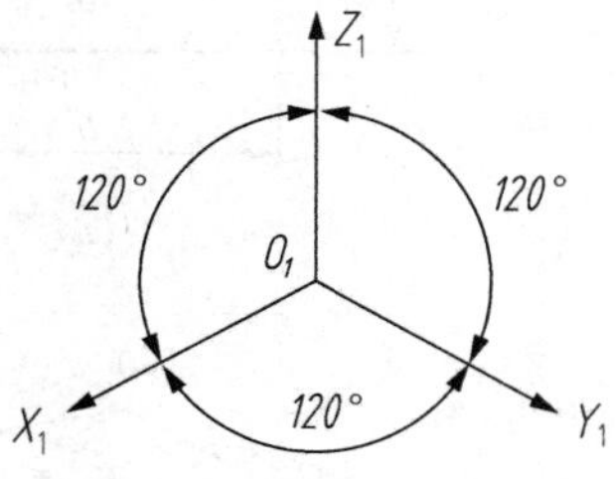

图 5-3　正等轴测图轴间角

5.2.2　平面立体正等轴测图

正等轴测图的绘图步骤如下：

① 根据物体的形体结构特点，确定原点位置和坐标轴，原点一般放在物体底面或顶面的对称轴线上，以便于画图。

② 按照坐标面画出相应的轴测轴。

③ 按照点的坐标作点和直线的轴测图，绘图时一般是先整体后局部，不可见的线一般不画出，这样更利于表现轴测图的立体感。

【例 5-1】 根据正六棱柱的两个视图，如图 5-4(a)所示，绘制它的正等轴测图。

作图步骤如下：

① 分析形体。正六棱柱的顶面和底面均为正六边形，故取顶面正六边形的中心作为原点 O，确定顶面各角点的坐标，如图 5-4(a)所示。

② 画轴测图 O_1X_1、O_1Y_1 轴，在 X_1OY_1 平面上确定顶面的点 F_1、C_1、G_1、H_1，如图 5-4(b)所示。

③ 过 G_1、H_1 点作 O_1X_1 轴的平行线，并且量取 S 得到点 A_1、B_1、D_1、E_1，顺次连接各点，得到顶面轴测图，如图 5-4(c)所示。

④ 过 A_1、B_1、E_1、F_1 点向下作 O_1Z_1 轴的平行线，并分别在其上截取高度为 L 的线段，得到底面上的点，顺次连接各点，擦去辅线，加深全图，完成作图，如图 5-4(d)所示。

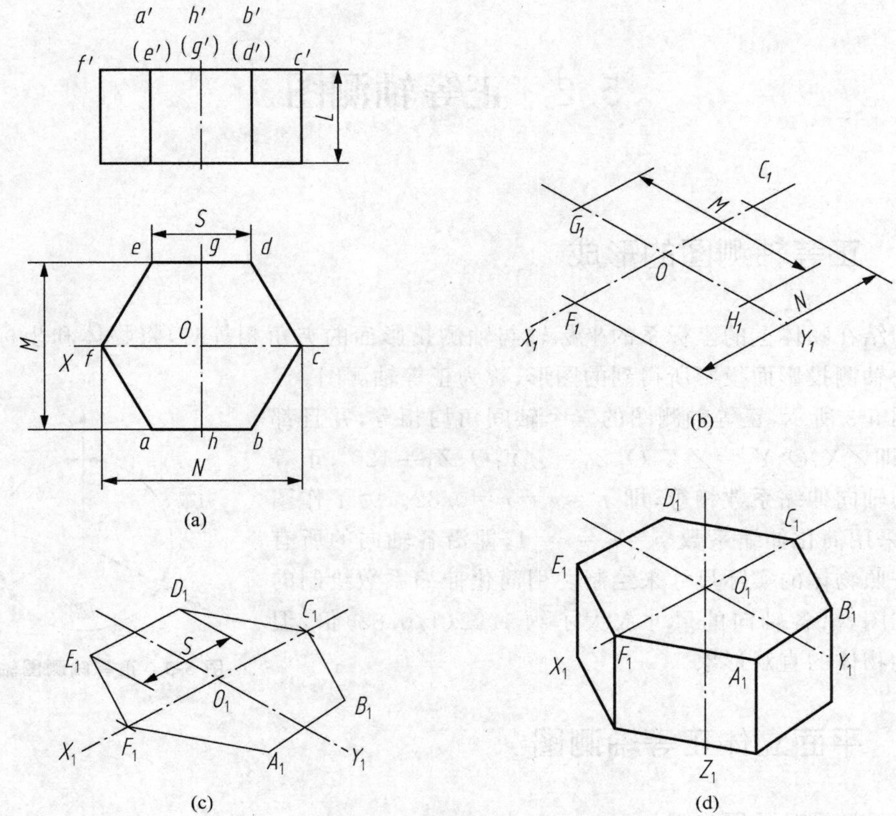

图 5-4　正六棱柱正等轴测图的画法

5.2.3　回转体正等轴测图

1. 平行于坐标面的圆的正等轴测图

图 5-5 所示为平行于坐标面的圆的正等轴测图的画法。

平行于三个坐标面的圆，其正等轴测图为椭圆。正等轴测图中椭圆的长短轴的尺寸采用简化轴向伸缩系数进行计算。若圆的直径为 D，则长轴长度＝$1.22D$，短轴长度＝$0.71D$。

一般来说，平行于 XOY 坐标面的圆，其正等轴测图中的椭圆长轴垂直于 O_1Z_1 轴，短轴平行于 O_1Z_1 轴；平行于 XOZ 坐标面的圆，其正等轴测图中的椭圆长轴垂直于 O_1Y_1 轴，短轴平行于 O_1Y_1 轴；；平行于 YOZ 坐标面的圆，其正等轴测图中的椭圆长轴垂直于 O_1X_1 轴，短轴平行于 O_1X_1 轴 。

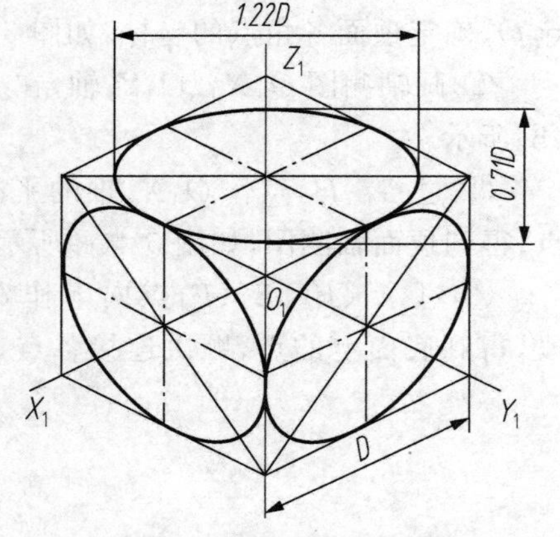

图 5-5　圆的正等轴测图

2. 切割圆柱的正等轴测图

【例 5-2 】　根据切割圆柱的两个视图，如图 5-6

(a)所示，绘制它的正等轴测图。

作图步骤如下：

① 分析形体。如图 5-6(a)所示，确定坐标。

② 绘制圆柱的正等轴测图，如图 5-6(b)所示。

③ 绘制平行于顶面的椭圆，至顶面的距离为 a，如图 5-6(c)所示。

④ 作平行于 $Y_1O_1Z_1$ 坐标面的截切面，使其到 O_1X_1 轴与圆柱面交点的距离为 b，如图 5-6(d)所示。

⑤ 将不可见的线擦除，并加深图线，就可得到切割圆柱的正等轴测图，如图 5-6(e)所示。

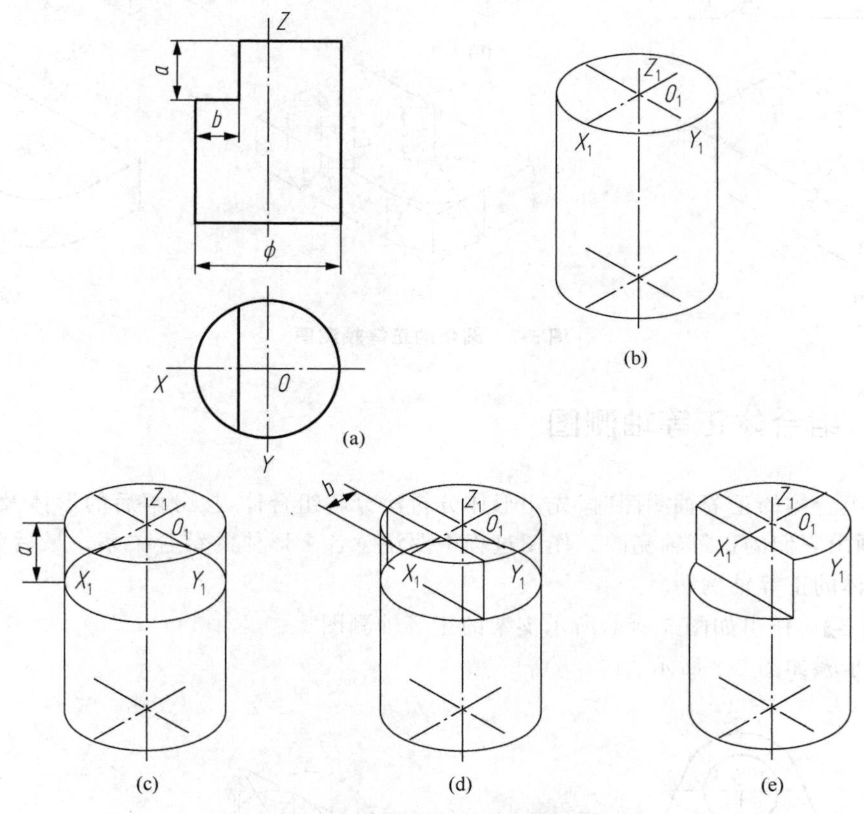

图 5-6　切割圆柱的正等轴测图

3. 圆角的正等轴测图

机件上的圆角一般是圆的 1/4，其正等轴测图则是椭圆的 1/4。下面以水平圆角为例，绘制圆角的正等轴测图，如图 5-7 所示。

作图步骤如下：

① 在图 5-7(a)的视图中标出圆角与直边的切点 a、b、c、d。

② 画出不带圆角的平板的正等轴测图，如图 5-7(b)所示。

③ 在平板的正等轴测图上，根据半径 R 找到四个切点 A_1、B_1、C_1、D_1，如图 5-7(c)所示。

④ 过切点分别作相应边的垂线，交点分别为 O_1、O_2，以 O_1 为圆心，O_1A_1 为半径作圆弧

A_1B_1，以 O_2 为圆心，O_2C_1 为半径作圆弧 C_1D_1，如图 5-7(d)所示。

⑤ 将圆心 O_1、O_2 竖直向下移动平板高度 H 距离，得到平板底面圆角的圆心 O_3、O_4。再以同样的方法画出平板底面圆周的正等轴测图，如图 5-7(e)所示。

⑥ 擦去多余图线，整理加深图线，完成作图，如图 5-7(f)所示。

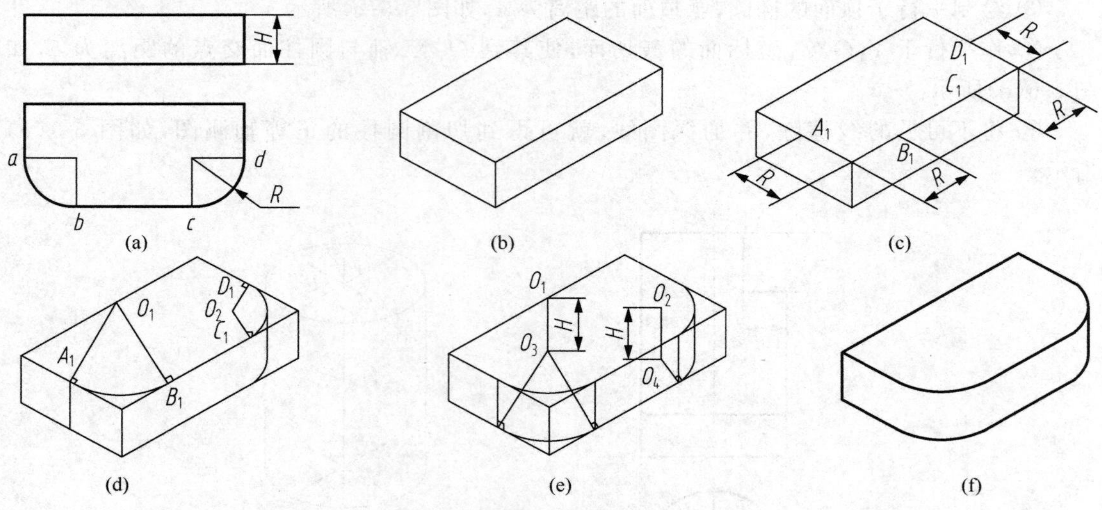

图 5-7 圆角的正等轴测图

5.2.4 组合体正等轴测图

在作组合体的正等轴测图时，先用形体分析法分解组合体，按分解后的形体及其相对位置，依次画出它们的正等轴测图。作图过程中要注意各个形体的结合关系。最后整理加深，完成组合体的正等轴测图。

【例 5-3】 作出如图 5-8(a)所示支架的正等轴测图。

作图步骤如图 5-8 所示。

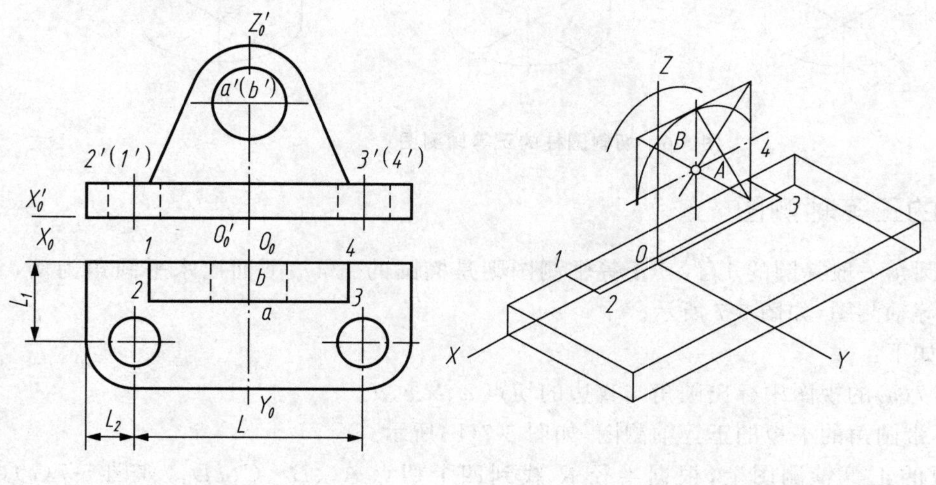

(a) 根据两视图定坐标　　(b) 画底板，并定出竖板圆心

图 5-8 组合体正等轴测图的绘制

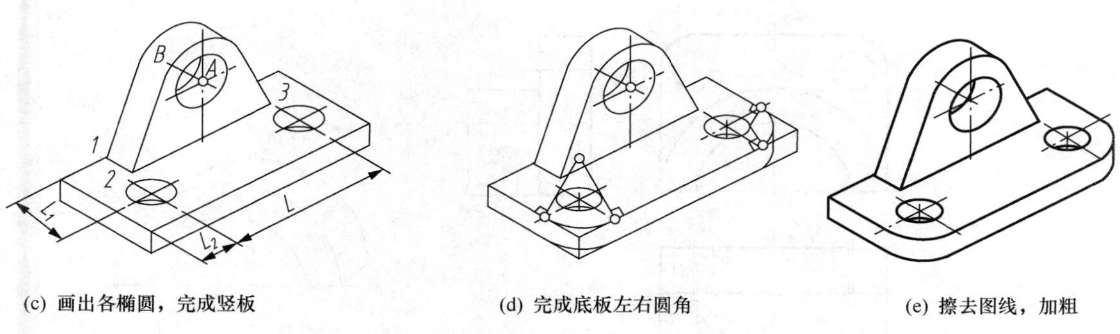

(c) 画出各椭圆，完成竖板　　(d) 完成底板左右圆角　　(e) 擦去图线，加粗

图 5-8　组合体正等轴测图的绘制(续)

5.3　斜二等轴测图

将物体连同确定其空间位置的直角坐标系，用斜投影的方法投射到与 XOZ 坐标面平行的轴测投影面上，此时轴测轴 OX 和 OZ 仍分别为水平方向和铅垂方向，X 轴和 Z 轴上的轴向伸缩系数为 1，它们之间的轴间角为 90°，与水平线成 45°角的 Y 轴，其伸缩系数为 0.5，这样得到的轴测投影图称斜二轴测图，简称斜二测。

斜二测中轴测轴的位置如图 5-9 所示。由于斜二测中 XOZ 坐标面平行于轴测投影面，所以物体上平行于该坐标面的图形均反映实形。为了作图方便，一般将物体上圆或圆弧较多的面平行于该坐标面，可直接画出圆或圆弧。因此，当物体仅在某一视图上有圆或圆弧投影的情况下，常采用斜二轴测图来表示。为了把立体效果表现得更为清晰、准确，可选择有利于作图的轴测投射方向，图 5-9 列出了斜二轴测图常用的两种投射方向。

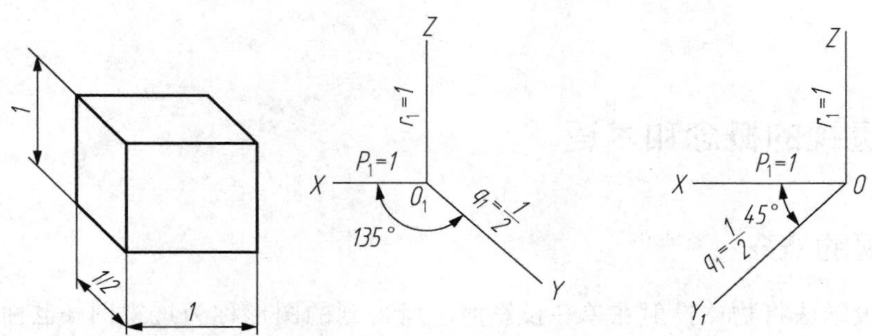

图 5-9　斜二测的轴测图

【例 5-4】　如图 5-10(a)所示，画组合体的斜二测。

绘制物体斜二测的方法和步骤与绘制物体正等轴测图相同，具体过程如图 5-10 所示。

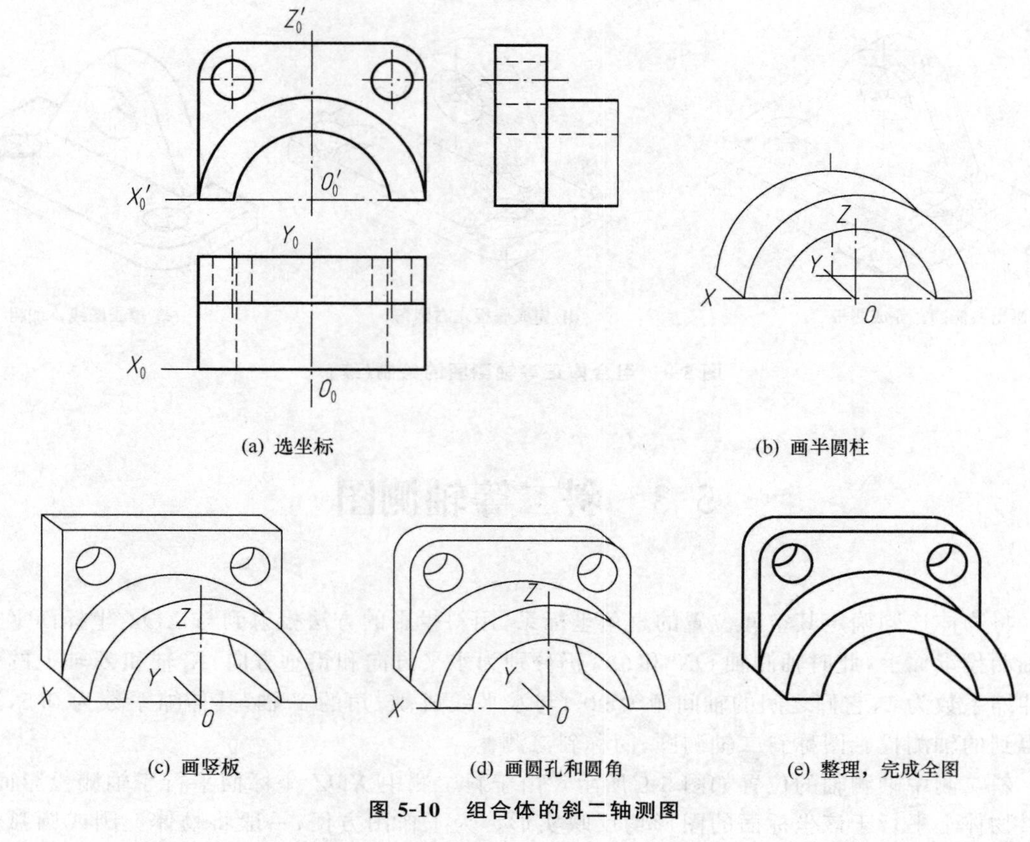

(a) 选坐标　　(b) 画半圆柱

(c) 画竖板　　(d) 画圆孔和圆角　　(e) 整理，完成全图

图 5-10　组合体的斜二轴测图

5.4 透　视　图

5.4.1　透视的概念和术语

1. 透视的概念

用中心投影法将物体投射在单一投影面上所得到的图形称为透视图（也称为透视投影或简称透视）。如图 5-11 所示，AB 为空间直线，S 为投射中心，投射线 SA、SB 与投影面 P 的交点 A_1 和 B_1 就是点 A 和点 B 在面 P 上的透视，直线 A_1B_1 就是直线 AB 在面 P 上的透视。形成透视需要三要素：投射中心、投影面和物体。因为透视图与人用单眼观察物体时所得形象几乎完全一样，故常设想在点 S 处有一观察者的单眼，将投射线看作视线。

2. 基本术语

如图 5-12 所示，基本术语如下：

画面（P）——绘制透视图的投影面。

基面(H)——观察者所站立的水平地面,即物体所在的水平面。

视点(S)——观察者单眼所在的位置,即投射中心。

站点(s)——视点在基面上的正投影。

基线($x—x$)——画面与基面的交线。

主视线——通过视点且与画面垂直的视线。

主点(s')——主视线与画面的交点。

视距(Ss')——视点与画面之间的距离。

视高(Ss)——视点到基面之间的距离。

视平面——通过视点(投射中心)的水平面。

视平线——视平面与画面的交线 $h—h$。

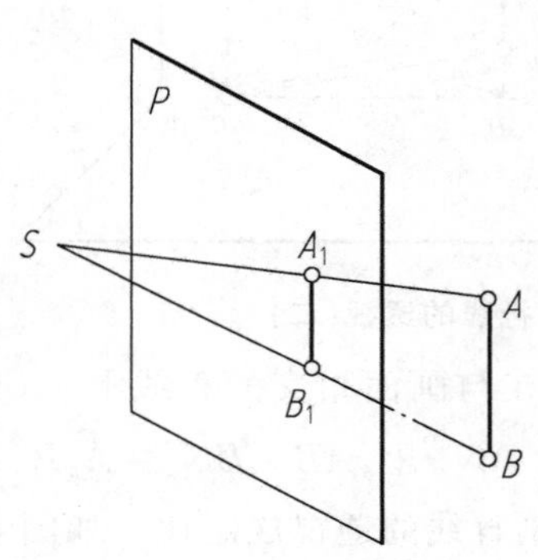

图 5-11 透视的形成

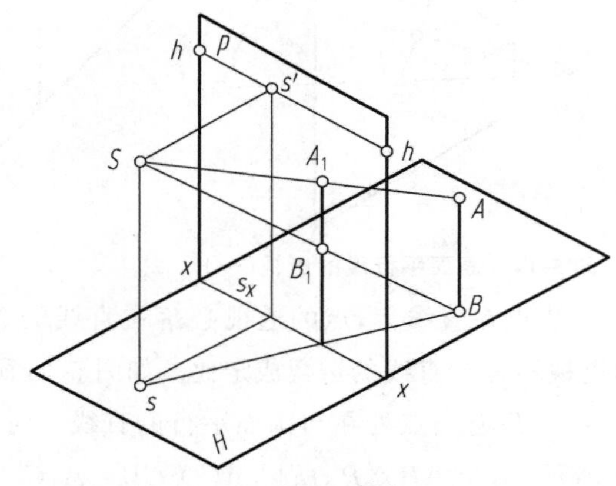

图 5-12 基本术语

5.4.2 直线的透视

直线透视是物体透视的基础。

1. 直线的迹点和灭点

(1) 直线的迹点

直线与画面的交点。如图 5-13 所示,直线 AB 的迹点为 N_1。

(2) 直线的灭点

直线上无限远点的透视。如图 5-13 所示,设直线 AB 上无限远的点为 F_∞,如作此点的透视,只要过视点 S 作视线平行于 AB,该视线与画面的交点 F_1 即为直线 AB 的灭点。

连接迹点与灭点的直线 N_1F_1 称为直线的全透视,直线的透视位于直线的全透视上。

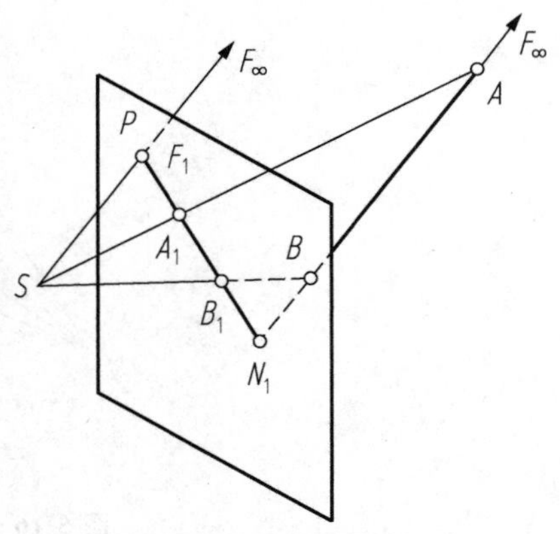

图 5-13 直线的迹点和灭点

2. 直线透视的主要特性

① 画面内直线的透视为直线本身，反映直线的实长。

② 与画面平行的直线，其透视与空间直线平行，但不反映直线的实长。如图 5-14 所示，由于 $AB /\!/ P$，则 $A_1B_1 /\!/ AB$，但 $A_1B_1 < AB$。推广之，与画面平行的一组平行线，其透视相互平行。图 5-15 中直线 Aa、Bb 和 Cc 均为垂直于基面又平行于画面的直线，它们的透视相互平行。

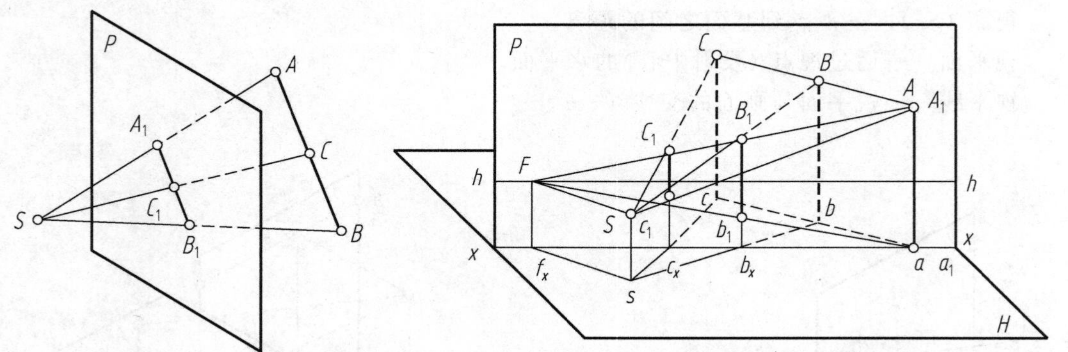

图 5-14 画面平行线的透视(一)　　图 5-15 画面平行线的透视(二)

③ 点在直线上，点的透视必落在直线的透视上。当点处在与画面相交的直线上时，点的透视不分割直线的透视成定比。如图 5-13 所示，点 B 在直线 AN_1 上，$AB : BN_1 \neq A_1B_1 : B_1N_1$。只有当点处在与画面平行的直线上时，点的透视才分割直线的透视成定比。如图 5-14 所示，由于 $AB /\!/ P$，所以 $AC : CB = A_1C_1 : C_1B_1$。

④ 与画面相交的平行直线，其透视相交于同一灭点。如图 5-16 所示，两平行直线 AN_1 和 BN_2 的透视 A_1N_1 和 B_1N_2 相交于同一灭点 F_1。

⑤ 一组长度相等的平行直线段，当画面位于它们之前时，距画面近的其透视长度大，距画面远的其透视长度小，即所谓“近大远小”。如图 5-15 所示，$Aa = Bb = Cc$，而 $A_1a_1 > B_1b_1 > C_1c_1$，又如图 5-15 所示，$AB = BC$，而 $A_1B_1 > B_1C_1$。这与人们日常观察物体所见效果相同，这也是透视图真实感强的原因。

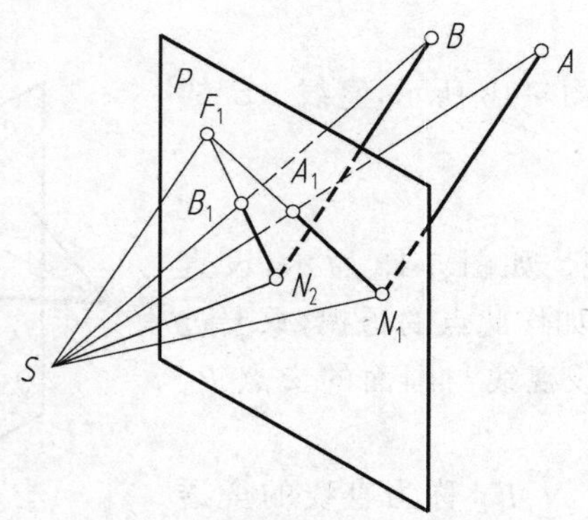

图 5-16 与画面相交的平行线的透视

5.4.3 物体的透视

以立方体为例，一个立方体可以形成三种不同的透视图。

1. 一点透视（又称平行透视）

图 5-17(a)所示为立方体的一点透视。将物体的长（x 向）、高（z 向）两个方向的棱线平行于画面（即物体的正面平行于画面），在透视图上只有宽（y 向）方向上的棱线有灭点。此种透视图反映物体的正面形状较突出，画正面上曲线的透视也较方便。

2. 两点透视（又称成角透视）

当物体只有高（z 向）方向的棱线平行画面时，作出的透视的长、宽方向上的棱线各有一个灭点，如图 5-17(b)所示。此种透视图能兼顾物体的正面和侧面的形状，采用较多。

3. 三点透视（又称斜透视）

物体的长（x 向）、宽（y 向）、高（z 向）三个主方向的棱线均不平行于画面时，在透视图上形成三个主向灭点，称三点透视，如图 5-17(c)所示。此种透视主要用来表达高大的机器和建筑物等。

图 5-18 所示为一点透视绘制的电视机。图 5-19 所示为两点透视绘制的电冰箱和洗衣机。图 5-20 所示是用三点透视绘制的建筑设计草案。

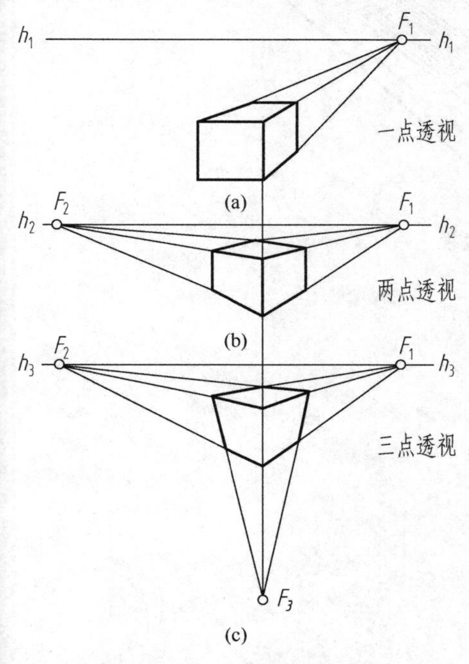

图 5-17 透视的种类

图 5-18 一点透视

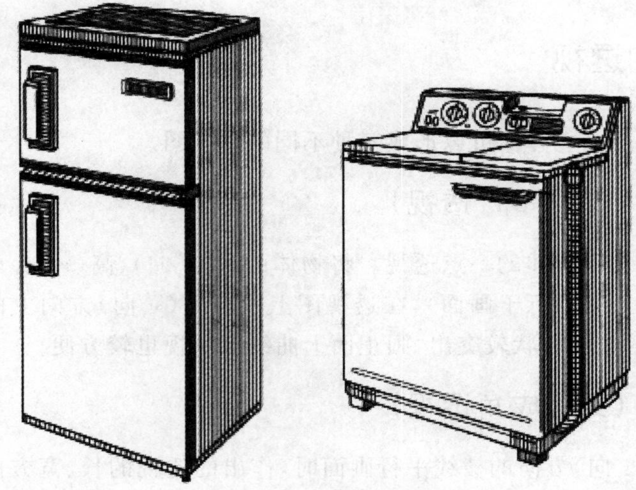

图 5-19　两点透视

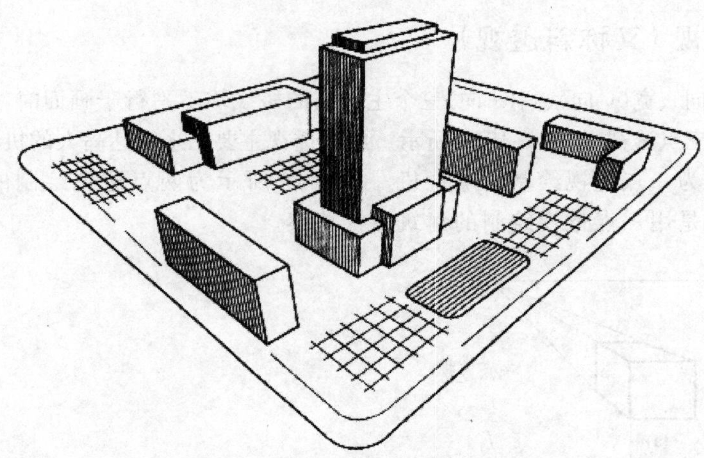

图 5-20　三点透视

第 6 章　机件表达方法

机件的结构形状是多种多样的,有时仅用前面已经学习过的三视图,还不足以完整清晰地反映出其结构和形状。本章将介绍国家标准《技术制图》和《机械制图》中规定的视图、剖视图、断面图、局部放大图、简化画法及其他规定画法等。在实际生产中,应根据机件的特点,灵活、合理地运用各种表达方法,力争使图样表达得更加清晰简洁。

6.1　视　　图

6.1.1　基本视图

在原有的三个投影面的基础上,再增加三个相互垂直的投影面,构成一个正六面体的六个侧面,这六个侧面叫基本投影面。投影完成后,主视图保持不动,将投影面沿箭头方向展开,如图 6-1 所示。展开后的视图位置如图 6-2 所示。展开后,以这样的位置关系配置时,不用标注视图的名称。有些机件的形状复杂,它的六个投影面的投影可能都不相同。

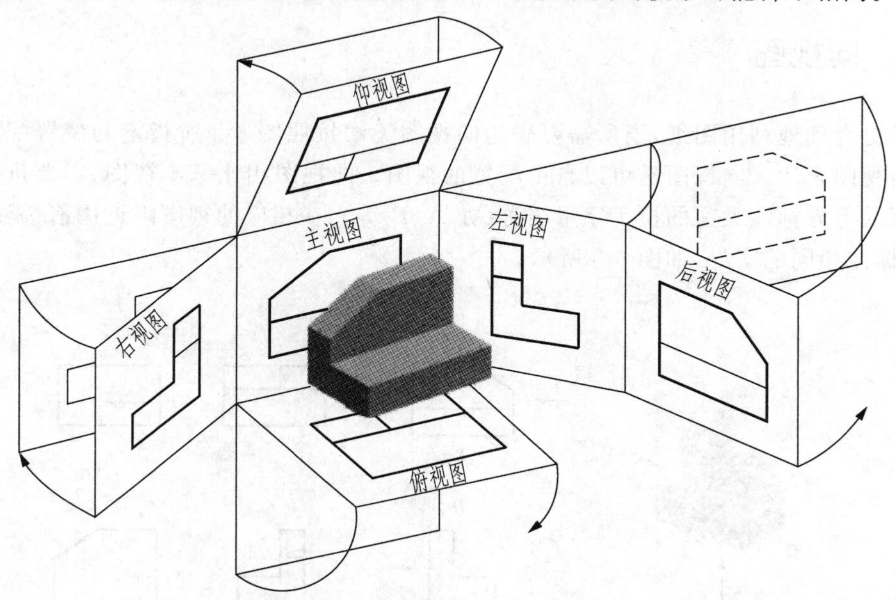

图 6-1　六个基本投影面及其展开

当把机件放在立方体的中间时,将机件向六个基本投影面投射,得到的六个视图称为基本视图。从前向后投射得到主视图，从上向下投射到俯视图，从左到右投射得到左视图，这三个视图即为常说的三视图。从三视图的反方向投射可以得到另外三个视图，即从后向前投射得到后视图，从下向上投射得到仰视图，从右向左投射得到右视图。

六个基本视图之间仍保持“长对正、宽相等、高平齐”的投影规律，具体为主视图、后视图、俯视图、仰视图长度相等；左视图、右视图、俯视图、仰视图宽度相等；主视图、后视图、左视图、右视图高度相等。

实际画图时一般不需要画全六个基本视图，要根据机件的外部形状的复杂程度，依据表达完整清晰、兼顾读图方便的原则，选用必要的基本视图，其中优先选用主视图、俯视图、左视图。

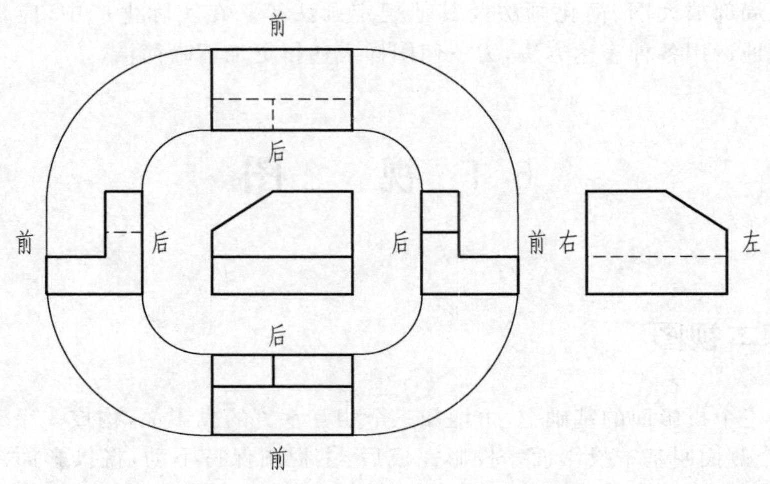

图 6-2　六个基本视图

6.1.2　向视图

为了更合理地利用图纸，当所需要表达的视图无法按照图 6-2 所指定的位置配置时，可以采用向视图表达。向视图是可以自由配置的视图。向视图相比基本视图，需要进行标注。在向视图的上方标注大写的拉丁字母名称(如 *A*、*B* 等)，在相应的视图附近用箭头注明投影方向，并标注相同的字母，如图 6-3 所示。

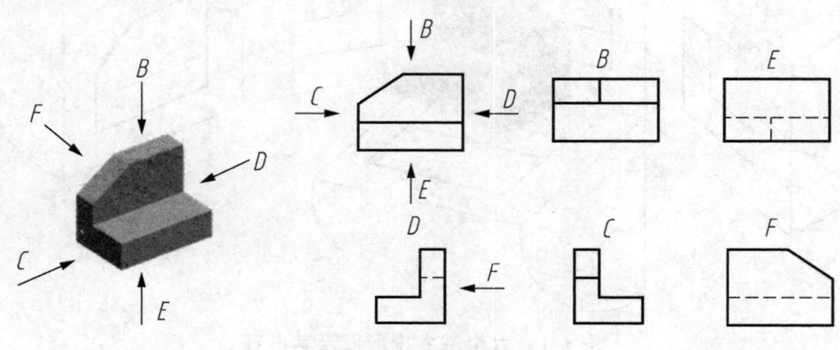

图 6-3　向视图

6.1.3　局部视图

将机件的某一部分向基本投影面投射所得到的视图称为局部视图。局部视图适用于当机件的主体形状已由一组基本视图表达清楚，但机件上仍有部分结构尚需表达，而又没有必要再画出完整的基本视图时，可采用局部视图。图 6-4(a)所示的机件，用主、俯两个基本视图已清楚地表达了主体形状，若仅为了表达左、右两个凸缘端面形状，再增加左视图和右视图，就显得繁琐、重复，此时可采用两个局部视图，只画出所需表达的左、右凸缘端面形状，则表达方案既简练又突出了重点。

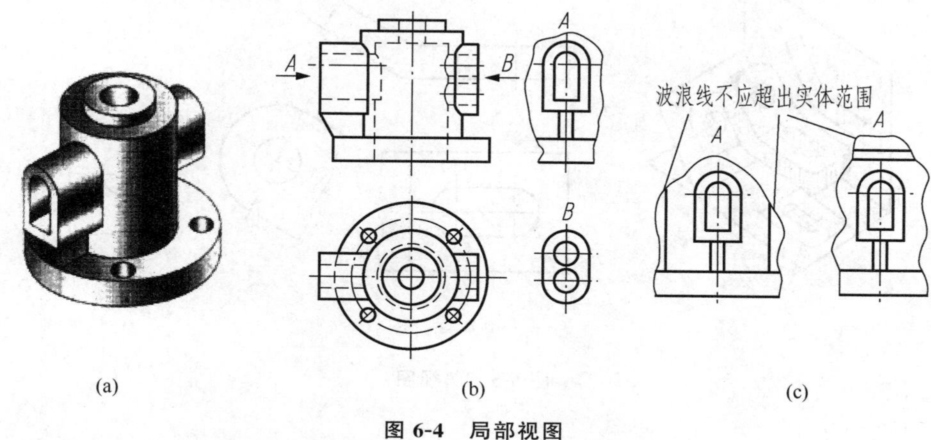

图 6-4　局部视图

局部视图的配置、标注及画法如下：

① 局部视图可按基本视图配置，如图 6-4(b)中的局部视图 A；也可参考向视图配置在其他适当位置，如图 6-4(b)中的局部视图 B。

② 局部视图一般需进行标注，在相应的视图附近用箭头注明所要表达的部位和投射方向并注上相应字母。在局部视图的上方标注视图名称，如“B”。但当局部视图按投影关系配置，中间又没有其他图形隔开时，可省略标注，如图 6-4(b)中 A 向图的箭头和字母均可省略。

③ 局部视图的断裂边界用波浪线或双折线表示，如图 6-4(b)中的局部视图 A。但当所表示的局部结构完整，且其投影的外轮廓线又封闭时，波浪线可省略不画，如图 6-4(b)中的局部视图 B。注意，表示局部视图断裂边界的波浪线不应超出机件实体的投影范围，如图 6-4(c)所示。

6.1.4　斜视图

当机件的某部分与基本投影面成倾斜位置时，在基本投影面上就不能反映该部分的实际形状。此时，可用更换投影面的方法，选择一个与倾斜表面平行的辅助投影面，将机件倾斜部分向辅助投影面投影，就可以得到反映倾斜部分实形的投影，如图 6-5(a)所示。这种将机件向不平行于基本投影面的平面投影所得到的视图，称为斜视图。由于斜视图只反映机件上倾斜部分的结构，因此画出倾斜部分实形后，其余部分省略，断裂边界可用波浪线或双折线表示，如图 6-5(b)中的 A 视图。

画斜视图时应注意以下两方面：

① 必须在视图的上方标出视图的名称"X"（X 为大写拉丁字母），并在相应的视图附近用箭头注明投射方向，并注上同样的字母。斜视图一般按投影关系配置，必要时也可配置在其他适当位置，如图 6-5(b)所示。

② 在不致引起误解时，允许将斜视图旋转配置，但需要画出旋转符号，旋转符号的箭头指向应与旋转方向一致，表示该视图名称的大写拉丁字母应靠近旋转符号的箭头一端，如图 6-5(c)所示。

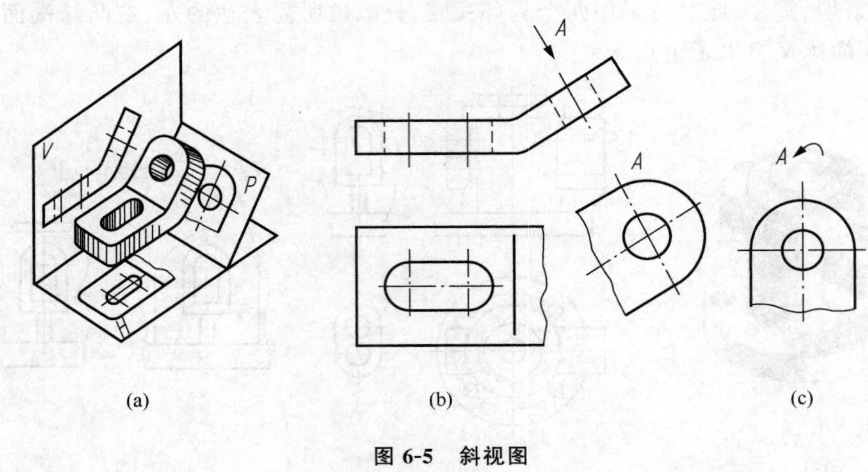

图 6-5　斜视图

6.2　剖　视　图

6.2.1　剖视图的形成、画法及标注

1. 剖视图的形成

用假想的剖切面将物体剖切开，将处于观察者与剖切面之间的部分移去，而将其余部分向投影面投射所得的图形，称为剖视图，简称为剖视，如图 6-6 所示。

图 6-6(a)是机件的视图，主视图中有许多的虚线。图 6-6(b)是用剖切面将机件从中间切开，显示出机件的内部结构，将机件与观察者之间的部分拿走，将其余部分向投影面投射所得到的图就是剖视图，如图 6-6(d)所示。画剖切线的部分就是剖面区域，图 6-6(c)就是剖切面上显示出的剖面图。

将图 6-6(a)与图 6-6(d)相比较可以看出，在主视图中采用剖视图后，视图内部不可见部分被切开，变成可见部分，虚线变成了实线，再加上剖面线的作用，使图形具有层次感，更易读。另外，主视图后部一条虚线被省略，使得图形更清晰，所以剖视图主要用来表达零件内部或被遮盖部分的结构。

2. 剖视图的画法

① 剖开机件是假想的，并不能真正把机件切掉一部分。因此，对每一次剖切而言，只对一个视图起作用——按规定画法画成剖视图，而不影响其他视图的完整性，如图 6-7 所示。

② 剖切后，剖切面后方可见部分要完整画出，如图 6-8 所示。

③ 在剖视图中，凡是已经表达清楚的结构，这部分结构在其他视图上投影为虚线，则虚线可以省略不画。

④ 剖视图中，剖切区域要画上剖面符号，制图标准中规定了各种材料的剖面符号，如表 6-1 所示。

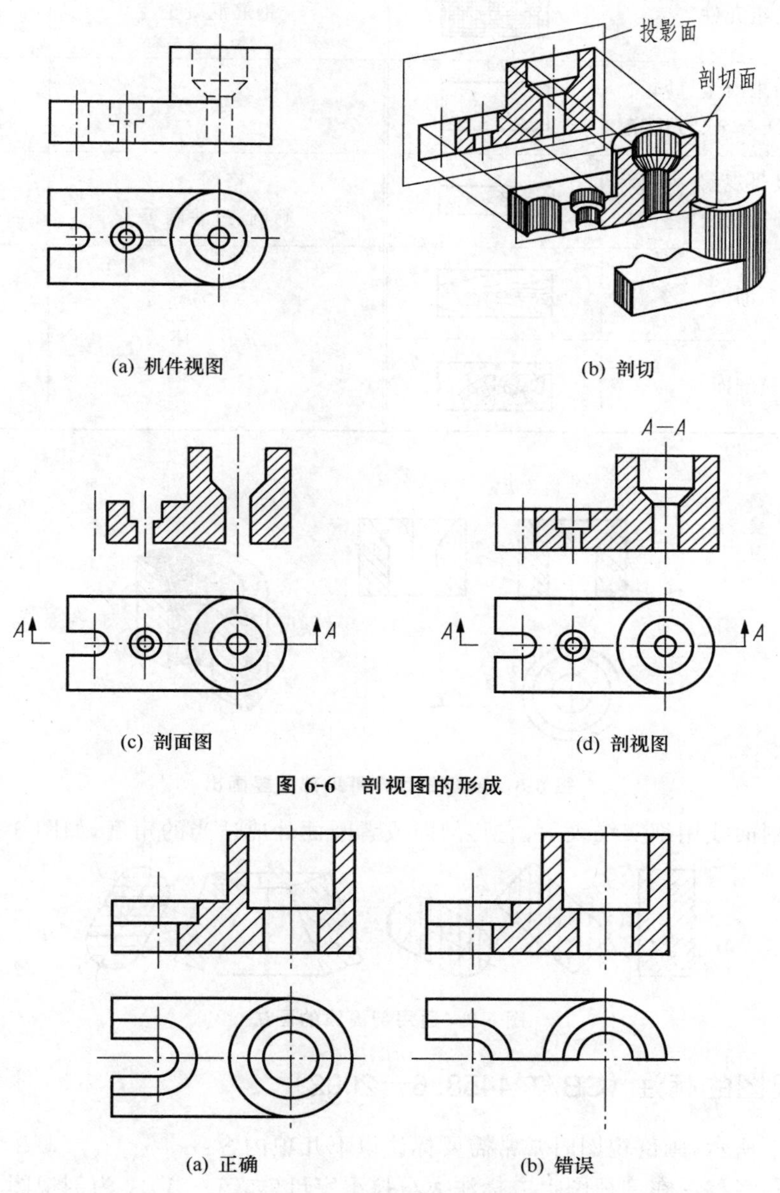

(a) 机件视图　(b) 剖切

(c) 剖面图　(d) 剖视图

图 6-6　剖视图的形成

(a) 正确　(b) 错误

图 6-7　其余视图应按完整物体画出

表 6-1 各种材料的剖面符号

材料	剖面符号	材料	剖面符号
金属材料 (已有规定剖面符号者除外)		木质胶合板 (不分层数)	
非金属材料 (已有规定剖面符号者除外)		基础周围的泥土	
转子、电枢、变压器和 电抗器等的迭钢片		混凝土	
线圈绕组元件		钢筋混凝土	
型砂、填砂、粉末冶金、砂轮、 陶瓷刀片、硬质合金、刀片等		砖	
玻璃及供观察 用的其他透明材料		格网、 筛网、过滤网等	
木材 纵剖面		液　　体	
木材 横剖面			

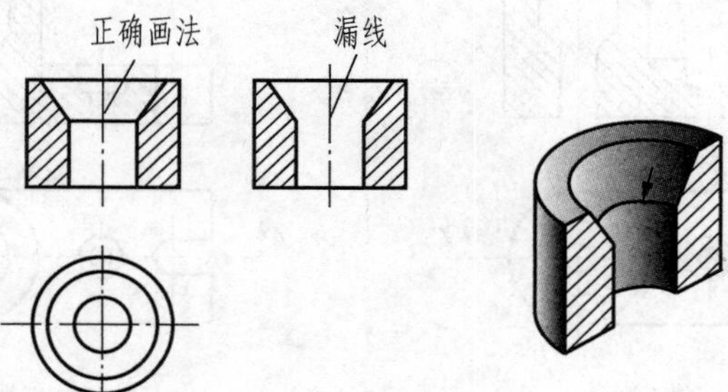

图 6-8 剖切面后方可见部分要画出

⑤ 通用剖面线用细实线表示,它与剖面或者断面处成适当的角度,如图 6-9 所示。

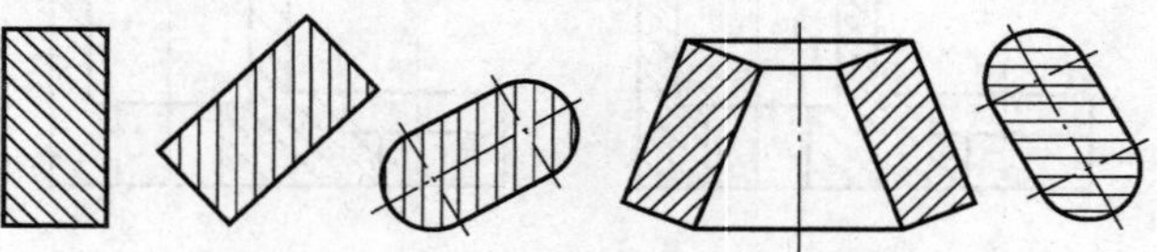

图 6-9 通用剖面线的画法

3. 剖视图的标注(GB/T 4458.6—2002)

如图 6-10 所示,画剖视图时常常需要标注以下几项内容:

① 剖视图名称。在剖视图上方标注大写拉丁字母(如 $A—A$,A 为剖视图名称)。

② 剖切线。用细点画线表示剖切面的位置,一般情况下可省略不画。

③ 剖切符号。表示剖切面的起点、终点及投射方向。

然而,在有些情况下,可以省略标注:

① 当剖视图按基本视图关系配置时,中间又没有其他图形隔开时,可以省略箭头。

② 当单一剖切面通过机件的对称平面或基本对称面,且剖视图按基本视图投影关系配置时,可以省略标注。

③ 当剖切平面的剖切位置明显时(在孔、槽和空腔的中心线处剖切),可以省略局部剖视图的标注。

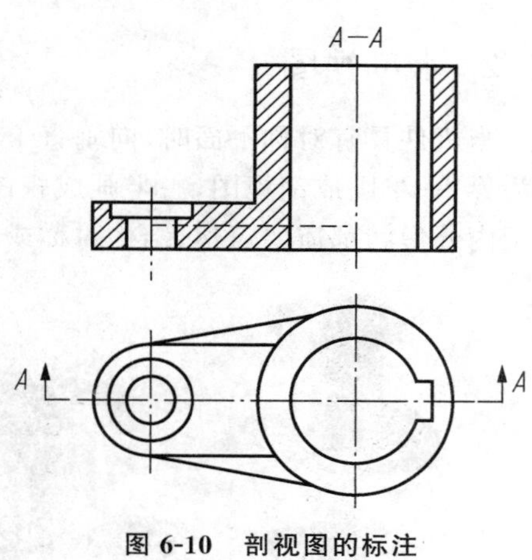

图 6-10　剖视图的标注

6.2.2　剖视图的种类

按机件被剖开的范围来分,剖视图可以分为全剖视图、半剖视图和局部剖视图三种。

1. 全剖视图

用剖切面完全剖开机件所获得的剖视图,称为全剖视图。由于全剖视图是将机件完全剖开,机件外形的投影受影响,因此,全剖视图一般适用于外形简单、内部形状复杂的机件。如图 6-11 所示。

对于一些具有空心回转体的机件,即使结构对称,但由于外形简单,亦常用全剖视图,如图 6-12 所示。

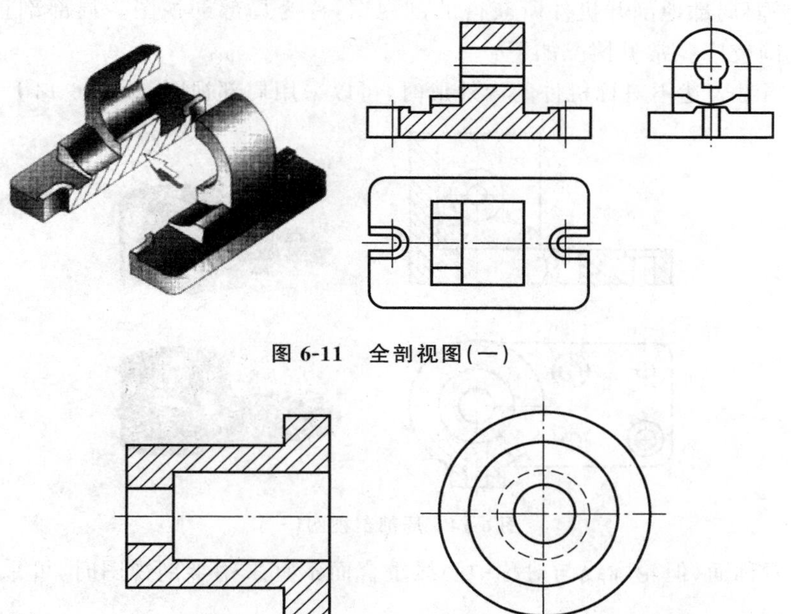

图 6-11　全剖视图(一)

图 6-12　全剖视图(二)

2. 半剖视图

当机件具有对称平面时,向垂直于对称平面的投影面投射所得的图形,允许以对称中心线为界,一半画成剖视图,一半画成视图,这样得到的剖视图称为半剖视图。半剖视图主要用于内外形状都需要表达、结构对称或基本对称的机件,如图 6-13 所示。

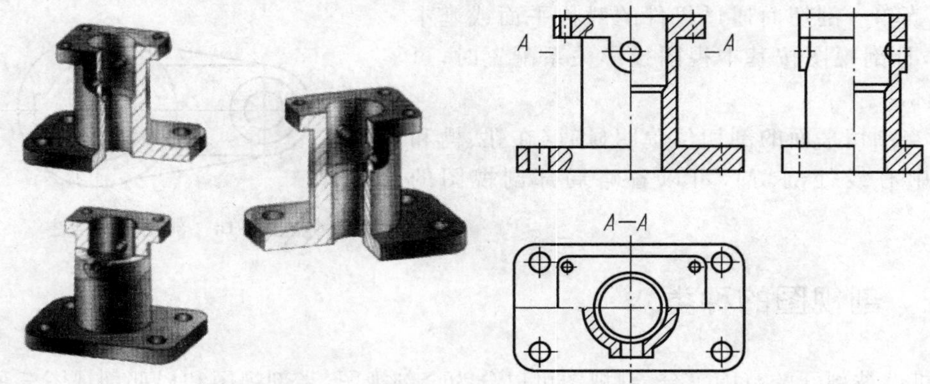

图 6-13　半剖视图

画半剖视图要注意以下两点:

① 半个视图和半个剖视图要以点画线为界。

② 半个视图中,不应画出半个剖视图中已表达清楚的机件内部对称结构的虚线;在半个视图中未表达清楚的结构,可在半个视图中作局部剖视。

3. 局部剖视图

用剖切平面局部地剖开机件所获得的剖视图,称为局部剖视图。局部剖视图应用比较灵活,适用范围较广。常见情况如下:

① 需要同时表达不对称机件的内外形时,可以采用局部视图,如图 6-14 所示。

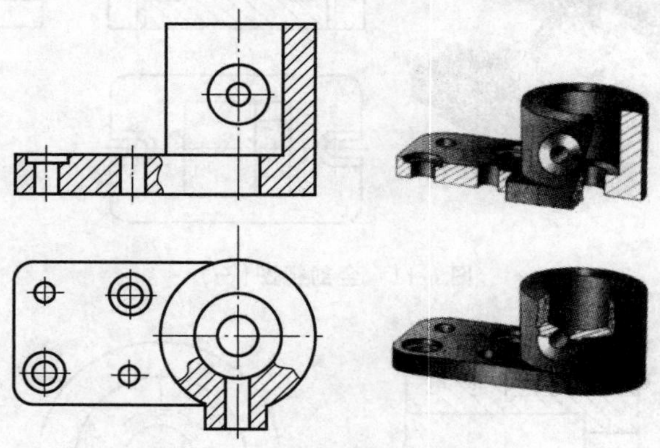

图 6-14　局部剖视图(一)

② 虽有对称面,但轮廓线与对称中心线重合而不宜采用半剖视图时,可采用局部视图,如图 6-15 所示。

③ 实心杆上有孔或槽结构时,宜采用局部剖视图。

④ 表达机件底板、凸缘上的小孔等结构,宜采用局部剖视图,如图 6-13 所示。

局部剖视图中视图与剖视部分的分界线为波浪线或双折线，如图 6-14、图 6-15 所示；当被剖的局部结构为回转体时，允许将回转中心线作为局部剖视图与视图的分界线，如图 6-16 所示。

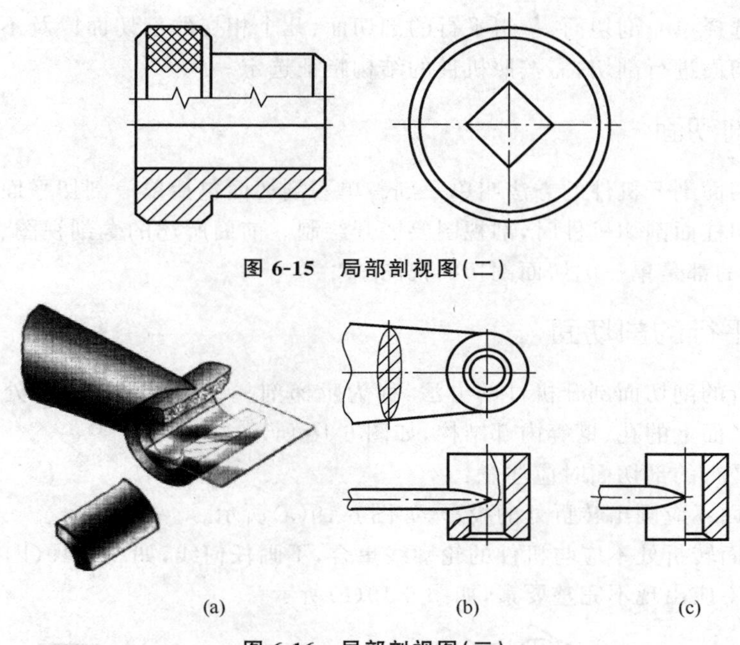

图 6-15　局部剖视图(二)

图 6-16　局部剖视图(三)

画波浪线时应注意：

① 波浪线不应画在轮廓线的延长线上，也不能用轮廓线替代波浪线，如图 6-17(a)所示。

② 波浪线不应超出视图上被剖切实体部分的轮廓线，如图 6-17(b)主视图所示。

③ 遇到零件上的孔、槽时，波浪线必须断开，不能穿孔(槽)而过，如图 6-17(b)俯视图所示。

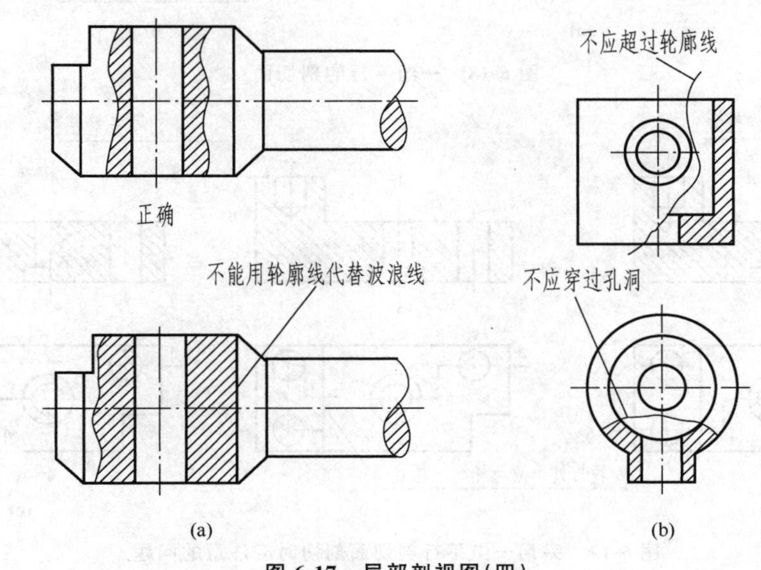

图 6-17　局部剖视图(四)

6.2.3 剖视平面的种类

机件可以选择单一剖切面、一组平行的剖切面、几个相交的剖切面以及不平行于任何基本投影面的剖切面进行剖切,需按照机件的结构特征选定。

1. 单一剖切面

用一个剖切面剖开机件的方法叫单一剖。单一剖切面包括单一剖切平面和单一剖切柱面。用单一剖切柱面剖切机件时,剖视图要展开绘制。前面所述的全剖视图、半剖视图和局部剖视图,常用的都是单一剖切面剖切的视图。

2. 一组平行的剖切面

用一组平行的剖切面剖开机件的方法,称为阶梯剖。它主要用来表达处于机件不同层次的几个平行平面上的孔、槽等内部结构,如图 6-18 所示。

采用一组平行的剖切面时应注意:

① 剖切平面不应画出转折处的投影,如图 6-19(a)所示。

② 剖切平面转折处不应与机件的轮廓线重合,不画任何线,如图 6-19(b)所示。

③ 图形中不应出现不完整要素,如图 6-19(c)所示。

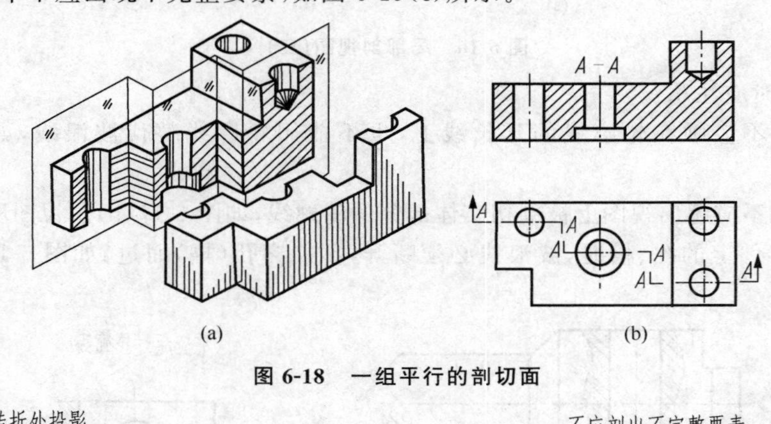

(a) (b)

图 6-18 一组平行的剖切面

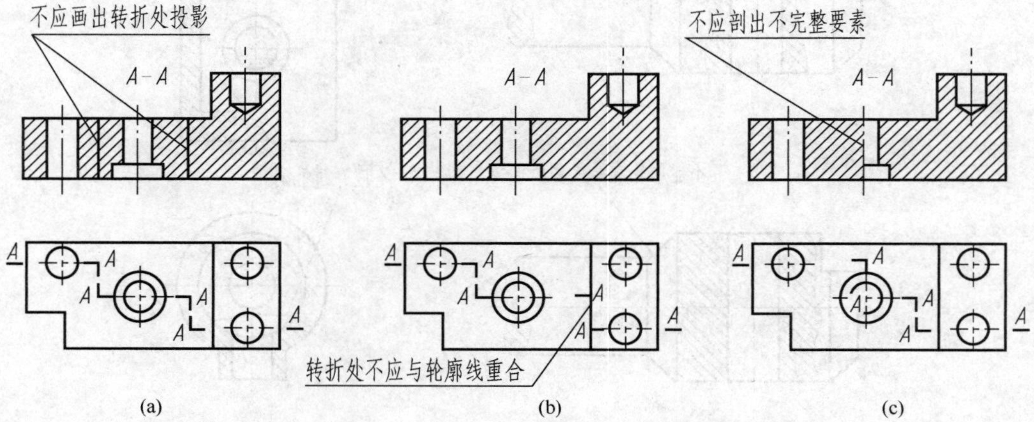

不应画出转折处投影

不应剖出不完整要素

转折处不应与轮廓线重合

(a) (b) (c)

图 6-19 采用一组平行剖切面剖切时应注意的问题

3. 一组相交的剖切面

用一组相交的剖切平面(交线垂直于某一基本投影面)剖开机件的方法，称为旋转剖。当孔、槽的轴线不在同一剖切平面上，且这些结构具有同一回转轴线时，常常采用旋转剖。

采用一组相交的剖切面时应注意：

① 剖切面的交线应垂直于投影面，与主要孔轴线重合。

② 按“先剖切后旋转”的作图方法绘制旋转剖视图，剖切后，其他结构仍按原来位置投射，如图 6-20 所示。

③ 当剖切后产生不完整要素时，要将该部分按照不剖绘制，如图 6-21 所示。

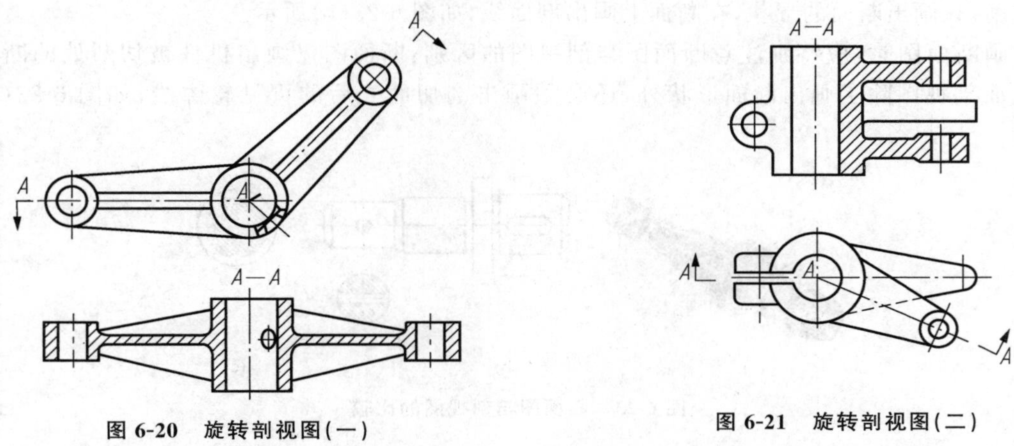

图 6-20　旋转剖视图(一)　　　　图 6-21　旋转剖视图(二)

4. 不平行于任何基本投影面的剖切面

用不平行于任何基本投影面的剖切平面剖开机件的方法，称为斜剖。斜剖视图的画法和斜视图很相似，只是需要画上剖面线，如图 6-22 所示。斜剖视图必须按照规定标注，不能省略。

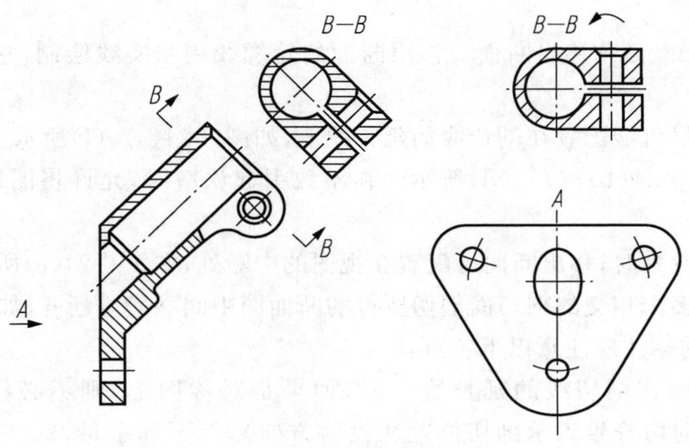

图 6-22　斜剖视图

6.3 断 面 图

6.3.1 断面图的形成

假想用剖切面将机件的某处切断,仅画出断面的图形,称为断面图(可简称为断面)。如图 6-23(a)所示的轴,为了表示键槽的深度和宽度,假想在键槽处用垂直于轴线的剖切面将轴切断,只画出断面的形状,在断面上画出剖面线,如图 6-23(b)所示。

画断面图时,应特别注意断面图与剖视图的区别:断面图仅画出机件被切断处的断面形状而剖视图除了画出断面形状外,还必须画出剖切面之后的可见轮廓线,如图 6-23(c)所示。

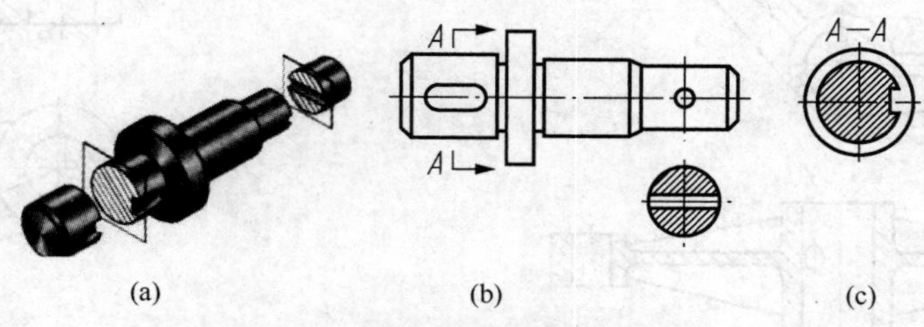

(a)　　(b)　　(c)

图 6-23　断面图与剖视图的比较

6.3.2 断面图的分类、画法及标注

断面图分为移出断面和重合断面两种。

1. 移出断面

画在视图外的断面称移出断面。移出断面的轮廓线用粗实线绘制,它通常按以下原则配置。

① 移出断面尽可能配置在剖切线的延长线上,如图 6-24(a)、(f)所示。必要时可画在其他适当位置,如图 6-24(b)、(c)、(d)所示。在不致引起误解时,允许将图形旋转,如图 6-24(d)所示。

② 断面图形对称时,移出断面可配置在视图的中断处,如图 6-24(e)所示。

③ 由两个或多个相交的剖切面剖切所得的断面图中间一般应断开,如图 6-24(f)所示。

移出断面图的标注应注意以下三点:

① 当断面图画在剖切线的延长线上时,如果是对称图形,则不必标注;若图形不对称,则须标注(用剖切符号表示剖切位置和投射方向),但不标字母,如图 6-24(a)、图 6-25 所示。

② 当断面图按投影关系配置时,无论图形是否对称,均不必标注箭头,如图 6-24(c)、图 6-25 所示。

③ 当断面图配置在其他位置时，如果是对称图形，则不必标注箭头；若图形不对称，则须画出剖切符号（包括箭头），并用大写字母表示断面图名称，如图 6-24(b)所示。

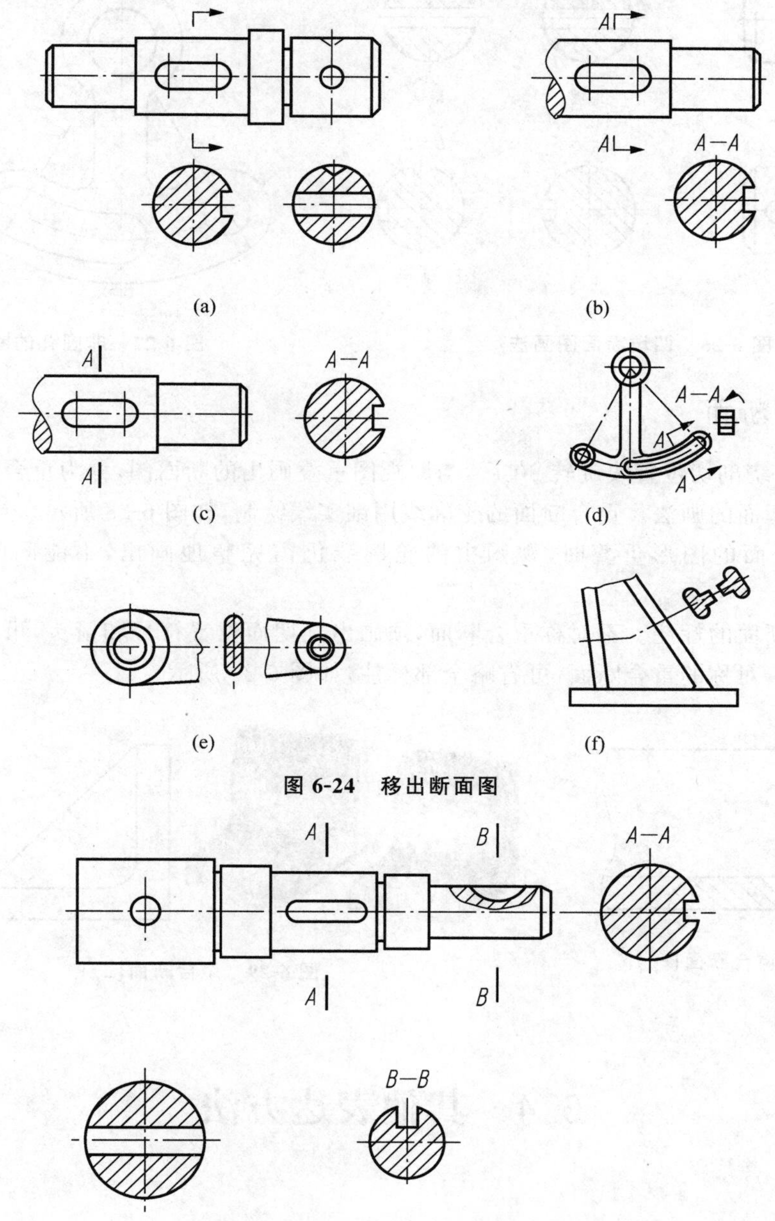

图 6-24　移出断面图

图 6-25　移出断面图的标注示例

画移出断面时还应注意以下两点：

① 当剖切面通过回转面形成的孔或凹坑的轴线时，这些结构应按剖视图绘制，如图 6-26 所示。

② 当剖切面通过非圆孔，可能产生完全分离的两个断面时，则这些结构就按剖视绘制，如图 6-27 所示。

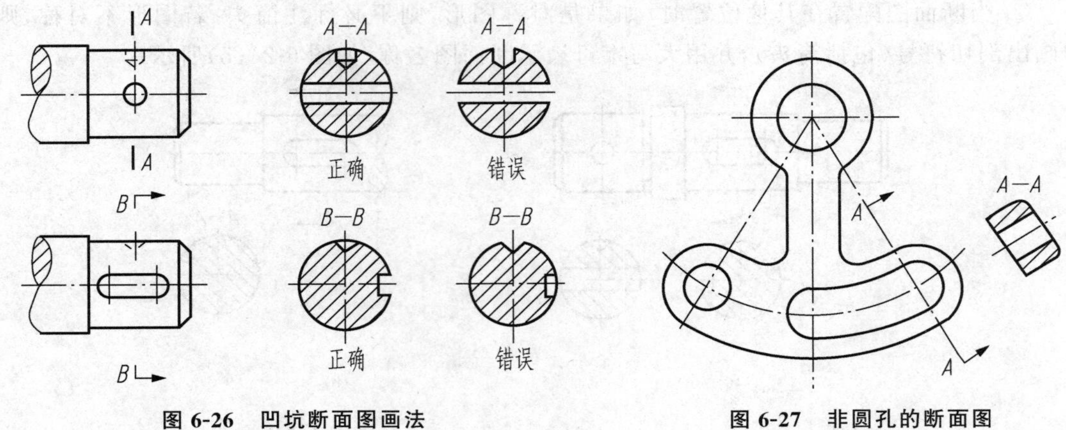

图 6-26　凹坑断面图画法　　　图 6-27　非圆孔的断面图

2. 重合断面

将断面图绕剖切位置线旋转 90°后，与原视图重叠画出的断面图，称为重合断面。

① 重合断面的画法。重合断面的轮廓线用细实线绘制，如图 6-28 所示。当视图中的轮廓线与重合断面的图形重叠时，视图中的轮廓线仍需完整地画出，不能间断，如图 6-28 所示。

② 重合断面的标注。不对称重合断面，须画出剖切面位置符号和箭头，可省略字母，如图 6-28 所示。对称的重合断面，可省略全部标注，如图 6-29 所示。

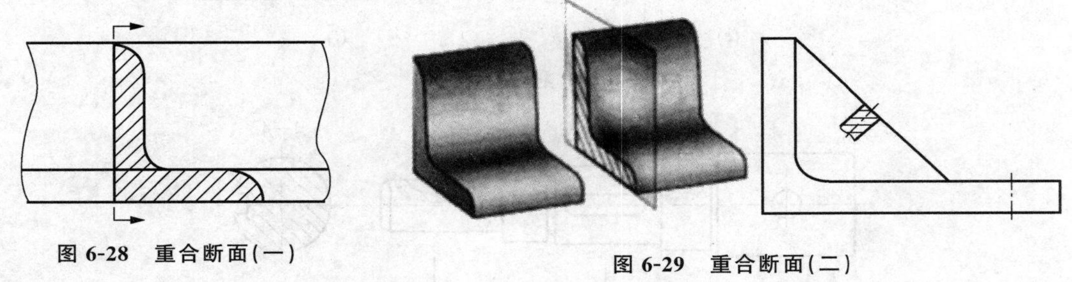

图 6-28　重合断面(一)　　　图 6-29　重合断面(二)

6.4　其他表达方法

6.4.1　局部放大图

机件的细小结构，在原定比例的视图中无法清晰地表达而且不便于标注尺寸时，可以将此局部结构用较大的比例单独画出，画出的图形称为局部放大图，如图 6-30 所示。

局部放大图与被放大的部分的表达方式无关，可以画成视图、剖视图、断面图，局部放大图应尽量画在被放大部位的附近。

画局部放大图时，要用细实线圈出被放大部分。当同一机件上有几个被放大的部分时，

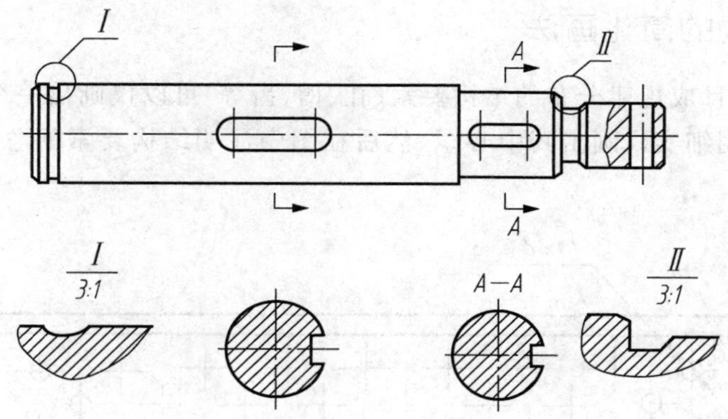

图 6-30 局部放大图

必须用罗马数字依次标明被放大的部分，并在局部放大图上标注相应的罗马数字和所采用的比例，如图 6-30 所示。

必要时可以用几个图形表达同一个被放大的部分。同一机件上的不同位置的局部放大图，当图形相同或对称时，只需画出一个。

需要注意的是，局部放大图中标注的比例是指图形机件要素的线性尺寸与实际机件相应要素的线性尺寸之比，与原图的比例无关。

6.4.2 简化画法

在不致引起误解的情况下，机件的绘图力求简便。国家标准《技术制图》中规定了图样的简化表示法，这里只简要介绍以下几种。

1. 机件上肋、轮辐等的剖切

机件的肋、轮辐、薄壁等，按照纵向剖切时，这些结构都不画剖面符号，而用粗实线将其与邻接部分分开，如图 6-31 所示。

当机件回转体上均匀分布的肋、轮辐、孔等结构不处于剖切平面上的时候，可将这些结构旋转到剖切面上画出，如图 6-32 所示。

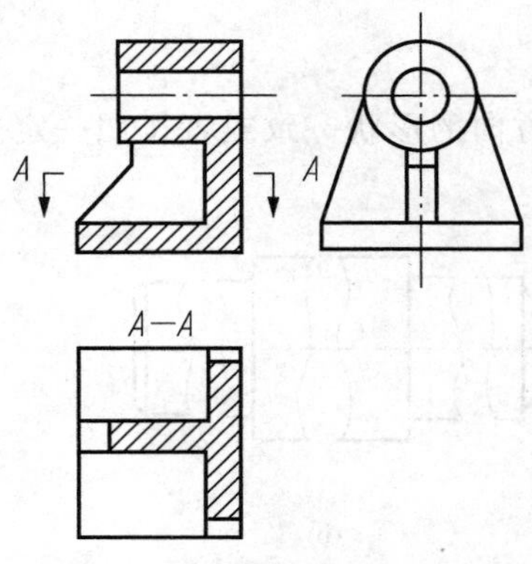

图 6-31 肋的剖切视图规定画法

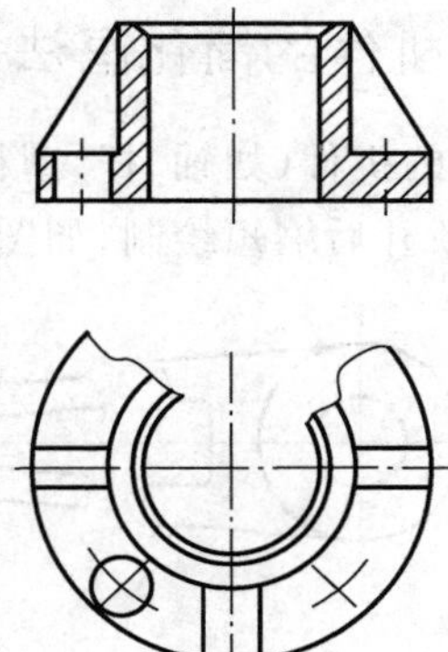

图 6-32 回转体上均匀分布孔的剖视图画法

2. 相同结构的简化画法

若干结构相同且成规律分布的结构要素(孔、槽、齿等)可以仅画出一个或几个完整的结构,其余的只需要用细实线画出其中心线,然后在图中注明结构要素的总数即可,如图 6-33 所示。

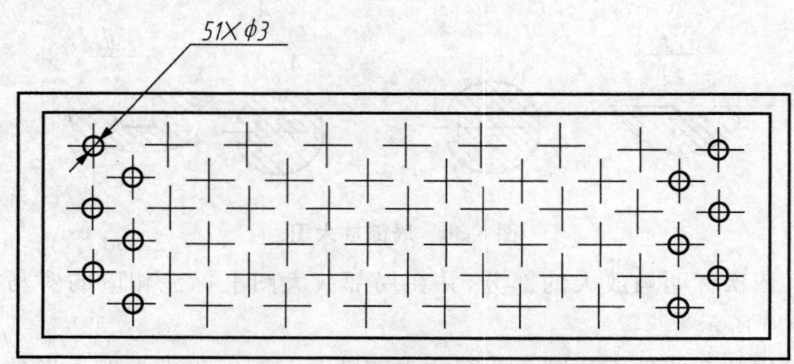

图 6-33　成规律分布孔的简化画法

3. 对称结构的简化画法

图形对称时,可以画出略大于一半的图形。在不致引起误解的情况下,对机件的视图可以只画出一半或四分之一,此时必须在对称中心线的两端各画出两条与中心线垂直的平行细实线,如图 6-34 所示。

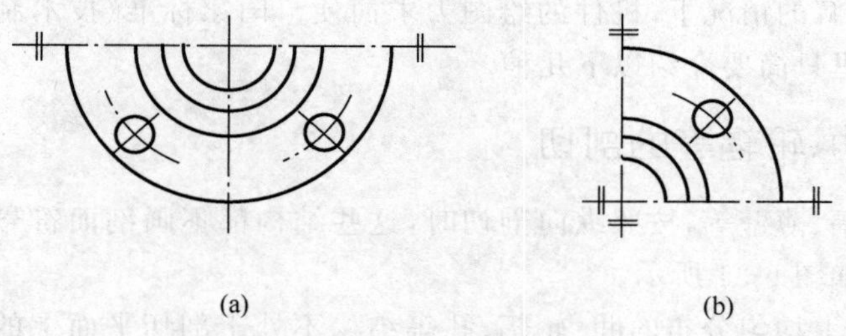

图 6-34　对称机件的简化画法

4. 较长机件的简化画法

对于较长的机件(如轴、杆、型材、连杆等),沿长度方向的形状一致或者按照一定的规律变化时,可以断开后缩短绘制,如图 6-35 所示。

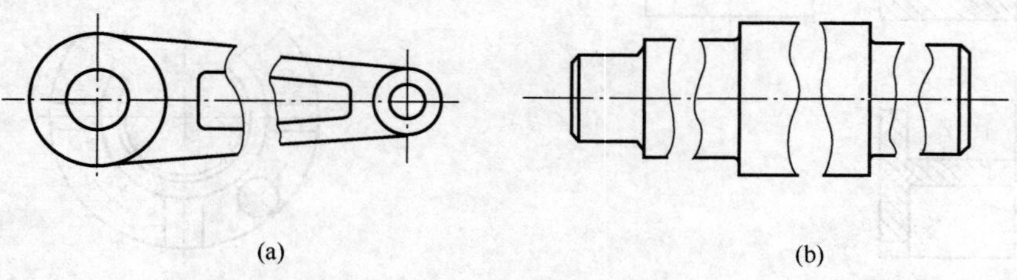

图 6-35　较长机件的简化画法

5. 较小结构局部视图的简化画法

机件上对称的局部视图可以配置在视图上需要表示的局部结构附近，如图 6-36 所示，而在其他图形中的简化表达，如相贯线、截交线可用圆弧或直线来代替，机件中的小圆角、小倒角可省略不画，但必须注明。

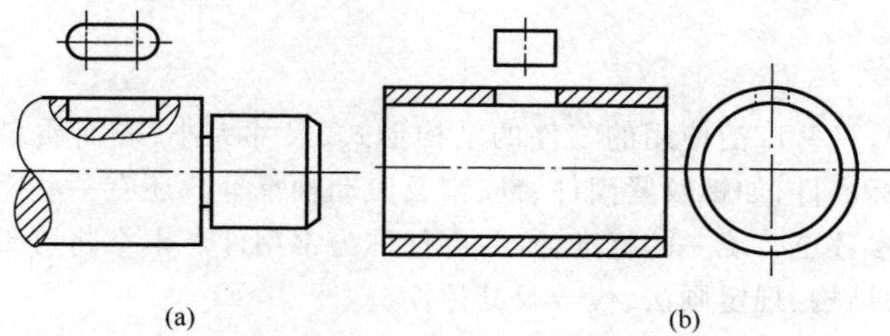

图 6-36　局部视图的简化画法

6. 机件上平面的简化画法

当图形不能充分表达平面时，可以用平面符号（两条相交的细线）表示，如图 6-37 所示。

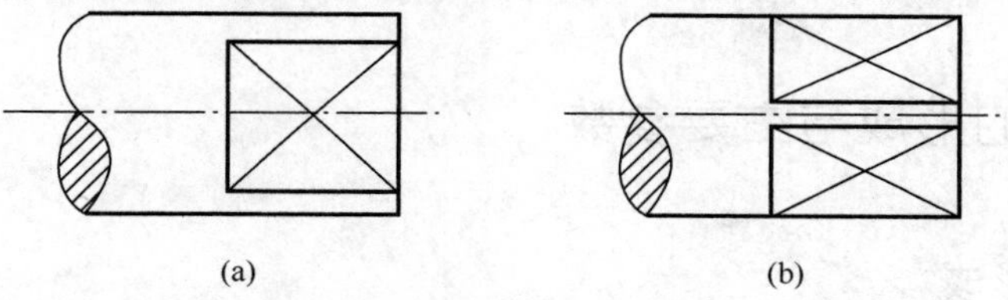

图 6-37　机件上平面的简化画法

第 7 章　标准件与常用件

在机械设备中，一些广泛使用的零件的结构形式、尺寸大小、表面质量等已经实行标准化，这些零件称为标准件，如螺纹紧固件、键、销及滚动轴承等。还有一些零件（如齿轮、弹簧等）的某些尺寸和参数也有统一的标准，这些零件称为常用件。本章将着重介绍广泛使用的标准件与常用件的结构、规定画法、代号及其标注。

7.1　螺纹的规定画法及标注

7.1.1　螺纹的形成与主要参数

1. 螺纹的形成

刀具在圆柱或圆锥工件表面上做螺旋运动时，所产生的螺旋体称为螺纹。它是零件上常用的一种连接结构。在外表面上形成的螺纹称为外螺纹，在内表面上形成的螺纹称为内螺纹。内外螺纹成对使用。

制造螺纹的方法很多，图 7-1 所示为在车床上加工螺纹的情况。当加工直径较小的螺纹孔时，先用钻头钻孔，再用丝锥攻螺纹，如图 7-2 所示。

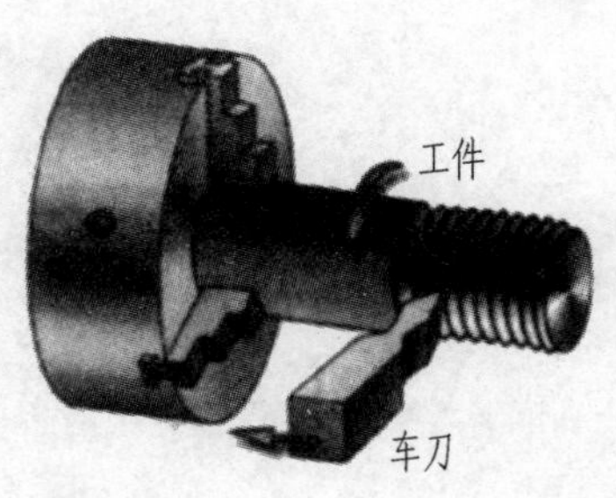

图 7-1　车削外螺纹

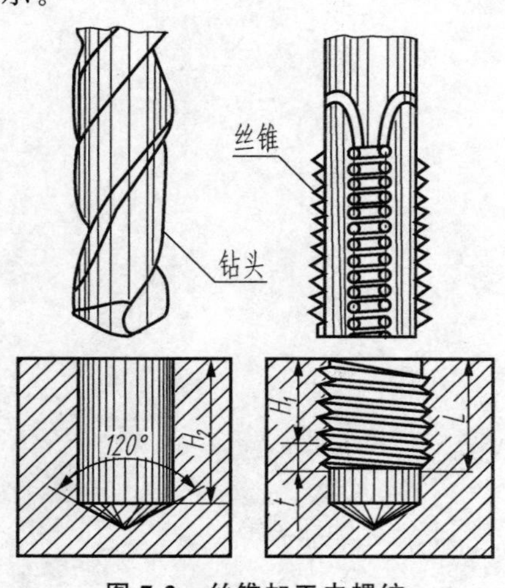

图 7-2　丝锥加工内螺纹

2. 螺纹的结构要素

(1) 牙型

在通过螺纹轴线剖切的断面上,螺纹的轮廓形状称为牙型。常见的牙型有三角形、梯形、锯齿形等,如图 7-3 所示。不同的螺纹牙型,其用途也不同。螺纹凸起部分的顶端称为牙顶,螺纹沟槽的底部称为牙底。

普通螺纹的牙型为三角形,牙型角 60°。粗牙、细牙指的是螺距的大小,其中细牙螺纹常用在精密仪器上。

管螺纹的牙型为三角形,牙型角 55°,内外螺纹旋合后牙顶和牙底间没有间隙,因而密封性很好,主要用于管路连接。

梯形螺纹牙型为等腰梯形,通常用来传递双向动力,如机床的丝杠。

锯齿形螺纹的牙型为不等腰梯形,通常用来传递单向动力,如千斤顶的螺杆等。

矩形螺纹的牙型为长方形,通常用于力的传递,如千斤顶、小型压力机等。

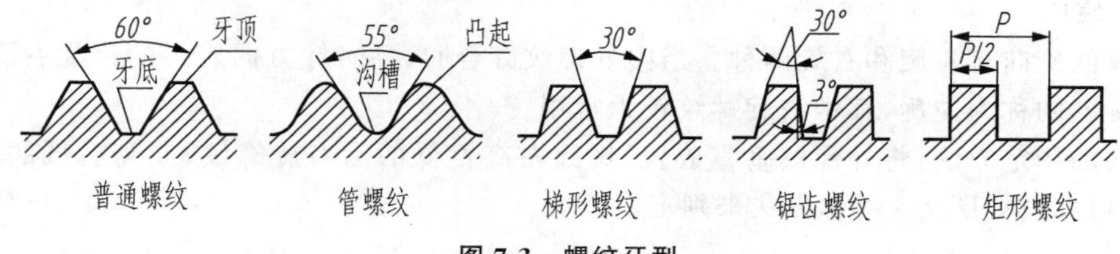

图 7-3　螺纹牙型

(2) 直径

代表螺纹尺寸的直径可分为基本大径(简称大径)、基本中径(简称中径)、基本小径(简称小径)。

外螺纹牙顶或内螺纹牙底所在的假想圆柱面或圆锥面的直径,称为螺纹大径。内、外螺纹的大径分别用 D、d 表示。假想的通过牙型上沟槽和凸起宽度相等的地方所在圆柱面或圆锥面的直径就是螺纹中径。内、外螺纹的中径分别用 D_2、d_2 表示。外螺纹牙底或内螺纹牙顶所在的假想圆柱面或圆锥面的直径,称为螺纹小径。内、外螺纹的小径分别用 D_1、d_1 表示,如图 7-4 所示。

公称直径是代表螺纹尺寸的直径,一般指螺纹大径(管螺纹用尺寸代号表示)。

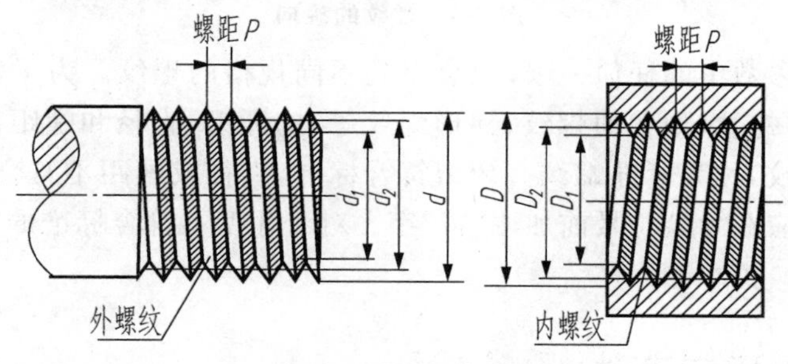

图 7-4　螺纹直径

(3) 线数

螺纹有单线螺纹和多线螺纹之分,其中单线螺纹最常见。沿一条螺旋线所形成的螺纹称为单线螺纹;沿两条或两条以上的螺旋线所形成的在轴向等距分布的螺纹称为双线或多线螺纹,如图 7-5 所示,线数用字母 n 表示。

(4) 螺距和导程

螺距是指相邻两牙在中径线上对应两点间的轴向距离,用 P 表示。导程指的是同一条螺旋线上相邻两牙在中径线上对应两点间的轴向距离,用 P_h 表示。其关系:导程=线数×螺距,即 $P_h=nP$。单线螺纹的导程等于螺距,如图 7-5 所示。

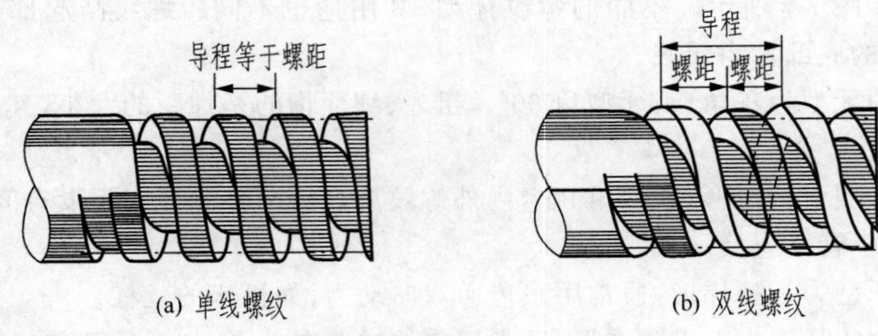

(a) 单线螺纹　　(b) 双线螺纹

图 7-5　螺纹的线数、螺距和导程

(5) 旋向

螺纹的旋向有左旋和右旋两种。当内外螺纹旋合时,顺时针方向旋入的称为右旋,逆时针方向旋入的称为左旋,其中右旋螺纹较为常用。

旋向的判定方法:将外螺纹垂直放置,螺纹右高左低的为右旋螺纹,左高右低的为左旋螺纹,也可以按如图 7-6 所示方法来判定。

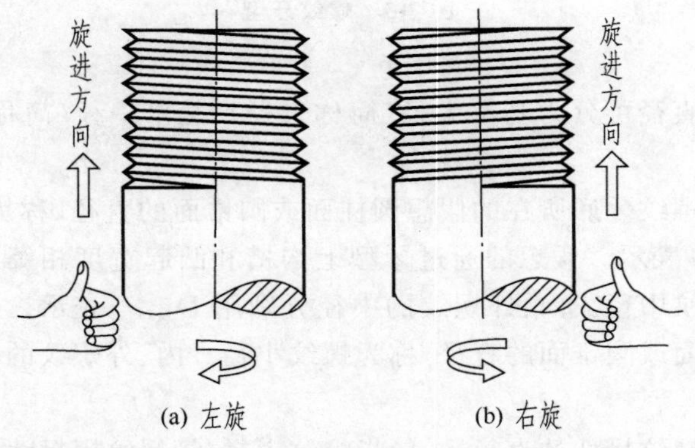

(a) 左旋　　(b) 右旋

图 7-6　螺纹的旋向

改变上述六项参数中的任何一项,就会得到不同规格的螺纹。为了便于设计和加工制造,国家标准对有些螺纹(如普通螺纹、梯形螺纹等)的牙型、直径和螺距都作了规定。这三项都符合标准的螺纹,称为标准螺纹。牙型符合标准,直径或螺距不符合标准的螺纹,称为特殊螺纹,标注时,应在牙型符号前加注“特”字。对于牙型不符合标准的,如方牙螺纹,称为非标准螺纹。

7.1.2　螺纹的规定画法

国家标准《机械制图》规定了在机械图样中螺纹和螺纹紧固件的画法。

1. 内、外螺纹的规定画法

(1) 外螺纹

螺纹牙顶所在的轮廓线(大径),画成粗实线;螺纹牙底所在的轮廓线(小径),画成细实线,螺杆的倒角或倒圆部分也应画出。小径通常画成大径的 0.75 倍(但大径较大或画细牙螺纹时,小径数值可查阅有关附表),如图 7-7 所示。在垂直于螺纹轴线的投影面上的视图中,表示牙底的细实线只画约 3/4 圈,此时倒角省略不画,如图 7-7 所示。

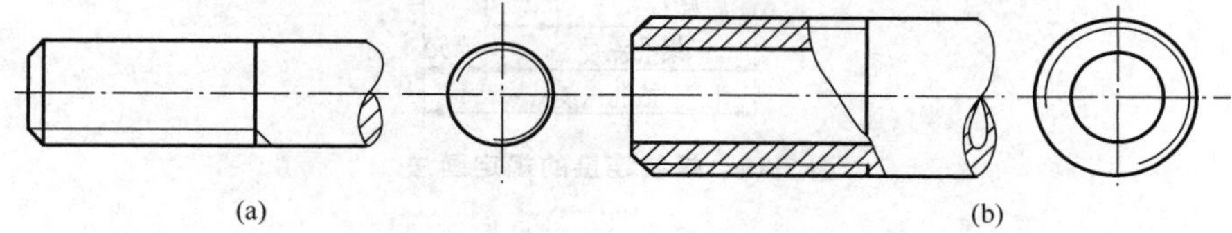

图 7-7　外螺纹的规定画法

(2) 内螺纹

在剖视图中,螺纹牙顶所在的轮廓线(小径),画成粗实线;螺纹牙底所在的轮廓线(大径),画成细实线,如图 7-8 所示。在不可见的螺纹中,所有图线均按虚线绘制,如图 7-9 所示。

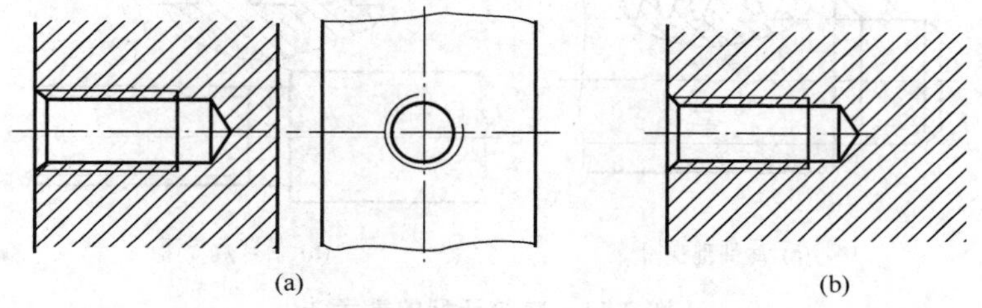

图 7-8　内螺纹的规定画法

如图 7-8(a)和图 7-9 的左视图所示,在垂直于螺纹轴线的投影面视图中,表示牙底的细实线圆或虚线圆,也只画约 3/4 圈,倒角省略不画。

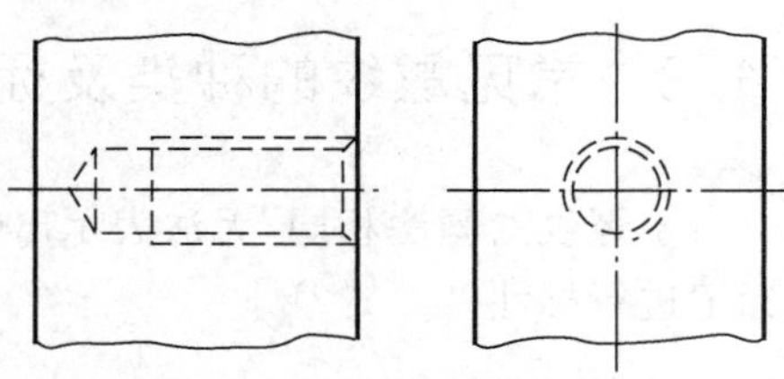

图 7-9　不可见的内螺纹画法

(3) 其他的一些规定画法

完整螺纹的终止界线(简称螺纹终止线)用粗实线表示,外螺纹终止线如图 7-7 所示,内螺纹终止线如图 7-8 所示。

当需要表示螺纹收尾时,螺尾部分的牙底用与轴线成 30°的细实线绘制,如图 7-7(a)和图 7-8(b)所示。

对于不穿通的螺孔,钻孔深度应比螺孔深度大 $0.2d \sim 0.5d$。由于钻头的刃锥角约等于 120°,因此,钻孔底部以下的圆锥坑的锥角应画成 120°,如图 7-8(b)所示。

无论是外螺纹或内螺纹,在剖视图或剖面图中的剖面线都必须画成粗实线。

2. 螺纹连接的规定画法

当用剖视图表示内、外螺纹连接时,其旋合部分应按外螺纹绘制,其余部分仍按各自的画法表示。应该注意的是,表示大、小径的粗实线和细实线应分别对齐,而与倒角的大小无关，如图 7-10 所示。

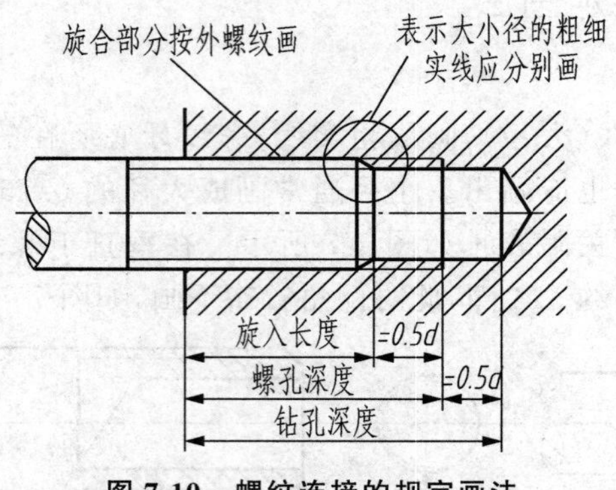

图 7-10　螺纹连接的规定画法

3. 螺纹牙型的表示法

当需要表示螺纹的牙型时，可按图 7-11(a)所示的局部剖视图或按图 7-11(b)的局部放大图的形式绘制。

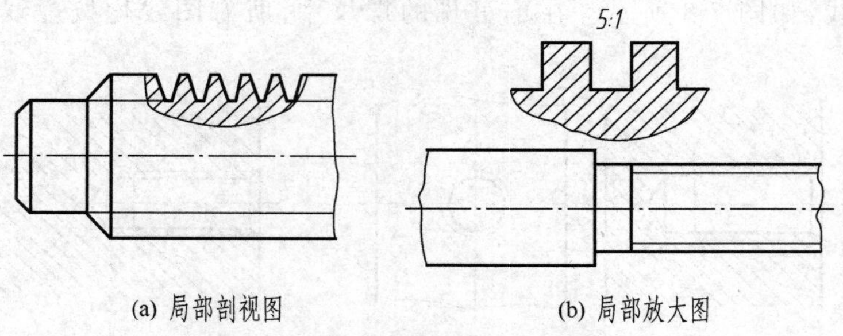

(a) 局部剖视图　　(b) 局部放大图

图 7-11　螺纹牙型的表示法

7.1.3　常见螺纹的种类及标记

由于螺纹的画法相同，无法表示出螺纹的种类和要素。为了表示区别，要在图上用规定的标记进行标注。

1. 普通螺纹、梯形螺纹和锯齿形螺纹的标注

一般螺纹标注的格式如图 7-12 所示。

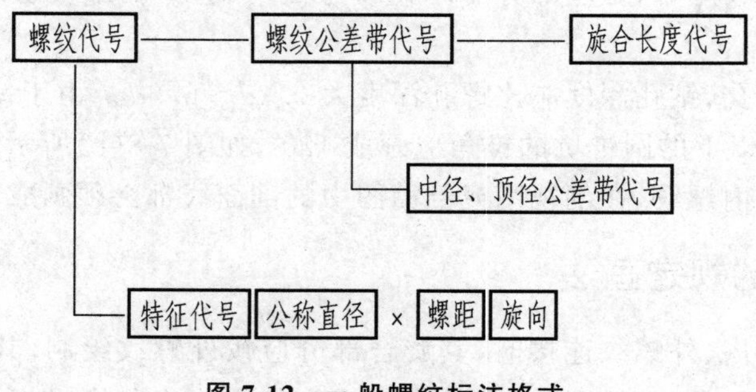

图 7-12　一般螺纹标注格式

① 普通螺纹的牙型代号为 M，梯形螺纹为 Tr，锯齿形螺纹为 B。

② 左旋螺纹的旋向代号为 LH，需要标注，右旋不用标注。

普通螺纹、梯形螺纹和锯齿形螺纹的标注示例如表 7-1 所示。

表 7-1　普通螺纹、梯形螺纹和锯齿螺纹的标注示例

螺纹种类	标注示例	图　例	附　注
普通螺纹 M	M10-5g6g-S	M10-5g6g-S	1.右旋省略不注，左旋标注； 2.旋合长度代号： S—短旋合长度 N—中等旋合长度 L—长旋合长度 若为中等旋合长度，可省略标注； 3.中径和顶径公差带代号相同时，只标注一个代号，如 8H
	M10LH-8H-L	M10LH-8H-L	
	M10-7H	M10-7H	
梯形螺纹 Tr	Tr40×7-7e	Tr40×7-7e	要标注螺距
	Tr40×14(P7)LH-7e	Tr40×14(P7)LH-7e	多线的要标注导程
锯齿形螺纹 B	B90×12LH-7e	B90×12LH-7e	表示公称直径为 90 mm，螺距为 12 mm的单线左旋锯齿形外螺纹，中径公差代号为 7e，中等旋合长度

2. 管螺纹的标注

管螺纹的标注，应将标准规定中的标记写在指引线上，指引线由大径处或对称中心线处引出。常用的管螺纹标注方法如表 7-2 所示。

表 7-2 管螺纹的标注示例

螺纹种类	标注示例	图　例	附　注
非螺纹密封的管螺纹(单线)	非螺纹密封的内管螺纹:G1/2	G1/2	1.管螺纹均从大径处引出指引线标注； 2.特征代号为 G,右侧数字为尺寸代号。根据代号可以查出螺纹大径。尺寸代号数值等于管子内径,单位为英寸(in)
	非螺纹密封的外管螺纹示例: 公差等级为 A 级 G1/2A 公差等级为 B 级 G1/2B	G1/2 A	
用螺纹密封的管螺纹(单线)	用螺纹密封的圆柱内管螺纹:Rp1/2	Rp1/2	表示尺寸代号为 1/2
	用螺纹密封的圆锥内管螺纹:Rc1/2	Rc1/2	表示尺寸代号为 1/2

3. 非标准螺纹的标注

非标准螺纹的标注，要画出牙型并标注所需的全部尺寸，常用的方牙螺纹标注方法如图 7-13 所示。

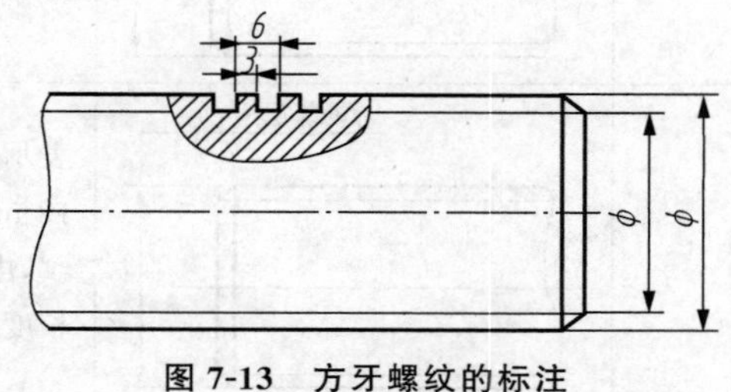

图 7-13 方牙螺纹的标注

7.2　螺纹紧固件

运用螺纹的连接作用来连接和紧固一些零件的零件称为螺纹紧固件。常用的螺纹紧固件有螺栓、双头螺柱、螺钉、螺母和垫片等，如图 7-14 所示。

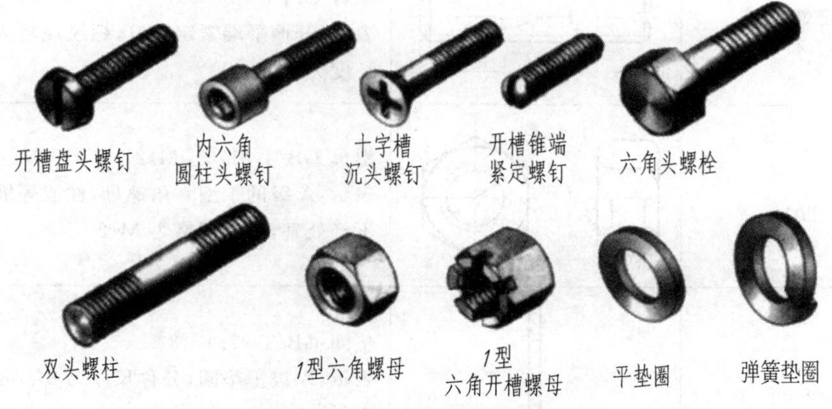

图 7-14　常见的螺纹紧固件

7.2.1　常见螺纹紧固件及其标记

表 7-3 列出了常用的螺纹紧固件的图例、简化标记和解释。

表 7-3　常用螺纹紧固件的标记示例

名称及标准代号	简化画法	规定标记及其说明
六角头螺栓 GB/T 5782—2016		螺栓 GB/T 5782　M10×30 表示：A 级六角头螺栓，性能等级为 8.8，表面不经处理，螺纹规格为 M10，公称长度为 30 mm
双头螺柱 GB/T 898—1988		螺柱 GB/T 898　M10×40 表示：B 型双头螺柱（旋入长度 $b_m=1.25d$），两端均为粗牙普通螺纹，螺纹规格为 M10，公称长度为 40 mm
开槽沉头螺钉 GB/T 68—2016		螺钉 GB/T 68　M10×40 表示：A 级开槽沉头螺钉，性能等级为 4.8，表面不经处理，螺纹规格为 M10，公称长度为 40 mm

续表

名称及标准代号	简化画法	规定标记及其说明
开槽圆柱头螺钉 GB/T 65—2016		螺钉 GB/T 65　M5×20 表示：A级开槽圆柱头螺钉，性能等级为4.8，表面不经处理，螺纹规格为M5，公称长度为20 mm
开槽平端紧定螺钉 GB/T 73—2017		螺钉 GB/T 73 M5×12 表示：开槽平端紧定螺钉，螺纹规格为M5，公称长度为12 mm
六角螺母 GB/T 6170—2015		螺母 GB/T 6170　M12 表示：A级的1型六角螺母，性能等级为8，表面不经处理，螺纹规格为M12
平垫圈 GB/T 97.1—2002		垫圈 GB/T 97.1　8 表示：A级平垫圈，公称尺寸为8 mm(螺纹公称直径)
标准型弹簧垫圈 GB/T 93—1987		垫圈 GB/T 93　16 表示：规格为16 mm(螺纹公称直径)，材料为65Mn，表面氧化的标准型弹簧垫圈

7.2.2 螺纹紧固件的连接画法

螺纹紧固件的连接基本形式有螺栓连接、螺柱连接、螺钉连接。画法规定如下：

① 两零件的接触面只画一条粗实线，不接触面(间隙)必须画两条粗实线。

② 在剖视图中，两个连接的零件剖面线方向相反，或者改变剖面线的间距，在同一个零件上各剖面线的方向、倾角和间距要相同。

③ 当剖切平面通过螺杆的轴线时，各螺纹紧固件均按照不剖切绘制。需要时，可采用局部剖视的画法。

下面分别介绍各种连接的画法。

1. 螺栓连接的画法

在两个零件上钻出通孔，用螺栓、螺母、垫圈把它们紧固在一起，称为螺栓连接，如图7-15所示。常用螺栓连接厚度较小并可钻成通孔的零件。

画螺栓连接时，根据孔径先查国标，选取螺栓、螺母和垫圈，再初算并查国标确定螺栓的公称长度 l：

$$l \geqslant \delta_1 + \delta_2 + h + m + a$$

式中，δ_1、δ_2为被连接件的厚度；h 为垫圈厚度，$h=0.15d$（d 是螺栓上螺纹的公称直径）；m 为螺母厚度，$m=0.8d$；a 为螺栓伸出螺母的长度，通常取 $a=0.3d$。

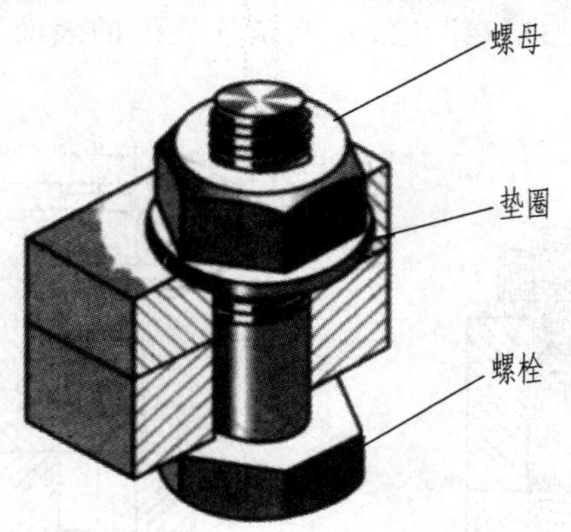

图 7-15　六角头螺栓连接图

一般情况下，按照中等装配考虑，取通孔直径为 1.1d（d 为螺栓直径）。六角头螺栓连接图的简化画法，如图 7-16 所示。

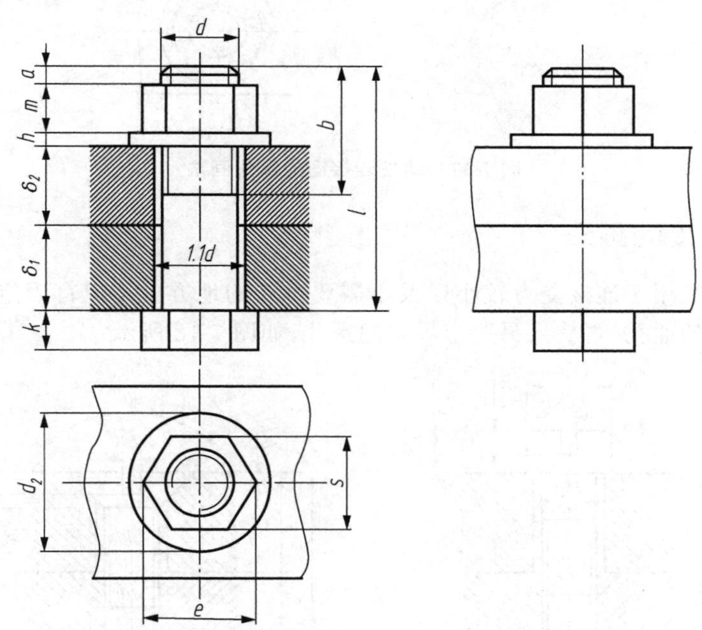

图 7-16　六角头螺栓连接图的简化画法

2. 螺柱连接的画法

当两个零件的被紧固处一个厚度较小而另一个不允许穿通孔时，通常采用双头螺柱连接，如图 7-17 所示。螺柱的一端全部旋入被连接零件的螺孔中（螺柱的这一端叫旋入端），另一端通过另一连接体的光孔，然后用螺母和垫圈旋紧固定（螺柱的这一端叫紧固端）。

螺柱旋入端的长度 b_m 和被连接件的材料有关，当材料为钢、青铜时，选取 $b_m=d$；当材料为铸铁时，选取 $b_m=1.25d$；当材料为铝合金和铸铁之间的制品时，选取 $b_m=1.5d$；当材料为铝合金和非金属件之间的制品时，选取 $b_m = 2d$（d 为螺柱公称直径）。

画双头螺柱连接时，先查出螺柱、螺母、垫圈的相应标准尺寸，再估算出螺柱的公称长度 l（$l \geqslant \delta + m + h + a$）。

画图时应注意，旋入端的螺纹终止线应与被连接件的表面平齐。弹簧垫圈的开口槽要与水平线成左倾 60°。

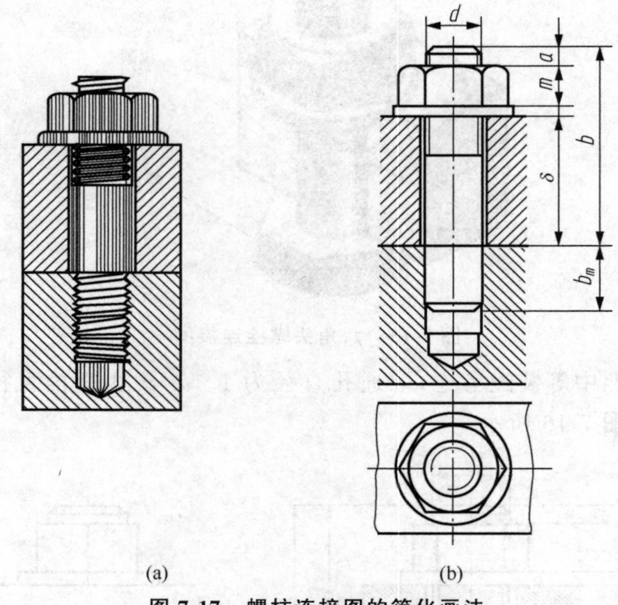

图 7-17 螺柱连接图的简化画法

3. 螺钉连接的画法

螺钉连接一般用于连接受力较小以及不需要拆卸的地方。用螺钉固定两个零件时，螺钉穿过一个零件的通孔，再旋入另一个零件的螺孔，如图 7-18 所示。

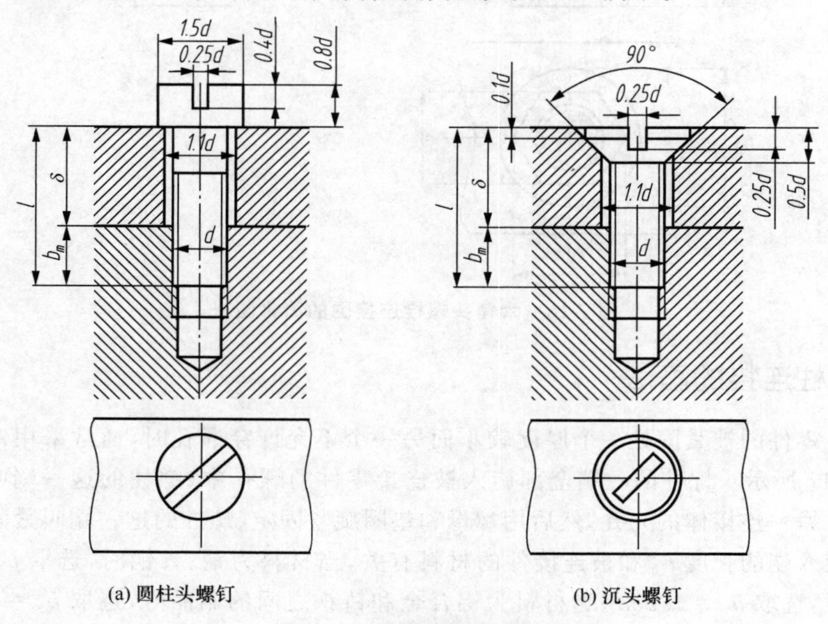

图 7-18 螺钉连接装配图

螺钉连接的画法除头部外，其他画法和双头螺柱的画法相似。螺钉的公称长度 l 估算如下：

① 没有沉孔时

$$l=\delta+b_m$$

② 有沉孔时

$$l=\delta+b_m-t$$

式中，t 为沉孔深度；b_m 为根据被旋入零件的材料而定。

画图时应注意，螺纹终止线应高于两零件的接触面，螺钉头部的一字槽，在主视图上平行于轴线放置，在垂直于轴线的俯视图中要画成与中心线成右倾45°的槽。

4. 紧定螺钉连接画法

紧定螺钉用于固定两个零件，使它们连接在一起。图7-19所示为开槽锥端紧定螺钉的连接画法。

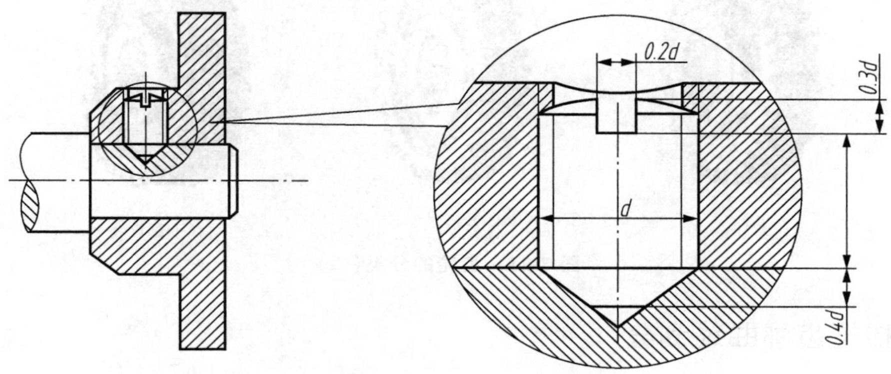

图7-19　紧定螺钉连接画法

7.3　齿　　轮

7.3.1　齿轮的分类

齿轮是机械传动中广泛应用的零件，因其参数中只有模数、压力角是标准化的，故属于常用件。齿轮的种类比较多，通常可以采用以下几种分类方式对其进行分类。

1. 根据齿轮的传动方式划分

① 圆柱齿轮：用来传递两平行轴之间的动力，如图7-20(a)所示。

② 圆锥齿轮：用来传递两相交轴之间的动力，如图7-20(b)所示。

③ 蜗轮蜗杆：用来传递两交叉轴之间的动力，如图7-20(c)所示。

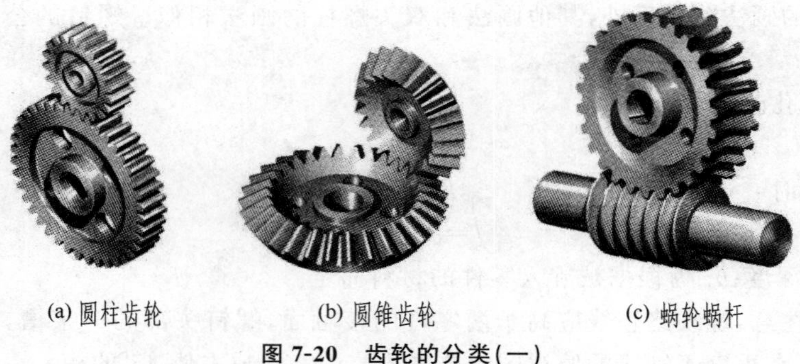
(a) 圆柱齿轮　(b) 圆锥齿轮　(c) 蜗轮蜗杆

图 7-20　齿轮的分类(一)

2. 根据齿的切制方向划分

齿轮根据齿的切制方向可分为直齿、斜齿、人字齿齿轮等,如图 7-21 所示。

直齿齿轮　斜齿齿轮　人字齿齿轮

图 7-21　齿轮的分类(二)

3. 根据齿廓曲线划分

齿轮根据齿廓曲线可分为渐开线齿轮、摆线齿轮、圆弧齿轮等,最常用的是渐开线齿轮。

7.3.2　直齿圆柱齿轮的参数

1. 直齿圆柱齿轮各部分的名称

直齿圆柱齿轮由轮齿、齿盘、轮辐、轮毂等组成。现以标准直齿圆柱齿轮为例说明齿轮各部分的名称和尺寸关系,如图 7-22 所示。

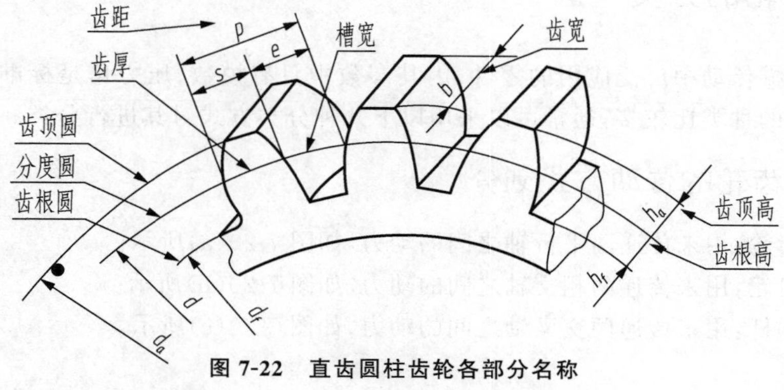

图 7-22　直齿圆柱齿轮各部分名称

① 齿顶圆：轮齿顶部的圆，直径用 d_a 表示。

② 齿根圆：轮齿根部的圆，直径用 d_f 表示。

③ 分度圆：齿轮加工时用以轮齿分度的圆，直径用 d 表示。

④ 齿距：在分度圆上，相邻两齿同侧齿廓间的弧长，用 p 表示。

⑤ 齿厚：一个轮齿在分度圆上的弧长，用 s 表示。

⑥ 槽宽：一个齿槽在分度圆上的弧长，用 e 表示。在标准齿轮中，齿厚与槽宽各为齿距的一半，即 $s=e=p/2$，$p=s+e$。

⑦ 齿顶高：分度圆至齿顶圆之间的径向距离，用 h_a 表示。

⑧ 齿根高：分度圆至齿根圆之间的径向距离，用 h_f 表示。

⑨ 全齿高：齿顶圆与齿根圆之间的径向距离，用 h 表示，$h=h_a+h_f$。

⑩ 齿宽：沿齿轮轴线方向测量的轮齿宽度，用 b 表示。

⑪ 压力角：轮齿在分度圆的啮合点上的受力方向与该点瞬时运动方向之间的夹角，用 α 表示，标准齿轮 $\alpha=20^\circ$

2. 直齿圆柱齿轮的基本参数与齿轮各部分的尺寸关系

(1) 模数

当齿轮的齿数为 z 时，分度圆的周长 $=\pi d=zp$。令 $m=p/\pi$，则 $d=mz$，m 为齿轮的模数。因为一对啮合齿轮的齿距 p 必须相等，所以，它们的模数也必须相等。模数是设计、制造齿轮的重要参数。模数越大，则齿距 p 也增大，随之齿厚 s 也增大，齿轮的承载能力也增大。不同模数的齿轮要用不同模数的刀具来制造。为了便于设计和加工，模数已经标准化，我国规定的标准模数数值如表 7-4 所示。

表 7-4　标准模数(圆柱齿轮摘自 GB/T 1357—2008)

第一系列	1,1.25,1.5,2,2.5,3,4,5,6,7,10,12,16,20,25,32,40,50
第二系列	1.75,2.25,2.75,(3.25),3.5,(3.75),4.5,5.5,(6.5),7,9,(11),14,17,22,27,(30),36,45

注：选用时，优先采用第一系列，括号内的模数尽可能不用。

(2) 齿轮各部分的尺寸关系

当齿轮的模数 m 确定后，按照与 m 的比例关系，可计算出齿轮其他部分的基本尺寸，如表 7-5 所示。

表 7-5　标准直齿圆柱齿轮各部分尺寸关系　(单位：mm)

名称及代号	公　式	名称及代号	公　式
模数 m	$m=p\pi=d/z$	齿根圆直径 d_f	$d_fS=m(z-2.5)$
齿顶高 h_a	$h_a=m$	齿形角 α	$\alpha=20^\circ$
齿根高 h_f	$h_f=1.25m$	齿距 p	$P=\pi m$
全齿高 h	$h=h_a+h_f$	齿厚 s	$s=p/2=\pi m/2$
分度圆直径 d	$d=mz$	槽宽 e	$e=p/2=\pi m/2$
齿顶圆直径 d_a	$d_a=m(z+2)$	中心距 a	$a=(d_1+d_2)/2=m(z_1+z_2)/2$

7.3.3　圆柱齿轮的规定画法

1. 单个圆柱齿轮的画法

如图 7-23(a)所示，在端面视图中，齿顶圆用粗实线画出，齿根圆用细实线画出或省略不画，分度圆用点画线画出。另一视图一般画成全剖视图，轮齿按不剖处理，用粗实线表示齿顶线和齿根线，点画线表示分度线，如图 7-23(b)所示；若不画成剖视图，齿根线可省略不画。当需要表示轮齿为斜齿时(或人字齿)时，在外形视图上用三条与齿线方向一致的细实线表示，如图 7-23(c)所示。

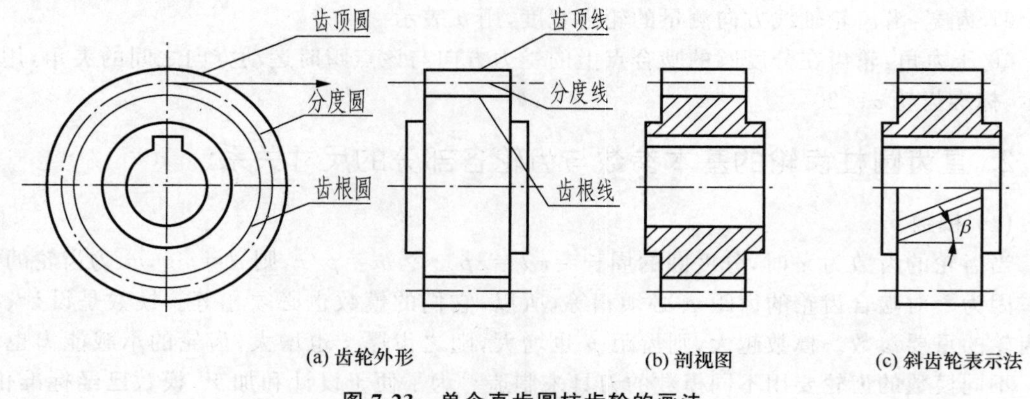

图 7-23　单个直齿圆柱齿轮的画法

2. 一对齿轮啮合的画法

一对齿轮的啮合图，一般可以采用两个视图表达，在垂直于圆柱齿轮轴线的投影面的视图中(反映为圆的视图)，啮合区内的齿顶圆均用粗实线绘制，分度圆相切，如图 7-24(b)所示；也可用省略画法如图 7-24(d)所示；在不反映圆的视图上，啮合区的齿顶线不需画出，分度线用粗实线绘制，如图 7-24(c)所示；采用剖视图表达时，在啮合区内将一个齿轮的齿顶线用粗实线绘制，另一个齿轮的轮齿被遮挡，其齿顶线用虚线绘制，如图 7-24(a)、图 7-25 所示。

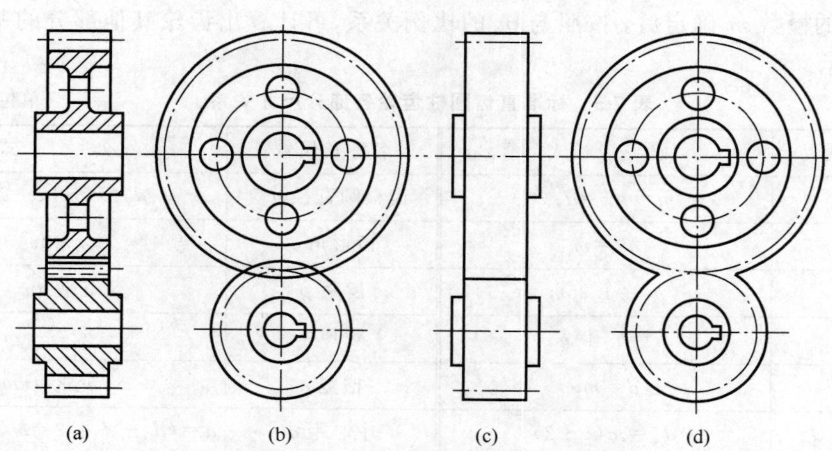

图 7-24　直齿圆柱齿轮啮合的画法

3. 齿轮和齿条啮合的画法

齿轮和齿条啮合时,齿轮转动,齿条做直线运动。设想齿轮的直径无限大,这时齿轮就变成了齿条,齿顶圆、齿根圆、分度圆和齿廓曲线都成了直线。齿轮和齿条的啮合,也可以联想两齿轮的啮合画法,类比绘图。

齿轮和齿条啮合时,齿轮的节圆和齿条的节线相切,用点画线表示,齿顶圆和齿根圆用粗实线表示,其中齿根圆可省略不画,如图 7-26 所示。

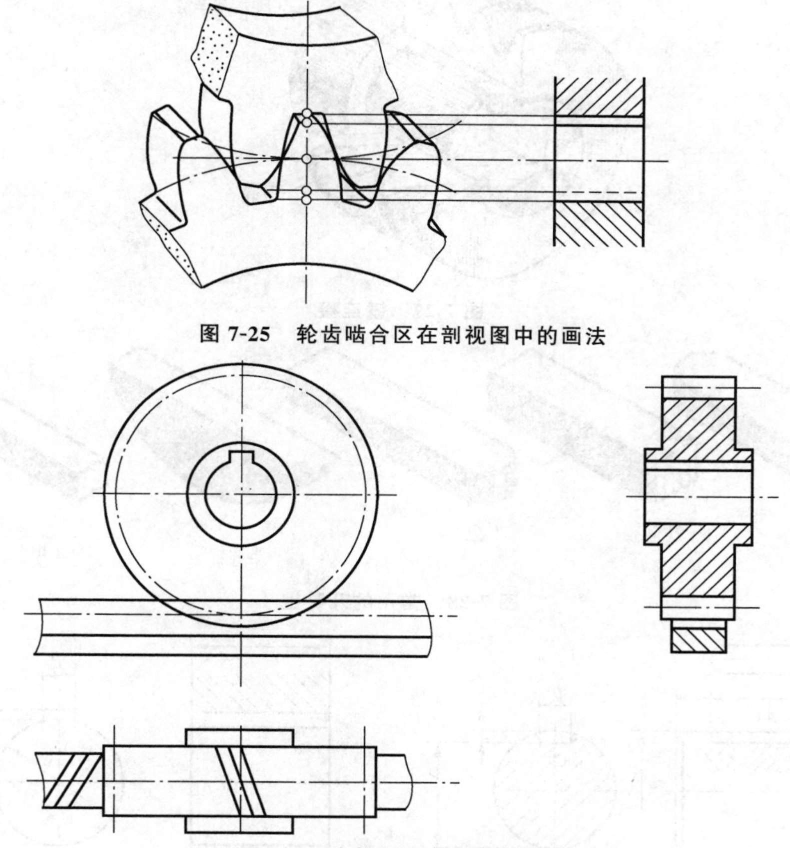

图 7-25　轮齿啮合区在剖视图中的画法

图 7-26　齿轮和齿条啮合的画法

7.4 键　和　销

7.4.1　键连接

键通常用于连接轴和装在轴上的齿轮、带轮等传动零件,起传递转矩的作用,如图 7-27 所示。键是标准件,常用的键有普通平键、半圆键和钩头楔键等,如图 7-28 所示。本节主要介绍应用最多的 A 型普通平键及其画法。

普通平键的公称尺寸表示为 $b \times h$（键宽×键高），可根据键所在轴的直径在相应的标准中查得。

普通平键的规定标记为键宽 b×键长 L。例如：$b=17$ mm，$h=11$ mm，$L=100$ mm 的圆头普通平键（A 型），应标记为：键 17×100 GB/T 1096—2003（A 型可不标出 A）。

图 7-29(a)、(b)所示为轴和轮毂上键槽的表示法和尺寸注法（未注尺寸数字）。图 7-29(c)所示为普通平键连接的装配图画法。

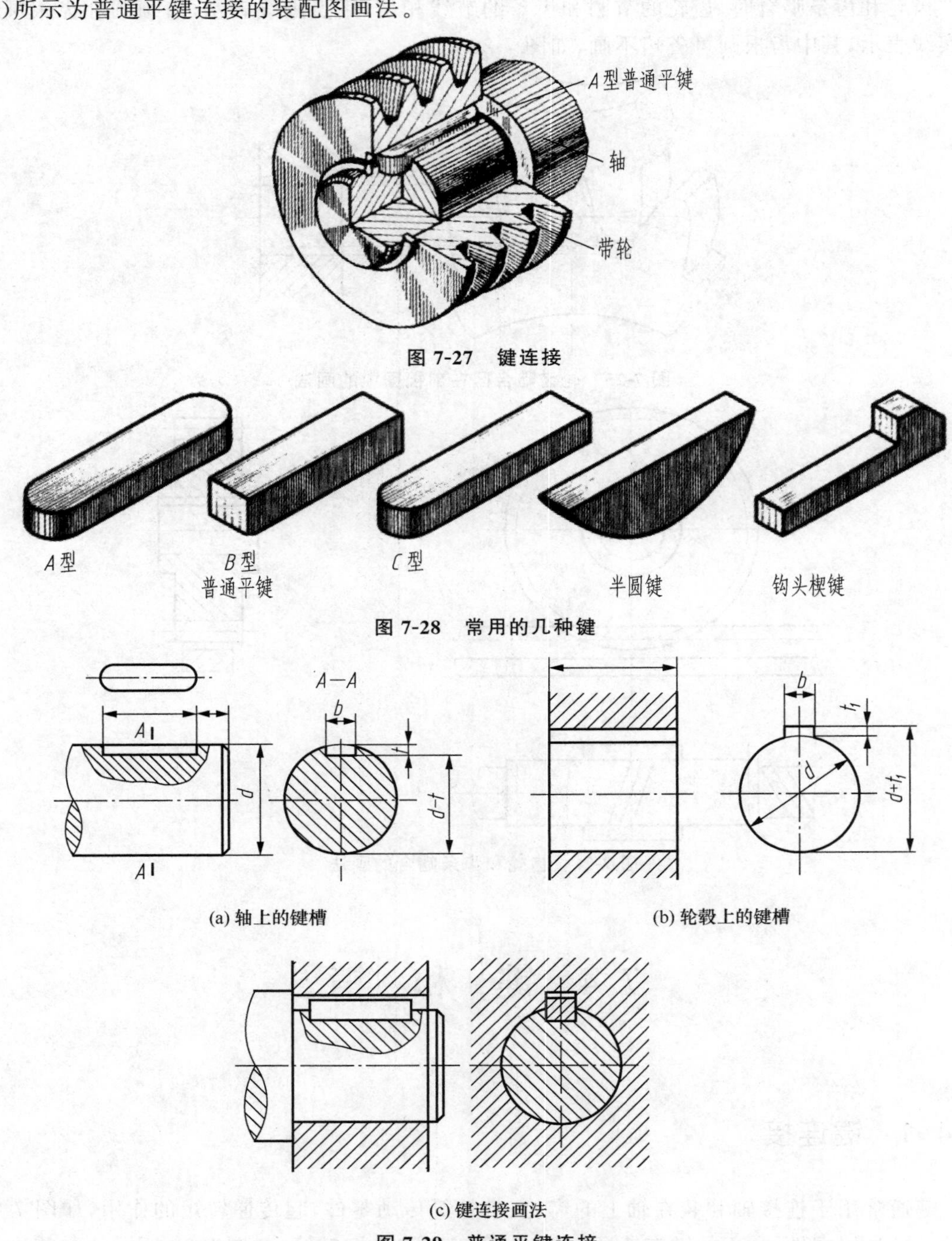

图 7-29 普通平键连接

图 7-29(c)所示的键连接图中，键的两侧面是工作面，接触面的投影处只画一条轮廓线；键的顶面与轮毂上键槽的顶面之间留有间隙，必须画两条轮廓线。在反映键长度方向的剖视图中，轴采用局部剖视，键按不剖视处理。在键连接图中，键的倒角或小圆角一般省略不画。

7.4.2　销连接

销通常用于零件之间的连接、定位和防松，常见的有圆柱销、圆锥销和开口销等，它们都是标准件。圆柱销和圆锥销可以连接零件，也可以起定位作用(限定两零件间的相对位置)，如图 7-30(a)、(b)所示。开口销常用在螺纹连接的装置中，以防止螺母松动，如图 7-30(c)所示。表 7-6 所示为销的形式和标记示例及画法。

表 7-6　销的形式、标记示例及画法

名称	标准号	图　　例	标记示例
圆锥销	GB/T 117—2000	0.8　1:50　R_1　R_2　d　a　a　l $R_1 \approx d$　$R_2 \approx d+(L-2a)/50$	直径 $d=10$mm，长度 $L=100$ mm，材料 35 钢，热处理硬度27～37HRC，表面氧化处理的圆锥销。 销 GB/T 117—2000　A10×100 圆锥销的公称尺寸指小端直径
圆柱销	GB/T 119.1—2000	≈15°　c　c　d　l	直径 $d=10$ mm，公差为 m6，长度 $L=70$ mm，材料为钢，不经表面处理。 销 GB/T 119.1—2000　10m6×70
开口销	GB/T 91—2000	b　l　a　c　d	公称直径 $d=4$ mm(指销孔直径)，$L=20$ mm，材料为低碳钢不经表面处理。 销 GB/T 91—2000 4×20

在销连接中，两零件上的孔是在零件装配时一起配钻的。因此，在零件图上标注销孔的尺寸时，应注明“配作”。

绘图时，销的有关尺寸从标准中查找并选用。在剖视图中，当剖切平面通过销的回转轴线时，按不剖处理，如图 7-30 所示。

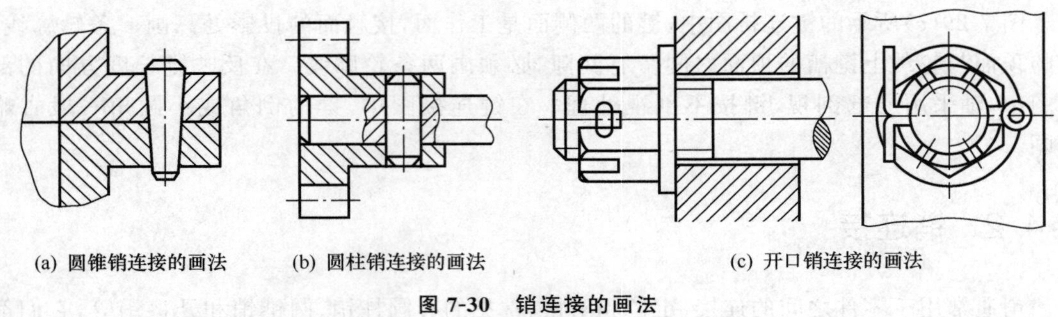

(a) 圆锥销连接的画法　(b) 圆柱销连接的画法　(c) 开口销连接的画法

图 7-30　销连接的画法

7.5　滚动轴承

7.5.1　滚动轴承的结构和类型

滚动轴承一般由外圈、内圈、滚动体和保持架组成，如图 7-31 所示。

按承受载荷的方向，滚动轴承可分为以下三类：

① 向心轴承：主要承受径向载荷，如图 7-31(a)所示的深沟球轴承。

② 推力轴承：主要承受轴向载荷，如图 7-31(b)所示的推力球轴承。

③ 向心推力轴承：同时承受径向载荷和轴向载荷，如图 7-31(c)所示的圆锥滚子轴承。

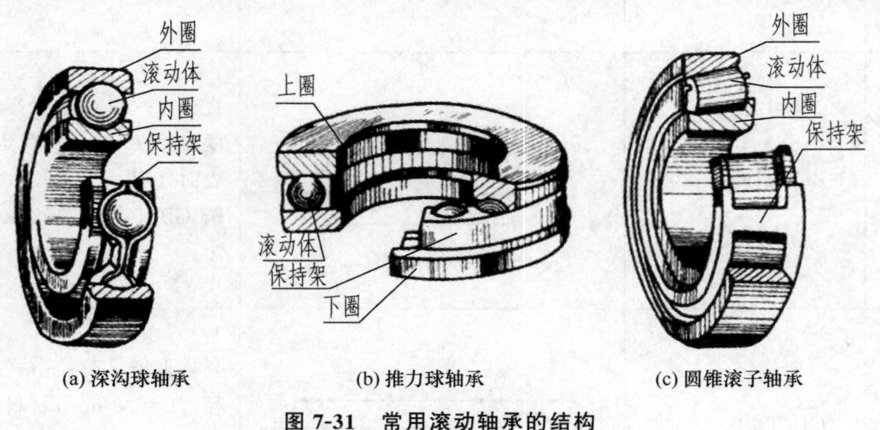

(a) 深沟球轴承　(b) 推力球轴承　(c) 圆锥滚子轴承

图 7-31　常用滚动轴承的结构

7.5.2　滚动轴承的代号

滚动轴承的代号一般打印在轴承的端面上，由基本代号、前置代号和后置代号三部分组成，排列顺序如下：

前置代号　基本代号　后置代号

1. 基本代号

基本代号表示滚动轴承的基本类型、结构及尺寸，是滚动轴承代号的基础。基本代号由轴承类型代号、尺寸系列代号和内径代号构成(滚针轴承除外)，其排列顺序如下：

类型代号　尺寸系列代号　内径代号

(1) 类型代号

轴承类型代号用阿拉伯数字或大写拉丁字母表示，其含义如表 7-7 所示。

(2) 尺寸系列代号

尺寸系列代号由滚动轴承的宽(高)度系列代号和直径系列代号组合而成，用两位数字表示。它主要用来区别内径相同而宽(高)度和外径不同的轴承。详细情况请查阅有关标准。

(3) 内径代号

内径代号表示轴承的公称内径，一般用两位数字表示。

① 代号数字为 00，01，02，03 时，分别表示内径 $d=10$ mm，12 mm，15 mm，17 mm。

② 代号数字为 04～96 时，代号数字乘以 5，即得轴承内径。

③ 轴承公称内径为 1～9 mm、22 mm、27 mm、32 mm、500 mm 或大于 500 mm 时，用公称内径毫米数值直接表示，但与尺寸系列代号之间用“/”隔开，如深沟球轴承 62/22，$d=22$ mm。

表 7-7　滚动轴承类型代号

代　号	轴 承 类 型	代　号	轴 承 类 型
0	双列角接触球轴承	7	角接触球轴承
1	调心球轴承	8	推力圆柱滚子轴承
2	调心滚子轴承和推力调心滚子轴承	N	圆柱滚子轴承
3	圆锥滚子轴承	NN	双列或多列圆柱滚子轴承
4	双列深沟球轴承	U	外球面球轴承
5	推力球轴承	QJ	四点接触球轴承
6	深沟球轴承		

2. 前置代号和后置代号

前置代号和后置代号是轴承在结构形状、尺寸、公差、技术要求等有改变时，在其基本代号左、右添加的补充代号。具体情况可查阅有关的国家标准。

轴承基本代号举例：

6209　其中，09 为内径代号，$d=45$ mm；2 为尺寸系列代号(02)，其中宽度系列代号(0)省略，直径系列代号为 2；6 为轴承类型代号，表示深沟球轴承。

62/22　其中，22 为内径代号，$d=22$ mm(用公称内径毫米数值直接表示)；2 和 6 与的含义同上。

30314　其中，14 为内径代号，$d=70$ mm；03 为尺寸系列代号(03)，其中宽度系列代号为 0，直径系列代号为 3；3 为轴承类型代号，表示圆锥滚子轴承。

7.5.3　滚动轴承的画法

在装配图中滚动轴承的轮廓按外径 D、内径 d、宽度 B 等实际尺寸绘制，其余部分用简化画法或用示意画法绘制。在同一图样中，一般只采用其中的一种画法。常用滚动轴承的画法如表 7-8 所示。

表 7-8　常用滚动轴承的画法

名称、标准号和代号	主要尺寸数据	规定画法	特征画法	装配示意图
深沟球轴承 60000	D d B	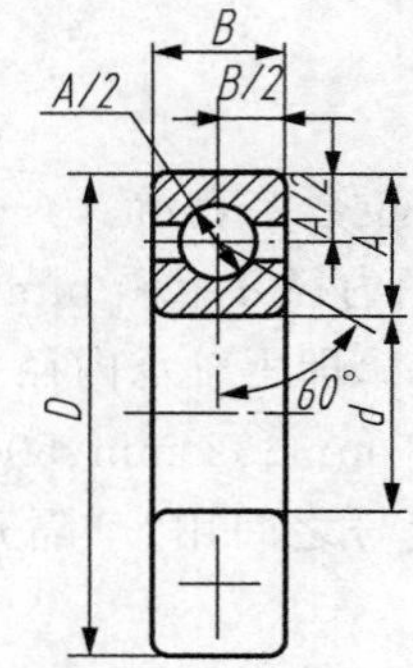	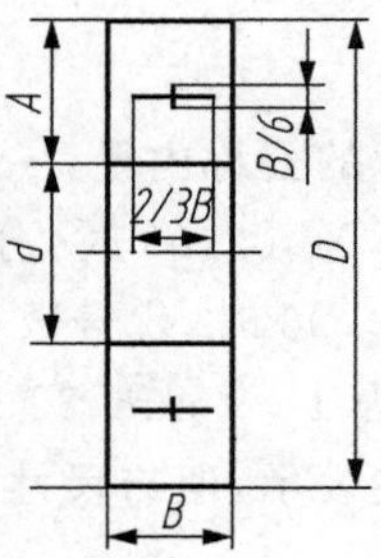	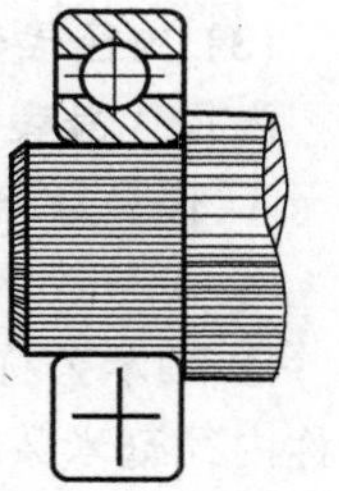
圆锥滚子轴承 30000	D d B T C	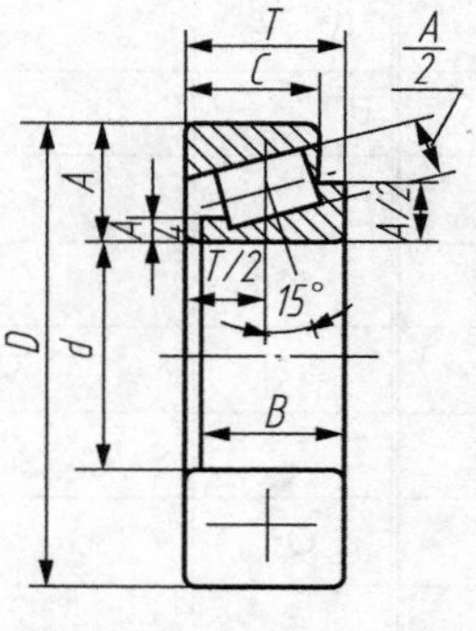	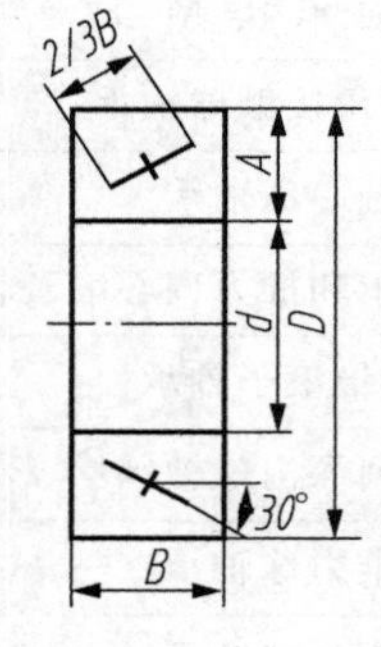	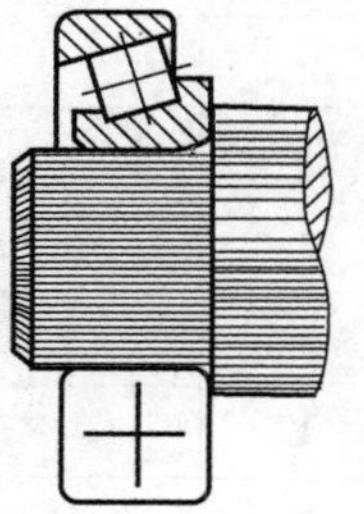
推力球轴承 50000	D d T	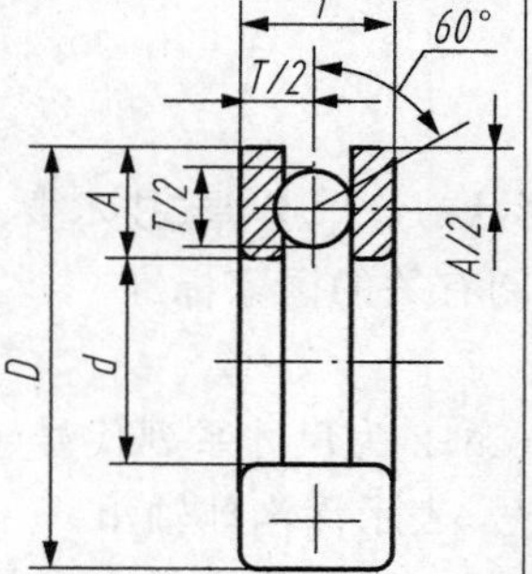	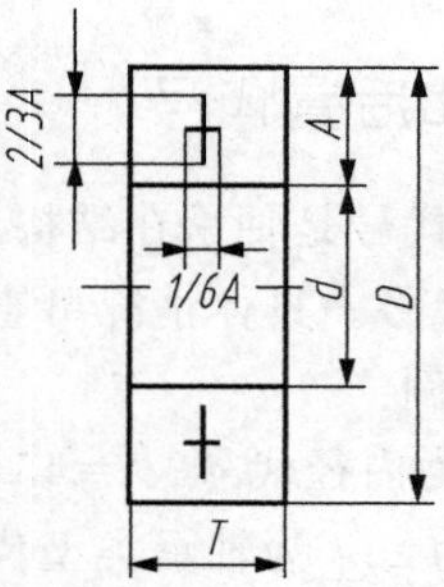	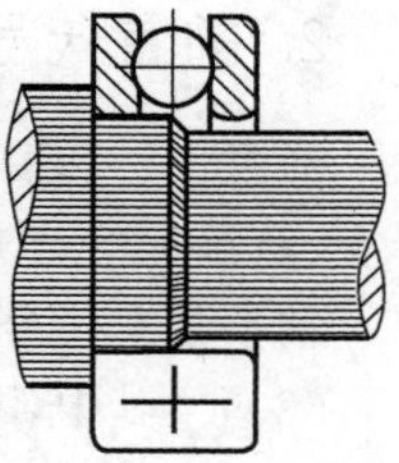

7.6 弹 簧

弹簧是在机械中广泛用来减震、夹紧、储存能量和测力的零件。常用的弹簧如图7-32所示。本节主要介绍圆柱螺旋压缩弹簧各部分的名称、尺寸关系及其画法。

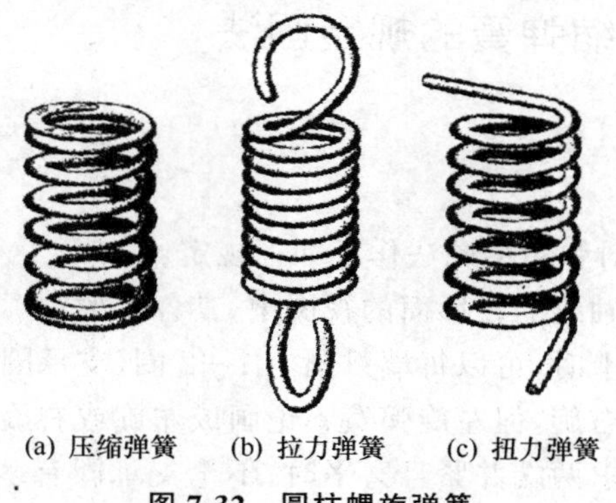

(a) 压缩弹簧　(b) 拉力弹簧　(c) 扭力弹簧

图7-32 圆柱螺旋弹簧

7.6.1 圆柱螺旋压缩弹簧各部分的名称及尺寸计算

下面介绍弹簧的几个参数(图7-33):

① 簧丝直径 d:制造弹簧所用金属丝的直径。

② 弹簧外径 D:弹簧的最大直径。

③ 弹簧内径 D_1:弹簧的内孔直径,即弹簧的最小直径,$D_1=D-2d$。

④ 弹簧中径 D_2:弹簧轴剖面内簧丝中心所在柱面的直径,即弹簧的平均直径,$D_2=(D+D_1)/2=D_1+d=D-d$。

⑤ 有效圈数 n:保持相等节距且参与工作的圈数。

⑥ 支承圈数 n_2:为了使弹簧工作平衡,保证中心线垂直于支撑面,制造时将两端并紧磨平的圈数。这些圈主要起支承作用,所以称为支承圈。支承圈数 n_2 表示两端支承圈数的总

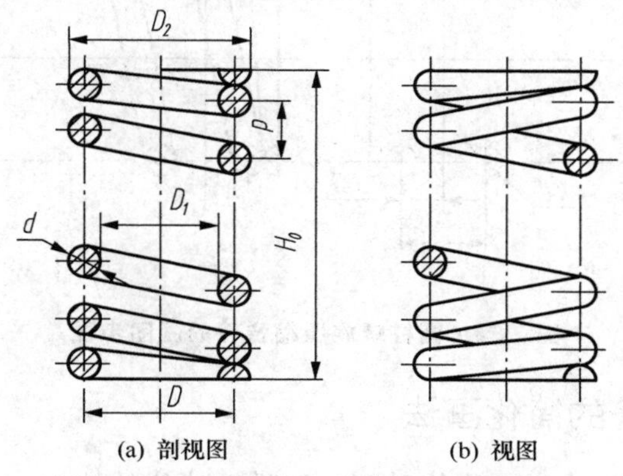

(a) 剖视图　(b) 视图

图7-33 圆柱螺旋压缩弹簧的尺寸

和，一般有 1.5、2、2.5 圈三种。

⑦ 总圈数 n_1：有效圈数和支承圈数的总和，即 $n_1=n+n_2$。

⑧ 节距 t：相邻两有效圈上对应点间的轴向距离。

⑨ 自由高度 H_0：未受载荷作用时的弹簧高度（或长度），即 $H_0=nt+(n_2-0.5)d$。

⑩ 弹簧的展开长度 L：制造弹簧时所需的金属丝长度。

⑪ 旋向：与螺旋线的旋向意义相同，分为左旋和右旋两种。

7.6.2 圆柱螺旋压缩弹簧的规定画法

1. 弹簧的画法

GB/T 4459.4—2003 对弹簧的画法作了如下规定：

① 在平行于螺旋弹簧轴线的投影面的视图中，其各圈的轮廓应画成直线。

② 有效圈数在 4 圈以上时，可以每端只画出 1～2 圈（支承圈除外），其余省略不画。

③ 螺旋弹簧均可画成右旋，但左旋弹簧不论画成左旋或右旋，均需注写旋向“左”字。

④ 螺旋压缩弹簧如要求两端并紧且磨平时，不论支承圈有多少，均按 2.5 圈绘制，必要时也可按支承圈的实际结构绘制。

圆柱螺旋压缩弹簧的画图步骤如图 7-34 所示。

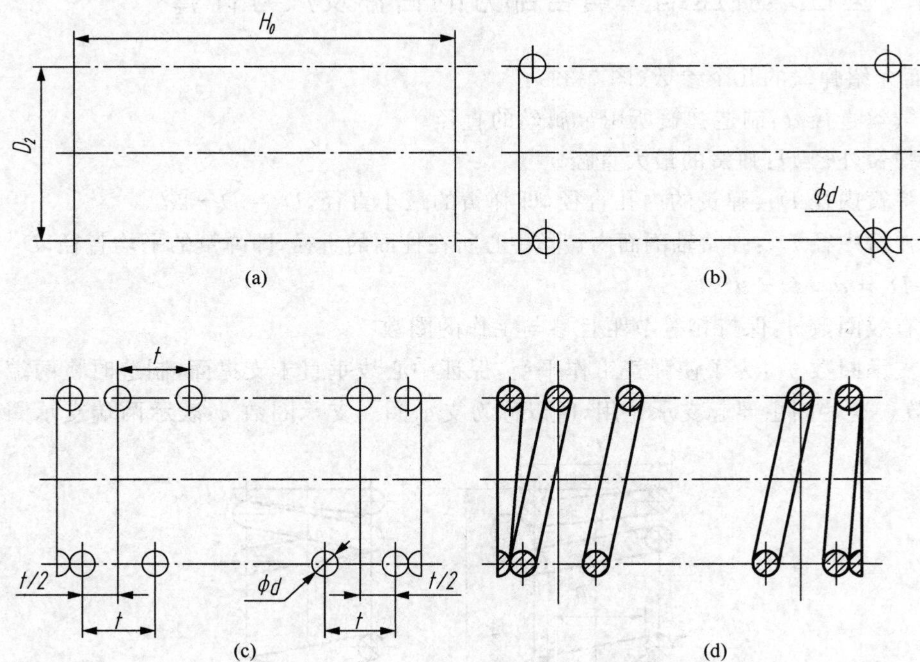

图 7-34 圆柱螺旋压缩弹簧的画图步骤

2. 装配图中弹簧的简化画法

在装配图中，弹簧被看作实心物体，因此，被弹簧挡住的结构一般不画出。可见部分应画至弹簧的外轮廓或弹簧的中径处，如图 7-35(a)所示。当簧丝直径在图形上小于或等于 2 mm 并被剖切时，其剖面可以涂黑表示，如图 7-35(b)所示，也可采用示意画法，如图 7-35(c)所示。

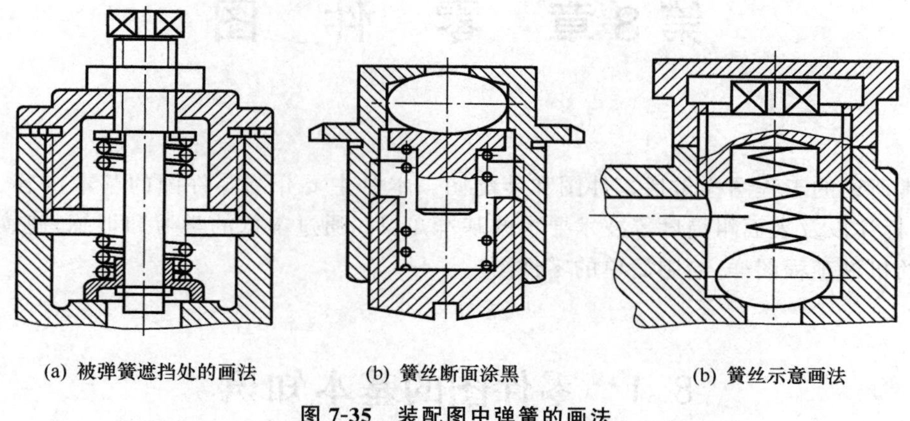

(a) 被弹簧遮挡处的画法　(b) 簧丝断面涂黑　(b) 簧丝示意画法

图 7-35　装配图中弹簧的画法

第8章　零　件　图

通常所说的工程图样包括零件图和装配图。本章主要介绍零件图的基本内容、表达方法、尺寸标注以及表面粗糙度等技术要求的基本知识。通过本章的学习和训练，使读者能阅读一般的机械工程图样，绘制简单的零件图。

8.1　零件图的基本知识

任何机器或部件都是由若干零件按一定要求装配而成的。图 8-1 所示的齿轮油泵是供油系统的一个部件，它是由泵体、齿轮等零件装配而成的。制造机器或部件必须先依照零件图制造零件。

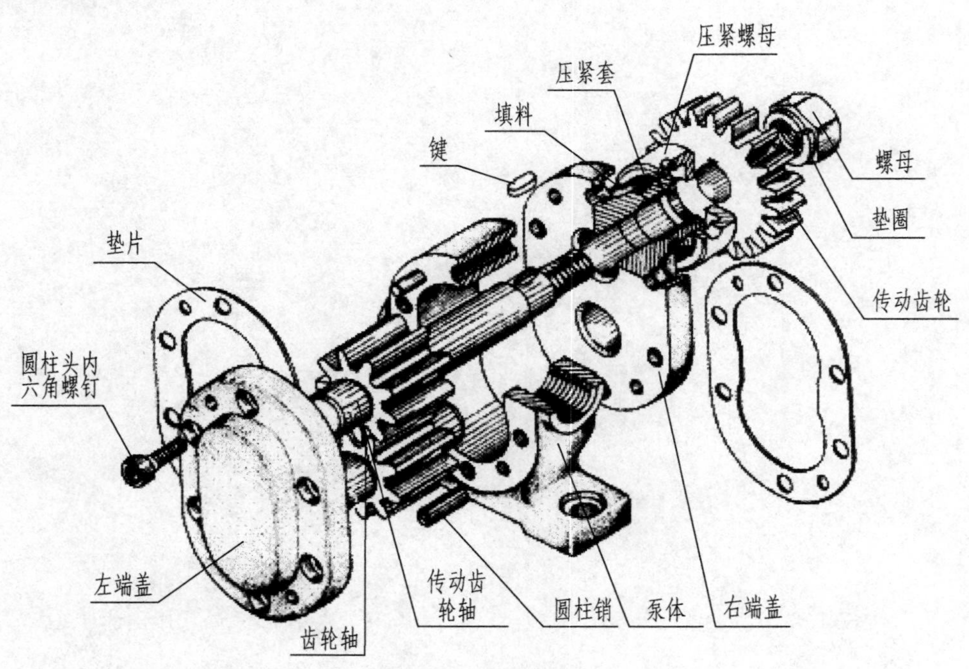

图 8-1　齿轮油泵的组成

8.1.1　零件的概念及其分类

从制造的角度看，可以认为机器或部件是由若干相互有关的零件按一定装配关系和技术要求装配而成的。零件是机器中不可再分的单件,是制造的单元。

虽然零件的形状、用途多种多样,加工方法各不相同,但零件也有许多共同之处。根据零件在结构形状、表达方法上的某些共同特点,常将其分为四类:轴套类零件、轮盘类零件、叉架类零件和箱体类零件。

1. 轴套类零件

轴套类零件的基本形状是同轴回转体,在轴上通常有键槽、销孔、螺纹退刀槽、倒圆等结构,如图 8-2 所示。此类零件主要是用车床或磨床加工。

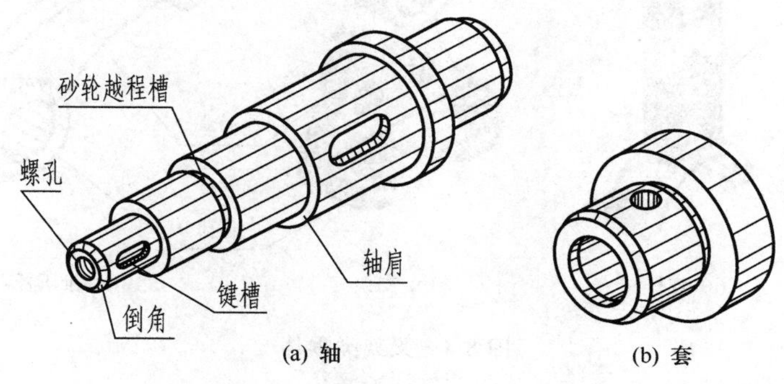

(a) 轴 (b) 套

图 8-2 轴套类零件

2. 轮盘类零件

轮盘类零件包括端盖、阀盖、齿轮等,这类零件的基本形体一般为回转体或其他几何形状的扁平盘状体,通常还带有各种形状的凸缘、均布的圆孔和肋等局部结构,如图 8-3 所示。轮盘类零件的主要作用是轴向定位、防尘和密封。

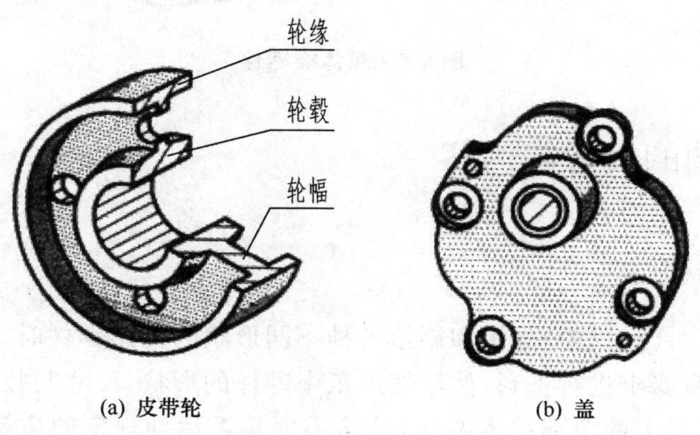

(a) 皮带轮 (b) 盖

图 8-3 轮盘类零件

3. 叉架类零件

叉架类零件一般有拨叉、连杆、支座等。此类零件常用倾斜或弯曲的结构连接零件的工作部分与安装部分。叉架类零件多为铸件或锻件,因而具有铸造圆角、凸台、凹坑等常见结构,如图 8-4 所示。

4. 箱体类零件

箱体类零件主要有阀体、泵体、减速器箱体等零件，其作用是支持或包容其他零件，如图 8-5 所示。这类零件有复杂的内腔和外形结构，并带有轴承孔、凸台、肋板，此外还有安装孔、螺孔等结构。

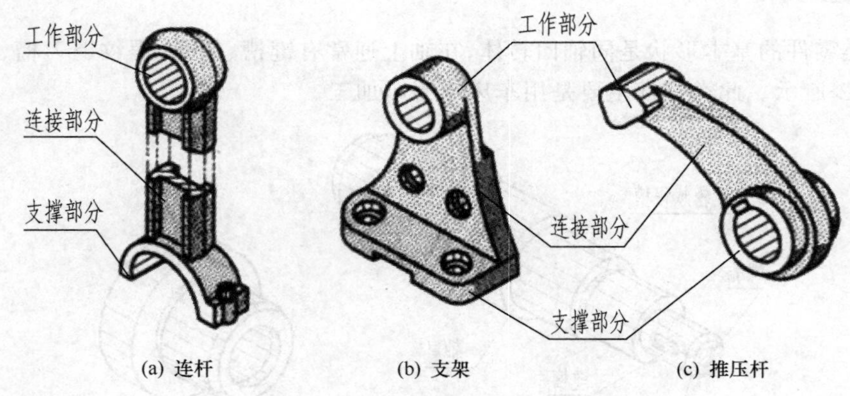

(a) 连杆　(b) 支架　(c) 推压杆

图 8-4　叉架类零件

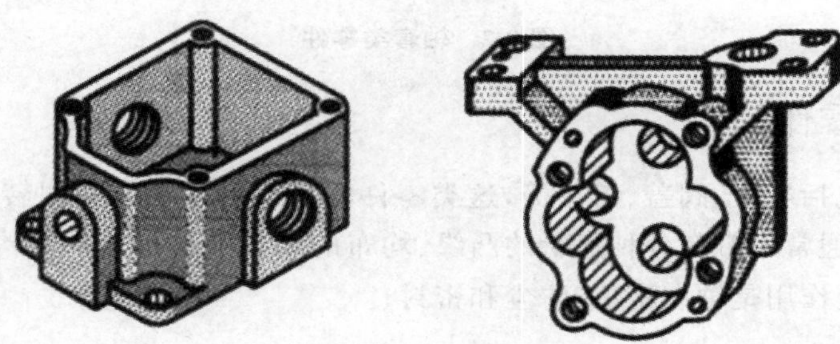

图 8-5　箱体类零件

8.1.2　零件图的概念与内容

1. 零件图的概念

在机械产品的生产过程中，加工和制造各种不同形状的机器零件时，一般是先根据零件图对零件材料和数量要求进行备料，然后按图纸中零件的形状、尺寸与技术要求进行加工制造，同时还要根据图纸上的全部技术要求，检验零件是否达到规定的质量指标。由此可见，零件图是设计部门提交给生产部门的重要技术文件，它反映了设计者的意图，表达了对零件的要求，是生产中进行加工制造与检验零件质量的重要技术性文件。

2. 零件图的内容

图 8-6 所示是球阀中的阀芯，从图中可以看出零件图应包括以下四方面的内容：

(1) 一组视图

用一组视图(包括视图、剖视、断面等表达方法)完整、准确、清楚、简便地表达出零件的结构形状。图 8-6 所示的阀芯，用主视图、左视图表达，主视图采用全剖视，左视图采用半剖视。

(2) 完整的尺寸

零件图中应正确、齐全、清晰、合理地标注出表示零件各部分的形状大小和相对位置的尺寸，为零件的加工制造提供依据。如图 8-6 所示，阀芯的主视图中标注的尺寸 $S\phi40$ 和 32 确定了阀芯的轮廓形状，中间的通孔为 $\phi20$，上部凹槽的形状和位置通过主视图中的尺寸 10 和左视图中的尺寸 $R34$ 和 14 确定。

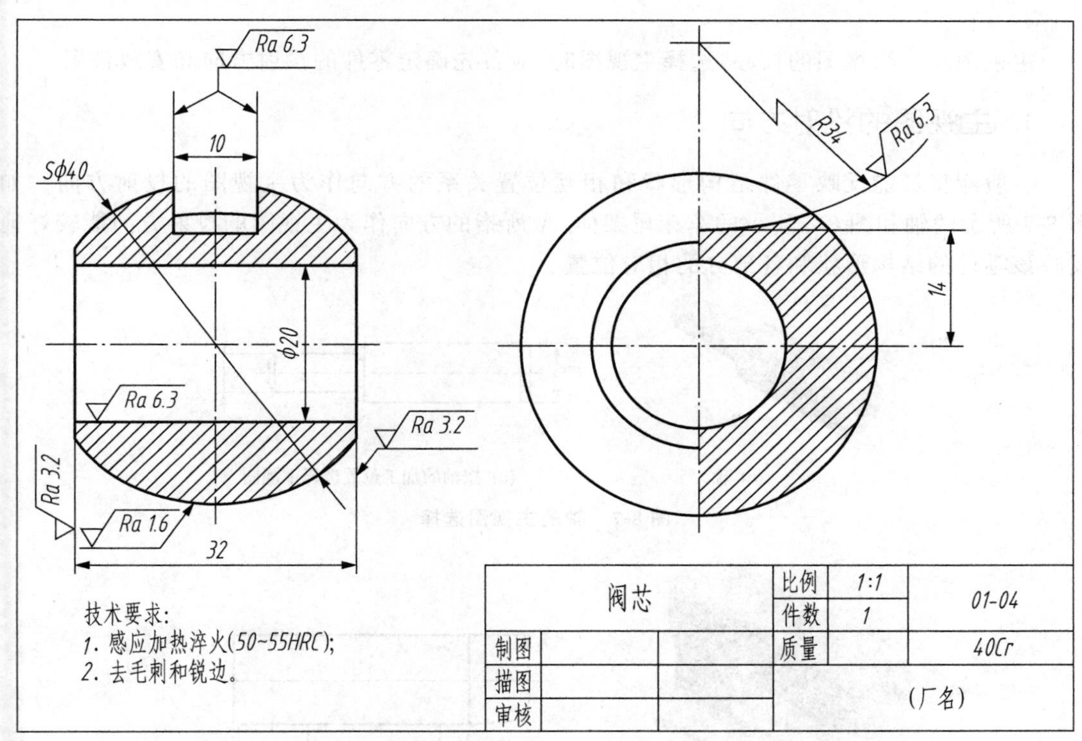

图 8-6　阀芯零件图

(3) 技术要求

用规定的符号、代号、标记和简要的文字将制造和检验零件时应达到的各项技术指标和要求。如图 8-6 中注出的表面粗糙度 Ra 为 6.3 μm、1.6 μm 等，以及技术要求“感应加热淬火(50～55HRC)”及去毛刺和锐边等。

(4) 标题栏

在图幅的右下角按标准格式画出标题栏，以填写零件的名称、材料、图样的编号、比例，以及设计、审核、批准人员的签名、日期等。

8.2　零件图的视图选择

8.2.1　主视图的选择

主视图是一组视图的核心，选择主视图时，应首先确定零件的投射方向和安放位置。

1. 主视图的投射方向

一般应将最能反映零件结构形状和相互位置关系的方向作为主视图的投射方向。如图 8-7 所示的轴和图 8-8 所示的车床尾架体，A 所指的方向作为主视图的投射方向能较好地反映该零件的结构形状和各部分的相对位置。

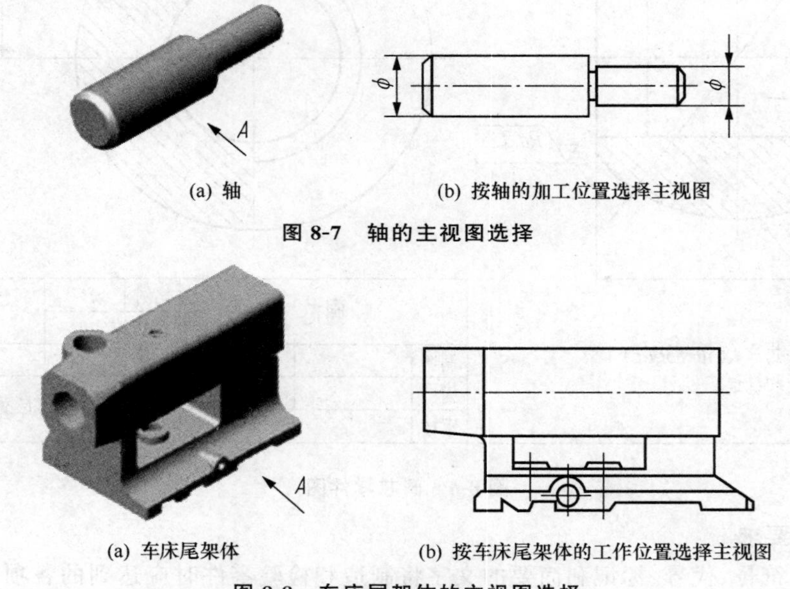

(a) 轴　　(b) 按轴的加工位置选择主视图

图 8-7　轴的主视图选择

(a) 车床尾架体　　(b) 按车床尾架体的工作位置选择主视图

图 8-8　车床尾架体的主视图选择

2. 确定零件的安放位置

应使主视图尽可能反映零件的主要加工位置或在机器中的工作位置。

(1) 零件的加工位置

它是指零件在主要加工工序中的装夹位置。主视图与加工位置一致主要是为了使制造者在加工零件时看图方便。如轴、套、轮盘等零件的主要加工工序是在车床或磨床上进行的，因此，这类零件的主视图应将其轴线水平放置。如图 8-7 所示的轴，A 向作为主视图时，能较好地反映零件的加工位置。

(2) 零件的工作位置

它是指零件在机器或部件中工作时的位置。如支座、箱体等零件，它们的结构形状比较复杂,加工工序较多,加工时的装夹位置经常变化,因此在画图时使这类零件的主视图与工作位置一致,可方便零件图与装配图直接对照。如图 8-8 所示的车床尾架体,*A* 向作为主视图投射方向时,能较好地反映零件工作位置。

8.2.2 其他视图的选择

主视图确定以后,要分析该零件在主视图上还有哪些尚未表达清楚的结构,对这些结构的表达,应以主视图为基础,选用其他视图并采用各种表达方法表达出来,使每个视图都有表达的重点,几个视图互为补充,共同完成零件结构形状的表达。在选择视图时,应优先选用基本视图和在基本视图上作适当绘制的剖视。在充分表达清楚零件结构形状的前提下,尽量减少视图数量,力求画图和读图简便。

8.2.3 典型零件的视图选择

1. 轴套类零件

轴套类零件主要是由大小不同的同轴回转体(如圆柱、圆锥)组成。通常以加工位置将轴线水平放置画出主视图来表达零件的主体结构,必要时再用局部剖视或其他辅助视图表达局部结构形状。如图 8-9 所示的轴,采取轴线水平放置的加工位置画出主视图,反映了轴的细长和台阶状的结构特点,各部分的相对位置和倒角、退刀槽、键槽等形状;采用局部剖视表达了上下的通孔;采用两个移出断面图和两个局部放大图,用来表达前后通孔、键槽的深度和退刀槽等局部结构。

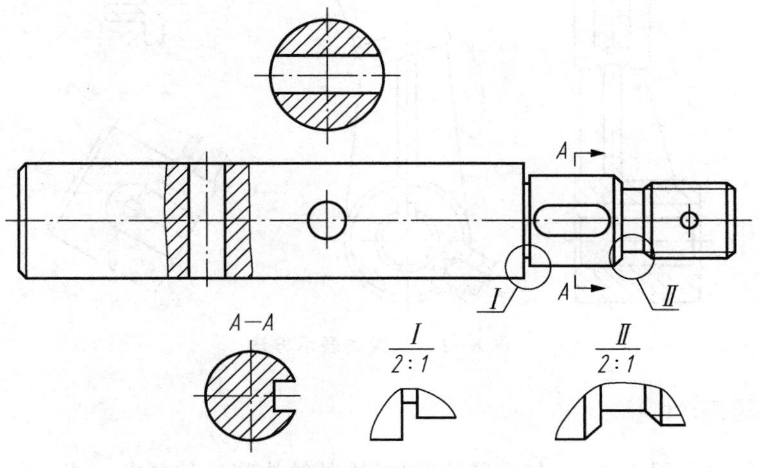

图 8-9 轴的表示方法

2. 轮盘类零件

轮盘类零件主要是由回转体或其他平板结构组成。零件主视图采取轴线水平放置或按工作位置放置。常采用两个基本视图表达,主视图采用全剖视图,另一视图则用来表达外形轮廓和各组成部分。如图 8-10 所示的法兰盘透盖,主视图按加工位置将轴线水平放置画出，主要表达零件的厚度和阶梯孔的结构；左视图主要表达外形、三个安装孔的分布及左右凸缘的形状。

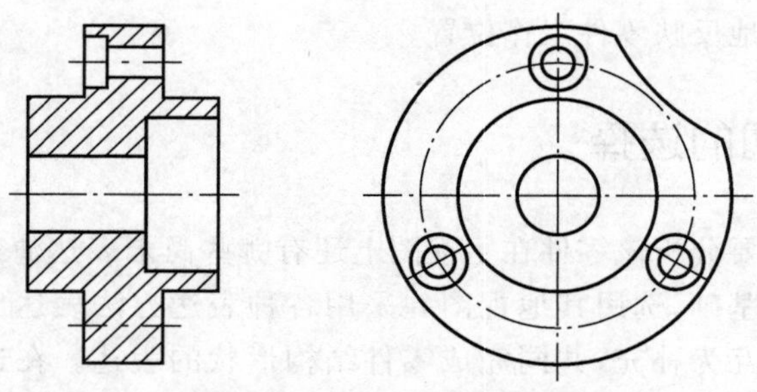

图 8-10　法兰盘的表示方法

3. 叉架类零件

叉架类零件的外形比较复杂，形状不规则，常带有弯曲和倾斜结构，也常有肋板、轴孔、耳板、底板等结构。局部结构常有油槽、油孔、螺孔和沉孔等。在选择主视图时，一般是在反映主要特征的前提下，按工作（安装）位置放置主视图。当工作位置是倾斜的或不固定时，可将其放正后画出主视图。表达叉架类零件通常需要两个或两个以上的基本视图，并多用局部剖视兼顾内外形状来表达。倾斜结构常用向视图、斜视图、旋转视图、局部视图、斜剖视图、断面图等来表达。如图 8-11 所示的叉架，采用主、左两个基本视图并作局部剖视，表达了主体结构形状，并采取 A 向斜视图和 $B—B$ 移出断面图分别表达圆筒上的拱形形状和肋板的断面形状。

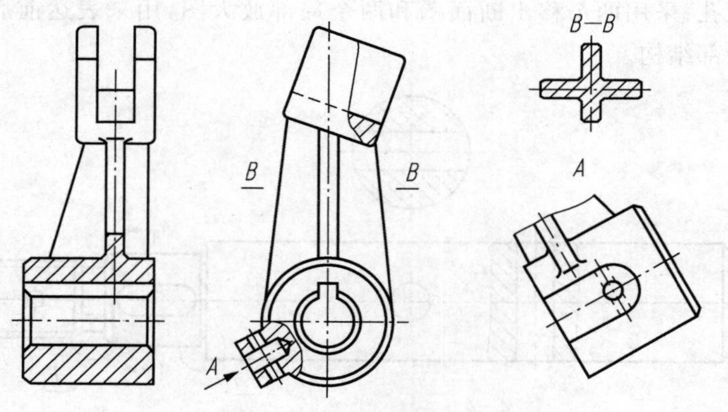

图 8-11　叉架的表示方法

4. 箱体类零件

箱体类零件主要用来支承、包容其他零件，内外结构都比较复杂。由于箱体在机器中的位置是固定的，因此，箱体的主视图经常按工作位置和形状特征来选择。为了清晰地表达内外形状结构，需要三个或三个以上的基本视图，并以适当的剖视来表达内部结构。如图 8-12 所示的泵体，主视图（见 $B—B$ 局部剖视图）按工作位置来选择，清楚地表达了泵体的内部结构及左、右端面螺纹孔和销孔的深度，而且明显地反映了泵体左、右各部分的相对位置。左视图进一步表达了泵体的内部形状以及左端面上螺纹和销孔的分布位置及大小，还采用局部剖视表达了进出油孔的大小及位置。右视图重点表达了泵体右端面凸台的形状。$A—A$

剖视反映了安装板的形状、沉孔的位置以及支撑板的端面形状。

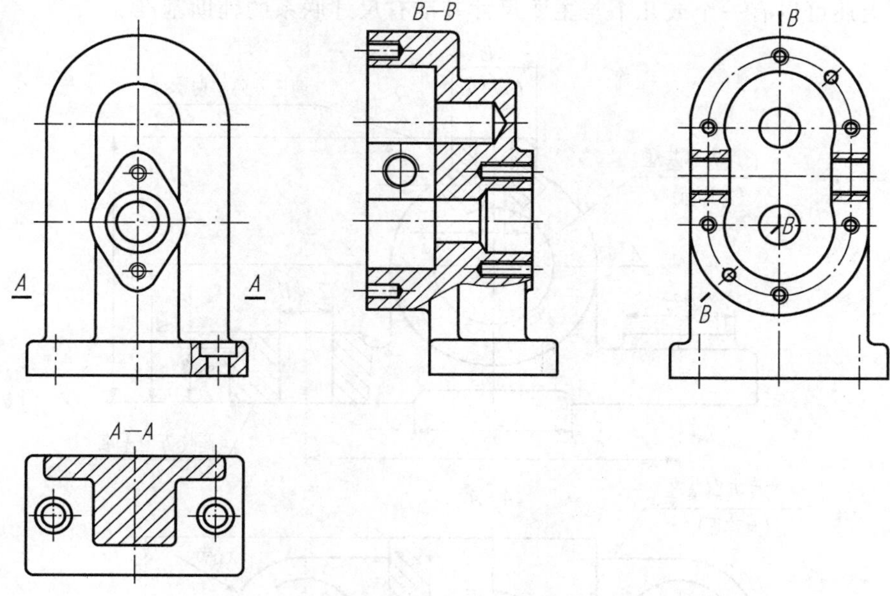

图 8-12　泵体的表示方法

8.3　零件图的尺寸标注

8.3.1　基本要求

零件上各部分的大小是按照图样上所标注的尺寸进行制造和检验的。零件图中的尺寸,不但要按前面的要求标注得正确、完整、清晰,而且必须标注得合理。所谓合理是指所标注的尺寸既符合零件的设计要求,又便于加工和检验(即满足工艺要求)。为了合理地标注尺寸,必须对零件进行结构分析、形体分析和工艺分析,根据分析先确定尺寸基准,然后选择合理的标注形式,结合零件的具体情况标注尺寸。本节将重点介绍标注尺寸的合理性问题。

8.3.2　尺寸基准的选择

尺寸基准一般选择零件上的一些面和线。面基准常选择零件上较大的加工面、与其他零件的结合面、零件的对称平面、重要端面和轴肩等。如图 8-13 所示的轴承座,高度方向的尺寸基准是安装面,也是最大的面;长度方向的尺寸以左右对称面为基准;宽度方向的尺寸以前后对称面为基准。线一般选择轴和孔的轴线、对称中心线等。如图 8-14 所示的轴,长度方向的尺寸以右端面为基准,并以轴线作为直径方向的尺寸基准,同时也是高度方向和宽度方向的尺寸基准。

由于每个零件都有长、宽、高三个方向尺寸，因此每个方向都有一个主要尺寸基准。在同一方向上还可以有一个或几个与主要尺寸基准有尺寸联系的辅助基准。

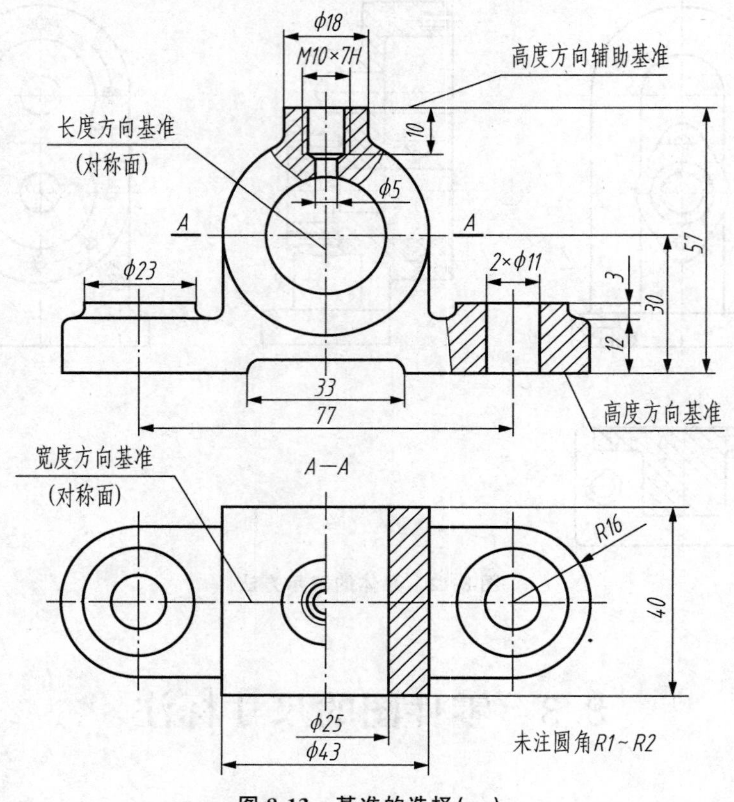

图 8-13　基准的选择(一)

按用途基准可分为设计基准和工艺基准。设计基准是以面或线来确定零件在部件中准确位置的基准；工艺基准是为便于加工和测量而选定的基准。如图 8-13 所示，轴承座的底面为高度方向的尺寸基准，也是设计基准，由此标注中心孔的高度 30 和总高 57，再以顶面作为高度方向的辅助基准(也是工艺基准)，标注顶面上螺孔的深度尺寸 10。如图 8-14 所示的轴，以轴线作为径向(高度和宽度)尺寸的设计基准，由此标注出所有直径尺寸。轴的右端为长度方向的设计基准(主要基准)，由此可以标注出 55、160、185、5、45，再以轴肩作为辅助基准(工艺基准)，标注 2、30、38、7 等尺寸。

8.3.3　合理标注尺寸应注意的问题

1. 主要尺寸必须直接注出

主要尺寸是指直接影响零件在机器或部件中的工作性能和准确位置的尺寸，如零件间的配合尺寸、重要的安装尺寸、定位尺寸等。如图 8-15(a)所示的轴承座，轴承孔的中心高 h_1 和安装孔的间距尺寸 L_1 必须直接注出，而不应采取图 8-15(b)所示，其主要尺寸 h_1 和 L_1 没有直接注出，而需通过其他尺寸 h_2、h_3 和 L_2、L_3 间接计算得到，从而造成尺寸误差的积累。

2. 避免出现封闭尺寸链

一组首尾相连的链状尺寸称为尺寸链，如图 8-16(a)所示的阶梯轴上标注的长度尺寸 D、B、C。组成尺寸链的各个尺寸称为组成环，未注尺寸的一环称为开口环。在标注尺寸时，应尽量避免出现图 8-16(b)所示标注成封闭尺寸链的情况。因为长度方向尺寸 A、B、C 首尾相连，每个组成环的尺寸在加工后都会产生误差，则尺寸 D 的误差为三个尺寸误差的总和，无法满足设计要求。所以，应选一个次要尺寸空出不注，使所有尺寸误差积累到这一段，以保证主要尺寸的精度。图 8-16(a)中没有标注出尺寸 A，避免了封闭尺寸链的情况。

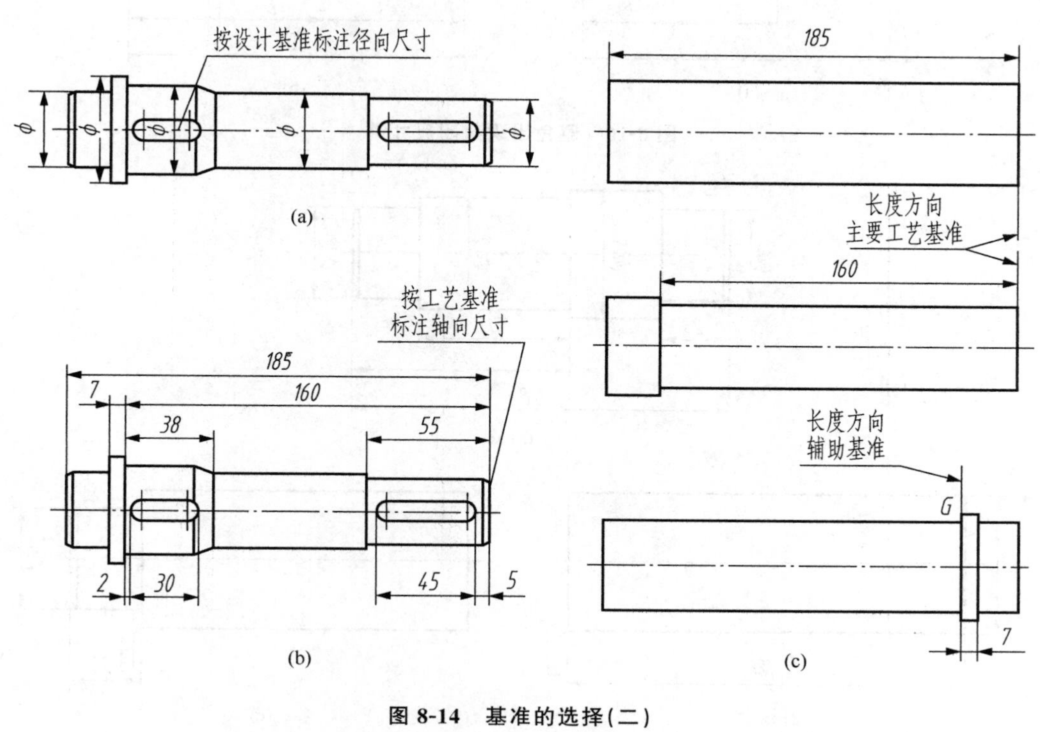

图 8-14 基准的选择(二)

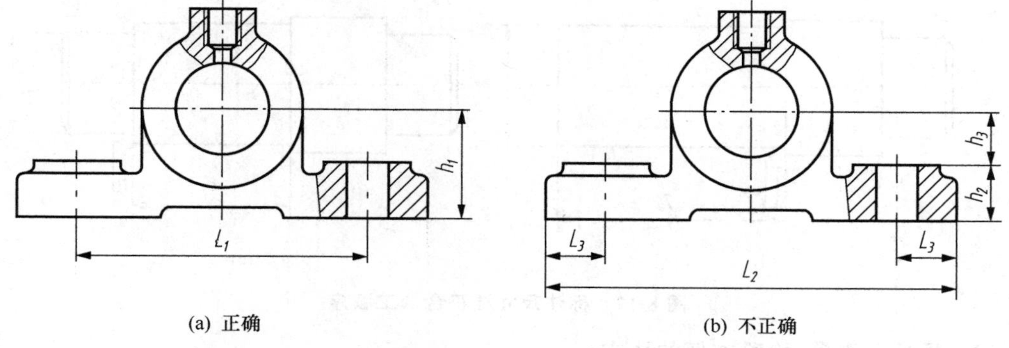

图 8-15 主要尺寸要直接注出

3. 标注尺寸要便于加工和测量

(1) 要符合加工顺序的要求

图 8-17(a)所示的小轴，长度方向尺寸的标注符合加工顺序。从图 8-17(b)～(e)所示的小轴在车床上的加工顺序可以看出，每一加工工序都在图中直接标注出了所需尺寸(图中尺寸 51 为设计要求的主要尺寸)。

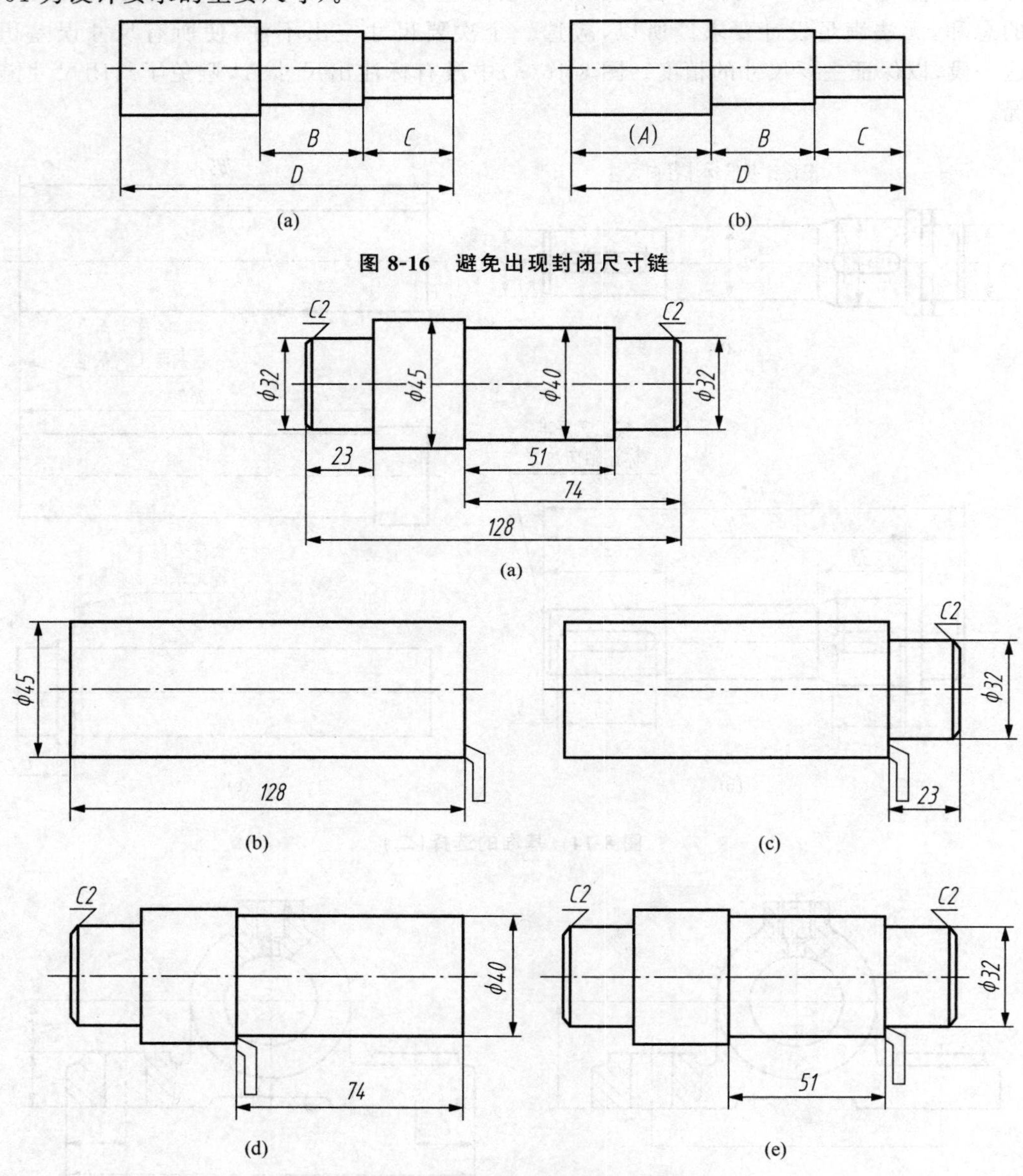

图 8-16　避免出现封闭尺寸链

图 8-17　标注尺寸要符合加工顺序

(2) 要符合测量、检验方便的要求

图 8-18 所示是常见的几种断面形状。图 8-18(a)中标注的尺寸便于测量和检验，而图 8-18(b)中标注的尺寸不便于测量。同样，图 8-19(a)中所示的套筒中所标注的长度尺寸便于测量，图 8-19(b)所示的尺寸则不便于测量。

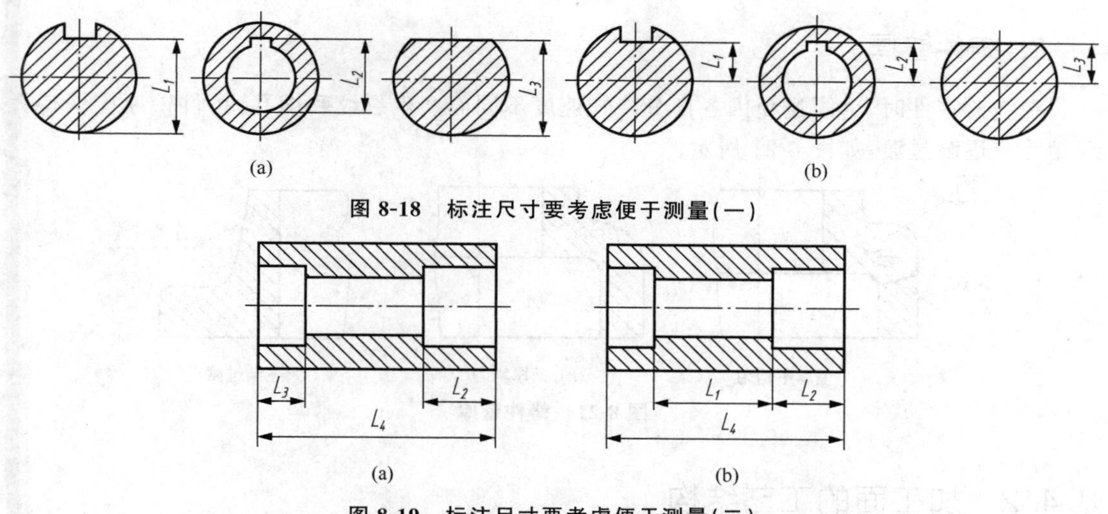

图 8-18 标注尺寸要考虑便于测量(一)

图 8-19 标注尺寸要考虑便于测量(二)

8.4 零件的结构工艺性

8.4.1 铸造零件的工艺结构

1. 起模斜度

用铸造的方法制造零件的毛坯时,为了将模型从砂型中顺利取出来,常在模型起模方向设计成 1∶20 的斜度,这个斜度称为起模斜度,如图 8-20(a)所示。起模斜度在图样上一般不画出,也不予标注,如图 8-20(b)、(c)所示。必要时,可以在技术要求中用文字说明。

2. 铸造圆角

在铸造毛坯各表面的相交处,做出铸造圆角,如图 8-20(b)、(c)所示。这样,既方便起模,又能防止浇铸铁水时将砂型转角处冲坏,还可避免铸件在冷却时在转角处产生裂纹和缩孔。铸造圆角在图样上一般不予标注,常集中注写在技术要求中。

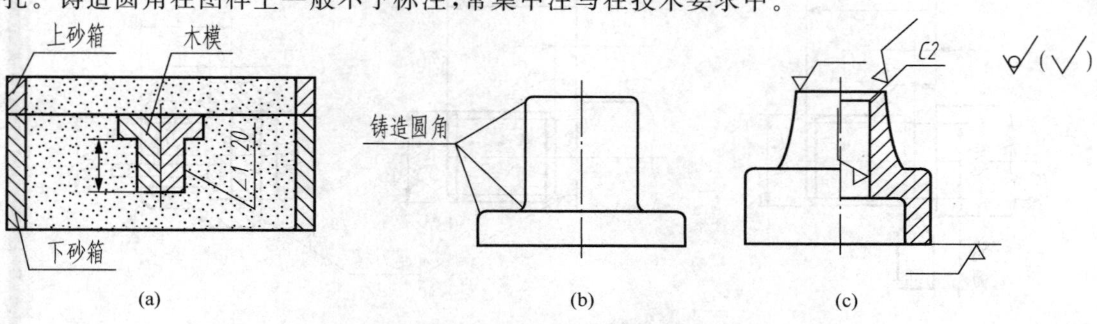

图 8-20 起模斜度和铸造圆角

3. 铸件壁厚

在浇铸零件时，为了避免因各部分冷却速度不同而产生裂纹和缩孔，铸件壁厚应保持大致相等或逐渐过渡，如图 8-21 所示。

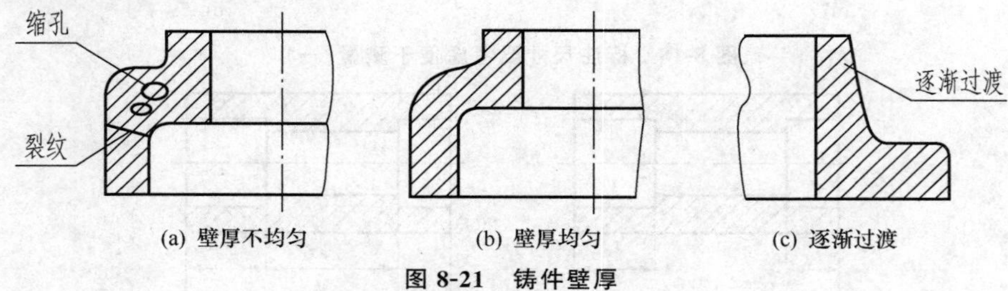

(a) 壁厚不均匀　(b) 壁厚均匀　(c) 逐渐过渡

图 8-21　铸件壁厚

8.4.2　加工面的工艺结构

1. 倒角和倒圆

为了去除零件的毛刺、锐边和便于装配，在轴和孔的端部，一般都加工成 45°或 30°、60°倒角，如图 8-22(a)、(b)所示。为了避免因应力集中而产生裂纹，在轴肩处通常加工成圆角，称为倒圆，如图 8-22(c)所示。倒角和倒圆的尺寸系列可从相关标准中查得。

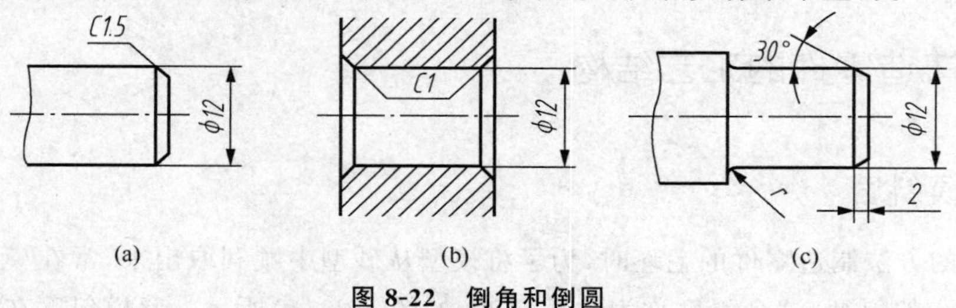

(a)　(b)　(c)

图 8-22　倒角和倒圆

2. 退刀槽和砂轮越程槽

在车削和磨削中，为了便于退出刀具或使砂轮可以稍稍越过加工面，通常在零件待加工表面的末端，先车出退刀槽和砂轮越程槽，如图 8-23 所示。退刀槽和砂轮越程槽的尺寸系列可从相关标准中查得。

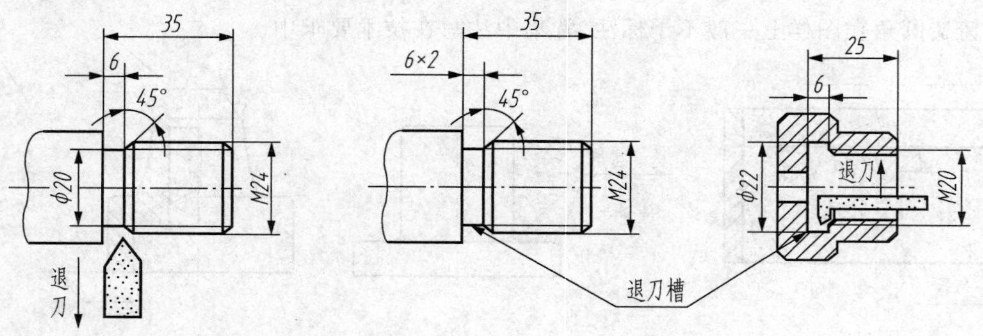

图 8-23　退刀槽和砂轮越程槽

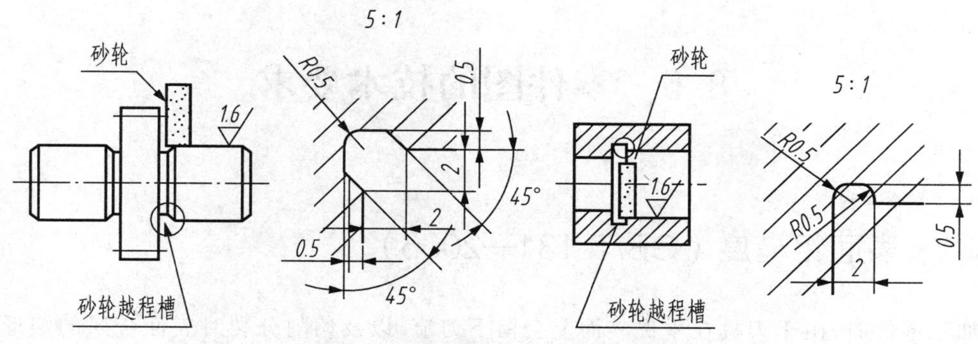

图 8-23　退刀槽和砂轮越程槽(续)

3. 凸台和凹坑

为保证配合面接触良好，减少切削加工面积，通常在铸件上设计出凸台和凹坑，如图 8-24所示。

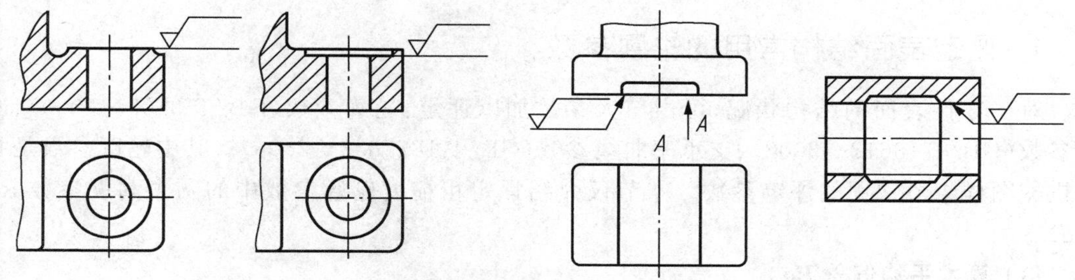

图 8-24　凸台和凹坑

4. 钻孔结构

钻孔时，钻头的轴线应尽量垂直于被加工的表面，否则会使钻头弯曲，甚至折断。对于零件上的倾斜面，可设置凸台或凹坑。钻头钻孔处的结构也要设置凸台使孔完整，避免钻头因单边受力而折断，如图 8-25 所示。

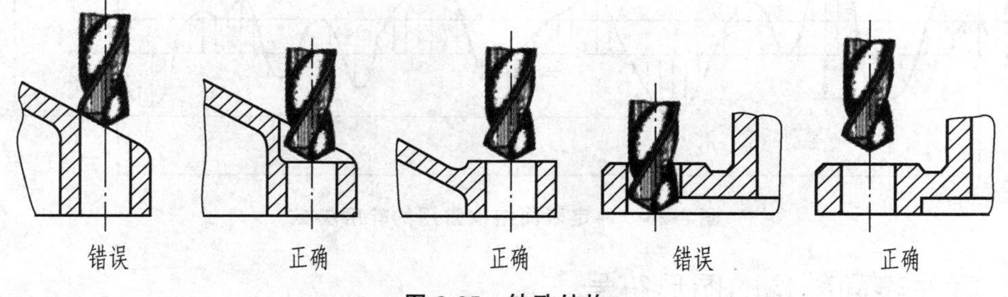

图 8-25　钻孔结构

8.5 零件图的技术要求

8.5.1 表面粗糙度（GB/T 131—2006）

加工零件时，由于刀具在零件表面上会留下刀痕，以及切削分裂时表面金属的塑形变形等，使零件表面存在着间距较小的轮廓峰谷。这种表面上具有较小间距的峰谷所形成的微观几何形状特性，称为表面粗糙度。机器设备对零件各个表面的要求不一样，如配合性质、耐磨性、抗腐蚀性、密封性、外观要求等，因此对零件表面的粗糙度要求也不同。一般说来，凡零件上有配合要求或有相对运动的表面，表面粗糙度参考值小。因此，应在满足零件表面功能的前提下，合理选用表面粗糙度参数。

1. 评定表面结构常用的轮廓参数

对于零件表面的结构状况，可由三大参数加以评定：轮廓参数（GB/T 3505—2000）、图形参数（GB/T 18618—2002）、支承率曲线参数（GB/T 18778.3—2006）。其中轮廓参数是我国机械图样中最常用的评定参数。本节仅介绍评定粗糙度轮廓参数中的两个高度参数 Ra 和 Rz。

（1）算术平均偏差 *Ra*

它是指在一个取样长度内纵坐标值 $Z(X)$ 绝对值的算术平均值，如图 8-26 所示。

（2）轮廓最大高度 *Rz*

它是指在同一个取样长度内最大轮廓峰高和最大轮廓谷深之和的高度，如图 8-26 所示。

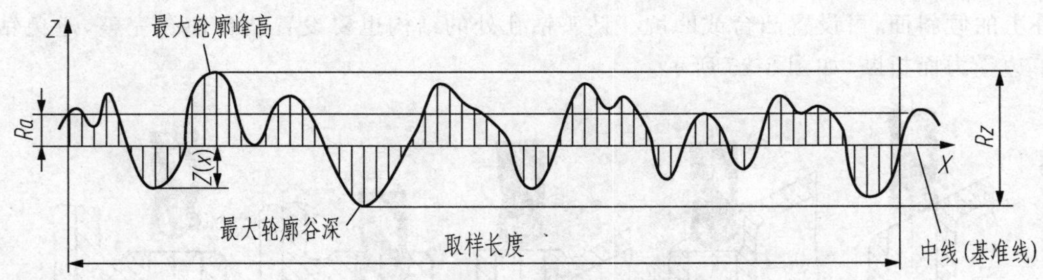

图 8-26　评定表面结构常用的轮廓参数

2. 标注表面结构的图形符号

标注表面结构要求的图形符号种类、名称、尺寸及含义如表 8-1 所示。

3. 表面结构代号

表面结构符号中注写了具体参数代号及数值等补充要求后即称为表面结构代号。

表 8-1　表面结构符号

符号名称	符　号	含　义
基本图形符号	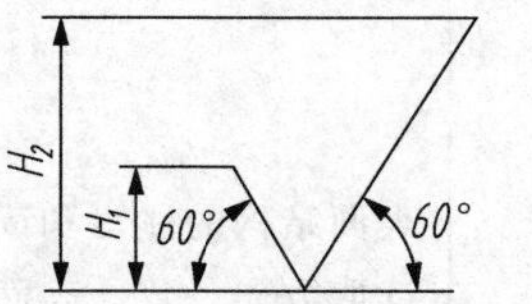 $d'=0.35$ mm （d'—符号线宽） $H_1=3.5$ mm $H_2=7$ mm	未指定工艺的表面，当通过一个注释时可单独使用
扩展图形符号		用去除材料方法获得的表面；仅当其含义是“被加工表面”时可单独使用
		不去除材料的表面，也可用于表示保持上道工序形成的表面，不管这种情况是否去除材料
完整图形符号	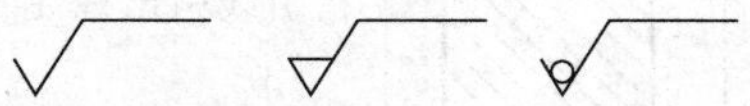	在以上各种符号的长边上加一横线，以便注写对表面结构的各种要求

4. 表面结构表示法在图样中的注法

表面结构要求对每个表面只标注一次，并尽可能标注在相应的尺寸及其公差的同一视图上。除非另有说明，所标注的表面结构要求是对完工零件表面的要求，如表 8-2 所示。

表 8-2　表面结构表示法在图样中的注法

图　例	说　明
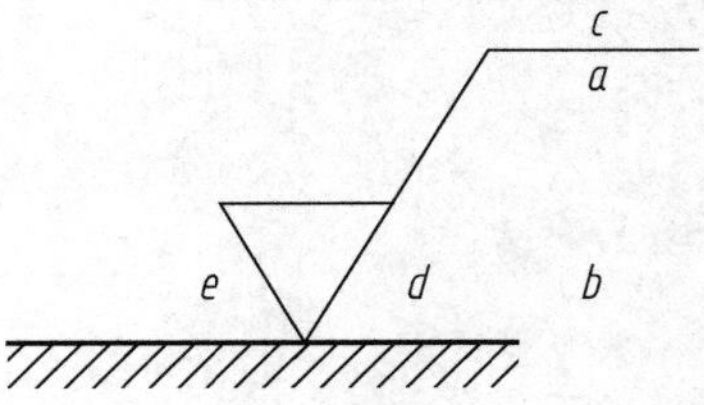 c a e　d　b	为了表示表面结构的要求，除了标注表面结构参数和数值外，必要时应标注补充要求，包括传输带、取样长度、加工工艺、加工余量等。这些要求在图形符号中的注写位置： a—注写第一表面结构要求 b—注写第二表面结构要求 c—注写加工方法，如“车”“磨”等 d—注写表面纹理方向，如“=”“m”“x” e—注写加工余量
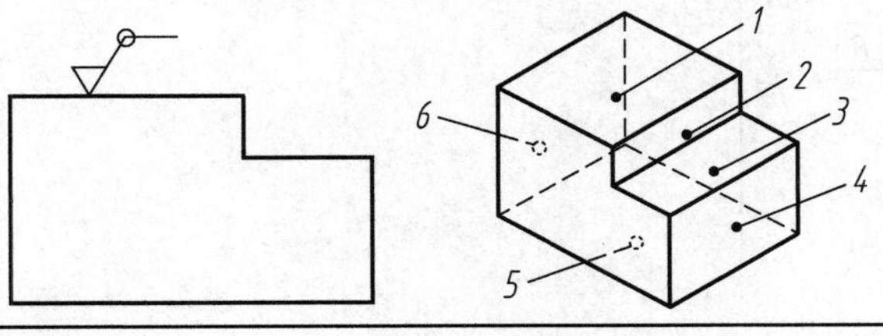 1　2　3　4　5　6	当在图样某个视图上构成封闭轮廓的各表面有相同的表面结构要求时，在完整图形符号上加一圆圈，标注在图样中工件的封闭轮廓线上

续表

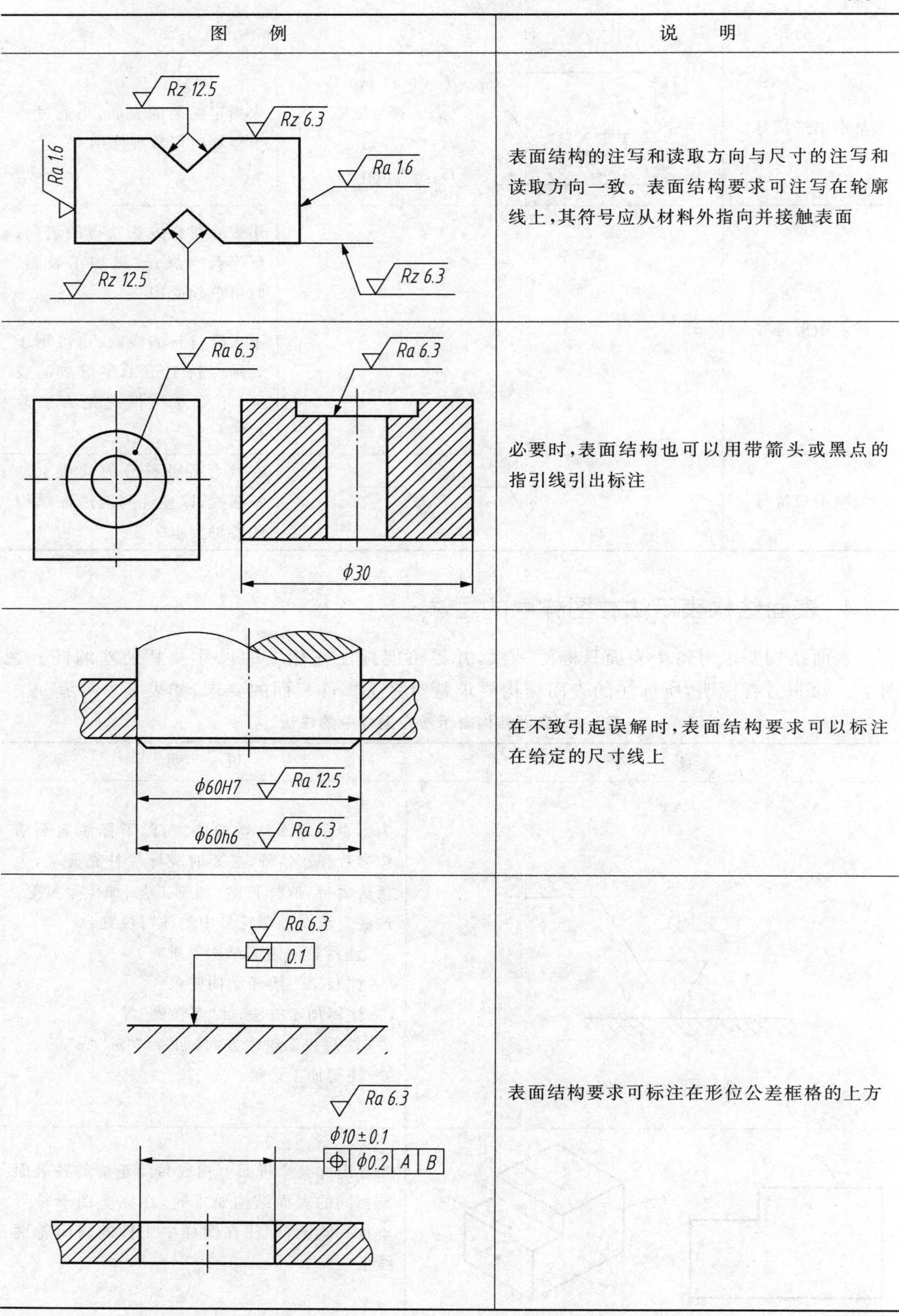

图例	说明
Rz 12.5, Rz 6.3, Ra 1.6, Ra 1.6, Rz 12.5, Rz 6.3	表面结构的注写和读取方向与尺寸的注写和读取方向一致。表面结构要求可注写在轮廓线上，其符号应从材料外指向并接触表面
Ra 6.3, Ra 6.3, ϕ30	必要时，表面结构也可以用带箭头或黑点的指引线引出标注
ϕ60H7 Ra 12.5, ϕ60h6 Ra 6.3	在不致引起误解时，表面结构要求可以标注在给定的尺寸线上
Ra 6.3, 0.1; Ra 6.3, ϕ10±0.1, ϕ0.2 A B	表面结构要求可标注在形位公差框格的上方

续表

图 例	说 明
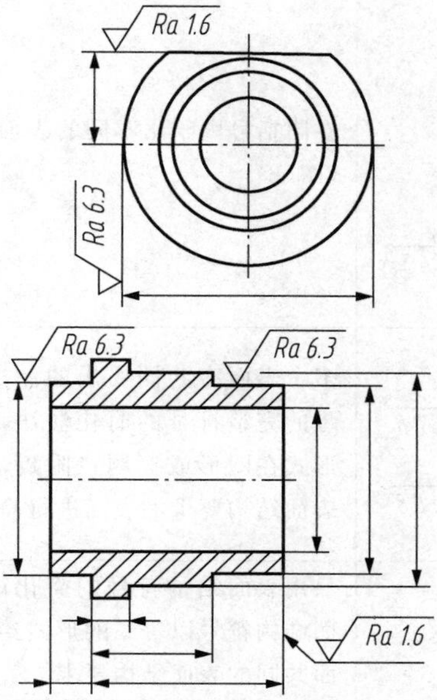	圆柱和棱柱表面的表面结构要求只标注一次
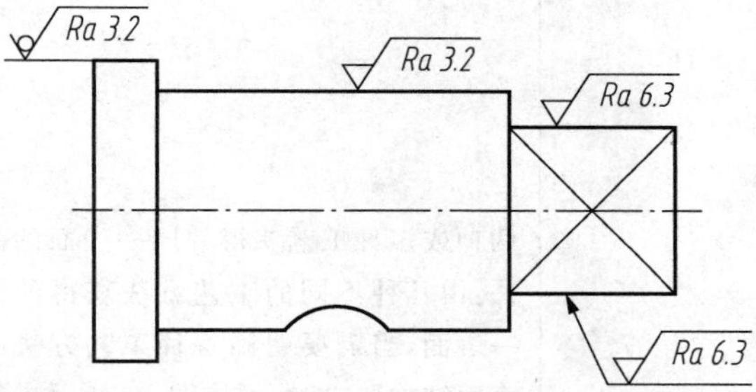	如果每个棱柱表面有不同的表面要求，则应分别单独标注

5. 表面结构要求在图样中的简化注法

有相同表面结构要求的简化注法如表 8-3 所示。

表 8-3 有相同表面结构要求的简化注法

<table>
<tr><th>图 例</th><th>说 明</th></tr>
<tr><td>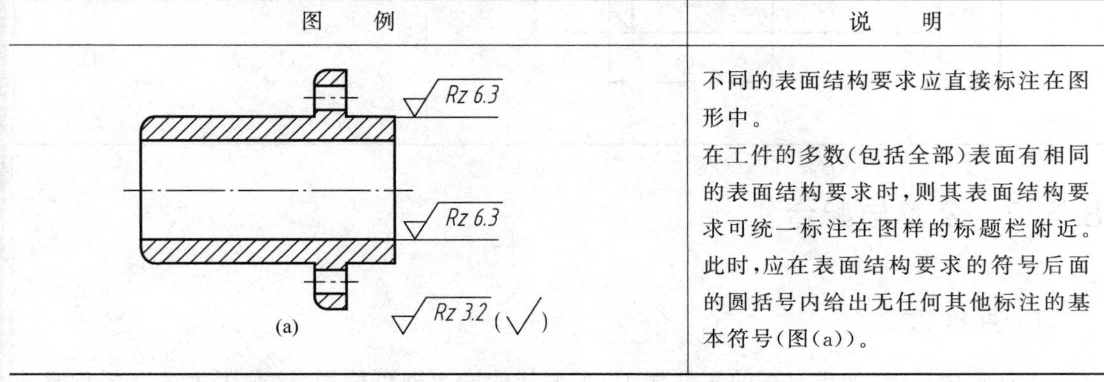
</td><td>不同的表面结构要求应直接标注在图形中。
在工件的多数(包括全部)表面有相同的表面结构要求时，则其表面结构要求可统一标注在图样的标题栏附近。此时，应在表面结构要求的符号后面的圆括号内给出无任何其他标注的基本符号(图(a))。</td></tr>
</table>

续表

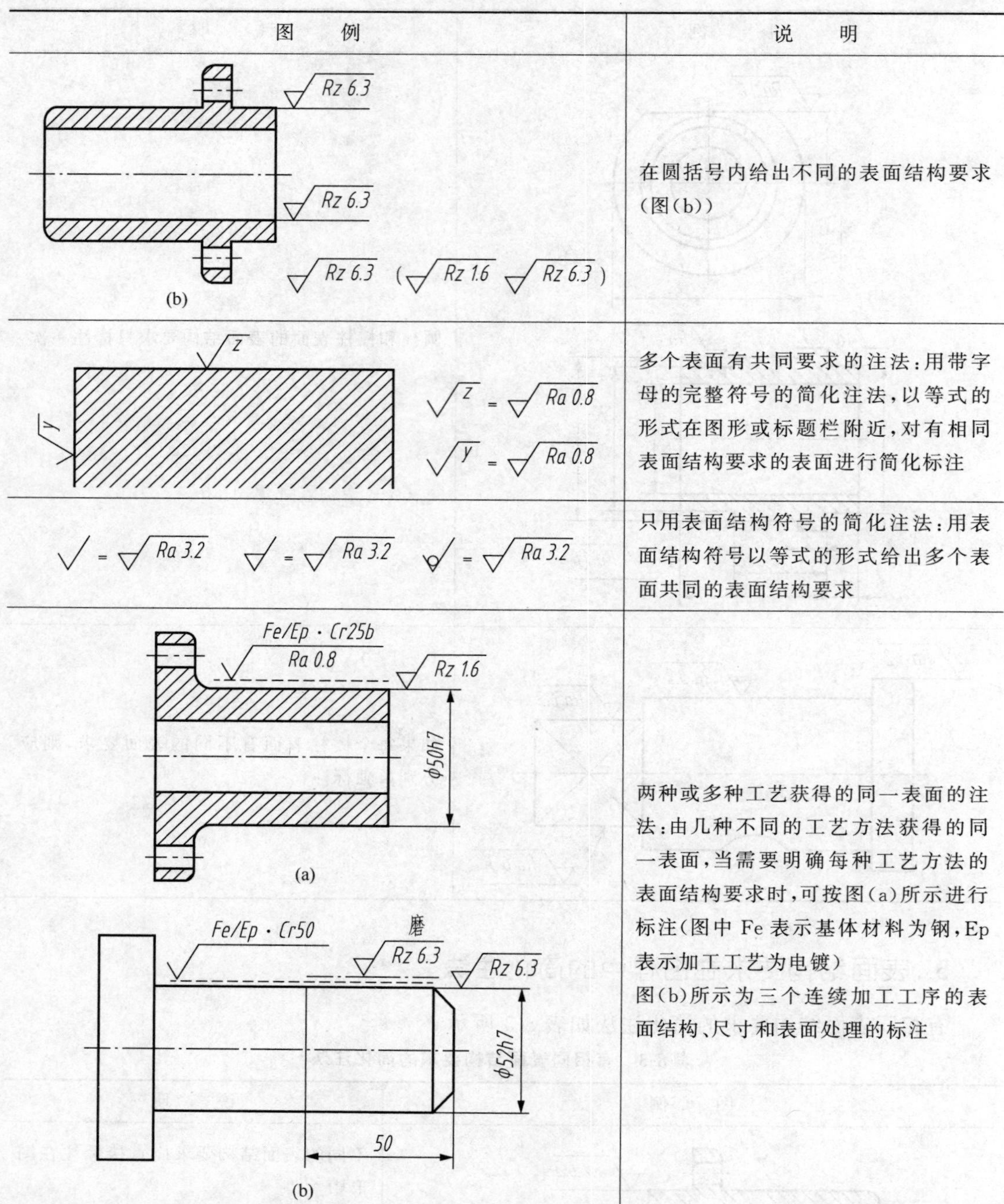

图　例	说　明
(b)	在圆括号内给出不同的表面结构要求(图(b))
	多个表面有共同要求的注法:用带字母的完整符号的简化注法,以等式的形式在图形或标题栏附近,对有相同表面结构要求的表面进行简化标注
	只用表面结构符号的简化注法:用表面结构符号以等式的形式给出多个表面共同的表面结构要求
(a) (b)	两种或多种工艺获得的同一表面的注法:由几种不同的工艺方法获得的同一表面,当需要明确每种工艺方法的表面结构要求时,可按图(a)所示进行标注(图中 Fe 表示基体材料为钢,Ep 表示加工工艺为电镀) 图(b)所示为三个连续加工工序的表面结构、尺寸和表面处理的标注

8.5.2　公差与配合

1. 互换性

在日常生活中,如果汽车的零件坏了,买个新的换上即可使用,这是因为这些零件具有互换性。从一批相同的零件中任取一件,不经修配就能装配使用,并能保证使用性能,零件的这种性质称为互换性。零件具有互换性,不但给装配、修理机器带来方便,还有助于提高产品数量和质量,同时降低产品的成本。要实现零件的互换性,要求有配合关系的尺寸在一个允许的范围内变动,并且在制造上是经济合理的。公差配合制度是实现互换性的重要基础。

2. 公差的基本术语和定义

在加工过程中,不可能把零件的尺寸做得绝对准确。为了保证互换性,必须将零件尺寸的加工误差限制在一定的范围内,规定出加工尺寸的可变动量,这种规定的实际尺寸允许的变动量称为公差。下面以图 8-27 为例来说明公差的有关术语。

(1) 基本尺寸

基本尺寸是根据零件强度、结构和工艺性要求,设计确定的尺寸。

(2) 实际尺寸

实际尺寸是通过测量所得到的尺寸。

(3) 极限尺寸

极限尺寸是允许尺寸变化的两个界限值。它以基本尺寸为基数来确定。两个界限值中较大的一个称为最大极限尺寸,较小的一个称为最小极限尺寸。

(4) 尺寸偏差(简称偏差)

尺寸偏差是某一尺寸减去相应的基本尺寸所得的代数差。尺寸偏差有:

上偏差=最大极限尺寸-基本尺寸

下偏差=最小极限尺寸-基本尺寸

上、下偏差统称极限偏差。上、下偏差可以是正值、负值或零。国家标准规定:孔的上偏差代号为 ES,孔的下偏差代号为 EI;轴的上偏差代号为 es,轴的下偏差代号为 ei。

(5) 尺寸公差(简称公差)

尺寸公差是允许实际尺寸的变动量。

尺寸公差=最大极限尺寸-最小极限尺寸=上偏差-下偏差

因为最大极限尺寸总是大于最小极限尺寸,所以尺寸公差一定为正值。

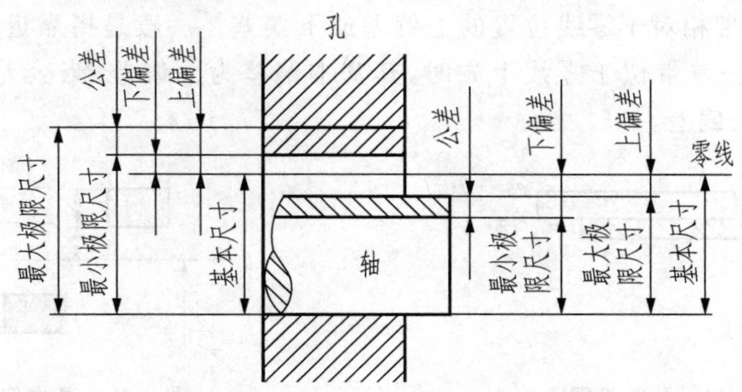

图 8-27 公差与配合示意图

例如:某一孔的尺寸为 $\phi30\pm0.01$,那么

基本尺寸 $=\phi30$

最大极限尺寸 $=\phi30.010$

最小极限尺寸＝ϕ29.990

上偏差 ES＝最大极限尺寸－基本尺寸

＝30.010－30＝＋0.010

下偏差 EI＝最小极限尺寸－基本尺寸

＝29.990－30＝－0.010

公差＝最大极限尺寸－最小极限尺寸

＝3.010－29.990＝0.020

＝ES－EI＝＋0.010－(－0.010)＝0.020

如果实际尺寸在 ϕ30.010 与 ϕ29.990 之间,即为合格。

(6) 零线、公差带和公差带图

如图 8-28 所示,零线是在公差带图中用以确定偏差的一条基准线,即零偏差线。通常零线表示基本尺寸。在零线左端标上"0""＋""－"号,零线上方偏差为正,零线下方偏差为负。公差带是由代表上、下偏差的两条直线所限定的一个区域,公差带的区域宽度和位置是构成公差带的两个要素。为了简便地说明上述术语及其相互关系,在实际中一般以公差带图表示。公差带图是以放大图形式画出方框,注出零线,方框宽度表示公差值大小,方框长度可根据需要任意确定。为区别轴和孔的公差带,一般用斜线表示孔的公差带,用点表示轴的公差带。

3. 标准公差和基本偏差

(1) 标准公差

标准公差是国家标准所列的以确定公差带大小的任一公差。标准公差等级是确定尺寸精确程度的等级。标准公差分 20 个等级,即 IT01、IT0、IT1～18,阿拉伯数字表示标准公差等级,其中 IT01 级最高,等级依次降低,IT18 级最低。对于一定的基本尺寸,标准公差等级愈高,标准公差值愈小,尺寸的精确度愈高。国家标准将 500 mm 以内的基本尺寸范围分成 13 段,按不同的标准公差等级列出了各段基本尺寸的标准公差值,如表 8-4 所示。

(2) 基本偏差

用以确定公差带相对于零线位置的上偏差或下偏差。一般是指靠近零线的那个偏差,如图 8-29 所示,当公差带位于零线上方时,其基本偏差为下偏差,当公差带位于零线下方时,其基本偏差为上偏差。

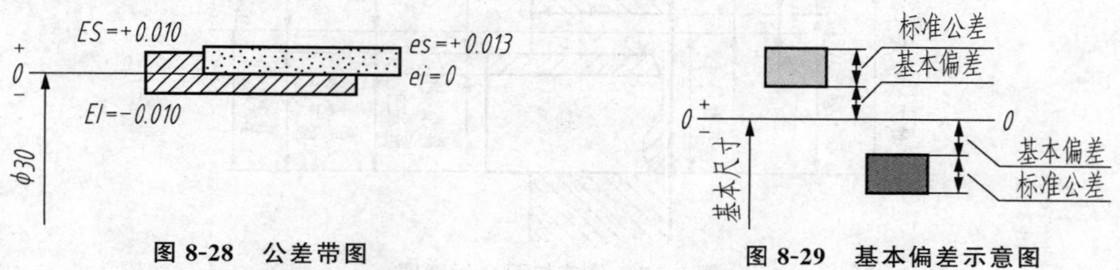

图 8-28　公差带图　　　图 8-29　基本偏差示意图

国家标准对孔和轴分别规定了 28 种基本偏差,孔的基本偏差用大写的拉丁字母表示,轴的基本偏差用小写的拉丁字母表示,如图 8-30 所示。

从基本偏差系列示意图中可以看出,孔的基本偏差从 A～H 为下偏差,从 J～ZC 为上偏差;轴的基本偏差从 a～h 为上偏差,从 j～zc 为下偏差。JS 和 js 没有基本偏差,其上、下偏差

表 8-4　标准公差数值(摘自 GB/T 1800.1—2020)

公称尺寸(mm)		标准公差等级																	
		IT1	IT2	IT3	IT4	IT5	IT6	IT7	IT8	IT9	IT10	IT11	IT12	IT13	IT14	IT15	IT16	IT17	IT18
大于	至	μm											mm						
—	3	0.8	1.2	2	3	4	6	10	14	25	40	60	0.1	0.14	0.25	0.4	0.6	1	1.4
3	6	1	1.5	2.5	4	5	8	12	18	30	48	75	0.12	0.18	0.3	0.48	0.75	1.2	1.8
6	10	1	1.5	2.5	4	6	9	15	22	36	58	90	0.15	0.22	0.36	0.58	0.9	1.5	2.2
10	18	1.2	2	3	5	8	11	18	27	43	70	110	0.18	0.27	0.43	0.7	1.1	1.8	2.7
18	30	1.5	2.5	4	6	9	13	21	33	52	84	130	0.21	0.33	0.52	0.84	1.3	2.1	3.3
30	50	1.5	2.5	4	7	11	16	25	39	62	100	160	0.25	0.39	0.62	1	1.6	2.5	3.9
50	80	2	3	5	8	13	19	30	46	74	120	190	0.3	0.46	0.74	1.2	1.9	3	4.6
80	120	2.5	4	6	10	15	22	35	54	87	140	220	0.35	0.54	0.87	1.4	2.2	3.5	5.4
120	180	3.5	5	8	12	18	25	40	63	100	160	250	0.4	0.63	1	1.6	2.5	4	6.3
180	250	4.5	7	10	14	20	29	46	72	115	185	290	0.46	0.72	1.15	1.85	2.9	4.6	7.2
250	315	6	8	12	16	23	32	52	81	130	210	320	0.52	0.81	1.3	2.1	3.2	5.2	8.1
315	400	7	9	13	18	25	36	57	89	140	230	360	0.57	0.89	1.4	2.3	3.6	5.7	8.9
400	500	8	10	15	20	27	40	63	97	155	250	400	0.63	0.97	1.55	2.5	4	6.3	9.7
500	630	9	11	16	22	32	44	70	110	175	280	440	0.7	1.1	1.75	2.8	4.4	7	11

相对零线对称,分别是+IT/2、−IT/2。基本偏差系列示意图只表示公差带的位置,不表示公差带的大小,公差带开口的一端由标准公差确定。

当基本偏差和标准公差等级确定了,孔和轴的公差带大小和位置及配合类别随之确定。基本偏差和标准公差的计算式如下:

$$ES = EI - IT \quad 或 \quad EI = ES - IT$$

$$ei = es - IT \quad 或 \quad es = ei - IT$$

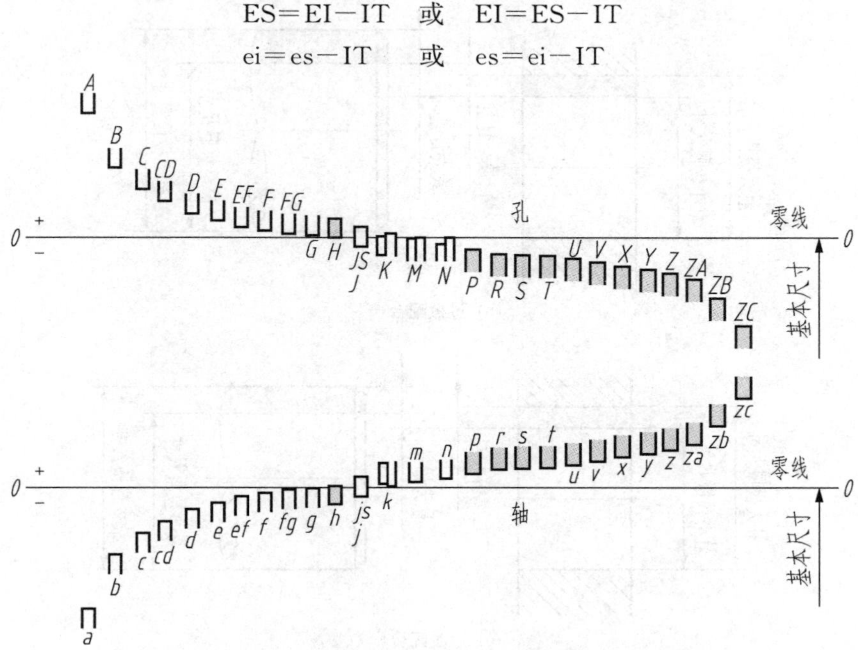

图 8-30　基本偏差系列

(3) 公差带代号

孔和轴的公差带代号由表示基本偏差代号和表示公差等级的数字组成。如：ϕ50H8 中 H8 为孔的公差带代号，由孔的基本偏差代号 H 和公差等级代号 8 组成；ϕ50f7 中 f7 为轴的公差带代号，由轴的基本偏差代号 f 和公差等级代号 7 组成。

4. 配合的基本概念和种类

在机器装配中，基本尺寸相同的相互配合在一起的孔和轴公差带之间的关系称为配合。由于孔和轴的实际尺寸不同，装配后可能产生间隙和过盈。在孔与轴的配合中，孔的尺寸减去轴的尺寸所得的代数差为正值时为间隙，为负值时为过盈。

配合种类：配合按其出现的间隙和过盈不同，分为以下三类：

(1) 间隙配合

孔的公差带在轴的公差带之上，任取一对孔和轴相配合都产生间隙（包括最小间隙为零）的配合，称为间隙配合，如图 8-31(a)所示。

(2) 过盈配合

孔的公差带在轴的公差带之下，任取一对孔和轴相配合都产生过盈（包括最小过盈为

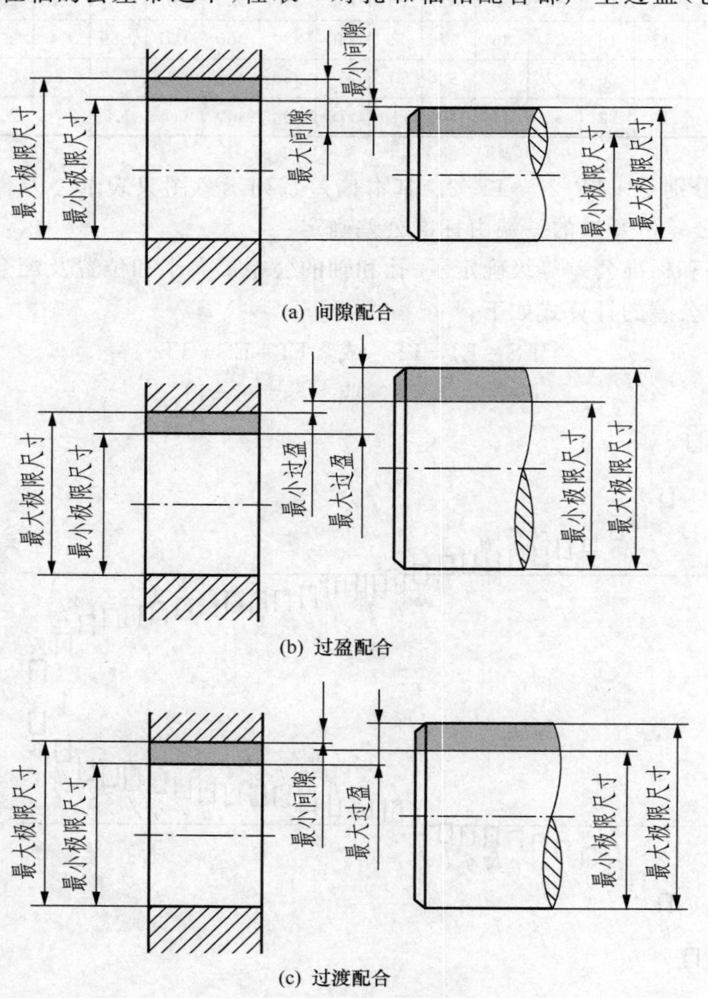

(a) 间隙配合

(b) 过盈配合

(c) 过渡配合

图 8-31 三种类型配合

零)的配合,称为过盈配合,如图 8-31(b)所示。

(3) 过渡配合

孔的公差带与轴的公差带相互重叠,任取一对孔和轴相配合,可能产生间隙,也可能产生过盈的配合,称为过渡配合, 如图 8-31(c)所示。

5. 配合制度

当基本尺寸确定后,如果孔和轴的极限偏差都任意变动,将不便于设计和加工。因此,国家标准规定了基准制,包括基孔制和基轴制两种配合制度。

(1) 基孔制

基孔制是基本偏差为一定的孔的公差带与不同基本偏差的轴的公差带形成的各种配合的一种制度。基孔制配合的孔称为基准孔,其基本偏差代号为"H",下偏差为零,即它最小极限尺寸等于基本尺寸。图 8-32 所示为采用基孔制配合所得到的各种配合。

在基孔制中,基准孔 H 与轴配合,a～h(共 11 种)用于间隙配合;j～n(共 5 种)主要用于过渡配合;p～zc(共 12 种)主要用于过盈配合。

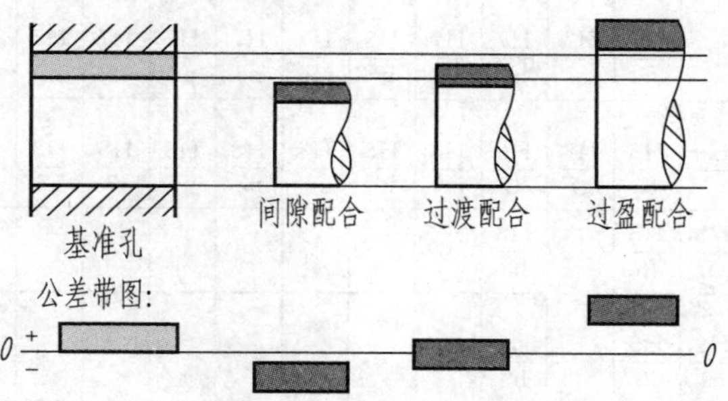

图 8-32　基孔制配合示意图

(2) 基轴制

基轴制是基本偏差为一定的轴的公差带与不同基本偏差的孔的公差带形成的各种配合的一种制度。基轴制配合的轴称为基准轴,其基本偏差代号为"h",上偏差为零,即它的最大极限尺寸等于基本尺寸。图 8-33 所示为采用基轴制配合所得到的各种配合。

在基轴制中,基准轴 H 与孔配合,A～H(共 11 种)用于间隙配合;J～N(共 5 种)主要用于过渡配合;P～ZC(共 12 种)主要用于过盈配合。

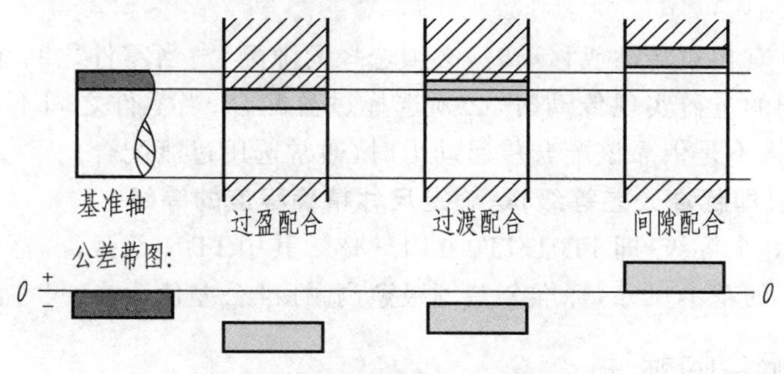

图 8-33　基轴制配合示意图

6. 极限与配合的选用

极限与配合的选用包括基准制、配合类别和公差等级三种内容。

(1) 优先选用基孔制

可以减少定值刀具、量具的规格数量。只有在具有明显经济效益和不适宜采用基孔制的场合，才采用基轴制。

在零件与标准件配合时，应按标准件所用的基准制来确定。如滚动轴承内圈与轴的配合采用基孔制；滚动轴承外圈与轴承座的配合采用基轴制。

(2) 配合的选用

国家标准中规定了优先选用、常用和一般用途的孔、公差带，应根据配合特性和使用功能，尽量选用优先和常用配合，具体如表 8-5、表 8-6 所示。

表 8-5　基孔制优先、常用配合

基准孔	轴																				
	a	b	c	d	e	f	g	h	js	k	m	n	p	r	s	t	u	v	x	y	z
	间隙配合								过渡配合				过盈配合								
H6						H6/f5	H6/g5	H6/h5	H6/js5	H6/k5	H6/m5	H6/n5	H6/p5	H6/r5	H6/s5	H6/t5					
H7						H7/f6	◤H7/g6	◤H7/h6	H7/js6	◤H7/k6	H7/m6	◤H7/n6	◤H7/p6	H7/r6	◤H7/s6	H7/t6	◤H7/u6	H7/v6	H7/x6	H7/y6	H7/z6
H8					H8/e7	◤H8/f7	H8/g7	H8/h7	◤H8/js7	H8/k7	H8/m7	H8/n7	H8/p7	H8/r7	H8/s7	H8/t7	H8/u7				
				H8/d8	H8/e8	H8/f8		H8/h8													
H9			H9/c9	◤H9/d9	H9/e9	H9/f9		◤H9/h9													
H10			H10/c10	H10/d10				H10/h10													
H11	H11/a11	H11/b11	◤H11/c11	H11/d11				◤H11/h11													
H12		H12/b12						H12/h12													

注：1. $\frac{H6}{n5}$、$\frac{H7}{p6}$在公称尺寸≤3 mm 和$\frac{H8}{r7}$在小于或等于 100 mm 时，为过渡配合。

2. 标注◤的配合为优先配合。

当零件之间具有相对转动或移动时，必须选择间隙配合；当零件之间无键、销等紧固件，只依靠结合面之间的过盈实现传动时，必须选择过盈配合；当零件之间不要求有相对运动，同轴度要求较高，且不是依靠该配合传递动力时，通常选用过渡配合。

(3) 公差等级(即标准公差等级)是确定尺寸精确程度的等级

标准公差分 20 个等级，即 IT01、IT0、IT1～18。其中 IT01 级最高，等级依次降低，IT18 级最低。对于一定的基本尺寸，标准公差等级愈高，标准公差值愈小，尺寸的精确度愈高。

7. 公差与配合的标注

(1) 公差在零件图中的标注

在零件图中的标注公差带代号有三种形式，如图 8-34 所示。

① 标注公差带代号，如图 8-34(a)所示。这种注法适用于大量生产的零件，采用专用量

表 8-6 基轴制优先、常用配合

基准孔	孔																				
	A	B	C	D	E	F	G	H	JS	K	M	N	P	R	S	T	U	V	X	Y	Z
	间隙配合								过渡配合				过盈配合								
h5						F6/h5	G6/h5	H6/h5	JS6/h5	K6/h5	M6/h5	N6/h5	P6/h5	R6/h5	S6/h5	T6/h5					
h6						F7/h6	◤G7/h6	◤H7/h6	JS7/h6	◤K7/h6	M7/h6	◤N7/h6	◤P7/h6	R7/h6	◤S7/h6	T7/h6	◤U7/h6				
h7					E8/h7	◤F8/h7		◤H8/h7	JS8/h7	K8/h7	M8/h7	N8/h7									
h8				D8/h8	E8/h8	F8/h8		H8/h8													
h9				◤D9/h9	E9/h9	F9/h9		◤H9/h9													
h10				D10/h10				H10/h10													
h11	A11/h11	◤B11/h11	C11/h11	D11/h11				◤H11/h11													
h12		B12/h12						H12/h12													

注：标注◤的配合为优先配合。

具检验零件。

② 标注极限偏差数值，如图 8-34(b)所示。这种注法适用于单件、小批量生产的零件。

上偏差注在基本尺寸的右上方，下偏差注在基本尺寸的右下方。极限偏差数字比基本尺寸数字小一号，小数点前的整数对齐，后面的小数位数应相同。

③ 公差带代号与极限偏差一起标注，如图 8-34(c)所示。这种注法适用于产品转产频繁的生产。

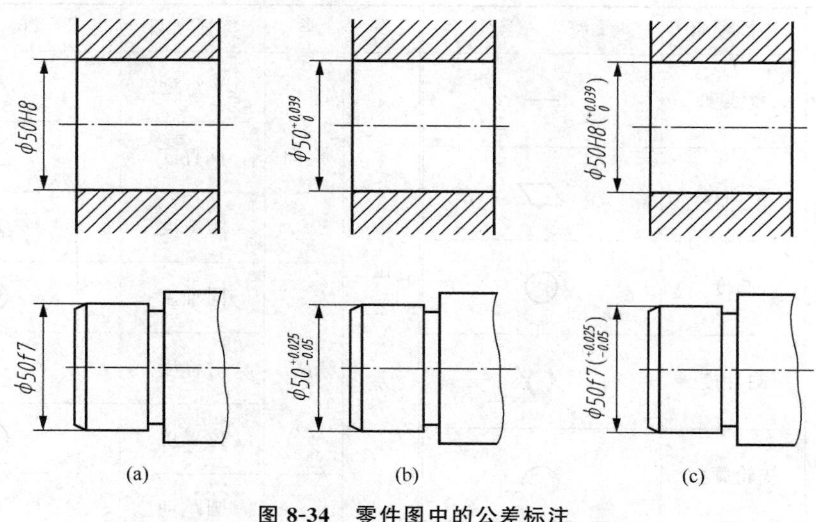

图 8-34 零件图中的公差标注

(2) 在装配图中的标注

在装配图中标注配合代号，配合代号用分数形式表示，分子为轴的公差带代号，分母为孔的公差带代号。装配图中标注配合代号有三种形式，如图 8-35 所示。

① 标注孔和轴的配合代号，如图 8-35(a)所示，这种注法应用最多。

② 当需要标注孔和轴的极限偏差时，孔的基本尺寸和极限偏差注在尺寸线上方，轴的基本尺寸和极限偏差注在尺寸线下方，如图 8-35(b)、(c)所示。

③ 零件与标准件或外购件配合时，在装配图中可以只标注该零件的公差带代号，如图 8-35(d)所示。

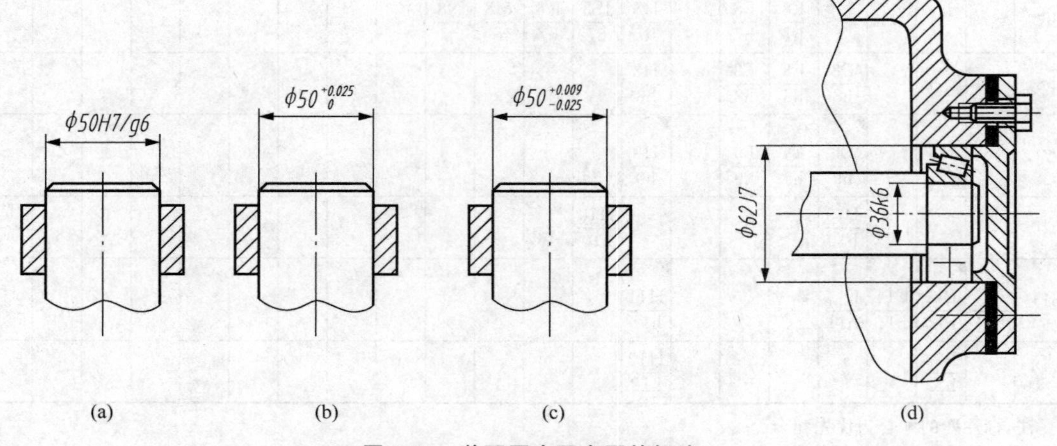

图 8-35　装配图中配合图的标注

8. 形位公差简介

零件的实际形状、位置的理想形状、位置的允许变动量叫形状和位置公差，简称形位公差。形位公差各项的名称和符号如表 8-7 所示。

表 8-7　形位公差的符号和名称

分　类	特征项目	符　号	分　类		特征项目	符　号
形状公差	直线度	—	位置公差	定向	平行度	//
					垂直度	⊥
	平面度	▱			倾斜度	∠
	圆度	○		定位	同轴度	◎
	圆柱度	⌭			对称度	⌯
					位置度	⌖
	线轮廓度	⌒		跳动	圆跳动	↗
	面轮廓度	⌓			全跳动	⌰

形位公差的标注示例如图 8-36 所示。

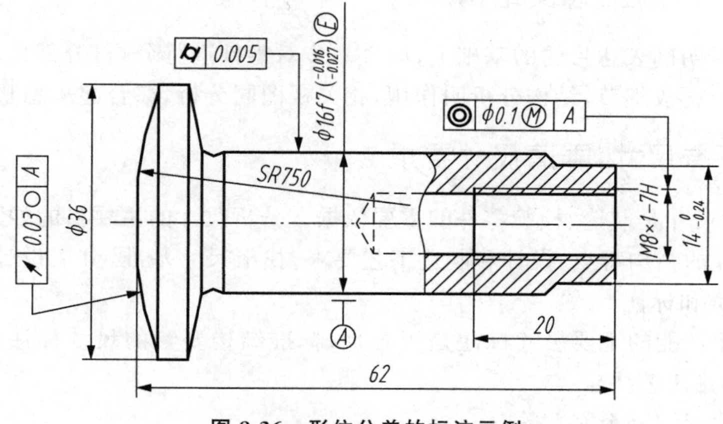

图 8-36　形位公差的标注示例

8.6　零件图的阅读

零件图上的技术要求，除介绍过的表面粗糙度、尺寸公差、形位公差外，还有对零件的材料、热处理及表面处理等要求。

在设计、制造机器的实际工作中，看零件图是一项非常重要的工作。例如，设计零件要参考同类型的零件图；研究分析零件的结构特点，使设计的零件结构更先进合理，要看零件图；对设计的零件图进行校对、审批，要看零件图；生产制造零件时，为制定适当的加工方法和检测手段，以确保零件加工质量，要看零件图；进行技术改造，研究改进设计，也要看零件图，等等。看零件图的目的要求如下：

① 了解零件的名称、用途、材料等。

② 了解组成零件各部分结构的形状、特点和功用以及它们之间的相对位置。

③ 了解零件的大小、制造方法和所提出的技术要求。

8.6.1　读零件图的方法和步骤

1. 首先看标题栏，粗略了解零件

看标题栏，了解零件的名称、材料、数量、比例等，从而大体了解零件的功用。对不熟悉的比较复杂的零件图，通常还需参考有关的技术资料，如该零件所在部件的装配图，与该零件相关的零件图以及技术说明书等，以便从中了解该零件在机器或部件中的功用、结构特点和工艺要求。

2. 分析研究视图，明确表达目的

看视图，首先应找到主视图，根据投影关系识别出其他视图的名称和投影方向，了解各视图相互之间的关系，从而弄清各视图的表达目的。

3. 深入分析视图,想象结构形状

在分清视图,明确表达目的的基础上,应进一步对零件进行分析:分部位对投影,形体分析看大概,线面分析攻细节,结构分析明作用,相关视图同分析,综合起来想整体。

4. 分析所有尺寸,弄清尺寸要求

零件图上的尺寸是制造、检验零件的重要依据。分析尺寸的主要目的如下:

① 根据零件的结构特点、设计和制造工艺要求,找出尺寸基准,分清设计基准和工艺基准,明确尺寸种类和标注形式。

② 分析影响性能的主要尺寸标注是否合理,标准结构要素的尺寸标注是否符合要求,其余尺寸是否满足工艺要求。

③ 校核尺寸标注是否完整等。

5. 分析技术要求,综合看懂全图

零件图的技术要求是制造零件的质量指标。看图时应根据零件在机器中的作用,分析零件的技术要求是否能在低成本的前提下保证产品质量。首先,分析零件的表面粗糙度、尺寸公差和形位公差要求,弄清配合面或主要加工面的加工精度要求,了解其代号含义;然后,分析其余加工面和非加工面的相应要求,了解零件加工工艺特点和功能要求;最后,了解分析零件的材料热处理、表面处理或修饰、检验等其他技术要求,以便根据现有加工条件,确定合理的加工工艺,保证达到这些技术要求。

8.6.2 读图示例

现以图 8-37 所示的柱塞泵泵体零件图为例,说明读零件图的方法和步骤。

1. 看标题栏,了解零件的名称、材料、比例等内容

粗略了解零件的用途、大致的加工方法和零件的结构特点。从图 8-37 可知,零件的名称为泵体,属于箱体类零件。它必有容纳其他零件的空腔结构。材料是铸铁,零件毛坯是铸造而成的,结构较复杂,加工工序较多。

2. 分析视图

弄清各视图之间的投影关系及所采用的表达方法,图中为三个基本视图。主视图为全剖,俯视图采用了局部剖,左视图为外形图。

3. 分析投影、想象零件的结构形状

读图的基本方法是分形体看,先看主要部分,后看次要部分;先看整体,后看细节;先看易懂的部分,后看难懂的部分。还可根据尺寸及功用判断、想象形体。分析图 8-37 的各投影可知,泵体零件由泵体和两块安装板组成。

(1) 泵体部分

其外形为柱状形,内腔为圆柱形,用来容纳柱塞泵的柱塞等零件。后面和右边各有一个

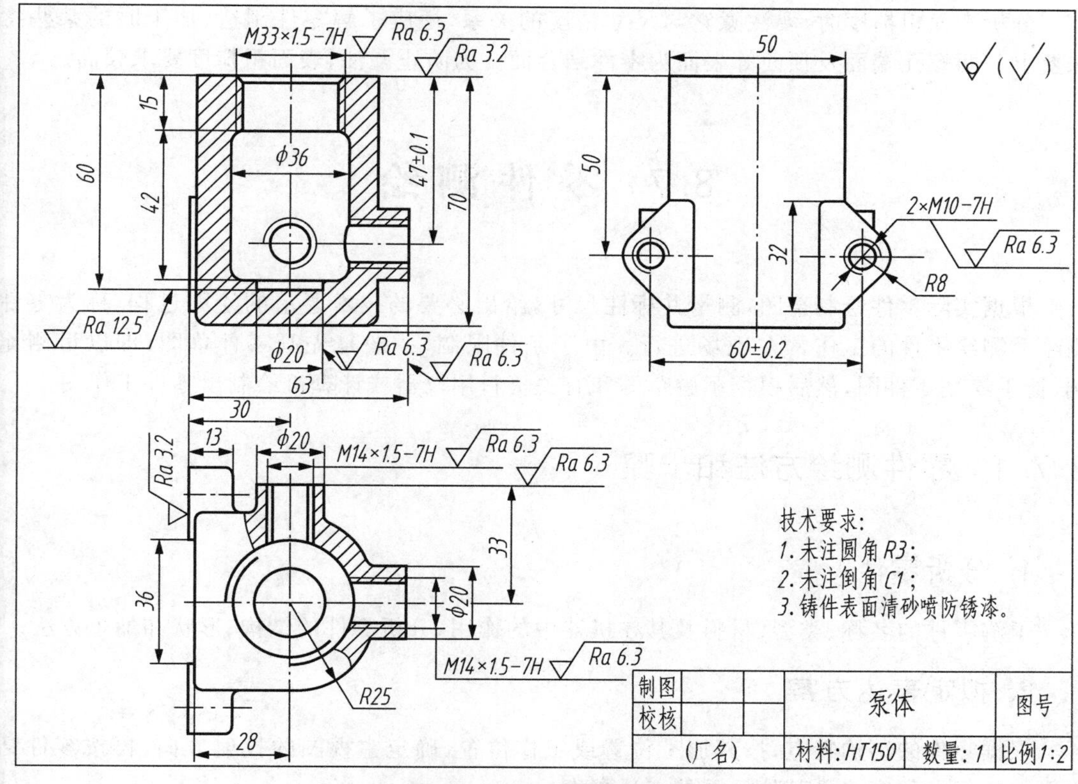

图 8-37　柱塞泵泵体零件图

凸起,分别有进、出油孔与泵体内腔相通,从所标注尺寸可知两凸起都是圆柱形。

(2) 安装板部分

从左视图和俯视图可知,在泵体左边有两块三角形安装板,上面有安装用的螺钉孔。通过以上分析。可以想象出泵体的整体形状,如图 8-38 所示。

(3) 分析尺寸和技术要求

分析零件的尺寸时,除了找到长、宽、高三个方向的尺寸基准外,还应按形体分析法找到定形、定位尺寸,进一步了解零件的形状特征,特别要注意精度高的尺寸,并了解其要求及作用。在图 8-37 中,从俯视图的尺寸 13、30 可知长度方向的基准是安装板的左端面;从主视图的尺寸 70、47±0.1 可知高度方向的基准是泵体上顶面;从俯视图尺寸 33 和左视图的尺寸 60±0.2 可知宽度方向的基准是泵体前后对称面。进出油孔的中心高 47±0.1 和安装板两螺孔的中心距 60±0.2,要求比较高,加工时必须保证。

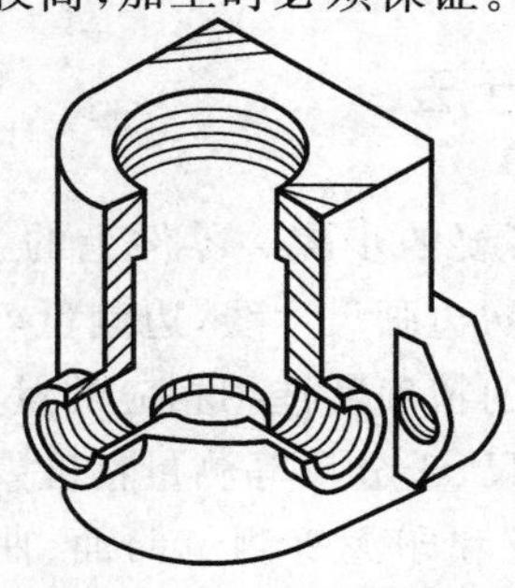

图 8-38　柱塞泵泵体轴测图

分析表面粗糙度时，要注意它与尺寸精度的关系，还应了解零件制造、加工时的某些特殊要求。两螺孔端面及顶面等表面为零件结合面。为防止漏油，表面粗糙度要求较高。

8.7 零件测绘

根据实际零件绘制草图，测量并标注尺寸，给出必要的技术要求的绘图过程，称为零件测绘。测绘零件的工作常在现场进行。由于条件限制，一般是先画零件草图，即以目测比例，徒手绘制零件图，然后根据了解草图和有关资料用仪器或计算机绘制出零件工作图。

8.7.1 零件测绘方法和步骤

1. 分析零件

了解零件的名称、类型、材料及其在机器中的作用，分析零件的结构、形状和加工方法。

2. 拟定表达方案

根据零件的结构特点，按其加工位置或工作位置，确定主视图的投射方向，再按零件结构形状的复杂程度选择其他视图的表达方案。

3. 绘制零件草图

现以球阀阀盖为例说明绘制零件草图的步骤。阀盖属于轮盘类零件，用两个视图即可表达清楚。画图步骤如图 8-39 所示。

① 布局定位。在图纸上画出主视图、左视图的对称中心线和作图基准线，如图 8-39(a)所示。布置视图时，要考虑在各视图之间留出标注尺寸的位置。

② 以目测比例画出零件的内、外结构形状，如图 8-39(b)所示。

③ 选定尺寸基准，按正确、完整、合理的要求画出所有尺寸界线、尺寸线和箭头。经仔细核对后，按规定线型将图线描深，如图 8-39(c)所示。

④ 测量零件上的各个尺寸，在尺寸线上逐个填上相应的尺寸数值，如图 8-39(d)所示。

⑤ 注写技术要求和标题栏，如图 8-39(d)所示。

8.7.2 零件尺寸的测量方法

测绘尺寸是零件测绘过程中必要的步骤。零件上的全部尺寸的测量应集中进行，这样可以提高工作效率，避免遗漏。切勿边画尺寸线，边测量，边标注尺寸。

测量尺寸时，要根据零件尺寸的精确度选用相应的量具。常用金属直尺、内外卡钳测量不加工和无配合的尺寸；用游标卡尺、千分尺等测量精度要求高的尺寸；用螺纹规测量螺距；用圆角规测量圆角；用曲线尺、铅丝和印泥等测量曲面、曲线。图 8-40、图 8-41 所示为测量壁厚和曲线、曲面的方法。

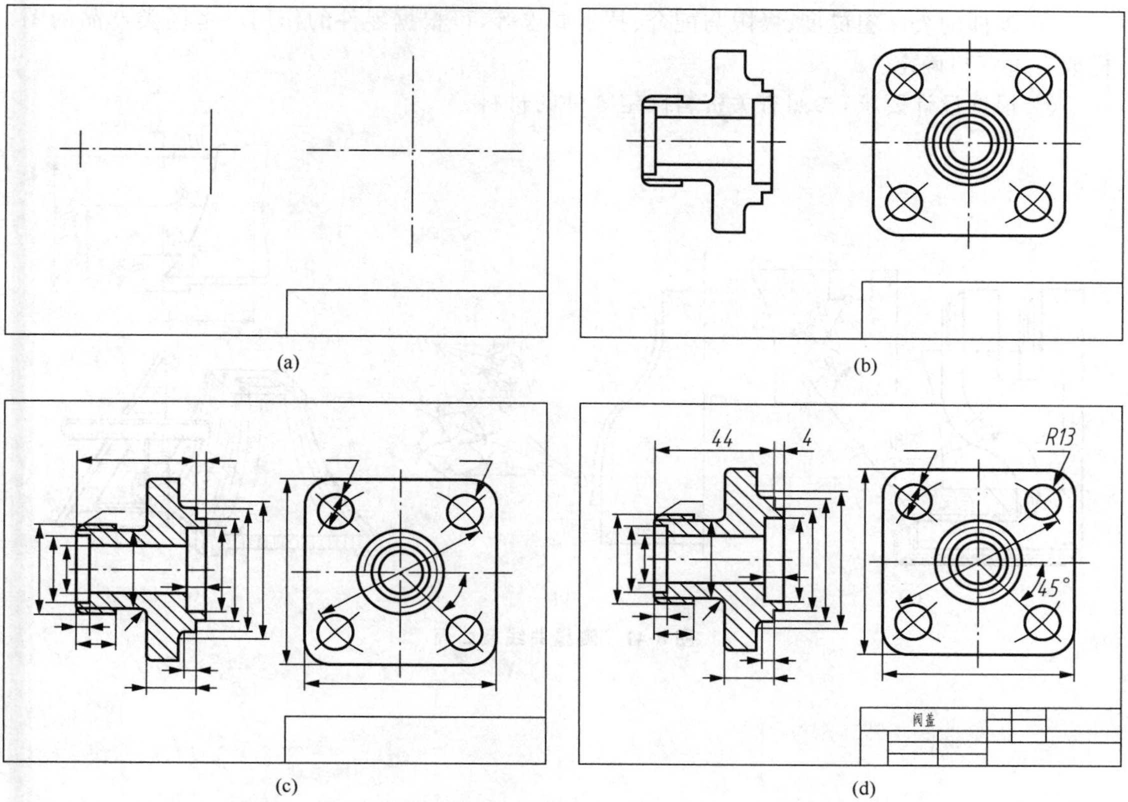

(a)　　(b)

(c)　　(d)

图 8-39　零件图绘制的步骤和方法

8.7.3　零件测绘时的注意事项

① 零件的制造缺陷，如砂眼、气孔、刀痕等，以及长期使用所产生的磨损，均不应画出。

② 零件上因制造、装配所要求的工艺结构，如铸造圆角、倒圆、倒角、退刀槽等结构，必须查阅有关标准后画出。

③ 有配合关系的尺寸一般只需要测出基本尺寸。配合性质和公差数值应在结构分析的基础上，查阅有关手册确定。

④ 对螺纹、键槽、齿轮的轮齿等标准结构的尺寸，应将测得的数值与有关标准核对，使尺寸符合标准系列。

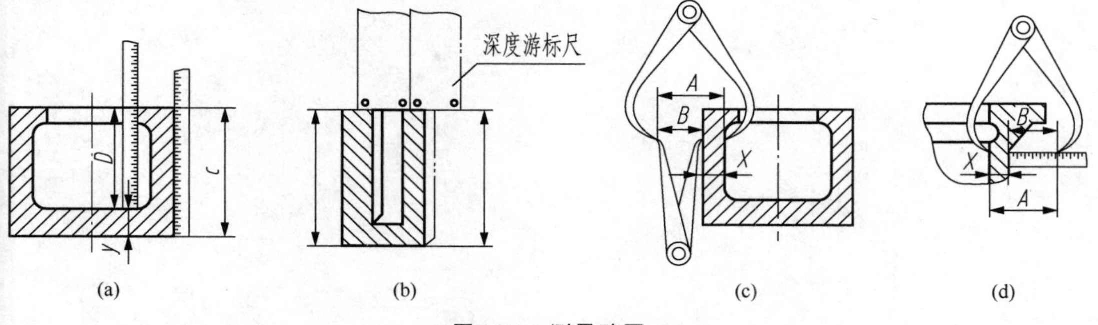

(a)　　(b)　　(c)　　(d)

图 8-40　测量壁厚

⑤ 零件的表面粗糙度、极限与配合、技术要求等,可根据零件的作用参考同类产品的图样或有关资料确定。

⑥ 根据设计要求,参照有关资料确定零件的材料。

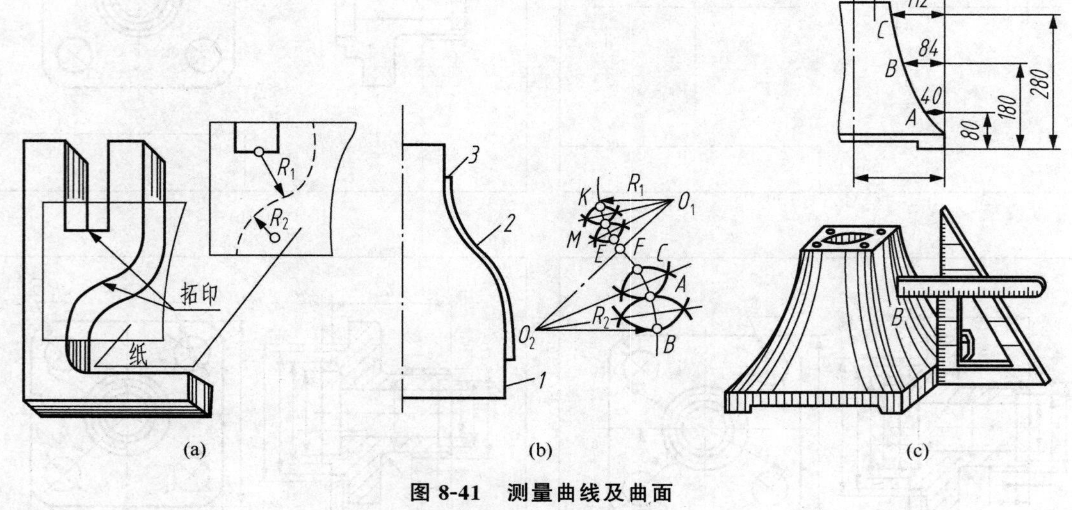

图 8-41 测量曲线及曲面

第 9 章 装 配 图

装配图是表达机器或部件的工作原理、结构性能,以及各零件之间的装配、连接关系等内容的图样。在设计机器时,首先要根据设计意图绘制装配图,然后再拆画出零件图。在生产过程中,先根据零件图加工出零件,然后再根据装配图将零件装配成机器或部件。因此,装配图是进行零件设计、制定装配工艺规程的依据,也是进行装配、调试、检验及维修的必备资料,是表达设计思想和指导生产的重要技术文件。

9.1 装配图的内容

图 9-1 所示为齿轮油泵的装配图,从图中可以看出,一张完整的装配图应具有以下内容:

9.1.1 一组视图

用一组视图表达机器或部件的工作原理,零件间的装配关系、连接方式,以及主要零件的结构形状。如图 9-1 所示,齿轮油泵的装配图是由局部剖视图和向视图组成的。

9.1.2 必要的尺寸

装配图是用来控制装配质量,表明零件之间装配关系的图样,因此,装配图必须有一组表示机器或部件的规格(性能)尺寸、装配尺寸、安装尺寸、外形尺寸和其他重要尺寸等。

1. 规格(性能)尺寸

表示机器或部件的规格(性能)尺寸,是设计、了解和选用该机器或部件的依据,图 9-1 中表达齿轮油泵出油口的规格(性能)尺寸为 G3/8。

2. 装配尺寸

装配尺寸是表示零件间装配关系的尺寸,一般包括:

(1) 配合尺寸

配合尺寸是表示两零件间具有配合性质的尺寸,如图 9-1 中的 ϕ34.5H7/f7、ϕ16H7/n6 为配合尺寸。

(2) 相对位置尺寸

相对位置尺寸是在装配或拆画零件图时，需要保证的零件间或部件间比较重要的相对位置的尺寸，如图 9-1 中两轴的中心距 28.7±0.2。

3. 安装尺寸

安装尺寸是机器或部件安装时所需要的尺寸，如图 9-1 中两孔的中心距 70，螺孔距底面高 50.65 。

4. 外形尺寸

外形尺寸是表示机器或部件整体轮廓大小的尺寸，即总长、总宽和总高。它是包装、运输和安装所需空间大小的依据。如图 9-1 中的总长 118、总宽 85、总高 95。

5. 其他重要尺寸

零件运动的极限尺寸、主要零件的主要尺寸，如图 9-1 中两齿轮的中心距 28.7±0.2、螺孔距底面高 50.65。

以上五类尺寸并不是孤立的，有的尺寸具有几种含义。因此在标注装配图尺寸时，不是一律要将上述五种尺寸注齐，而是依具体情况而定。

9.1.3　技术要求

技术要求是用文字说明机器或部件的装配、安装、检验和使用的要求。它们包括装配方法，对机器或部件工作性能的要求，检验、试验的方法和条件，包装、运输、操作及维护保养应注意的问题等。

9.1.4　零件序号、标题栏和明细栏

为了便于读图、进行图样管理和做好生产准备工作，装配图中的所有零件必须编写序号，并填写明细栏。

1. 零件序号

① 相同的零件序号只标注一次。

② 在图形轮廓的外面编写序号，并填写在指引线的横线上或小圆中，横线或小圆用细实线画出。指引线从所指零件的可见轮廓线内引出，并在末端画一个小圆点。序号的字号要比尺寸数字大一号或两号，也可以不画水平线或圆，在指引线另一端附近注写序号，如图 9-2 所示。

③ 指引线不能相交，当它通过有剖面线的区域时，不应与剖面线平行，必要时，可将指引线折弯一次。

④ 一组紧固件以及装配关系清楚的零件图，可以采用公共指引线，如图 9-2 所示。

⑤ 零件序号应沿水平或垂直方向按顺时针或逆时针方向顺序排列。

⑥ 标准件在装配图上只编写一个序号。

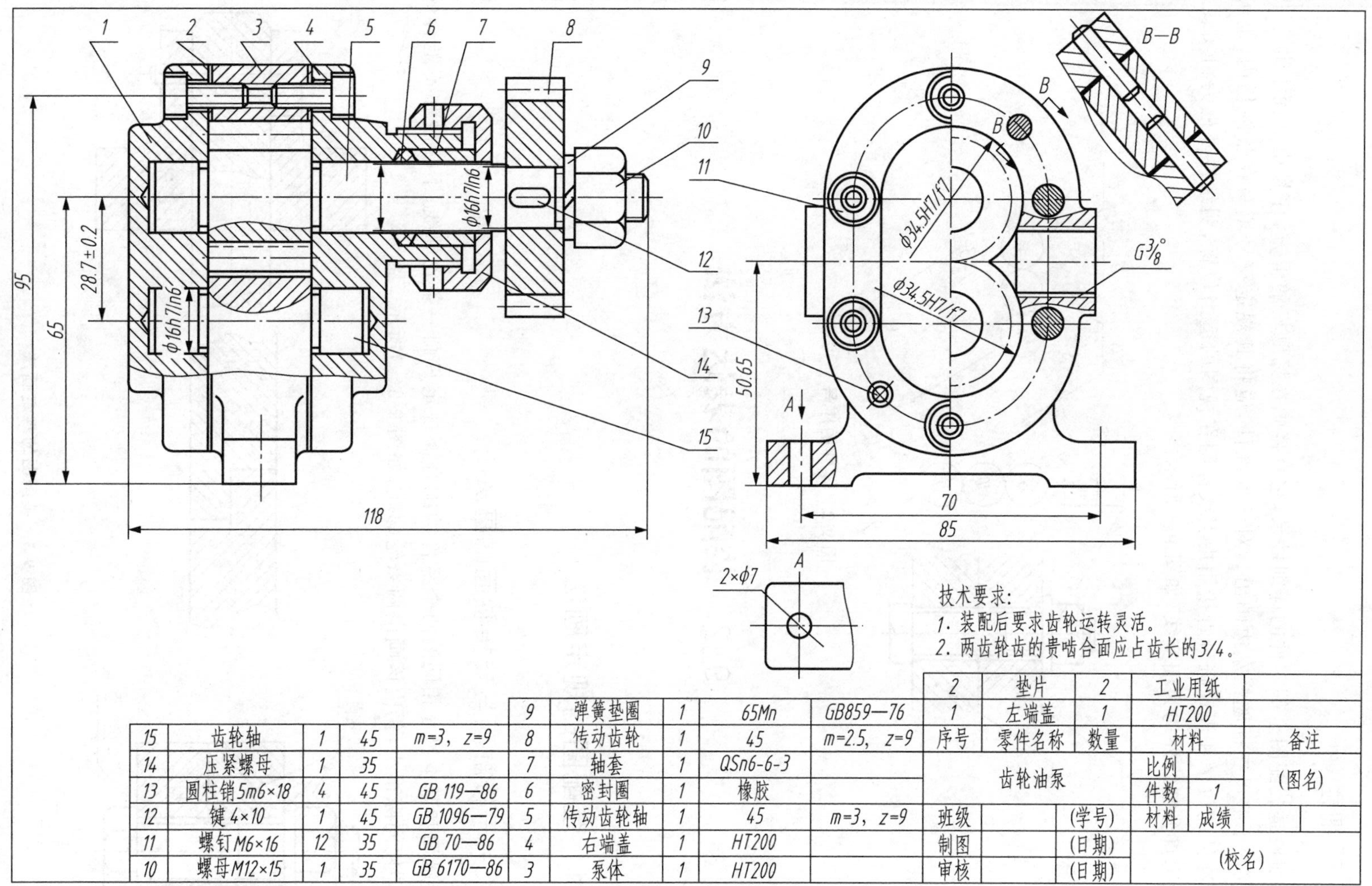

B—B
B
G3/8°
φ34.5H7/f7
φ16h7/n6
28.7±0.2
65
95
118
50.65
70
85
A
2×φ7
1 2 3 4 5 6 7 8 9 10 11 12 13 14 15
技术要求:
1. 装配后要求齿轮运转灵活。
2. 两齿轮齿的贵啮合面应占齿长的3/4。
15 齿轮轴 1 45 m=3, z=9
14 压紧螺母 1 35
13 圆柱销5m6×18 4 45 GB 119—86
12 键 4×10 1 45 GB 1096—79
11 螺钉M6×16 12 35 GB 70—86
10 螺母M12×15 1 35 GB 6170—86
9 弹簧垫圈 1 65Mn GB859—76
8 传动齿轮 1 45 m=2.5, z=9
7 轴套 1 QSn6-6-3
6 密封圈 1 橡胶
5 传动齿轮轴 1 45 m=3, z=9
4 右端盖 1 HT200
3 泵体 1 HT200
2 垫片 2 工业用纸
1 左端盖 1 HT200
序号 零件名称 数量 材料 备注
齿轮油泵
比例
件数 1
(图名)
班级 (学号) 材料 成绩
制图 (日期)
审核 (日期)
(校名)

图 9-1　齿轮油泵的装配图

2. 明细栏

明细栏是装配图全部零件的详细目录，它直接画在标题栏的上方，序号由下而上顺序书写，如位置不够可在标题栏左边画出。对于标准件，应将其规定符号填写在备注栏内，也可以将标准件的数量和规定符号直接用指引线标明在视图的适当位置，明细栏外框为粗实线，内格除垂直分割线外均为细实线，如图 9-1 所示。

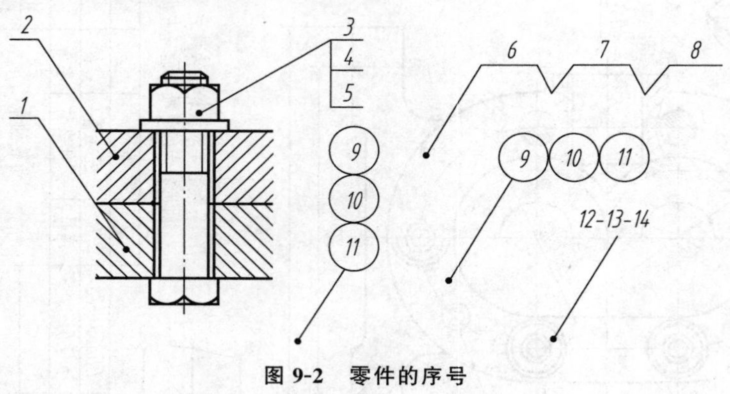

图 9-2　零件的序号

9.2　装配图的表达方法

9.2.1　装配图的规定画法

1. 关于接触面与非接触面的画法

接触面和基本尺寸相同的两个零件的配合面规定只画一条轮廓线；不接触和不配合的表面，即使间隙很小，仍应该画出两条轮廓线，如图 9-3(a)所示。

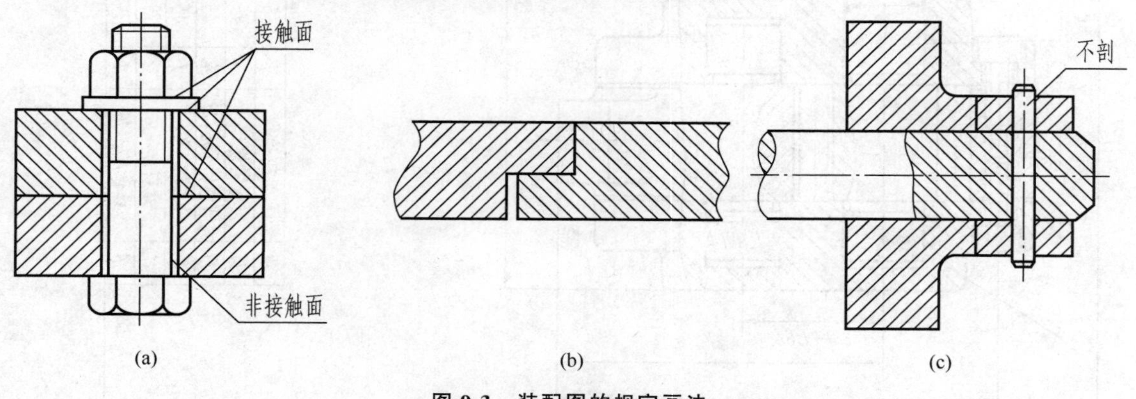

图 9-3　装配图的规定画法

2. 装配图上剖面线的画法

① 相邻两零件的剖面线倾斜方向应该相反，若多个零件装配在一起，可用不同间隔的剖面线来表示区别，如图 9-3(b)、(c)所示。

② 当零件的剖面宽度≤2 mm 时，允许将剖面涂黑，代替剖面符号。

9.2.2　装配图的特殊表达方法

装配图的特殊表达方法包括以下几个方面：

1. 拆卸画法

在装配图中，为了避免遮盖某些零件的投影，在其他视图上可以假想这些零件已经拆去不画。拆卸画法中需要标注“拆去×××”。

2. 沿结合面剖切的画法

沿某些零件的结合面剖切，也就是将剖切面和观察者之间的零件拆掉后进行投影，零件的结合面上不画剖面线，但被剖切的部分需要画出剖面线。

3. 假想画法

假想画法用双点画线表示其轮廓。在装配图中，用于下面两种情况：

① 对于零件的某些运动范围和极限位置可以用假想画法表达，如图 9-4 所示。

② 表明与零件有关，但不属于该零件的相邻零件，可以用假想画法表示零件的装配连接关系。

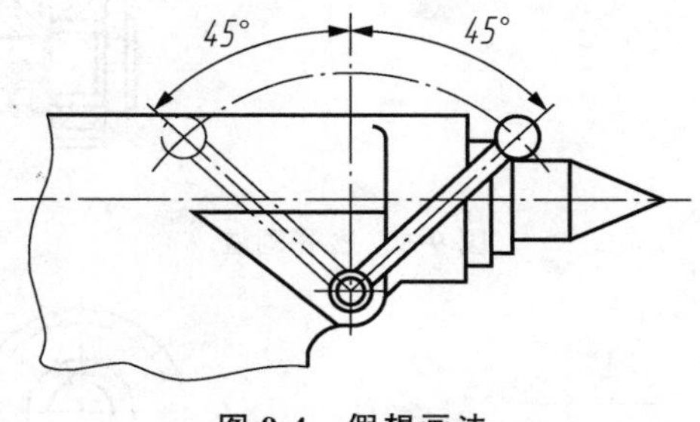

图 9-4　假想画法

4. 夸大画法

在装配图中，如果对一些薄片零件、细丝弹簧、细小间隙等，无法按其实际的尺寸画图时，可以不采用原比例，以适当的夸大比例画出。

5. 展开画法

当轮系的各轴线不在同一平面时，为了表达在传动机构中传动关系和各轴的装配关系，假想用剖切平面按照传动顺序，沿各轴的轴线将传动机构剖开，再将其展开成一个平面，并画出，如图 9-5 所示。

6. 简化画法

① 在装配图中，若干重复出现的零件组（如螺栓连接），允许只详细地画出一组或几组，其余的只需要用细点画线表示其位置即可，如图 9-6(a)所示。

② 零件的某些工艺结构（如倒角、圆角）允许不画，螺栓头部、螺母、滚动轴承等均可以采用简化画法。

③ 在装配图中，带传动的带可以用粗实线简化表示，链传动中的链可以用细点画线简化表示，如图 9-6(b)所示。

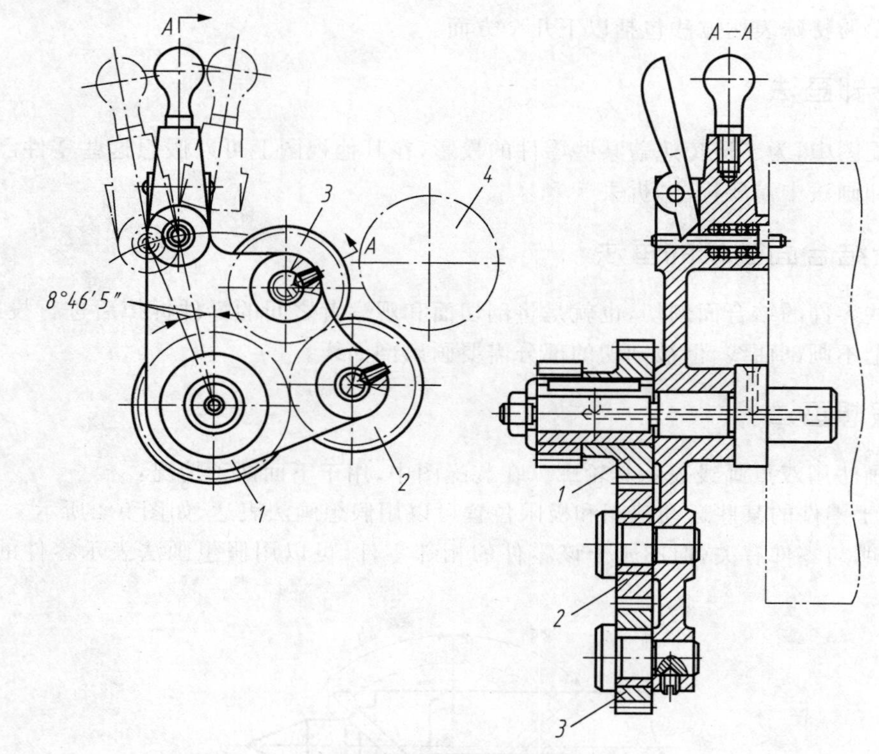

图 9-5　展开画法

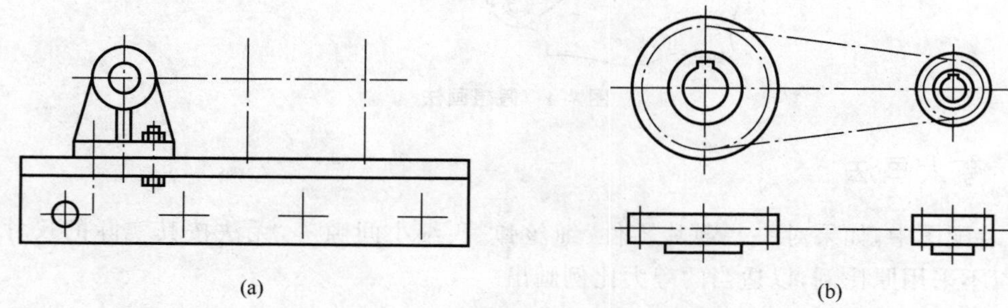

图 9-6　简化画法

7. 单独画出某一零件

在装配图中，对于个别结构复杂的零件或没有表达清楚的零件，可以单独画出这个零件的视图。在视图的上方要标明零件序号和视图的名称，在相应视图的附近要用箭头指明投影方向，并标注相同的字母。

9.3 装配结构的合理性

为了保证机器或部件的工作性能，并且便于拆卸、加工，必须注意装配结构的合理性，下面介绍几种典型的装配结构。

1. 轴肩与孔面接触的工艺结构

轴肩和孔的端面接触时，在孔口处应加工出倒角、倒圆(图 9-7(b))或在轴上加工退刀槽(图 9-7(c))，以确保两个端面的紧密接触。图 9-7(a)所示的轴肩与孔端面无法靠紧。

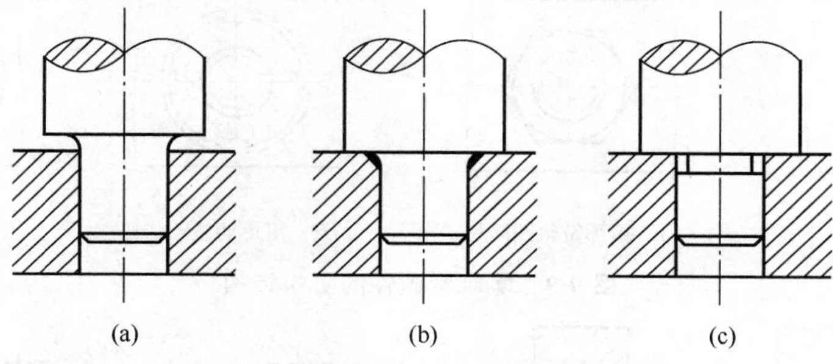

图 9-7 轴肩与孔面接触的工艺结构

2. 两零件接触面的工艺结构

两个零件在同一方向上只允许有一对接触面，否则就需要提高两接触面间的尺寸精度来避免干涉。但这将会给零件的制造和装配等工作增加困难，所以同一方向只宜有一对接触面，如图 9-8 所示。

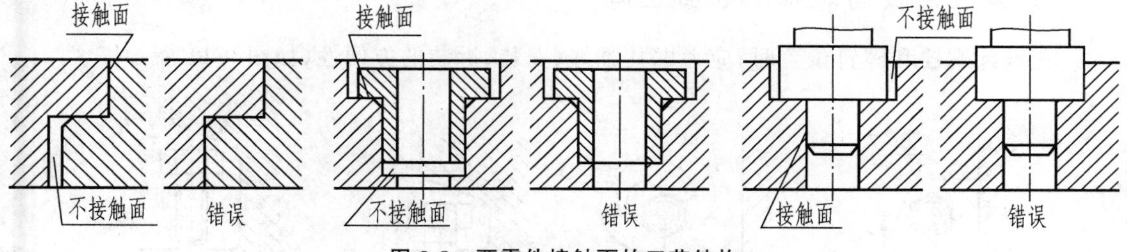

图 9-8 两零件接触面的工艺结构

3. 螺纹紧固件的防松结构

螺纹紧固件的防松结构为了防止机器在工作时产生震动或冲击，导致螺纹紧固件松动，影响机器的正常工作，甚至诱发严重事故。所以螺纹连接中一定要设计防松装置。常用的防松装置有双螺母、弹簧垫圈、止退垫圈和开口销等，如图 9-9 所示。

4. 滚动轴承的轴向定位结构要便于装拆

如图 9-10 所示，轴肩大端直径应小于轴承内圈外径，箱体台阶孔直径应大于轴承外环内径。

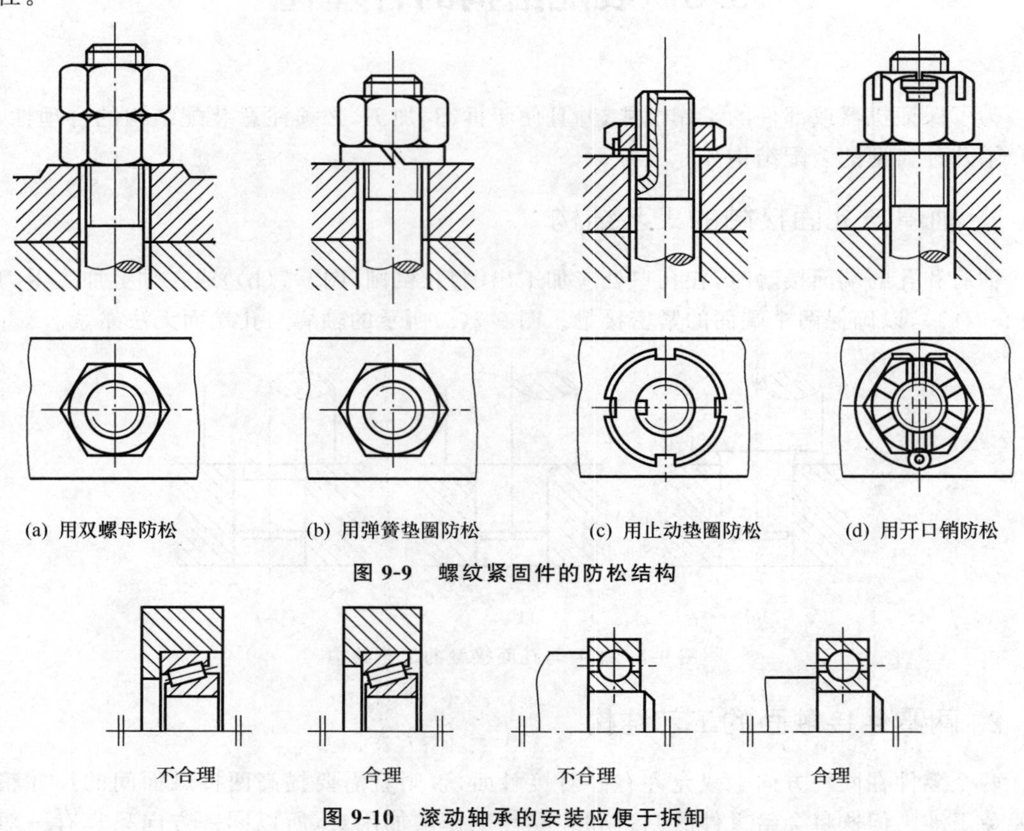

(a) 用双螺母防松　(b) 用弹簧垫圈防松　(c) 用止动垫圈防松　(d) 用开口销防松

图 9-9　螺纹紧固件的防松结构

图 9-10　滚动轴承的安装应便于拆卸

5. 紧固件要有足够的装卸空间

在设计螺栓和螺钉位置时，应考虑其维修、安装、拆装的方便性，如图 9-11 所示。

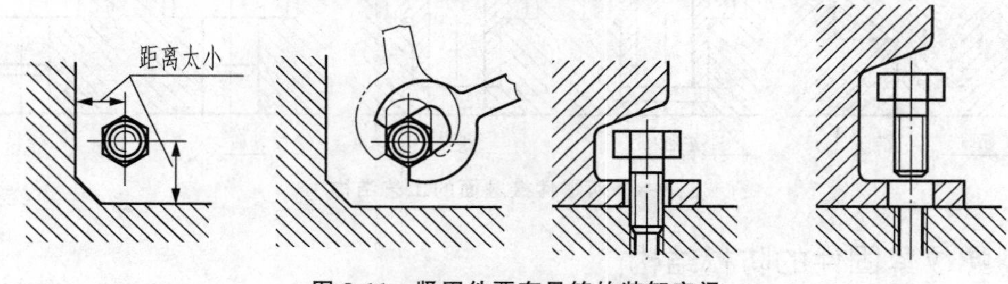

图 9-11　紧固件要有足够的装卸空间

6. 销孔的工艺结构

采用圆柱销或圆锥销定位时，要考虑孔的加工和销的拆装方便，尽可能加工成通孔，如图 9-12 所示。

7. 密封和防漏结构

为防止内部的液体或气体向外渗漏，同时也防止灰尘等杂质进入机器，应采取合理可靠的密封装置，如图 9-13 所示。

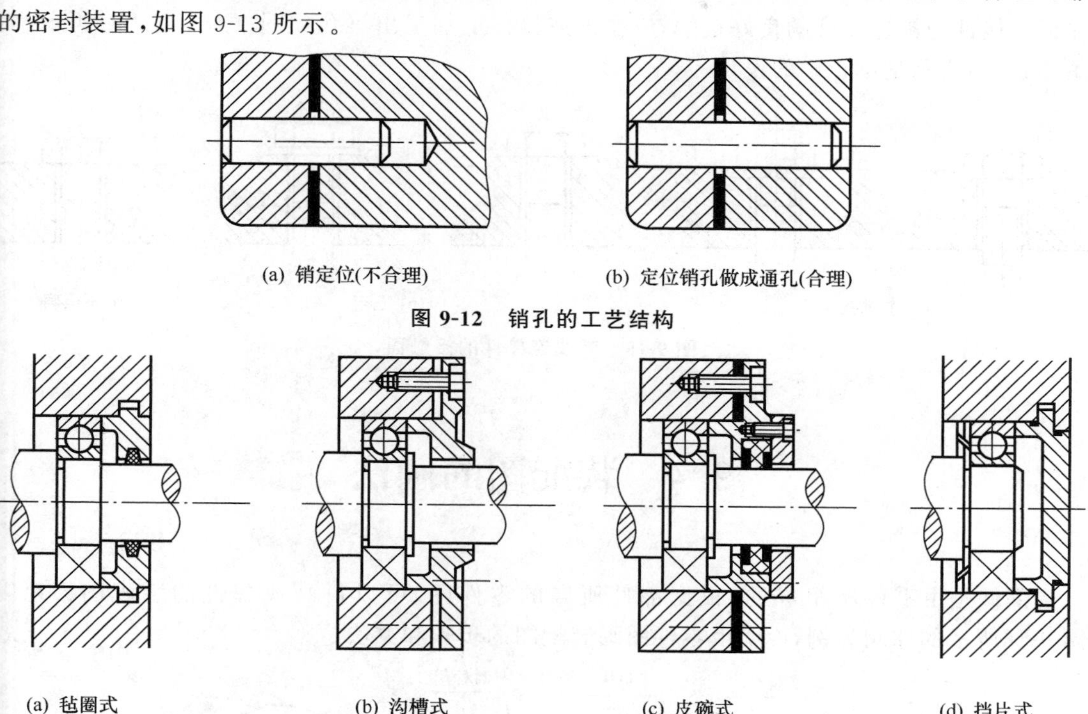

(a) 销定位(不合理)　　(b) 定位销孔做成通孔(合理)

图 9-12　销孔的工艺结构

(a) 毡圈式　　(b) 沟槽式　　(c) 皮碗式　　(d) 挡片式

图 9-13　密封和防漏结构

8. 滚动轴承的定位

在安装滚动轴承时，为防止其轴向窜动，有必要采用一些轴向定位结构来固定其内、外圈。常用的结构有轴肩、台肩、圆螺母和各种挡圈，如图 9-14 所示。

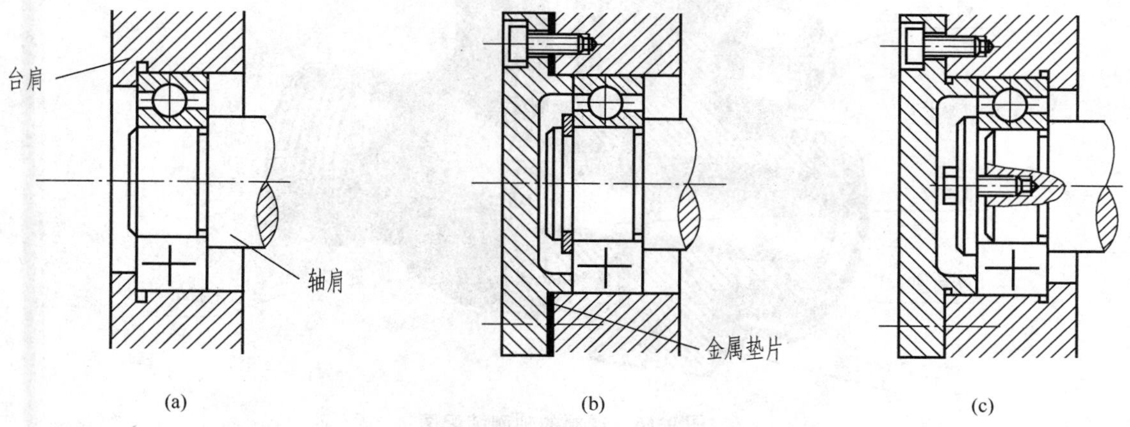

(a)　　(b)　　(c)

图 9-14　滚动轴承的定位

9. 螺纹连接件的接触面

为了保证螺纹能顺利旋紧,可考虑在螺纹尾部加工退刀槽或在螺孔端口加工倒角。为保证连接件与被连接件的良好接触,应在被连接件上加工出沉孔如图 9-15(a)、(b)所示,而图 9-15(c)所示是不正确的设计。

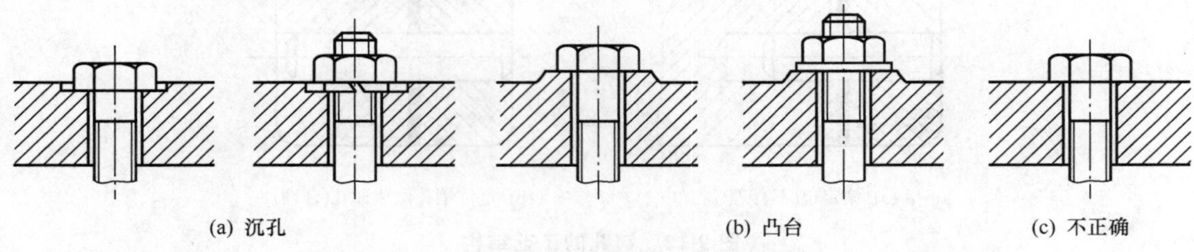

图 9-15 螺纹连接件的接触面

9.4 装配图的画法

部件是由零件所组成的,根据部件所属的零件图,可以拼画成部件的装配图。现以图 9-16所示的球阀为例,说明由零件图画装配图的步骤和方法。

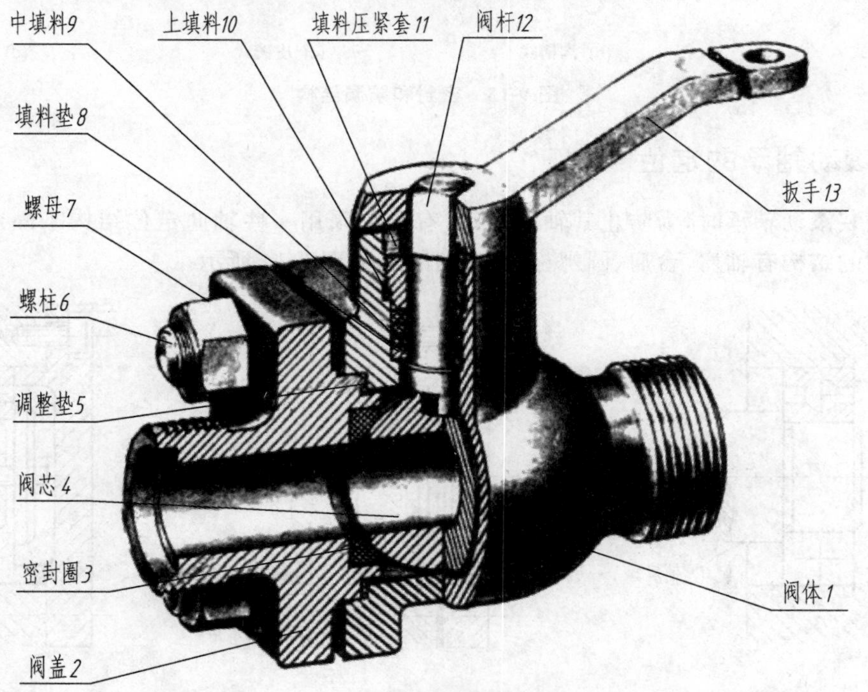

图 9-16 球阀的轴测装配图

9.4.1 部件装配关系和工作原理

对部件实物或装配示意图进行仔细分析，了解各零件间的装配关系和部件的工作原理。由图 9-16 可以看出，球阀是由 13 个零件组成的，工作时扳动扳手带动阀杆旋转，使阀芯通孔改变位置，从而调节通过球阀的流量大小。阀体和阀盖用螺柱和螺母连接。为了密封，在阀杆和阀体间装有密封环和螺纹压环，并在阀芯两侧装有密封圈。

9.4.2 确定表达方案

根据已学过的机件的各种表达方法(包括装配图的一些特殊表达方法)，考虑选用何种表达方案，才能较好地反映部件的装配关系、工作原理和主要零件的结构形状。

画装配图与画零件图一样，应先确定表达方案，也就是选择视图：首先，选定部件的安放位置并选择主视图；然后，选择其他视图。

1. 装配图的主视图选择

部件的安放位置应与部件的工作位置相符合，这样方便设计和指导装配。球阀的工作位置情况多变，但一般是将其通路放成水平位置。当部件的工作位置确定后，接着就选择部件的主视图方向。经过比较，应选用能清楚地反映主要装配关系和工作原理的那个视图作为主视图，并采取适当的剖视，以比较清晰地表达各个主要零件以及零件间的相互关系。在图 9-16 所示的球阀装配图中所选定的球阀主视图，就体现了上述选择主视图的原则。

2. 其他视图的选择

选定主视图后，再选取能反映其他装配关系、外形及局部结构的视图。如图 9-18 所示，球阀沿前后对称面剖开的主视图虽清楚地反映了各零件间的主要装配关系和球阀工作原理，但是球阀的外形结构以及其他一些装配关系没有表达清楚。因此，选取左视图补充反映了它的外形结构；选取俯视图，并作 $B-B$ 局部视图，反映扳手与定位凸块的关系

9.4.3 画装配图

确定装配图的视图表达方案后，根据视图表达方案以及部件的大小与复杂程度，选取适当比例，安排各视图的位置，选定图幅后，便可着手画图。在安排各视图的位置时，注意要预留编写零件序号、明细栏以及注写尺寸和技术要求的地方。

画图时，应先画出各视图的主要轴线(装配干线)、对称中心线和作图基线(某些零件的基面或端面)。画图由主视图开始，几个视图配合进行。画剖视图时，以装配干线为准，由内向外逐个画出各个零件，也可由外向内画，视作图方便而定。图 9-17 所示为绘制球阀装配图视图底稿的画图步骤。底稿线完成后，需经校核，再加深，画剖面线，注尺寸。最后，编写零件序号，填写明细栏，再经校核，签署姓名，完成球阀装配图的绘制，得到如图 9-18 所示的球阀装配图。

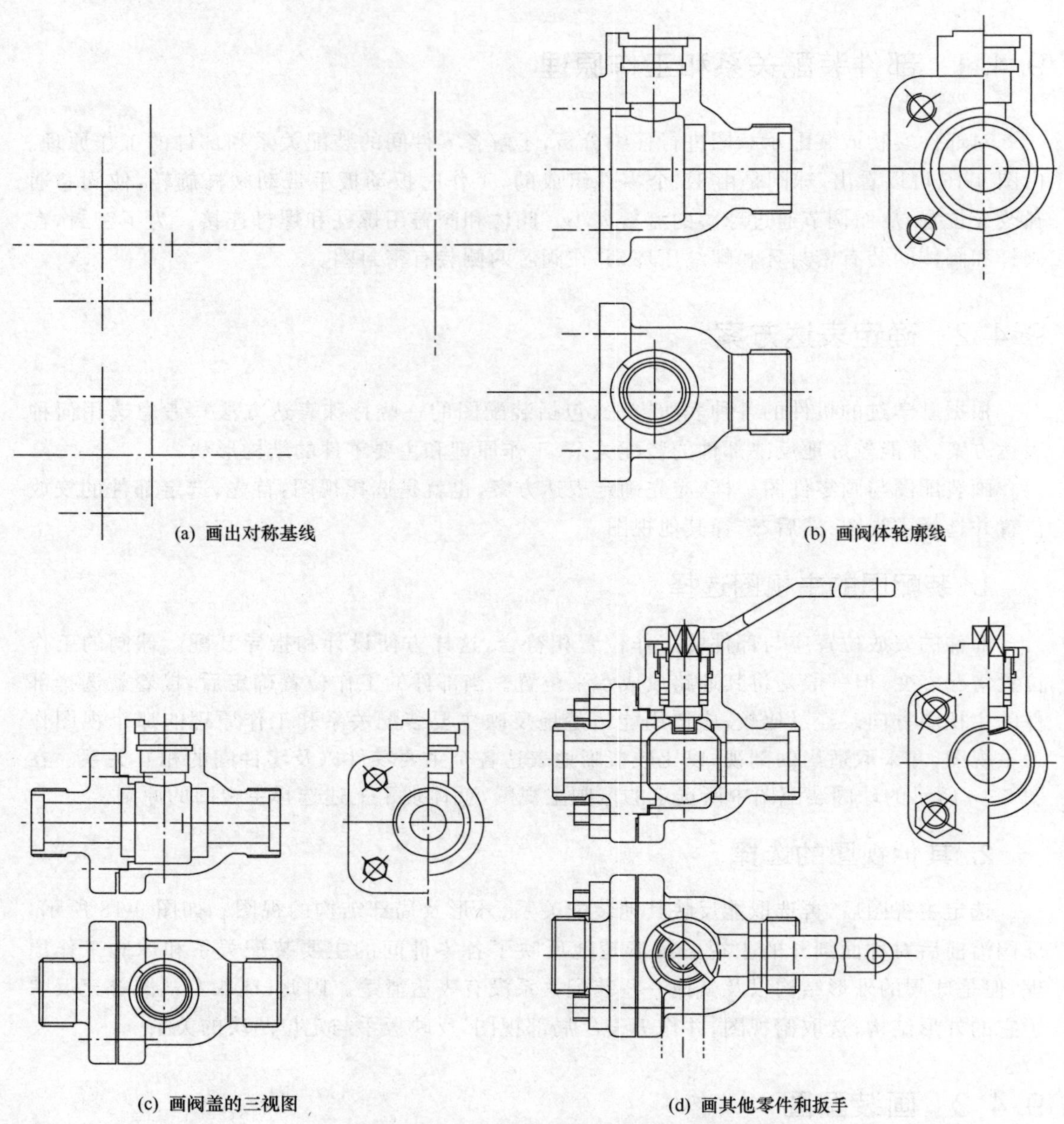

(a) 画出对称基线
(b) 画阀体轮廓线
(c) 画阀盖的三视图
(d) 画其他零件和扳手

图 9-17　球阀装配图底稿画图步骤

9.5 读装配图

9.5.1 读装配图的基本要求

读装配图的基本要求可归纳如下：

① 了解部件的名称、用途、性能和工作原理。

② 弄清各零件间的相对位置、装配关系和装拆顺序。

③ 弄懂各零件的结构形状及作用。

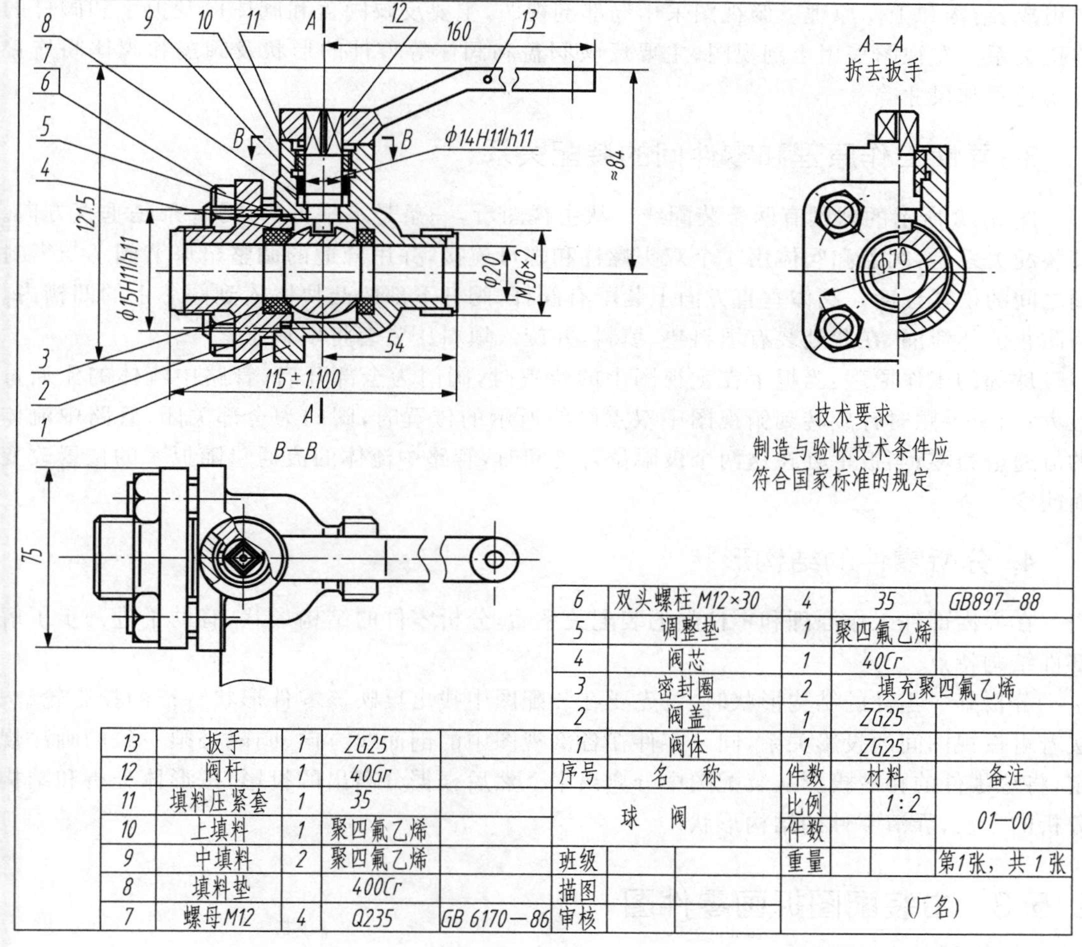

图 9-18 球阀的装配图

9.5.2 读装配图的方法和步骤

下面以图 9-18 所示球阀为例说明读装配图的一般方法和步骤。

1. 概括了解

由标题栏、明细栏了解部件的名称、用途以及各组成零件的名称、数量、材料等，对于复杂的部件或机器还需查看说明书和有关技术资料，以便对部件或机器的工作原理和零件间的装配关系做深入分析了解。

由图 9-18 所示的标题栏、明细栏可知，该图所表达的是管路附件——球阀，该阀共由 13 种零件组成。球阀的主要作用是控制管路中流体的流通量。从其作用及技术要求可知，密封结构是该阀的关键部位。

2. 分析各视图及其所表达的内容

图 9-18 所示的球阀,共采用了三个基本视图。主视图采用局部剖视图,主要反映该阀的组成、结构和工作原理。俯视图采用局部剖视图,主要反映阀盖和阀体以及扳手和阀杆的连接关系。左视图采用半剖视图,主要反映阀盖和阀体等零件的形状及阀盖和阀体间连接孔的位置和尺寸等。

3. 弄懂工作原理和零件间的装配关系

图 9-18 所示的球阀有两条装配线。从主视图看,一条是水平方向,另一条是垂直方向。其装配关系是:阀盖和阀体用 4 个双头螺柱和螺母连接,并用合适的调整垫调节阀芯与密封圈之间的松紧程度。阀体垂直方向上装配有阀杆,阀杆下部的凸块嵌入到阀芯上的凹槽内。为防止流体泄漏,在此处装有填料垫、填料,并旋入填料压紧套将填料压紧。

球阀的工作原理:当扳手在主视图中的位置时,阀门为全部开启,管路中流体的流通量最大;当扳手顺时针旋转到俯视图中双点画线所示的位置时,阀门为全部关闭,管路中流体的流通量为零;当扳手处在这两个极限位置之间时,管路中流体的流通量随扳手的位置改变而改变。

4. 分析零件的结构形状

在弄懂部件工作原理和零件间的装配关系后,分析零件的结构形状,有助于进一步了解部件结构特点。

分析某一零件的结构形状时,首先要在装配图中找出反映该零件形状特征的投影轮廓。接着可按视图间的投影关系,同一零件在各剖视图中的剖面线方向、间隔必须一致的画法规定,将该零件的相应投影从装配图中分离出来。然后根据分离出的投影,按形体分析和结构分析的方法,弄清零件的结构形状。

9.5.3　由装配图拆画零件图

在设计过程中,需要由装配图拆画零件图,简称拆图。拆图应在全面读懂装配图的基础上进行。

1. 拆画零件图时要注意的三个问题

① 由于装配图与零件图的表达要求不同,在装配图上往往不能把每个零件的结构形状完全表达清楚,有的零件在装配图中的表达方案也不符合该零件的结构特点。因此,在拆画零件图时,对那些未能表达完全的结构形状,应根据零件的作用、装配关系和工艺要求予以确定并表达清楚。此外,对所画零件的视图表达方案一般不应简单地照抄装配图。

② 由于装配图上对零件的尺寸标注不完全,因此在拆画零件图时,除装配图上已有的与该零件有关的尺寸要直接照搬外,其余尺寸可按比例从装配图上量取。标准结构和工艺结构,可通过查阅相关国家标准来确定。

③ 标注表面粗糙度、尺寸公差、形位公差等技术要求时,应根据零件在装配体中的作用,参考同类产品及有关资料确定。

2. 拆图实例

下面以球阀中的阀盖为例，介绍拆画零件图的一般步骤。

① 确定表达方案。由装配图上分离出阀盖的轮廓，如图 9-19 所示。

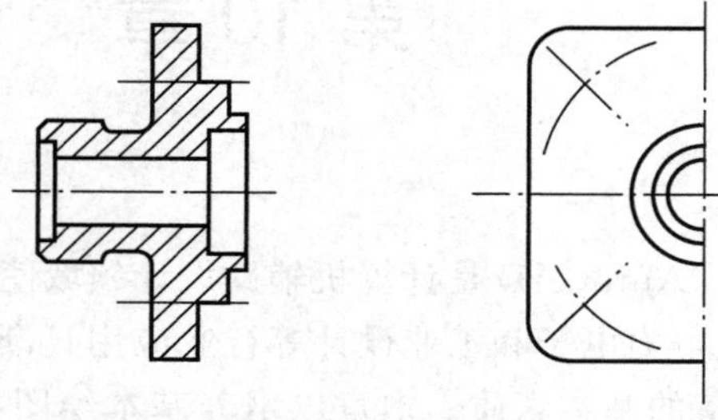

图 9-19 由装配图上分离出阀盖的轮廓

根据端盖类零件的表达特点，主视图采用沿对称面的全剖，侧视图采用一般视图。

② 尺寸标注。对于装配图上已有的与该零件有关的尺寸要直接照搬，其余尺寸可按比例从装配图上量取。标准结构和工艺结构，可通过查阅相关国家标准来确定。

③ 技术要求标注。根据阀盖在装配体中的作用，参考同类产品的有关资料，标注表面粗糙度、尺寸公差、形位公差等，并注写技术要求。

④ 填写标题栏，核对检查，完成后的全图如图 9-20 所示。

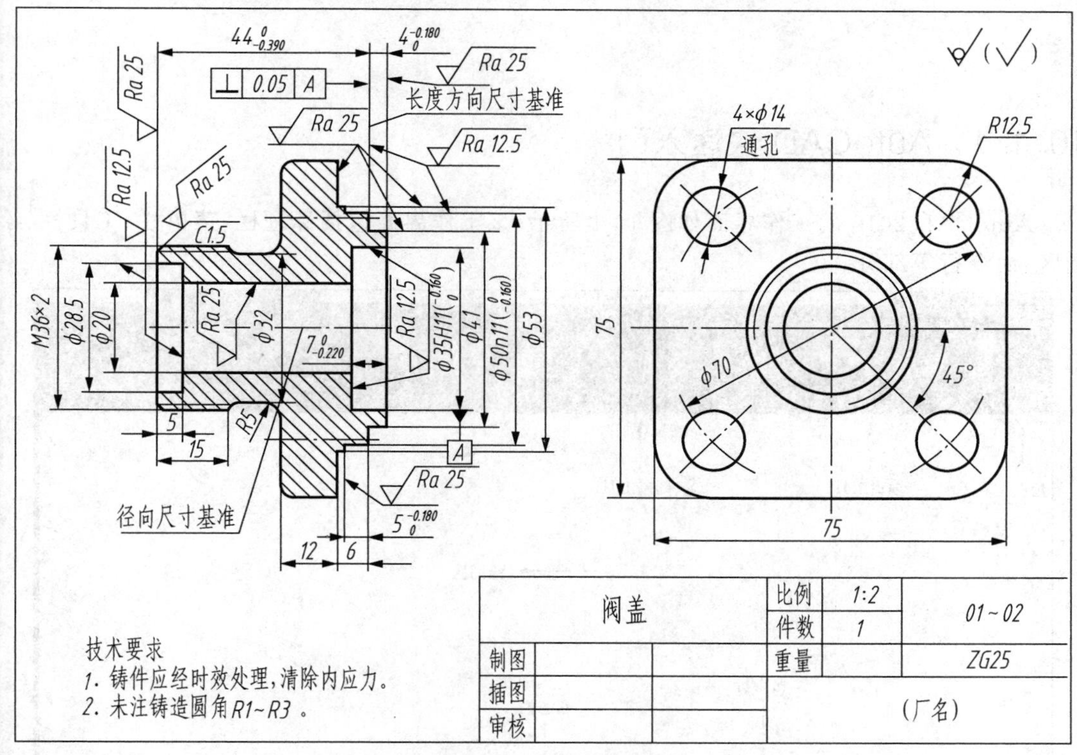

图 9-20 阀盖零件图

第 10 章　计算机辅助绘图

AutoCAD 是计算机辅助设计领域使用最广泛的绘图软件，在机械、建筑、土木、服装设计、电力电子和工业设计等行业应用日渐普及。掌握计算机绘图技术是现代工程技术人员必备的基本素质。本章以培养基本绘图技能为目标，简要介绍 AutoCAD 软件的基本操作方法及应用。

10.1　AutoCAD 2016 的基本知识

10.1.1　AutoCAD 快速入门

AutoCAD 2016 的工作界面如图 10-1 所示，该工作界面包括标题栏、菜单栏、工具栏、绘图区、命令行等部分。

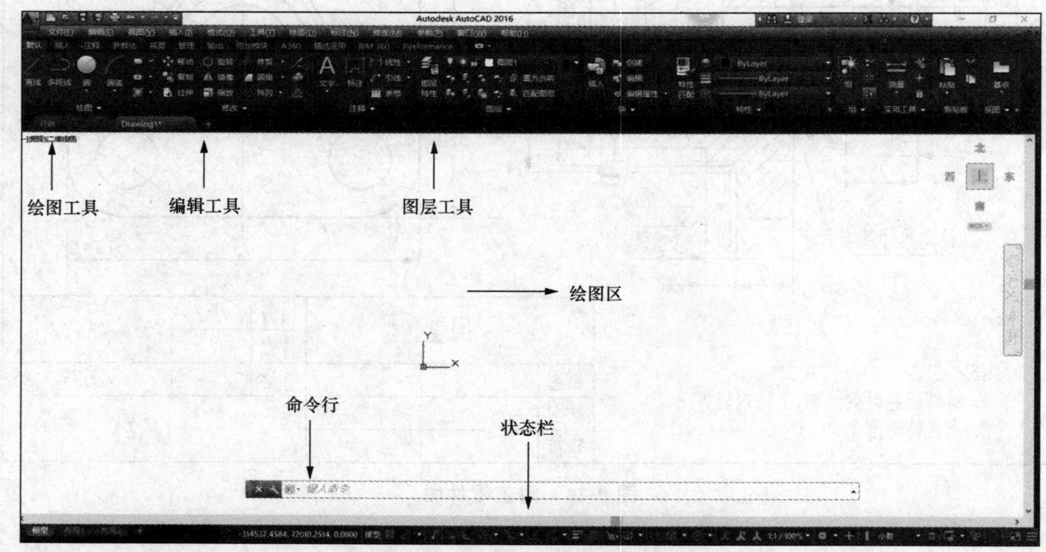

图 10-1　AutoCAD 2016 的工作界面

1. 标题栏

标题栏位于 AutoCAD 2016 窗口顶部，显示 AutoCAD 2016 图标及名称和当前打开的文件名称。

2. 菜单栏

菜单栏提供有下拉式菜单，可以执行 AutoCAD 2016 的大部分命令。AutoCAD 2016 的菜单栏包括“文件(F)”“编辑(E)”“视图(V)”“插入(I)”“格式(O)”“工具(T)”“绘图(D)”“标注(N)”“修改(M)”“窗口(W)”“帮助(H)”。单击菜单栏中的某一项，或者同时按下 Alt 键和显示在该菜单名后面的热键字符，就会显示相应的下拉菜单。例如，要弹出“编辑(E)”下拉菜单，可同时按下 Alt 键和 E 键。

3. 绘图区

绘图区位于 AutoCAD 2016 工作界面的中心区域，也叫绘图工作区。单击视图窗口下面和右边的滚动条两端箭头，可以左右或上下移动视图。绘图区左下角显示当前坐标系的图标，该图标标示坐标系类型及 X、Y、Z 轴的方向。绘图区的左下方有“模型”“布局 1”和“布局 2”选项卡，可以用来在模型空间和图纸空间之间切换。

4. 工具栏

工具栏中包含许多由图标表示的命令按钮。AutoCAD 2016 共提供了 20 多个已命名的工具栏。工具栏可以是固定的，也可以是浮动的。默认情况下，有些工具栏处于打开状态，有些则处于隐藏状态。若要打开某个隐藏的工具栏，可以在工具栏上右击，在系统弹出如图 10-2 所示的快捷菜单中选择该工具栏。

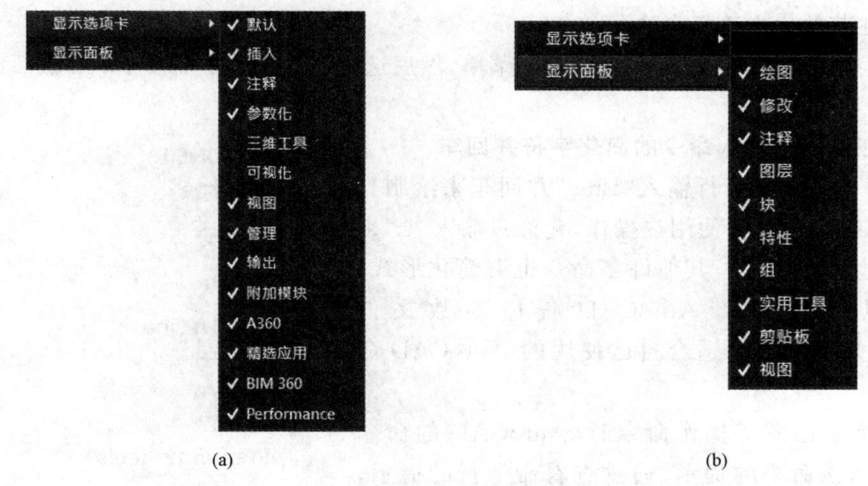

图 10-2　快捷菜单

5. 命令行

命令行位于绘图区的底部，是用户和计算机进行人机交互的窗口，接收用户输入的命令，并显示 AutoCAD 的提示信息，如图 10-3 所示。在 AutoCAD 2016 中，“命令行”窗口可以拖放为浮动窗口。

6. 状态栏

状态栏位于 AutoCAD 2016 软件窗口的底部。状态栏中包括坐标显示区和“捕捉”“栅格”“正交”“极轴”“对象捕捉”“对象追踪”“DYN”“线宽”“模型”按钮。当移动鼠标时,坐标显示区将动态地显示当前的坐标值。在 AutoCAD 中,坐标显示区有三种显示模式:“相对”“绝对”和“关”。

图 10-3 AutoCAD 2016 的命令行

7. 坐标系

在 AutoCAD 中有一个固定的世界坐标系(WCS)。世界坐标系的原点位于屏幕左下角,X 表示横坐标,Y 表示纵坐标。

10.1.2 AutoCAD 命令的输入方式

1. 激活命令的方法

在 AutoCAD 中进行绘图等操作时,首先要激活相应的命令。激活 AutoCAD 命令有以下几种方法。

(1) 单击工具栏的命令按钮图标

例如,要绘制一条直线,可以在左侧的绘图工具栏中单击命令按钮。

(2) 在菜单栏中选择命令

例如,要绘制圆,可选择“绘图”下拉菜单,然后选择其中的“圆”命令,即可激活绘制圆的命令。

(3) 在命令行输入命令的简化字符并回车

例如,可以在命令行输入“Line”并回车来绘制直线。AutoCAD 为了方便用户操作,允许只输入“L”来激活绘制直线的命令。其他许多命令也有简化形式,用户可以通过编辑 AutoCAD 程序参数文件 acad.pgp,来重新定义适合自己使用的 AutoCAD 命令缩写。

在激活了绘图等操作命令时,AutoCAD 的命令行就会显示该命令的提示,通过查看命令行的提示,用户能够随时掌握自己所进行的操作。

图 10-4 快捷菜单

2. 结束命令的方法

在 AutoCAD 中,大部分命令在完成操作后即自动退出,但是在某些情形下需要强制退出。例如,在激活直线命令并完成所需要的直线绘制后,系统并不会自动退出该命令。另外,如果在执行某个命令过程中,不想再继续操作,也需要强制退出。每个命令强制退出的方法各不相同,大体可以有以下几种:

① 按键盘上的 Esc 键。

② 在绘图区右击，系统弹出如图 10-4 所示的快捷菜单，选择“确认”或“取消”命令。

③ 在某个命令执行的过程中，如果单击某个下拉菜单命令或者工具栏的某个按钮，此前正在执行的那个命令就会自动退出。

10. 1. 3　AutoCAD 参数设置

AutoCAD 2016 是一个开放的绘图平台，用户可以很方便地进行系统参数设置。选择“工具”|“选项”菜单命令，系统弹出如图 10-5 所示的“选项”对话框。该对话框中包含“文件”“显示”“打开和保存”“打印和发布”“系统”“用户系统配置”“绘图”“选择”“配置”9 个选项卡，下面分别对这些选项卡进行详细说明。

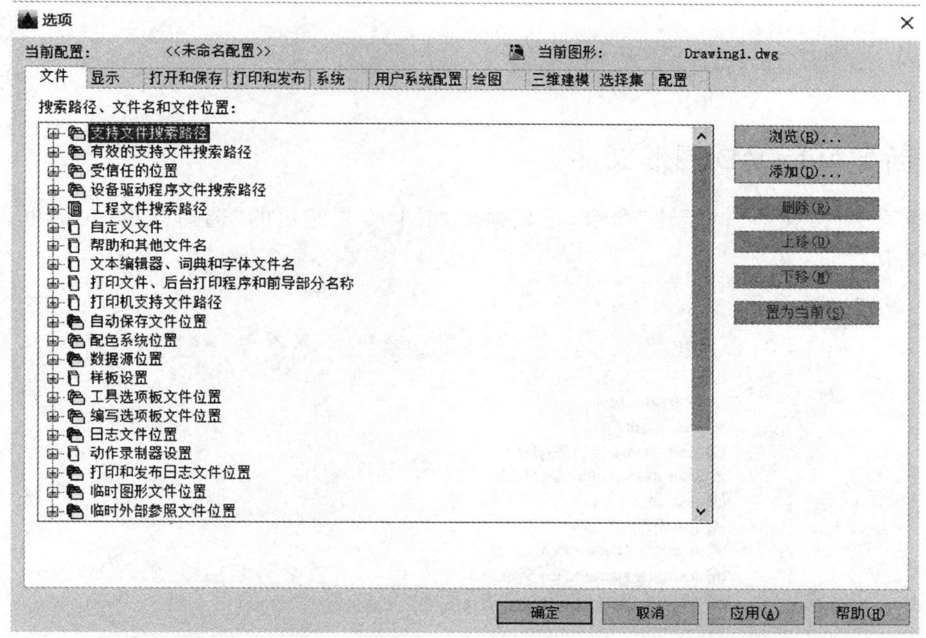

图 10-5　“选项”对话框

(1) “文件”选项卡

用于设置 AutoCAD 支持文件搜索路径、驱动程序文件、菜单文件和其他有关文件的搜索路径和有关支持文件。

(2) “显示”选项卡

用于设置绘图工作界面的显示格式、窗口元素、布局元素、图形显示精度、显示性能、十字光标大小和参照编辑的褪色度等显示属性。

(3) “打开和保存”选项卡

用于设置文件保存、文件打开、外部参照和文件安全措施等属性。

(4) “打印和发布”选项卡

用于设置打印机的打印参数。

(5) “系统”选项卡

用于设置当前三维图形的显示特性、当前定点设备、布局重生成选项、数据库连接选项等属性。

(6)“用户系统配置”选项卡

用于设置坐标输入的优先级、是否使用快捷菜单、插入比例、隐藏线设置、线宽设置等属性。

(7)“绘图”选项卡

用于设置自动捕捉、自动捕捉标记大小、自动追踪、对齐点获取、靶框大小、工具栏提示外观等属性。

(8)“选择集”选项卡

用于设置拾取框大小、夹点大小、选择模式、选择预览、夹点等属性。

(9)“配置”选项卡

用于新建、重命名、删除系统配置。

10.1.4 AutoCAD的文件操作

1. 新建AutoCAD图形文件

选择菜单栏“文件”|“新建”命令，系统弹出如图10-6所示的“选择样板”对话框，可以选择图形样板。

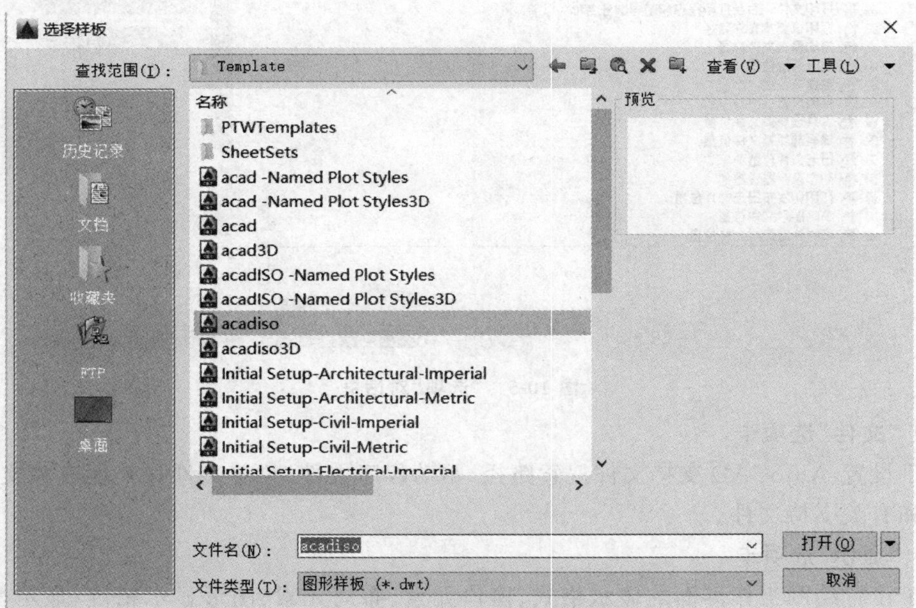

图10-6　“选择样板”对话框

在“选择样板”对话框中，选中样板列表框中某一样板文件，则其右边的“预览”框中将显示出该样板的预览图，单击“确定”按钮，则以当前样板创建出新图形。

通常样板中已经包含了绘图的一些通用设置，如图层、线型、文字样式、尺寸标注样式、标题栏、图框等。利用样板创建新图形，免去了绘制新图形时进行的重复操作。采用样板不仅能提高绘图效率，同时还能保证图形的一致性。

2. 打开AutoCAD 图形文件

选择菜单栏“文件”|“打开”命令，系统弹出如图 10-7 所示的“选择文件”对话框，可以选择已经保存过的图形文件。

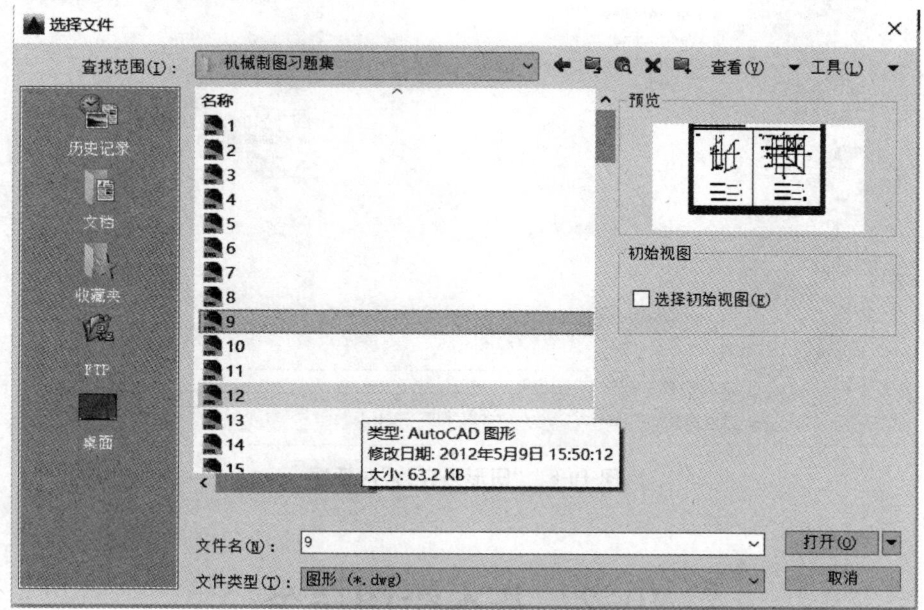

图 10-7　“选择文件”对话框

在“选择文件”对话框的文件列表框中，选中需要打开的图形文件，则其预览图就显示在右边的“预览”框中。在 AutoCAD 中，共有四种文件打开方式，分别是：“打开”“以只读方式打开”“局部打开”和“以只读方式局部打开”。当采用“打开”和“局部打开”方式打开文件时，可以对图形文件进行编辑；当采用“以只读方式打开”和“以只读方式局部打开”方式打开文件时，不能对图形文件进行编辑。

3. 保存AutoCAD 图形文件

选择菜单栏“文件”|“保存”命令，系统弹出如图 10-8 所示的“图形另存为”对话框，可以选择文件夹并保存图形文件。

在默认情况下，文件以“AutoCAD 2016 图形(*. dwg)”格式保存，也可以在“文件类型”下拉列表中选择其他保存格式。在对保存过的图形文件进行修改后，再次使用“保存”命令进行保存时，系统将不再弹出对话框而是直接保存该文件。

在绘图的过程中，系统会定时自动保存图形，但并不是将图形保存到当前文件夹，而是保存到由系统变量所指定的文件夹，在“选项”对话框的“打开和保存”选项卡中可以设定自动保存图形的时间间隔和格式。

4. 退出AutoCAD 系统

选择菜单栏“文件”|“关闭”命令，可以关闭当前图形文件；选择菜单栏“文件”|“退出”命令，可以退出系统；也可以在命令行输入命令“QUIT”并回车来退出系统。

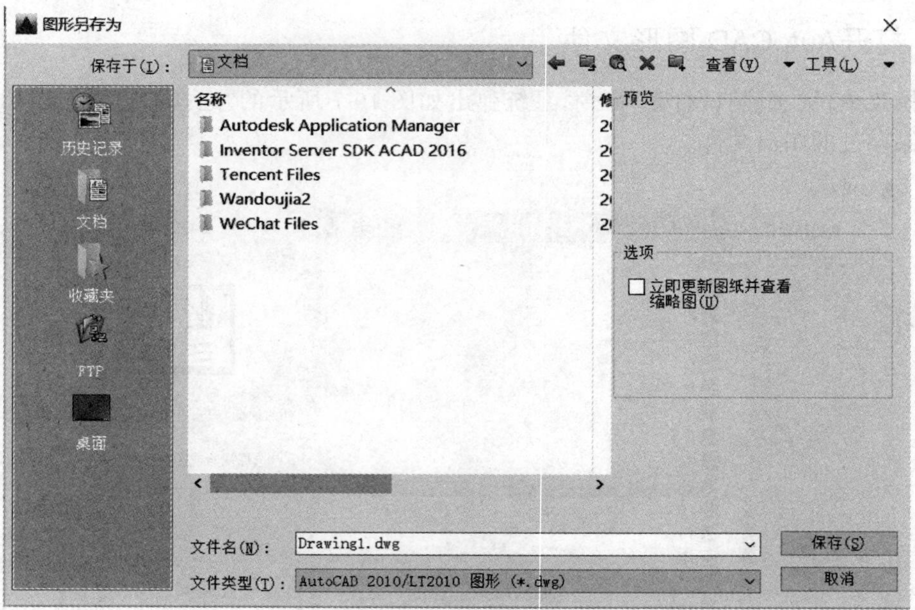

图 10-8 “图形另存为”对话框

10.2 基本绘图命令

10.2.1 绘制直线命令

1. 调用方法

常用调用方法有以下 3 种：

① 单击绘图工具栏的按钮。

② 选择“绘图”|“直线”菜单命令。

③ 在命令行输入命令“Line”或“L”并回车。

2. 命令说明

绘制直线有以下 3 种方式：

① 在命令行显示“指定下一点或[闭合(C)/放弃(U)]:”的提示时，可以在绘图区内连续选择一系列点绘制直线。

② 在命令行显示“指定下一点或[闭合(C)/放弃(U)]:”的提示时，输入字符“C”并回车，AutoCAD 便在第一点和最后一点之间自动创建直线。

③ 许多 AutoCAD 的命令在执行过程中，命令行提示要求指定一点，例如绘制直线时，命令行显示“命令:_line 指定第一点:”和“指定下一点或[放弃(U)]:”。根据这种提示，可以

在绘图区选择某一点，也可以用鼠标在绘图区某位置单击，或者在命令行输入点的坐标。

【例 10-1】 根据图 10-9 所示的尺寸绘制直线。

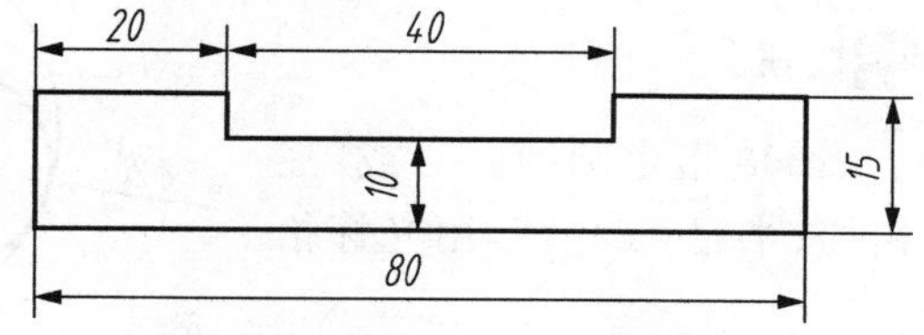

图 10-9　绘制直线实例

绘制步骤如下：

① 单击绘图工具栏的按钮。

② “命令：_line 指定第一点”，移动光标在绘图区内单击，拾取第一点。

③ “指定下一点或[放弃(U)]：@ 0，−15”。

④ “指定下一点或[放弃(U)]：@ 80，0”。

⑤ “指定下一点或[闭合(C)/放弃(U)]：@ 0，15”。

⑥ “指定下一点或[闭合(C)/放弃(U)]：@ −20，0”。

⑦ “指定下一点或[闭合(C)/放弃(U)]：@ 0，−5”。

⑧ “指定下一点或[闭合(C)/放弃(U)]：@ −40，0”。

⑨ “指定下一点或[闭合(C)/放弃(U)]：@ 0，5”。

⑩ “指定下一点或[闭合(C)/放弃(U)]：C ”。

10.2.2　绘制圆命令

1. 调用方法

常用的调用方法有以下 3 种：

① 单击绘图工具栏的按钮。

② 选择“绘图”|“圆”菜单命令，“圆”菜单命令如图 10-10 所示。

③ 在命令行输入命令“Circle”或“C”并回车。

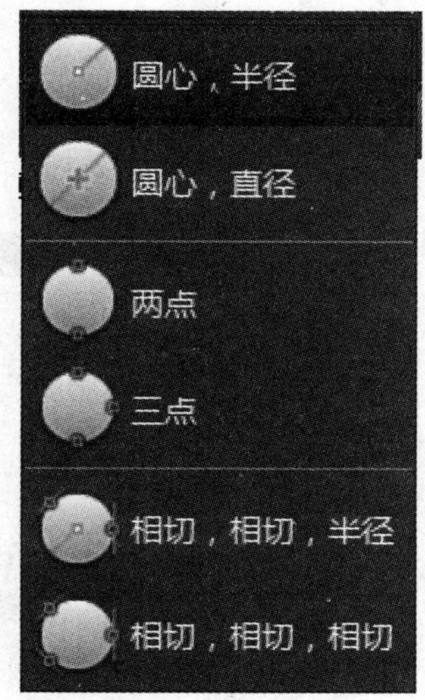

图 10-10　“圆”菜单命令

2. 命令说明

绘制圆有以下 6 种方式：

① 圆心、半径(R)：指定圆心和半径绘制圆。

② 圆心、直径(D)：指定圆心和直径绘制圆。

③ 两点(2)：指定圆周的两点绘制圆。

④ 三点(3)：指定圆周的三点绘制圆。

⑤ 相切、相切、半径(T)：选择两个对象与之相切，并指定圆的半径来绘制圆。

⑥ 相切、相切、相切(A)：选择三个对象与之相切来绘制圆。

【例 10-2】 根据图 10-11 所示尺寸绘制圆。

绘制步骤如下：

① 单击绘图工具栏的按钮。

② 依据命令行“命令：_circle 指定圆的圆心或[三点(3P)/两点(2P)/相切、相切、半径(T)]：”，用光标拾取 O_1 点。

③ 输入半径 20：“指定圆的半径或[直径(D)]<22.4290>：20”（画出半径为 20 的圆）。

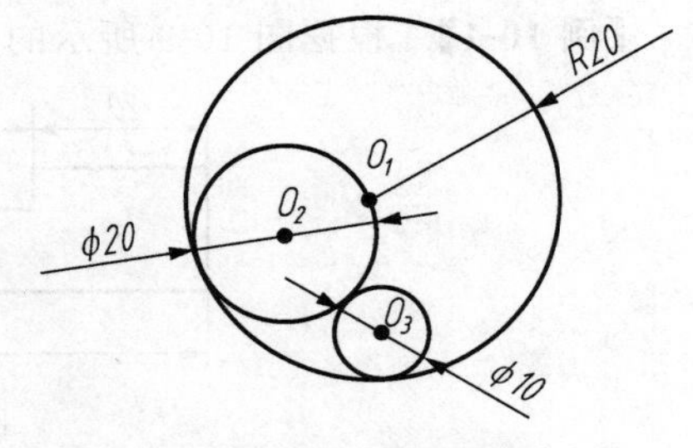

图 10-11 绘制圆实例

④ 单击绘图工具栏的按钮。

⑤ 输入画圆方式 t：“命令：_circle 指定圆的圆心或[三点(3P)/两点(2P)/相切、相切、半径(T)]：t”。

⑥ 依据命令行“指定对象与圆的第一个切点：”，拾取圆 O_1 上的一点。

⑦ “指定对象与圆的第二个切点：”，拾取圆 O_1 的圆心 O_1。

⑧ 输入半径 10：“指定圆的半径<20.000>：10”（画出与圆 O_1 相切的半径为 10 的圆）。

⑨ 单击绘图工具栏的按钮。

⑩ 输入画圆方式 t：“命令：_circle 指定圆的圆心或[三点(3P)/两点(2P)/相切、相切、半径(T)]：t”。

⑪ 依据命令行“指定对象与圆的第一个切点：”，拾取圆 O_2 上的一点。

⑫ “指定对象与圆的第二个切点：”拾取圆 O_2 上的一点。

⑬ 输入半径 5：“指定圆的半径<20.0000>：5”（画出与圆 O_2 和圆 O_1，相切的半径为 5 的圆 O_3）。

10.2.3 绘制圆弧命令

1. 调用方法

常用的调用方法有以下 3 种：

① 单击绘图工具栏的按钮。

② 在命令行输入命令“ARC”并回车。

③ 选择“绘图”|“圆弧”菜单命令，“圆弧”菜单命令如图 10-12 所示。

2. 命令说明

圆弧是圆的一部分，AutoCAD 提供了 10 种方法来绘制圆弧。

① 三点(P)：指定三点绘制圆弧。

② 起点、圆心、端点(S)：指定起点、圆心、端点绘制圆弧。

③ 起点、圆心、角度(T)：指定起点、圆心、角度绘制圆弧。

④ 起点、圆心、长度(A)：指定起点、圆心、长度绘制圆弧。

⑤ 起点、端点、角度(N):指定起点、端点、角度绘制圆弧。

⑥ 起点、端点、方向(D):指定起点、端点、方向绘制圆弧。

⑦ 起点、端点、半径(R):指定起点、端点、半径绘制圆弧。

⑧ 圆心、起点、端点(C):指定圆心、起点、端点绘制圆弧。

⑨ 圆心、起点、角度(E):指定圆心、起点、角度绘制圆弧。

⑩ 圆心、起点、长度(L):指定圆心、起点、长度绘制圆弧。

⑪ 继续(O):创建圆弧,使其相切于上一次绘制的直线或圆弧。

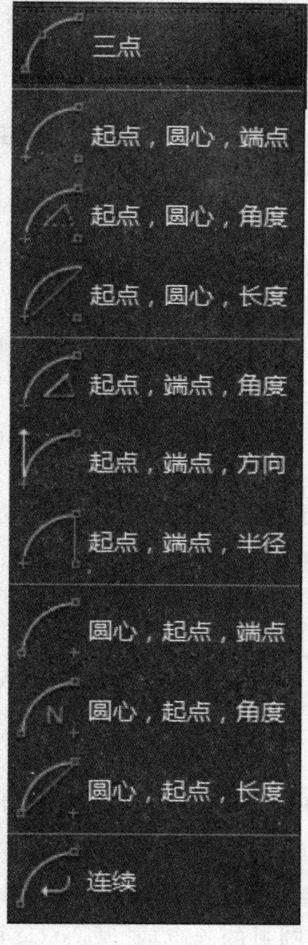

图 10-12　“圆弧”菜单命令

3. 绘制圆弧实例

(1)“三点”绘制圆弧

【例 10-3】 根据图 10-13 所示绘制圆弧。

步骤如下:

① 单击绘图工具栏的按钮。

② 在命令行“命令:_arc 指定圆弧的起点或[圆心(C)]:”的提示下,指定圆弧的第一点 A。

③ 在命令行“指定圆弧的第二个点或[圆心(C)/端点(E)]:”的提示下,指定圆弧的第二点 B。

④ 在命令行“指定圆弧的端点:”的提示下,指定圆弧的第三点 C,完成圆弧的绘制。

(2)“起点、圆心、端点”绘制圆弧

【例 10-4】 根据图 10-14 所示绘制圆弧。

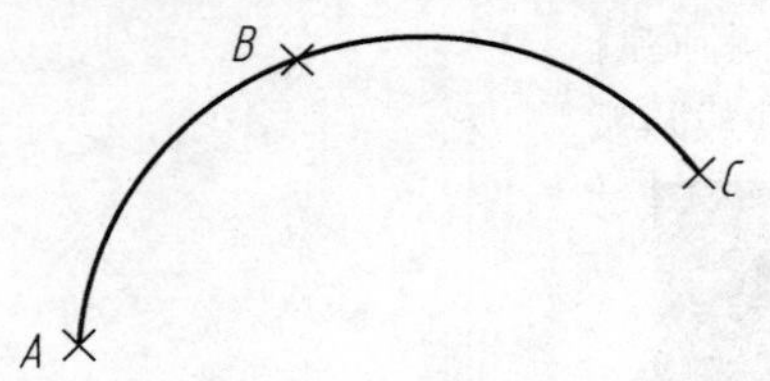

图 10-13 “三点”绘制圆弧

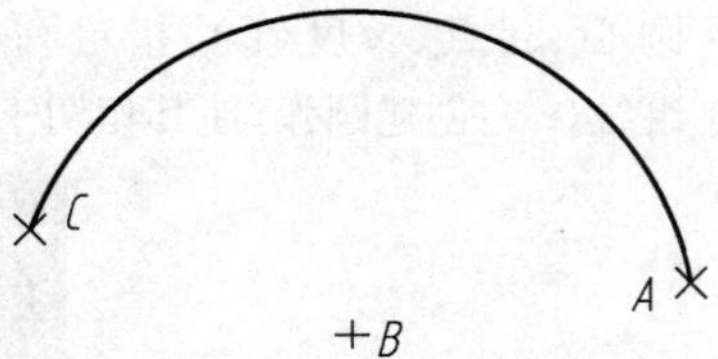

图 10-14 “起点、圆心、端点”绘制圆弧

步骤如下:

① 选择“绘图”|“圆弧”|“起点、圆心、端点”菜单命令。

② 在命令行“命令:_arc 指定圆弧的起点或[圆心(C)]:”的提示下,指定圆弧的起点 A。

③ 在命令行“指定圆弧的第二个点或[圆心(C)/端点(E)]:_c 指定圆弧的圆心:”的提示下,指定圆弧的圆心 B。

④ 在命令行“指定圆弧的端点或[角度(A)/弦长(I)]:”的提示下,指定圆弧的端点 C,完成圆弧的绘制。

(3)“起点、圆心、角度”绘制圆弧

【例 10-5】 根据图 10-15 所示绘制圆弧。

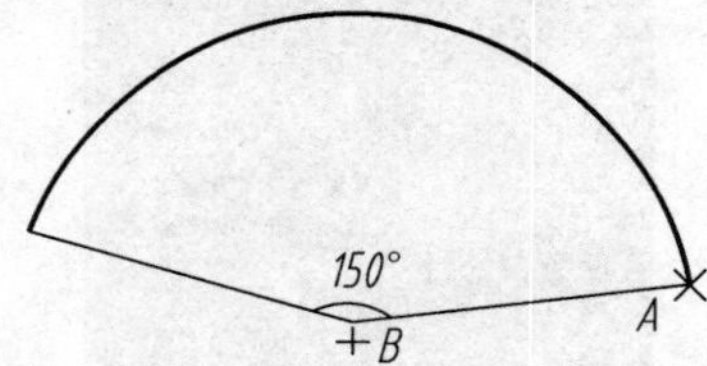

图 10-15 “起点、圆心、角度”绘制圆弧

步骤如下:

① 选择“绘图”|“圆弧”|“起点、圆心、角度”菜单命令。

② 在命令行“命令:_arc 指定圆弧的起点或[圆心(C)]:”的提示下,指定圆弧的起点 A。

③ 在命令行“指定圆弧的第二个点或[圆心(C)/端点(E)]:_c 指定圆弧的圆心:”的提示下,指定圆弧的圆心 B。

④ 在命令行“指定圆弧的端点[角度(A)/弦长(I)]:_a 指定包含角:”的提示下,输入圆弧的包含角度 150°,完成圆弧的绘制。

10.2.4 矩形命令

1. 调用方法

常用的调用方法有以下 3 种:

① 单击绘图工具栏的"矩形"按钮。

② 在命令行输入命令"Rectang"或"Rec"并回车。

③ 选择"绘图"|"矩形"菜单命令。

2. 命令说明

① 单击"矩形"按钮后,命令行显示"指定第一个角点或[倒角(C)/标高(E)/圆角(F)/厚度(T)/宽度(W)]",各选项解释如下:

"倒角(C)"选项:绘制一个带倒角的矩形,需要指定矩形的两个倒角距离;

"标高(E)"选项:指定矩形所在平面高度,默认矩形在 XY 平面内,一般用于绘制三维图;

"圆角(D)"选项:绘制一个带圆角的矩形,需要指定圆角矩形的圆角半径;

"厚度(T)"选项:按照已设定的厚度绘制矩形,一般用于绘制三维图形;

"宽度(W)"选项:按照已设定的线宽绘制矩形,需要指定矩形的线宽。

② 指定了矩形第一个角点后,命令行会显示"指定另一个角点或[面积(A)/尺寸(D)/旋转(R)]",各选项解释如下:

"面积(A)"选项:通过指定矩形的面积的长度(或宽度)绘制矩形;

"尺寸(D)"选项:通过指定矩形的长度、宽度和矩形另一角点的方向绘制矩形;

"旋转(R)"选项:通过指定旋转的角度和拾取两个参考点绘制矩形。

3. 绘制矩形实例

(1) 绘制圆角矩形

【例 10-6】 根据图 10-16 所示绘制带圆角的矩形。

步骤如下:

① 单击绘图工具栏的"矩形"按钮。

② 在命令行"指定第一个角点或[倒角(C)/标高(E)/圆角(F)/厚度(T)/宽度(W)]:"的提示下,输入字符"F"。

③ 在命令行"指定矩形的圆角半径<0.0000>:"的提示下,输入圆角半径"5"。

④ 在命令行"指定第一个角点或[倒角(C)/标高(E)/圆角(F)/厚度(T)/宽度(W)]:"的提示下,在绘图区内移动十字光标,单击指定矩形的第一个角点。

⑤ 在命令行"指定另一个角点或[面积(A)/尺寸(D)/旋转(R)]:"的提示下,在绘图区

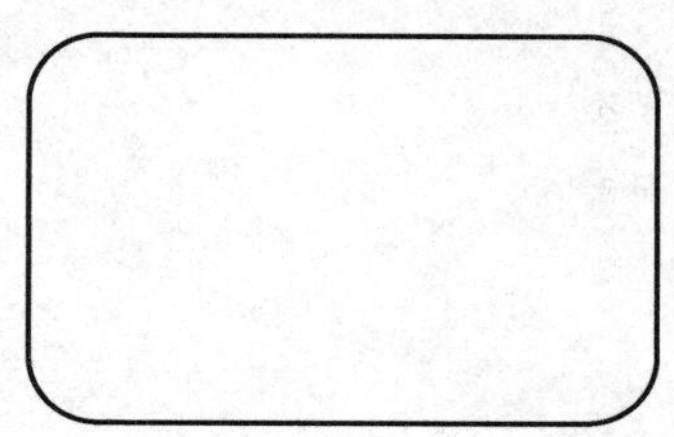

图 10-16　绘制圆角矩形

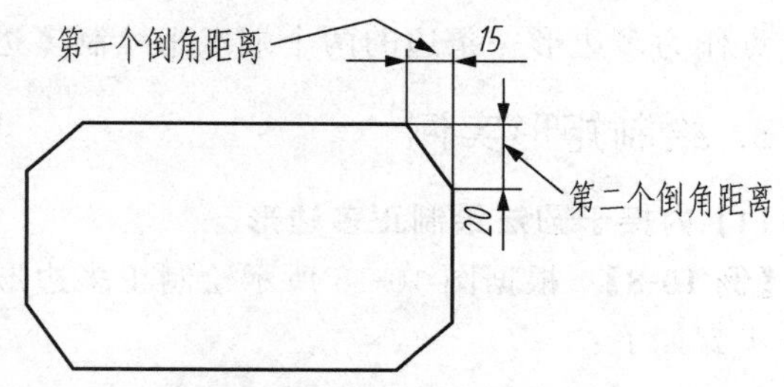

图 10-17　绘制倒角矩形

内移动十字光标，单击指定矩形的另一个角点，完成圆角矩形的绘制。

(2) 绘制倒角矩形

【例 10-7】 根据图 10-17 所示绘制带倒角的矩形。

步骤如下：

① 单击绘图工具栏的矩形按钮。

② 在命令行“指定第一个角点或[倒角(C)/标高(E)/圆角(F)/厚度(T)/宽度(W)]：”的提示下，输入字符“C”。

③ 在命令行“指定矩形的第一个倒角距离＜10.0000＞：”的提示下，输入第一个倒角距离“15”。

④ 在命令行“指定矩形的第二个倒角距离＜20.0000＞：”的提示下，输入第二个倒角距离“20”。

⑤ 在命令行“指定第一个角点或[倒角(C)/标高(E)/圆角(F)/厚度(T)/宽度(W)]：”的提示下，在绘图区内移动十字光标，单击指定矩形的第一个角点。

⑥ 在命令行“指定另一个角点或[面积(A)/尺寸(D)/旋转(R)]：”的提示下，在绘图区内移动十字光标，单击指定矩形的另一个角点，完成倒角矩形的绘制。

10.2.5 正多边形命令

1. 调用方法

常用的调用方法有以下 3 种：

① 单击绘图工具栏的多边形按钮。

② 在命令行输入命令“Polygo”或“Pol”并回车。

③ 选择“绘图”|“正多边形”菜单命令。

2. 命令说明

① 单击多边形按钮后，命令行显示“指定正多边形的中心点或[边(E)]：”，指定多边形中心点后，命令行将显示“输入选项[内接于圆(I)/外切于圆(C)]＜I＞：”提示信息。

“内接于圆(I)”选项：表示绘制的多边形将内接于设想的圆。

“外切于圆(C)”选项：表示绘制的多边形将外切于设想的圆。

② 如果在“指定正多边形的中心点或[边(E)]：”的提示下选择“边(E)”选项，可以指定两个点作为多边形一条边的两个端点来绘制多边形。

3. 绘制矩形实例

(1) 内接于圆法绘制正多边形

【例 10-8】 根据图 10-18 所示绘制正多边形。

步骤如下：

① 单击绘图工具栏的多边形按钮。

② 在命令行“命令：_polygon 输入边的数目＜4＞：”的提示下，输入边数“5”。

③ 在命令行“指定正多边形的中心点或[边(E)]：”的提示下，在绘图区内移动十字光标，单击指定正多边形的中心点。

④ 在命令行“输入选项[内接于圆(I)/外切于圆(C)]＜I＞：”的提示下，输入“I”。

⑤ 在命令行“指定圆的半径：”的提示下，输入圆的半径“20”，完成绘制内接于圆的正五边形。

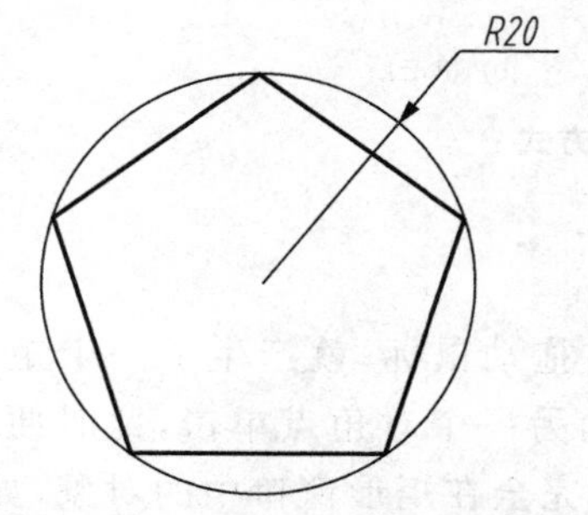

图 10-18　绘制内接于圆的正五边形

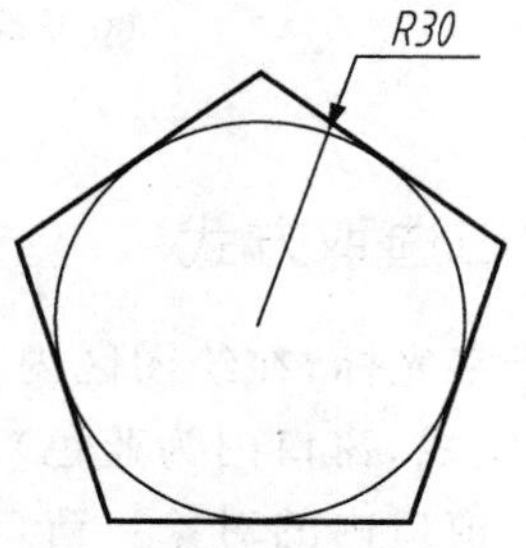

图 10-19　绘制外切于圆的正五边形

(2) 外切于圆法绘制正多边形

【例 10-9】 根据图 10-19 所示绘制正多边形。

步骤如下：

① 单击绘图工具栏的多边形按钮。

② 在命令行“命令：_polygon 输入边数目＜4＞：”的提示下，输入边数“5”。

③ 在命令行“指定正多边形的中心点或[边(E)]：”的提示下，在绘图区内移动十字光标，单击指定正多边形的中心点。

④ 在命令行“输入选项[内接于圆(I)/外切于圆(C)]＜I＞：”的提示下，输入“C”。

⑤ 在命令行“指定圆的半径：”的提示下，输入圆的半径“30”，完成绘制外切于圆的正五边形。

10.3　图形编辑命令

10.3.1　选择对象方式

在 AutoCAD 中，可以对简单的对象进行编辑：先选择对象，再选择编辑的方法。当某个对象被选中时，它会高亮显示，同时被选对象的要点上会出现“夹点”小方框。选择对象有以下几种常用的方式：

1. 单击选取方式

单击选取方式是将鼠标置于要选取的对象的边线上并单击，如图 10-20 所示。按住键盘的 Shift 键不放,可以单击选择多个对象。单击选取的优点是操作方便、直观,缺点是效率不高、精确度低。

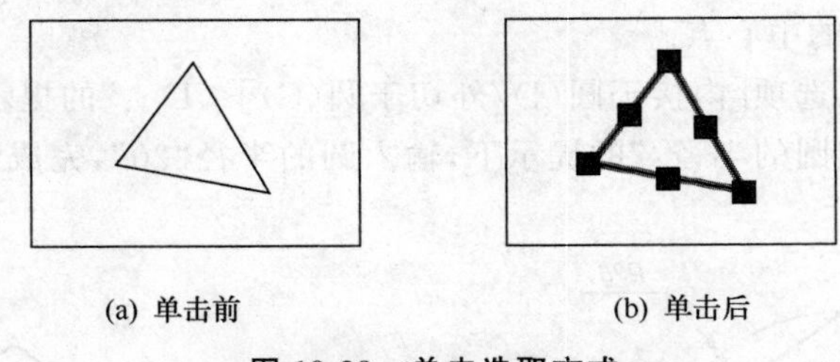

(a) 单击前 (b) 单击后

图 10-20 单击选取方式

2. 窗口选取方式

移动十字光标,在绘图区内某处单击,从左向右拖动鼠标,就产生了一个矩形选择窗口(边线为实线,窗口内为蓝色),在矩形选择窗口的另一个对角点单击,此时便选中了整体位于矩形窗口内的对象。窗口选取方式只能选择完全在矩形窗口中的对象,如图 10-21 所示。

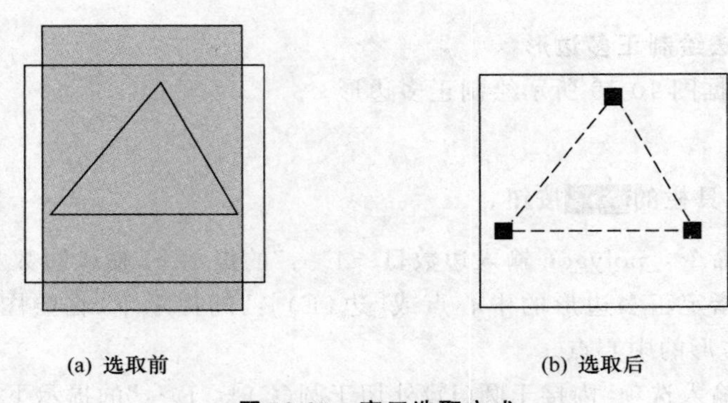

(a) 选取前 (b) 选取后

图 10-21 窗口选取方式

3. 窗口交叉选取方式

移动十字光标,在绘图区内某处单击,从右向左拖动鼠标,也产生了一个矩形选择窗口(边线为虚线,窗口内为绿色),在矩形选择窗口的另一个对角点单击,此时便选中了矩形窗口中的对象。窗口交叉选取方式不仅能选择完全在矩形窗口中的对象,而且能选择部分在矩形窗口中的对象,如图 10-22 所示。

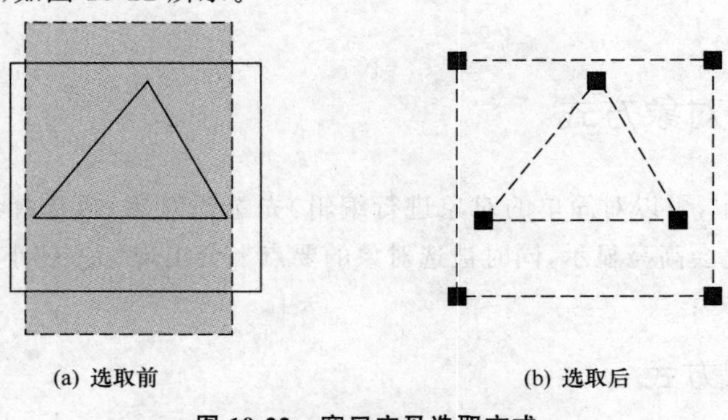

(a) 选取前 (b) 选取后

图 10-22 窗口交叉选取方式

10.3.2 图形编辑命令

在对图形进行编辑的过程中，可以非常方便地应用右侧的工具栏进行操作。下面对图形编辑过程中的常用命令进行简单介绍。

1. 删除

选择"修改"|"删除"命令，或者在右侧工具栏中单击按钮，或者在命令行中输入字符"ERASE"，都可以将选中的对象删除。

一般情况下，当发出"删除"命令后，需要选择要删除的对象，然后按回车键或空格键结束对象选择，删除已选择的对象。如果在"选项"对话框的"选择"选项卡中，选中了"选择模式"选项区域中的"先选择后执行"复选框，则可以先选择对象，然后单击按钮进行删除。

2. 移动

选择"修改"|"移动"命令，或者在右侧工具栏中单击移动按钮，或者在命令行中输入字符"MOVE"，都可以将选中的对象进行移动操作，移动操作只会改变对象的位置，而不能改变其方向和大小。

如图 10-23 所示，移动图形中的三角形，步骤如下：

① 单击右侧工具栏中移动按钮。

② 在命令行"选择对象："的提示下，选择三角形，按回车键结束对象的选取。

③ 在命令行"指定基点或[位移(D)]＜位移＞："的提示下，单击三角形的左下角点。

④ 在命令行"指定第二个点或＜使用第一个点作为位移＞："的提示下，移动光标到指定位置单击即完成移动。

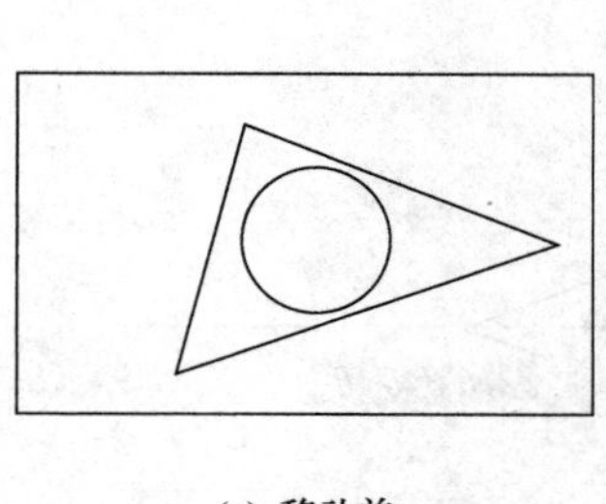

(a) 移动前

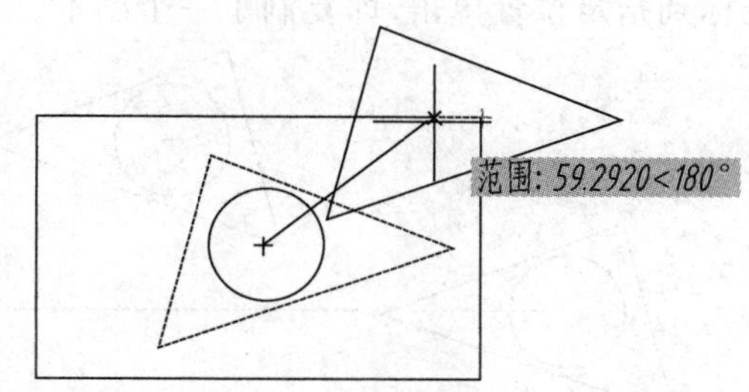

(b) 移动后

图 10-23　移动操作

3. 旋转

选择"修改"|"旋转"命令，或者在右侧工具栏中单击旋转按钮，或者在命令行中输入字

符“ROTATE”或“RO”，都可以将选中的对象绕基点旋转指定的角度。

如图 10-24 所示，旋转图形中的三角形，步骤如下：

① 单击右侧工具栏中旋转按钮。

② 在命令行“选择对象：”的提示下，选择三角形，按回车键结束对象的选取。

③ 在命令行“指定基点：”的提示下，单击三角形的中心点。

④ 在命令行“指定旋转角度，或[复制(C)/参照(R)＜0＞]：”的提示下，移动光标到指定位置单击即完成旋转(也可以输入旋转角度值)。

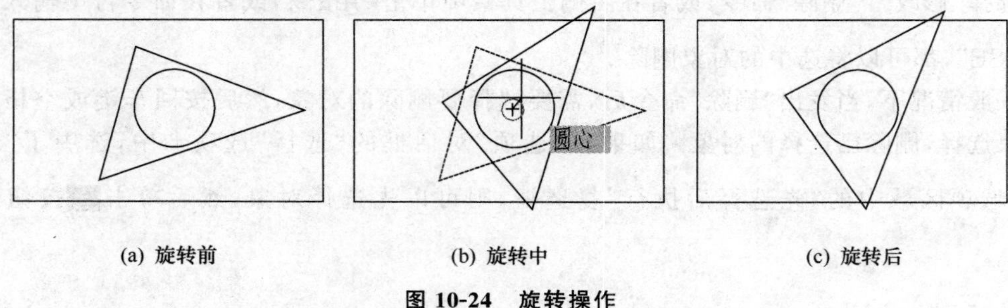

(a) 旋转前　　(b) 旋转中　　(c) 旋转后

图 10-24　旋转操作

4. 复制

选择“修改”|“复制”命令，或者在右侧工具栏中单击复制按钮，或者在命令行输入字符“COPY”或“CO”，都可以将选中的对象复制出副本，并放置到指定位置。

如图 10-25 所示，将图形复制一个副本，步骤如下：

① 单击右侧工具栏中复制按钮。

② 在命令行“选择对象：”的提示下，选择三角形及圆，按回车键结束对象的选取。

③ 在命令行“指定基点或[位移(D)]＜位移＞：”的提示下，单击三角形的左下角点。

④ 在命令行“指定第二点或[退出(E)/放弃(U)]＜退出＞：”的提示下，移动十字光标，移动光标到指定位置单击，即复制了一个副本。

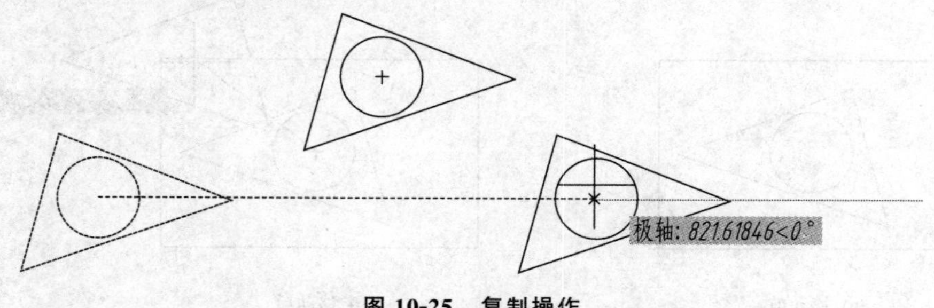

图 10-25　复制操作

5. 偏移

选择“修改”|“偏移”命令，或者在右侧工具栏中单击按钮，或者在命令行中输入字符“OFFSET”或“O”，都可以将选中的对象作偏移复制，来创建平行线或等距离分布图形。

如图 10-26 所示，将圆进行偏移操作，步骤如下：

① 单击右侧工具栏中按钮。

② 在命令行“指定偏移距离或[通过(T)/删除(E)/图层(L)]＜通过＞：”的提示下，输入要偏移的距离“20”，并按回车键。

③ 在命令行“选择要偏移的对象，或[退出(E)/放弃(U)]＜退出＞：”的提示下，选取圆。

④ 在命令行“指定要偏移的那一侧上的点，或[退出(E)/多个(M)/放弃(U)]＜退出＞：”的提示下，移动十字光标到圆外。单击即完成一次偏移。此时命令并没有退出，可以继续选择圆并进行偏移，若想退出命令，可以按 Esc 键。

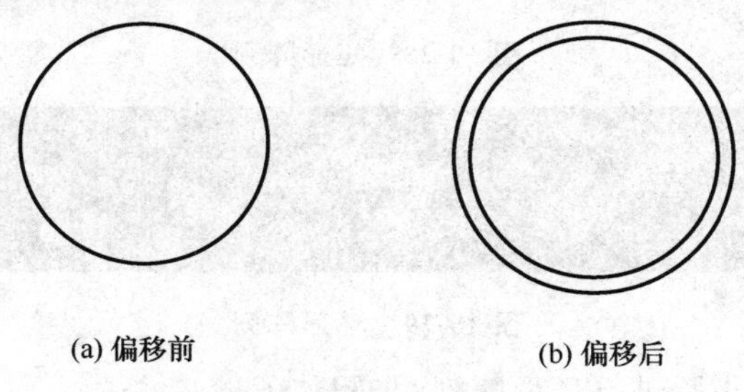

(a) 偏移前　　(b) 偏移后

图 10-26　偏移操作

6. 镜像

选择“修改”|“镜像”命令，或者在右侧工具栏中单击按钮，或者在命令行中输入字符“MIRROR”或“MI”，可以将选中的对象以镜像线对称复制。

如图 10-27(a)所示，镜像图形中的几何图形，步骤如下：

① 单击右侧工具栏中按钮。

② 在命令行“选择对象：”的提示下，选择镜像线左侧的图形，按回车键结束选取。

③ 在命令行“指定镜像线的第一点：”的提示下，选择镜像线上的一点。

④ 在命令行“指定镜像线的第二点：”的提示下，选择镜像线上的另一点。

⑤ 在命令行“要删除源对象吗？[是(Y)/否(N)]＜N＞：”的提示下，若输入 N，则不删除左侧的源对象，生成的图形如图 10-27(b)所示；若输入 Y，则删掉左侧的源对象，生成的图形如图 10-27(c)所示。

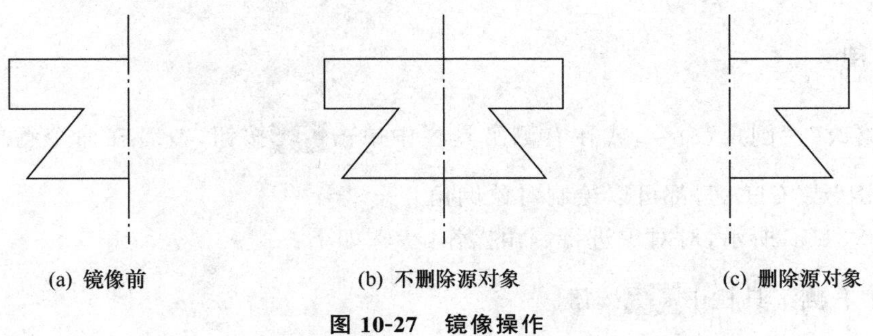

(a) 镜像前　　(b) 不删除源对象　　(c) 删除源对象

图 10-27　镜像操作

7. 阵列

选择“修改”|“阵列”命令，或者在右侧工具栏中点击按钮，或者在命令行输入字符“ARRAY”或“A”，打开“阵列”对话框，在此对话框中可以选择以矩形阵列(图 10-28)或环形阵列(图 10-29)的方式复制对象。

图 10-28　矩形阵列

图 10-29　环形阵列

如图 10-30 所示，将小圆进行环形阵列，步骤如下：

① 单击右侧工具栏中按钮。

② 在“阵列”对话框中单击选择小圆，按回车键结束对象的选取。

③ 在“阵列”对话框中的“项目总数”对话框中输入“8”。

④ 在“阵列”对话框中单击按钮，选择中心点，单击“确定”完成阵列。

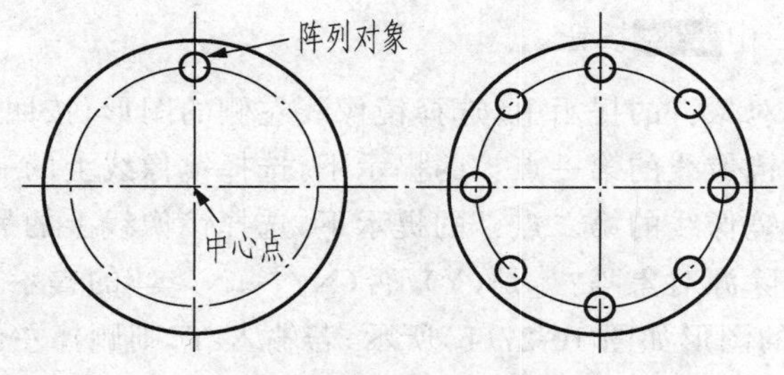

图 10-30　环形阵列

8. 倒角

选择“修改”|“倒角”命令，或在右侧工具栏中单击按钮，或者在命令行中输入字符“CHAMFER”或“CHA”，都可以绘制对象倒角。

如图 10-31(a)所示，对对象进行倒角操作，步骤如下：

① 单击右侧工具栏中按钮。

② 在命令行“选择第一条直线或[放弃(U)/多段线(P)/距离(D)/角度(A)/修剪(T)/

方式(E)/多个(M)]:”的提示下，输入“D”，并按回车键。

③ 在命令行“指定第一个角距离＜0.0000＞:”的提示下，输入“4”。

④ 在命令行“指定第二个角距离＜2.0000＞:”的提示下，输入“4”。

⑤ 在命令行“选择第一条直线或[放弃(U)/多段线(P)/距离(D)/角度(A)/修剪(T)/方式(E)/多个(H)]:”的提示下，选择一条边线。

⑥ 在命令行“选择第二条直线，并按住 Shift 键选择要应用角点的直线:”的提示下，选择另一条边线，就创建了一个倒角。重复倒角命令，创建短轴的倒角如图 10-31 所示。

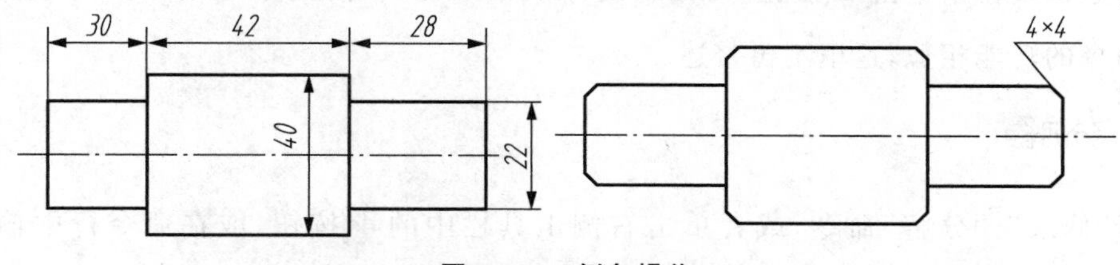

图 10-31　倒角操作

9. 圆角

选择“修改”|“圆角“命令，或在右侧工具栏中单击圆角按钮，或者在命令行中输入字符“FILLET”，都可以绘制对象圆角。

如图 10-32 所示，对对象进行圆角操作，步骤如下：

① 单击右侧工具栏中圆角按钮。

② 在命令行“选择第一个对象或[放弃(U)/多段线(P)/半径(R)/修剪(T)多个(M)]:”的提示下，输入“R”，并按回车键。

③ 在命令行“指定圆角半径＜10.0000＞:”的提示下，输入“4”。

④ 在命令行“选择第一个对象或[放弃(U)/多段线(P)/半径(R)/修剪(T)多个(M)]:”的提示下，选择一条边线。

⑤ 在命令行“选择第二个对象，或按住 Shift 键选择要应用角点的对象:”的提示下，选择另一条边线，就创建了一个圆角。重复圆角命令，创建短轴的圆角如图 10-32 所示。

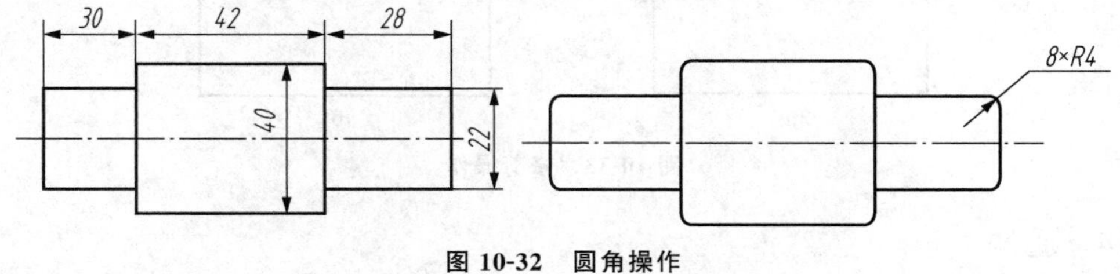

图 10-32　圆角操作

10. 打断

选择“修改”|“打断”命令，或者在右侧工具栏中单击按钮，或者在命令行中输入字符“BREAK”或“BR”，都可以将对象断开或部分删除。

默认情况下，以选择对象时的拾取点作为第一个断点，另外需要指定第二个断点。如果直接选取对象上的另一个点或者在对象的一端之外拾取一点，将删除对象上位于两个拾取点之间的部分。在确定第二个打断点时，如果在命令行输入“@”，可以使第一个断点与第二个断点重合，从而将对象分开。在对矩形、圆等封闭图形使用打断命令时，AutoCAD 默认沿逆时针方向把第一断点到第二断点之间的直线段或圆弧删除。

11. 打断于点

在右边工具栏中单击按钮，可以将对象的某一处断开，而不是删除。“打断于点”与“打断”命令的功能相似，这里不再赘述。

12. 分解

选择“修改”|“分解”命令，或者单击右侧工具栏中的按钮，或在命令行中输入字符“EXPLODE”，选择图形对象后按回车键，就可以分解该图形对象。

13. 修剪

选择“修改”|“修剪”命令，或者在右侧工具栏中单击按钮，或在命令行中输入字符“TRIM”，都可以以某一个对象为剪切边修剪其他对象。

如图 10-33 所示，对对象进行修剪操作，步骤如下：

① 单击右侧工具栏中按钮。

② 在命令行“选择对象：”的提示下，选择如图 10-33(a)中的剪切边，并按回车键。

③ 在命令行“选择要修剪的对象，或按住 Shift 键选择要延伸的对象，或[栏选(F)/窗交(C)/投影(P)/边(E)/删除(R)/放弃(U)]：”的提示下，选择要修剪的对象，如图 10-33(b)所示，即完成修剪。

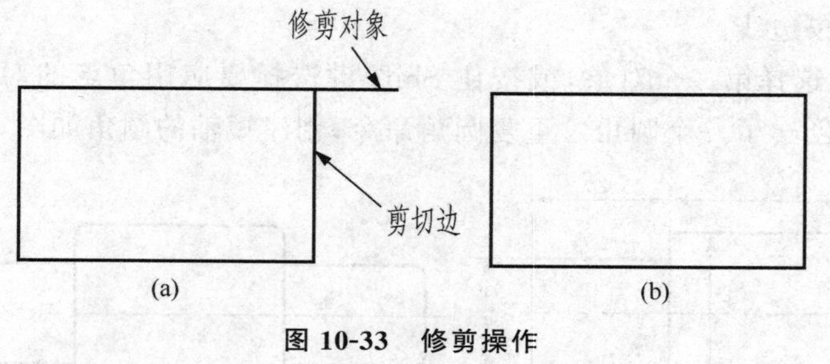

图 10-33　修剪操作

14. 延伸

选择“修改”|“延伸”命令，或者在右侧工具栏中单击按钮，或者在命令行中输入字符“EXTEND”，都可以延长指定的对象与另一对象相交。

如图 10-34 所示，将直线进行延伸操作，步骤如下：

① 单击右侧工具栏中按钮。

② 在命令行“选择对象：”的提示下，选择如图 10-34(a)中的参照边，并按回车键。

③ 在命令行"选择要延伸的对象，或按住 Shift 键选择要修剪的对象，或[栏选(F)/窗交(C)/投影(P)/边(E)/放弃(U)]："的提示下，选择要延伸的对象，如图 10-34(b)所示，即完成延伸操作。

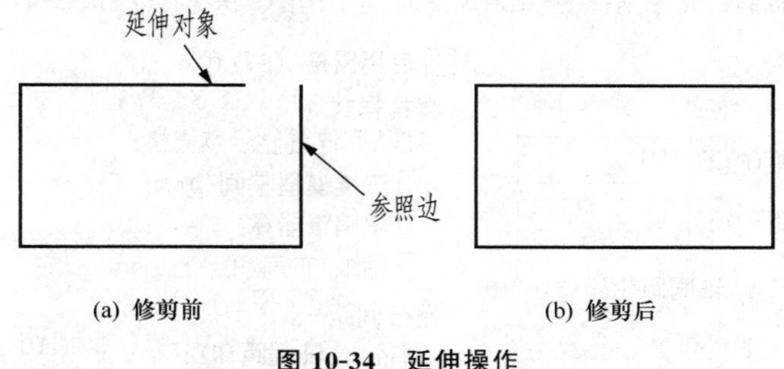

(a) 修剪前　　(b) 修剪后

图 10-34　延伸操作

10.4　辅助绘图命令

10.4.1　辅助绘图工具

1. 栅格和捕捉栅格点

栅格是显示在图形界限内的一种位置参考坐标，是由用户控制是否可见而不能打印出来的用于精确定位的点状网格。与坐标系相似，栅格可以用来定位，对于提高绘图精度和速度有很大帮助。打开和关闭栅格及栅格捕捉的方法如下：

① 单击状态栏的"栅格"和"捕捉"按钮。

② 按 F7 键可以打开或关闭栅格，按 F9 键可以打开或关闭捕捉。

③ 在命令行中输入栅格命令"Grid"。

④ 选择"工具"|"草图设置"命令，打开"草图设置"对话框，在"捕捉和栅格"选项卡中选择或取消"启用捕捉"和"启用栅格"复选框，如图 10-35 所示。使用"草图设置"对话框的"捕捉和栅格"选项卡，可以设置捕捉和栅格的相关参数，在此不再详述。

2. 正交模式

在正交模式下绘图，可以准确地绘制出水平和垂直的直线，可以用以下方法打开或关闭正交模式：

① 单击状态栏中的"正交"按钮，正交模式在开与关之间切换。

② 按 F8 键可以在打开或关闭正交模式之间切换。

③ 在命令行窗口中输入正交命令"Ortho"。

3. 对象捕捉

在使用 AutoCAD 绘制图形时常常需要拾取某些特征点，比如端点、中点、圆心、交点

草图设置

捕捉和栅格 | 极轴追踪 | 对象捕捉 | 三维对象捕捉 | 动态输入 | 快捷特性 | 选择循环

☐ 启用捕捉 (F9)(S)

捕捉间距

捕捉 X 轴间距(P): 10

捕捉 Y 轴间距(C): 10

☑ X 轴间距和 Y 轴间距相等(X)

极轴间距

极轴距离(D): 0

捕捉类型

◉ 栅格捕捉(R)

◉ 矩形捕捉(E)

○ 等轴测捕捉(M)

○ PolarSnap(O)

☐ 启用栅格 (F7)(G)

栅格样式

在以下位置显示点栅格:

☐ 二维模型空间(D)

☐ 块编辑器(K)

☐ 图纸/布局(H)

栅格间距

栅格 X 轴间距(N): 10

栅格 Y 轴间距(I): 10

每条主线之间的栅格数(J): 5

栅格行为

☑ 自适应栅格(A)

☐ 允许以小于栅格间距的间距再拆分(B)

☐ 显示超出界限的栅格(L)

☐ 遵循动态 UCS(U)

选项(T)... 确定 取消 帮助(H)

图 10-35 "草图设置"对话框

等,这些特征点凭眼睛看来拾取是不准确的。AutoCAD 提供了对象捕捉功能来捕捉对象上这些特定的几何点,以便快速、精确地绘图。

对象捕捉的方式有两种,一种是临时对象捕捉方式,另一种是自动捕捉方式。下面分别介绍这两种对象捕捉方式。

(1) 临时对象捕捉方式

在工具栏上单击鼠标右键,选中"对象捕捉","对象捕捉"工具栏将出现在窗口中,如图 10-36 所示。

在绘图过程中,当用户需要捕捉特征点时,单击对象捕捉工具栏中的相应图标按钮,再把光标移到要捕捉的对象上的特征点附近,即可准确地捕捉到相应的特征点。

图 10-36 对象捕捉工具栏

临时对象捕捉方式只一次有效,也就是说,在使用了一次捕捉后,下一次使用时,还要单击相应的按钮。

(2) 自动对象捕捉方式

设置了自动对象捕捉功能之后,在绘图过程中将会一直保持自动对象捕捉状态,直到用户关闭为止。自动捕捉功能需要通过“草图设置”对话框设置。选择“工具”菜单栏中的“草图设置”，弹出“草图设置”对话框，选择“对象捕捉”选项卡，如图 10-37 所示，在其中完成设置。

AutoCAD 2016 提供了 14 种捕捉方式，要启动相应的捕捉方式，只需要选中对应的复选框即可。

单击状态行中的“对象捕捉”图标按钮，可以打开或关闭对象捕捉模式。要注意的是，对象捕捉功能只有在配合绘图命令过程中才起作用。

4. 自动追踪

在按指定角度绘制图形对象或绘制与其他图形对象有特定关系的对象时，使用自动追踪功能可以快速而准确地定位，从而提高绘图效率，因此自动追踪功能是非常有用的绘图辅助工具。自动追踪有极轴追踪和对象捕捉追踪两种。

(1) 极轴追踪

极轴追踪是指在系统要求指定一个点时，按照事先设置的角度增量显示一条无限延长的辅助线，沿该辅助线即可追踪得到光标点。例如，绘制一段长度为 100、与 X 轴成 30°的直线，用极轴追踪功能实现起来会很方便。

极轴追踪参数可以在“草图设置”对话框中的“极轴追踪”选项卡中设置，如图 10-38 所示。

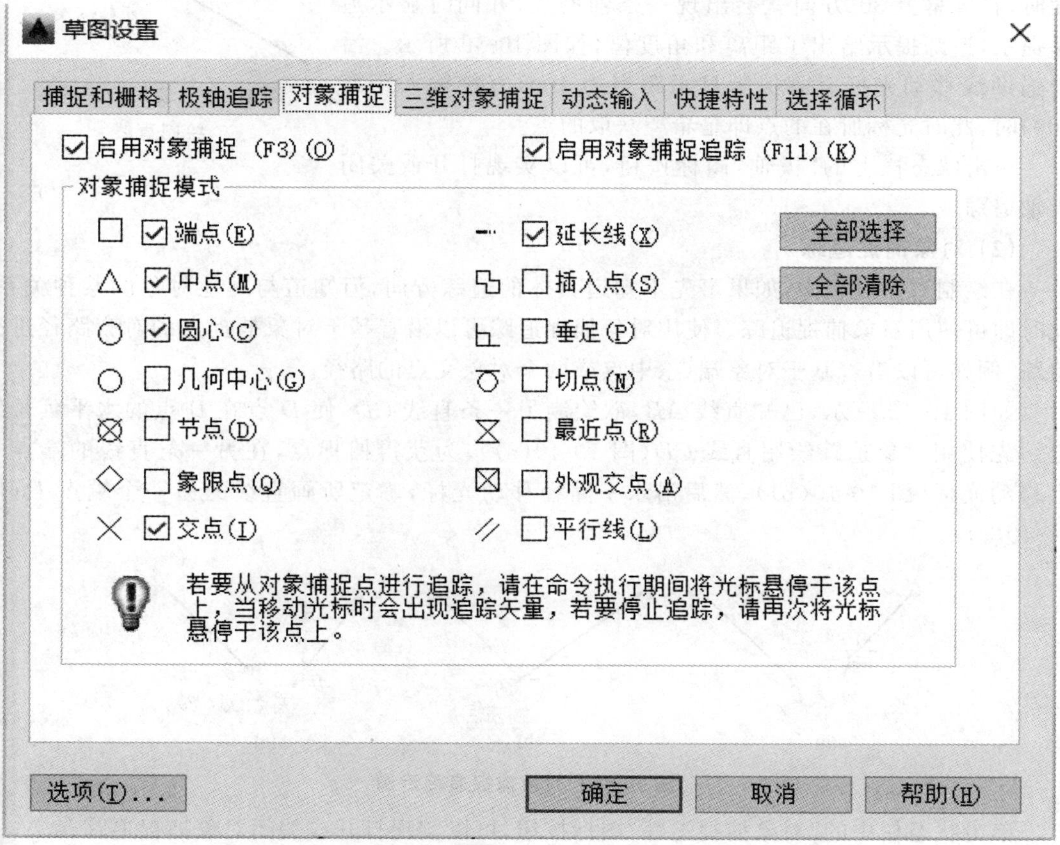

图 10-37　自动对象捕捉设置

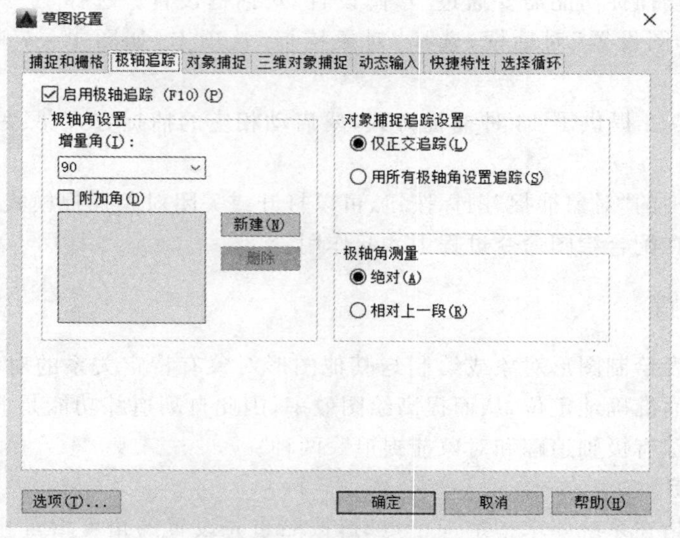

图 10-38　极轴追踪设置

在"极轴追踪"选项卡中将增量角设置为 30°,启动绘直线命令,指定起点后,当移动光标接近 30°或者以 30°为增量的角度时,在屏幕上 30°方向就会出现一条辅助线,并同时显示追踪提示,追踪提示给出了距离和角度值,如图 10-39 所示。沿着辅助线移动光标直到提示显示距离为 100(直接输入距离 100)时,此时光标所在的点即是希望获取的点。

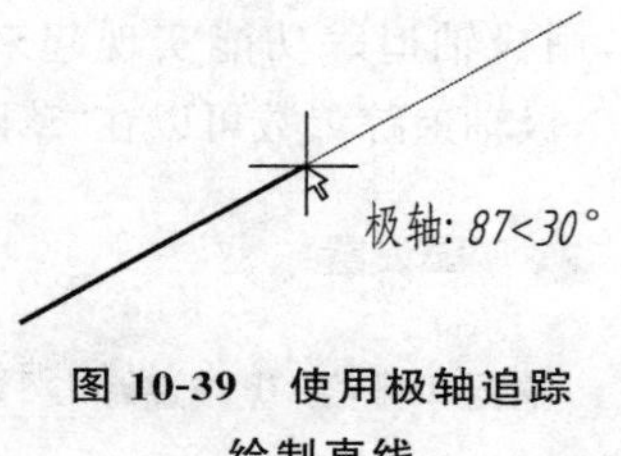

图 10-39　使用极轴追踪绘制直线

单击状态栏上的"极轴"图标按钮,可以实现打开或关闭极轴追踪。

(2) 对象捕捉追踪

在绘制对象过程中,如果事先不知道具体的追踪方向,但知道与其他对象的某种关系,此时即可使用对象捕捉追踪。使用对象捕捉追踪可以沿着基于对象捕捉点的对齐路径进行追踪,例如可以沿着基于对象端点、中点或两个对象交点的路径。

如图 10-40 所示,已知直线 AB,欲绘制另一条直线 CD,使 D 点在 B 点的水平延长线上。先使用对象追踪绘制直线 CD(图 10-40(a)),为获得捕捉点,在另一条直线的端点 B 上移动光标(图 10-40(b)),然后沿水平路径移动光标,确定所画直线的另一个端点 D(图 10-40(c))。

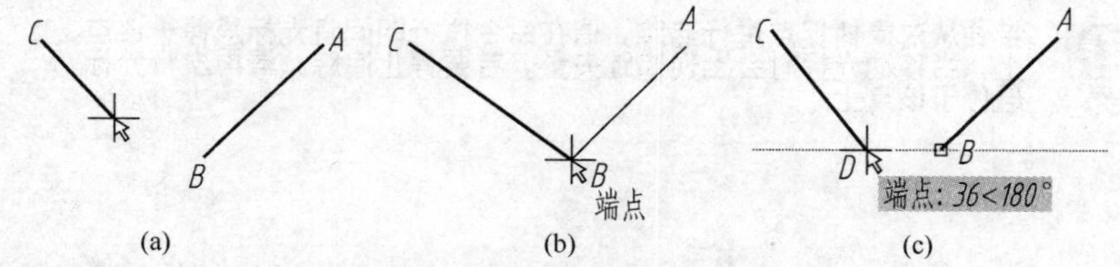

图 10-40　对象捕捉追踪示例

单击状态栏中的"对象捕捉追踪"图标按钮,可以实现打开或关闭对象捕捉追踪。

10.4.2　图层及其管理

1. 图层概念

图层相当于图纸绘图中使用的重叠透明图纸，这是 AutoCAD 中的主要组织工具。在机械、建筑等工程制图中，图形中主要包括基准线、轮廓线、剖面线、虚线、文字说明及尺寸标注等元素。使用图层不仅能够使图形的各种信息清晰有序，而且会给图形的编辑、修改和输出带来方便。

2. 图层特性管理器

选择菜单栏"格式"|"图层"菜单命令，打开"图层特性管理器"对话框，如图 10-41 所示。在该对话框左侧的"过滤器树"列表中显示了当前图形中所有使用的图层、组过滤器。在图层列表中，显示了图层的详细信息。

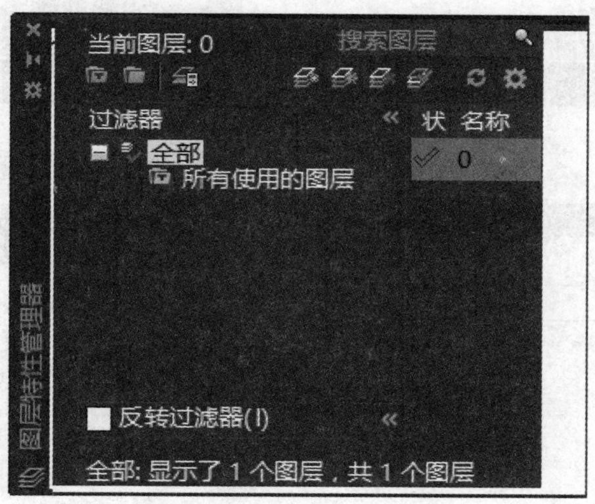

图 10-41　"图层特性管理器"对话框

3. 新建图层

在一开始绘制新图形时，AutoCAD 将创建一个名为"图层 0"的特殊图层。默认情况下，"图层 0"将被指定使用 7 号颜色。"图层 0"不能被删除和重命名。在没有建立新图层之前，所有的操作都在此图层上进行。在绘图工程中，如果用户要使用更多的图层来组织自己的图形，就需要新建图层。

在"图层特性管理器"对话框中，单击新建图层按钮，就在图层列表中创建了一个名称为"图层 1"的新图层。默认情况下，新建图层与当前图层的状态、线型、线宽、颜色等设置相同。图层的命名、线型、线宽、颜色没有统一的标准，因此在设置图层参数时，用户应该有一个统一的规范，以方便交流和协作。

4. 图层颜色的设置

颜色在图形中具有非常重要的作用，可用来表示不同的功能和区域。图层的颜色就是图层中图形对象的颜色。不同的图层可以设定相同的颜色，也可以设置不同的颜色。如果设置不同的颜色，那么绘制复杂的图形时就可以很容易区分图形的各个部分。

若要改变某一图层的颜色，在“图层特性管理器”对话框中单击该图层“颜色”属性项，系统弹出“选择颜色”对话框，如图 10-42 所示，为该图层选择一种颜色后，单击“确定”按钮。

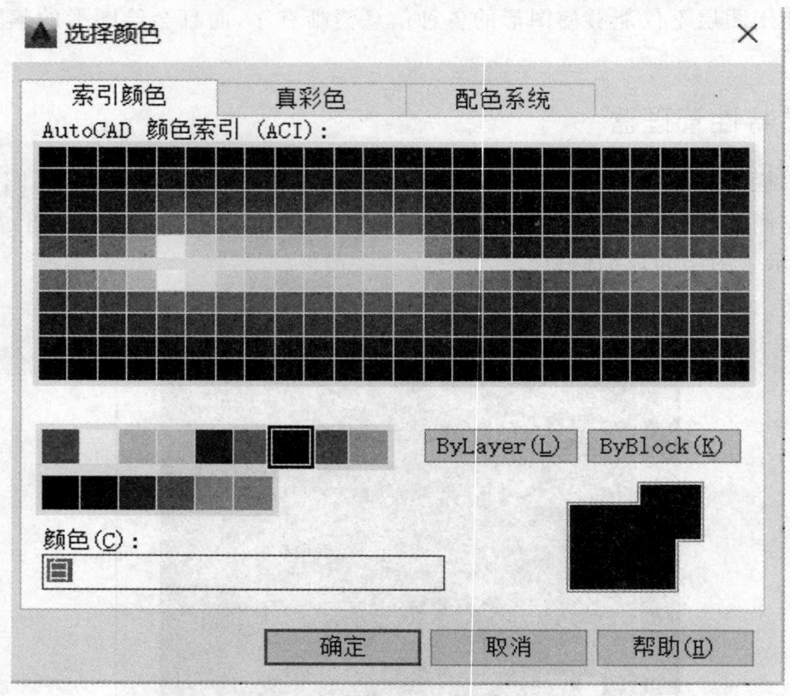

图 10-42 “选择颜色”对话框

5. 设置图层线型

图层线型是指图层上图形对象的线型，如虚线、点画线、实线等。在使用 AutoCAD 进行工程制图时，可以使用不同的线型来区分不同的对象。

在默认情况下，图层的线型设置为 Continuous(实线)。若要改变线型，可以在图层列表中单击某个图层的“线型”属性项，系统弹出如图 10-43 所示的“选择线型”对话框，在“已加载的线型”列表框中选择一种线型，然后单击“确定”按钮。

如果已加载的线型中缺少用户需要的线型，则需要进行“加载”操作，将用户需要的线型添加到“已加载的线型”列表框中。此时单击“选择线型”对话框中的“加载(L)…”按钮，系统弹出如图 10-44 所示的“加载或重载线型”对话框，从当前线型文件的线型列表框中选择需要加载的线型，然后单击“确定”按钮。

6. 设置线型比例

系统除了提供实线线型外，还提供了大量的非连续线型。在 AutoCAD 中，可以通过设

置线型比例来改变非连续线型的外观。选择菜单栏“格式”|“线型”菜单命令，系统弹出“线型管理器”对话框，如图 10-45 所示，可以设置图形中的线型比例。

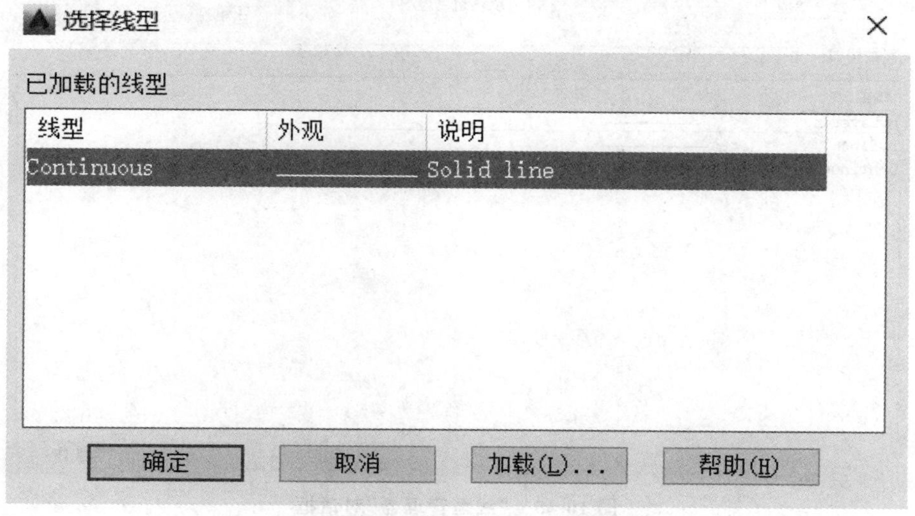

图 10-43　“选择线型”对话框

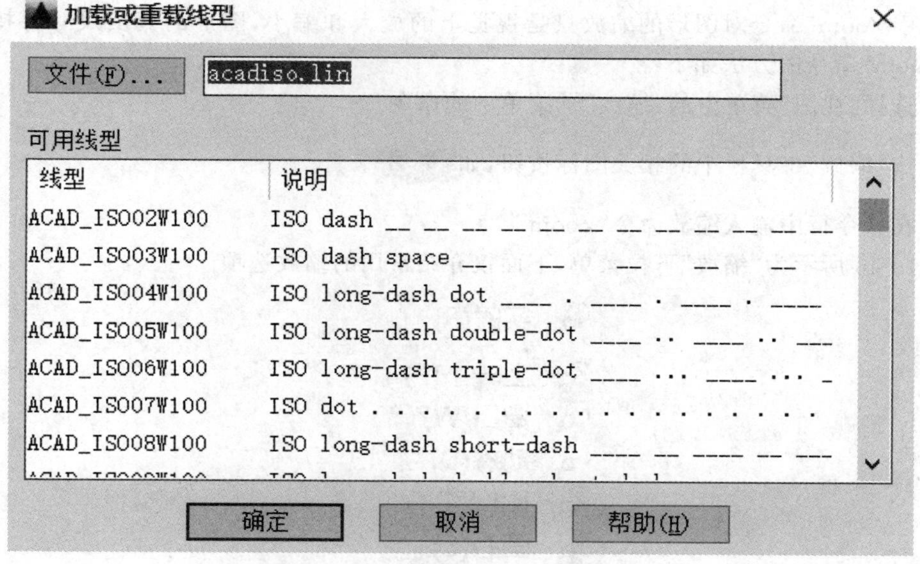

图 10-44　“加载或重载线型”对话框

“线型管理器”对话框显示了当前的线型列表。在线型列表中选择某一线型后，可以在“详细信息”选项区域中设置线型的“全局比例因子”和“当前对象缩放比例”。其中，“全局比例因子”用于设置图形中所有线型的比例；“当前对象缩放比例”用于设置当前选中线型的比例。

10.4.3　图形显示工具

1. 缩放视图

在绘制工程图过程中，常常需要将实体的某个局部放大以便详细观察设计。为此，Au-

线型管理器
线型过滤器
显示所有线型
反转过滤器(I)
加载(L)... 删除
当前(C) 显示细节(D)
当前线型：ByLayer

线型	外观	说明
ByLayer	————	
ByBlock	————	
Continuous	————	Continuous

确定 取消 帮助(H)

图 10-45 “线型管理器”对话框

toCAD 提供了“Zoom”命令来放大或缩小视图。

利用“Zoom”命令对图形的缩放只是视觉上的放大和缩小，图形的真实尺寸保持不变。调用“Zoom”命令的方法如下：

① 选择“视图”菜单中的“缩放”子菜单中的命令。

② 按“缩放”工具栏中的相关图标按钮，如 。

③ 在命令行中输入缩放命令“Zoom”。

图 10-46 所示为“缩放”下拉菜单，下面仅介绍常用的缩放选项。

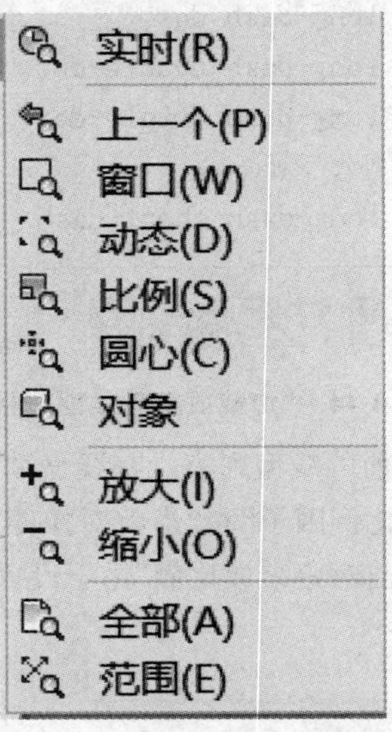

图 10-46 “缩放”下拉菜单

窗口：通过指定要查看区域的两个对角定义一个矩形，将矩形窗口中的图形放大。

实时：在图形窗口中按住左键后向下移动鼠标指针，图形将会缩小，反之向上移动鼠标，图形将会放大。如果使用带滚轮鼠标,则滚动滚轮可以实现同样功能。

全部:在图形界限范围内显示当前全部图形。如果图形超出了图形界限,则图形充满整个图形窗口。

范围:在屏幕上尽可能大地显示所有图形,使图形充满整个图形窗口。

2. 平移视图

AutoCAD 为用户提供了“Pan”命令,可以方便地查看落在显示窗体外的图形对象。这种平移方式比使用窗口滚动条来查看窗口外的图形对象方便快捷得多。

平移视图就如同一张图纸放在窗口中移来移去一样,移动时图形本身的坐标位置并不改变。

调用“Pan”命令的方法如下:

① 选择“视图”菜单中的“平移”子菜单中的命令。

② 按“平移”工具栏中的相关图标按钮,如 。

③ 在命令行中输入缩放命令“Pan”。

10.5 尺寸标注

10.5.1 尺寸标注简介

尺寸标注是绘图的一项重要内容,它用于表示图形的大小、形状,是图形识读的主要依据。AutoCAD 的尺寸标注命令可自动测量并标注图形,因此绘图时一定要力求准确,并善于运用栅格、捕捉、正交模式等定位工具。

由于标注类型较多,AutoCAD 把标注命令和标注编辑命令集中安排在“标注”下拉菜单和“标注”图标菜单中,如图 10-47、图 10-48 所示。

“标注”图标菜单主要有线性标注、对齐标注、坐标标注、半径标注、直径标注、角度标注、快速标注、基线标注、连续标注、快速引线标注、形位公差标注、圆心标记、编辑标注、编辑标注文字、标注样式、标注更新、标注样式控制等。

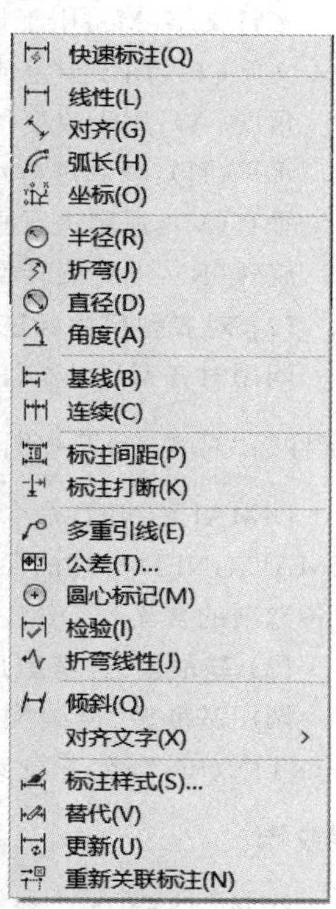

图 10-47　标注下拉菜单

10.5.2 尺寸标注命令

在进行标注之前,应选择一种尺寸标注的格式。如果没有选择尺寸标注的格式,则使用当前格式;如果还没有建立格式,则尺寸标注被指定为缺省格式“ISO-25”。

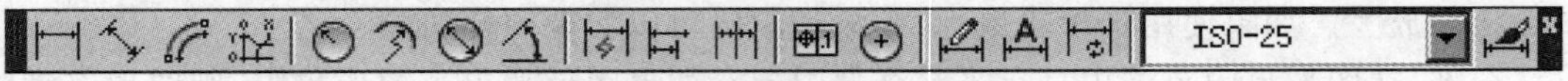

图 10-48 “标注”图标菜单

1. 长度型尺寸标注

长度型尺寸标注主要有水平和垂直型、对齐型、基线型、连续型 4 种，它们可用不同方式标注图形的长度尺寸。

(1) 水平和垂直型尺寸标注命令

调用水平和垂直型尺寸标注命令的方法：在命令行输入“DIMLINEAR”，在下拉菜单中选择“标注”|“线性(L)”，按图标菜单中。

DIMLINEAR 命令可用于标注水平和垂直或旋转的尺寸。执行此命令后，命令行提示“指定第一条尺寸界线起点或＜选择对象＞：”，可以有以下两种响应：

① 如果按回车键或鼠标右键，则提示用户直接选择要进行尺寸标注的对象，选取对象后，系统将会自动标注。

② 如果指定第一条尺寸界线的原点，则系统继续提示用户“指定第二条尺寸界线起点：”，确定第二条尺寸界线的原点后，将提示“指定尺寸线位置或[多行文字(M)/文字(T)/角度(A)/水平(H)/垂直(V)/旋转(R)]：”。如果用户指定一个点，则 AutoCAD 便用该点来定位尺寸线，并确定尺寸界线的绘制方向，随后以测量值为缺省值标注尺寸文本。提示中各选项的含义如下：

多行文字(M)：用于指定或增加多行尺寸文本，会出现“多行文字编辑器”对话框。

文字(T)：用于指定或增加尺寸文本。

角度(A)：用于改变尺寸文本的角度。

水平(H)：强制进行水平尺寸标注。

垂直(V)：强制进行垂直尺寸标注。

旋转(R)：进行旋转型尺寸标注，使尺寸标注旋转至指定的角度。

(2) 对齐型尺寸标注命令

调用对齐型尺寸标注命令的方法：在命令行输入“DIMALIGNED”，在下拉菜单中选择“标注”|“对齐(G)”，按图标菜单中。

DIMALIGNED 命令标注的尺寸线与尺寸界线的两个原点的连线平行。若是圆弧，则 DIMALIGNED 标注的尺寸线与圆弧的两个端点所产生的弦保持平行。命令执行后，提示中各选项的含义与 DIMLINEAR 命令相同。

(3) 基准型、连续型尺寸标注命令

调用基准型、连续型尺寸标注命令的方法：在命令行输入“DIMBASELINE(或 DIMCONTINUE)”，在下拉菜单中选择“标注”|“基线(B)”(或“连续(C)”)，按图标菜单中或。

DIMBASELINE 命令用于图形中以第一尺寸线为基准标注图形尺寸。DIMCONTINUE 命令用于在同一尺寸线水平或垂直方向上连续标注尺寸。

2. 圆弧型尺寸标注

圆弧型尺寸标注主要有直径型、半径型及圆心标注 3 种。

(1) 直径型尺寸标注

调用直径型尺寸标注的方法：在命令行输入“DIMDIAMETER”，在下拉菜单中选择“标注”|“直径(D)”，按图标菜单中。

DIMDIAMETER 命令用于标注圆或圆弧的直径，直径型尺寸标注中的尺寸数字带有前缀“Φ”。执行 DIMDIAMETER 命令后会提示“选择圆弧或圆：”，让用户选择要标注的圆弧或圆，选择后将提示“指定尺寸线位置或[多行文字(M)/文字(T)/角度(A)]：”要求用户指定尺寸线的位置或输入尺寸文本和尺寸文本的标注角度。

(2) 半径型尺寸标注

调用半径型尺寸标注的方法：在命令行输入“DIMRADIUS”，在下拉菜单中选择“标注”|“半径(R)”，按图标菜单中。

DIMRADIUS 命令用于标注圆或圆弧的半径，命令执行时的提示与 DIMDIAMETER 命令执行时的提示基本类似。DIMRADIUS 命令标注的尺寸线只有一个箭头，并且尺寸标注中尺寸数字的前缀为“R”。

(3) 圆心标注

调用圆心标注的方法：在命令行中输入“DIMCENTER”，在下拉菜单中选择“标注”|“圆心标记(M)”，按图标菜单中。

该命令可创建圆或圆弧的中心标记或中心线。

3. 角度型尺寸标注

调用角度型尺寸标注的方法：在命令行中输入“DIMANGULAR”，在下拉菜单中选择“标注”|“角度(A)”，按图标菜单中。

DIMANGULAR 命令能够精确地生成并测量对象之间的夹角。它可用来标注两直线之间的夹角，圆弧或圆的一部分的圆心角，或任何不共线的三点的夹角。标注角度的尺寸线是弧线，尺寸线的位置由光标指定。执行 DIMANGULAR 命令后会提示“选择圆弧、圆、直线或＜指定顶点＞：”，可以有以下两种响应：

① 如果按回车键或鼠标右键，则通过用户指定的 3 个点来标注角度(这 3 点并不一定位于已存在的几何图形上)，系统将显示以下提示：

“指定角的顶点：”

“指定角的第一个端点：”

“指定角的第二个端点：”

“指定标注弧线位置或[多行文字(M)/文字(T)/角度(A)]：”

② 如果选择的是直线，则通过指定的两条直线来标注其角度。如果选择的是圆弧，则以圆弧的中心作为角度的顶点，以圆弧的两个端点作为角度的两个端点来标注弧的夹角。如果选择的是圆，则以圆心作为角度的顶点，以圆周上指定的两点作为角度的两个端点来标

注弧的夹角。

另外，还有 LEADER（引出线尺寸标注）、DIMORDINATE（坐标型尺寸标注）等尺寸标注命令。

10.6　平面图形绘制示例

下面以图 10-49 所示图形为例，讲述绘制平面图的基本步骤。

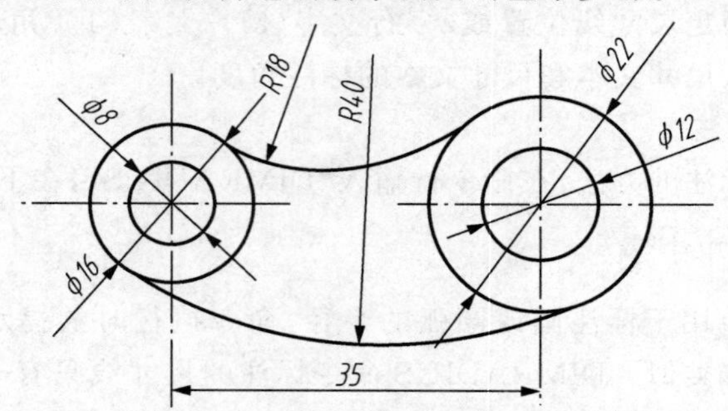

图 10-49　平面图形

① 在“图层管理器”对话框中新建图层 1，线型为 Dashdot，颜色为红色。

② 将图层 1 置为当前层，绘制如图 10-50(a)所示的中心线。

③ 利用复制命令，将竖直的中心线向右偏移 35 mm 进行复制，如图 10-50(b)所示。

图 10-50　绘制中心线

④ 将图层 0 设为当前层，绘制四个圆，尺寸如图 10-51 所示。

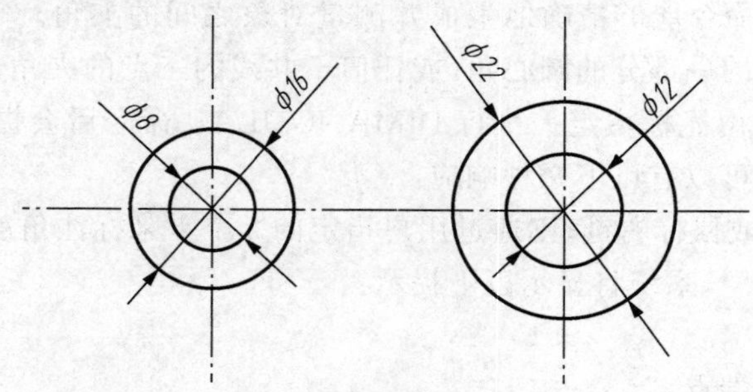

图 10-51　绘制四个圆

⑤ 选择菜单栏“绘图”|“圆”|“相切、相切、半径”菜单命令，绘制半径分别为 18 和 40 的圆，如图 10-52 所示。

⑥ 利用“打断”命令，将两个大圆切点以外的部分打断并删除，就得到了要画的图形，如图 10-53 所示。

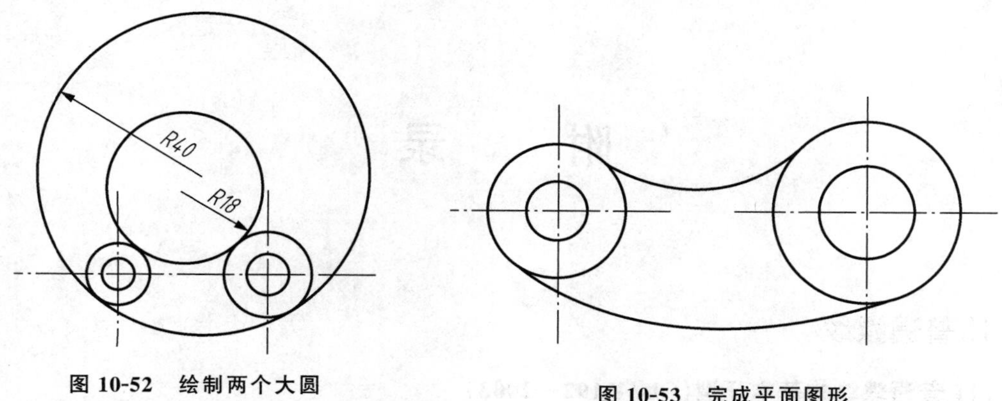

图 10-52　绘制两个大圆

图 10-53　完成平面图形

⑦ 检查无误后标注尺寸，并保存图形文件，如图 10-49 所示。

附　　录

1. 普通螺纹

(1) 普通螺纹的基本牙型(GB/T 192—2003)

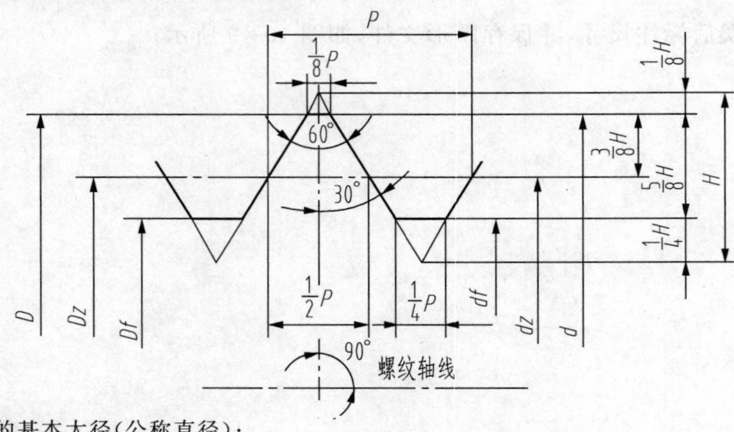

D—内螺纹的基本大径(公称直径);
d—外螺纹的基本大径(公称直径);
D_z—内螺纹的基本中径;
d_z—外螺纹的基本中径;
D_f—内螺纹的基本小径;
d_f—外螺纹的基本小径;
H—原始三角形高度;
P—螺距。

附表 1　基本牙型尺寸　　(单位:mm)

螺距 P	H	$\frac{5}{8}H$	$\frac{3}{8}H$	$\frac{1}{4}H$	$\frac{1}{8}H$
0.2	0.173 205	0.108 253	0.064 952	0.043 301	0.021 651
0.25	0.216 506	0.135 316	0.081 190	0.054 127	0.027 063
0.3	0.259 808	0.162 380	0.097 428	0.064 952	0.032 476
0.35	0.303 109	0.189 443	0.113 666	0.075 777	0.037 889
0.4	0.346 410	0.216 506	0.129 904	0.086 603	0.043 301
0.45	0.389 711	0.243 570	0.146 142	0.097 428	0.048 714
0.5	0.433 013	0.270 633	0.162 380	0.108 253	0.054 127
0.6	0.519 615	0.324 760	0.194 856	0.129 904	0.064 952

续表

螺距 P	H	$\frac{5}{8}H$	$\frac{3}{8}H$	$\frac{1}{4}H$	$\frac{1}{8}H$
0.7	0.606 218	0.378 886	0.227 332	0.151 554	0.075 777
0.75	0.649 519	0.405 949	0.243 570	0.162 380	0.081 190
0.8	0.692 820	0.433 013	0.259 808	0.173 205	0.086 603
1	0.866 025	0.541 266	0.324 760	0.216 506	0.108 253
1.25	1.082 532	0.676 582	0.405 949	0.270 633	0.135 316
1.5	1.299 038	0.811 899	0.487 139	0.324 760	0.162 380
1.75	1.515 544	0.947 215	0.568 329	0.378 886	0.189 443
2	1.732 051	1.082 532	0.649 519	0.433 013	0.216 506
2.5	2.165 063	1.353 165	0.811 899	0.541 266	0.270 633
3	2.598 076	1.623 798	0.974 279	0.649 519	0.324 760
3.5	3.031 089	1.894 431	1.136 658	0.757 772	0.378 886
4	3.464 102	2.165 063	1.299 038	0.866 025	0.433 013
4.5	3.897 114	2.435 696	1.461 418	0.974 279	0.487 139
5	4.330 127	2.706 329	1.623 798	1.082 532	0.541 266
5.5	4.763 140	2.976 962	1.786 177	1.190 785	0.595 392
6	5.196 152	3.247 595	1.948 557	1.299 038	0.649 519
8	6.928 203	4.330 127	2.598 076	1.732 051	0.866 025

(2) 普通螺纹的直径与螺距系列(GB/T 193—2003)

附表 2　直径与螺距的标准组合系列　　(单位:mm)

公称直径 D、d			螺距 P		公称直径 D、d			螺距 P	
第一系列	第二系列	第三系列	粗牙	细牙	第一系列	第二系列	第三系列	粗牙	细牙
4			0.7	0.5	24			3	2、1.5、1
	4.5		0.75	0.5			25		2、1.5、1
5			0.8	0.5			26		1.5
		5.5		0.5		27		3	2、1.5、1
6			1	0.7			28		2、1.5、1
	7		1	0.75	30			3.5	(3)、2、1.5、1
8			1.25	1、0.75			32		2、1.5
		9	1.25	1、0.75		33		3.5	(3)、2、1.5
10			1.5	1.25、1、0.75			35①		1.5
		11	1.5	1.5、1、0.75	36			4	3、2、1.5
12			1.75	1.25、1			38		1.5
	14		2	1.5、1.25②		39		4	3、2、1.5

续表

公称直径 D、d			螺距 P		公称直径 D、d			螺距 P	
第一系列	第二系列	第三系列	粗牙	细牙	第一系列	第二系列	第三系列	粗牙	细牙
		15		1.5、1			40		3、2、1.5
16			2	1.5、1	42			4.5	4、3、2、1.5
		17		1.5、1		45		4.5	4、3、2、1.5
	18		2.5	2、1.5、1	48			5	4、3、2、1.5
20			2.5	2、1.5、1			50		3、2、1.5
	22		2.5	2、1.5、1		45		4.5	4、3、2、1.5

注：1.仅限于发动机的火花塞。
2.仅限于轴承的锁紧螺母。

附表 3　细牙普通螺纹螺距与小径的关系

螺距 P	小径 D_1、d_1	螺距 P	小径 D_1、d_1	螺距 P	小径 D_1、d_1
0.35	$d-1+0.621$	1	$d-2+0.917$	2	$d-3+0.835$
0.5	$d-1+0.459$	1.25	$d-2+0.647$	3	$d-4+0.752$
0.75	$d-1+0.188$	1.5	$d-2+0.376$	4	$d-5+0.670$

注：表中的小径按 $D_1=d_1=d-2\times5/8H$，$H=\frac{\sqrt{3}}{2}P$ 计算得出。

(3) 非螺纹密封的管螺纹(GB 7307—2001)

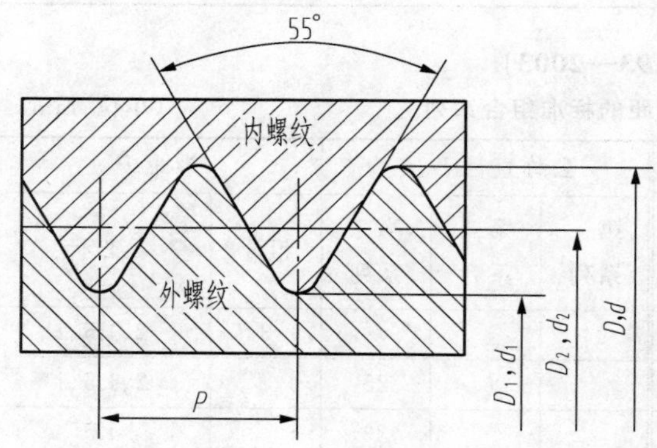

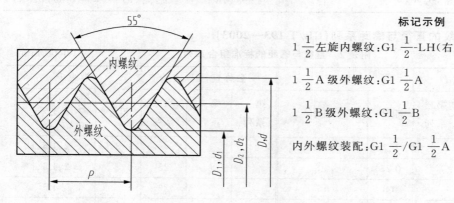

标记示例

$1\frac{1}{2}$左旋内螺纹：G1 $\frac{1}{2}$-LH(右旋不标)

$1\frac{1}{2}$A 级外螺纹：G1 $\frac{1}{2}$A

$1\frac{1}{2}$B 级外螺纹：G1 $\frac{1}{2}$B

内外螺纹装配：G1 $\frac{1}{2}$/G1 $\frac{1}{2}$A

附表 4　非螺纹密封的管螺纹的尺寸　　(单位：mm)

尺寸代号	每 25.4 mm 内的牙数 n	螺距 P	牙高 h	圆弧半径 $r\approx$	基本直径		
					大径 $d=D$	中径 $d_2=D_2$	小径 $d_1=D_1$
1/16	28	0.907	0.581	0.125	7.723	7.142	6.561
1/8	28	0.907	0.581	0.125	9.728	9.147	8.566
1/4	19	1.337	0.856	0.184	13.157	12.301	11.445
3/8	19	1.337	0.856	0.184	16.662	15.806	14.950
1/2	14	1.814	1.162	0.249	20.955	19.793	18.631

续表

尺寸代号	每 25.4 mm 内的牙数 n	螺距 P	牙高 h	圆弧半径 $r\approx$	基本直径		
					大径 $d=D$	中径 $d_2=D_2$	小径 $d_1=D_1$
5/8	14	1.814	1.162	0.249	22.911	21.749	20.587
3/4	14	1.814	1.162	0.249	26.441	25.279	24.117
7/8	14	1.814	1.162	0.249	30.201	29.039	27.877
1	11	2.309	1.479	0.317	33.249	31.771	30.291
1 1/3	11	2.309	1.479	0.317	37.897	36.418	34.939
1 1/2	11	2.309	1.479	0.317	41.910	40.431	38.952
1 2/3	11	2.309	1.479	0.317	47.803	46.324	44.845
1 3/4	11	2.309	1.479	0.317	53.746	52.267	50.788
2	11	2.309	1.479	0.317	59.614	58.135	56.656
2 1/4	11	2.309	1.479	0.317	65.710	64.231	62.752
2 1/2	11	2.309	1.479	0.317	75.184	73.705	72.226
2 3/4	11	2.309	1.479	0.317	81.534	80.055	78.576
3	11	2.309	1.479	0.317	87.884	86.405	84.926
3 1/2	11	2.309	1.479	0.317	100.330	98.851	97.372
4	11	2.309	1.479	0.317	113.030	111.551	110.072
4 1/2	11	2.309	1.479	0.317	125.730	124.251	122.772
5	11	2.309	1.479	0.317	138.430	136.951	135.472
5 1/2	11	2.309	1.479	0.317	151.130	149.651	148.172
6	11	2.309	1.479	0.317	163.830	162.351	160.872

注：本标注适用于管接头、旋塞、阀门及其附件。

（4）梯形螺纹（GB 5796.2—2005，GB 5796.3—2005）

标记示例

梯形内螺纹，公称直径 $d=40$、螺距 $P=7$、精度等级为 7H，标记为：Tr40×7—7h；多线左旋梯形外螺纹，公称直径 $d=40$、导程 $Ph=14$、螺距 $P=7$、精度等级为 7e，标记为：Tr40× 14(P7)LH—7e；梯形螺旋副，公称直径 $d=40$、螺距 $P=7$、内螺纹精度等级为 7H、外螺纹精度等级为 7e，标记为：Tr40×7—7H/7e。

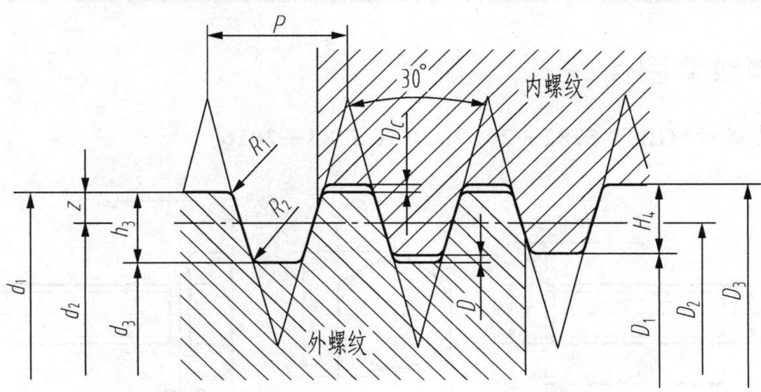

附表 5　直径与螺距系列、基本尺寸　　（单位：mm）

公称直径 d 第一系列	公称直径 d 第二系列	螺距 P	中径 $d_2=D_2$	大径 D_4	小径 d_3	小径 D_1	公称直径 d 第一系列 (2)	公称直径 d 第二系列 (2)	螺距 P (2)	中径 $d_2=D_2$ (2)	大径 D_4 (2)	小径 d_3 (2)	小径 D_1 (2)
8		1.5	7.25	8.30	6.20	6.500		26	3	24.50	26.50	22.50	23.00
	9	1.5	8.25	9.30	7.20	7.50			5	23.50	26.50	20.50	21.00
		2	8.00	9.50	6.50	7.00			8	22.00	27.00	17.00	18.00
10		1.5	9.25	10.30	8.20	8.50		28	3	26.50	28.50	24.50	25.00
		2	9.00	10.50	7.50	8.00			5	25.50	28.50	22.50	23.00
	11	2	10.0	11.50	8.50	9.00			8	24.00	29.00	19.00	20.00
		3	9.50	11.50	7.50	8.00		30	3	28.50	30.50	26.50	29.00
12		2	11.00	12.50	9.50	10.00			6	27.00	31.00	23.00	24.00
		3	10.50	12.50	8.50	9.00			10	25.00	31.00	19.00	20.50
	14	2	13.00	14.50	11.50	12.00	32		3	30.50	32.50	28.50	29.00
		3	12.50	14.50	10.50	11.00			6	29.00	33.00	25.00	26.00
16		2	15.00	16.50	13.50	14.00			10	27.00	33.00	21.00	22.00
		4	14.00	16.50	11.50	12.00		34	3	32.50	34.50	30.50	31.00
	18	2	17.00	18.50	15.50	16.00			6	31.00	35.00	27.00	28.00
		4	16.00	18.50	13.50	14.00			10	29.00	35.00	23.00	24.00
20		2	19.00	20.50	17.50	18.00	36		3	34.50	36.50	32.50	33.00
		4	18.00	20.50	15.50	16.00			6	33.00	37.00	29.00	30.00
	22	3	20.50	22.50	18.50	19.00			10	31.00	37.00	25.00	26.00
		5	19.50	22.50	16.50	17.00		38	3	36.50	38.50	34.50	35.00
		8	18.00	23.00	13.00	14.00			7	34.50	39.00	30.00	31.00
24		3	22.50	24.50	20.50	21.00			10	33.00	39.00	27.00	28.00
		5	21.50	24.50	18.50	19.00	40		3	38.50	40.50	36.50	37.00
		8	20.00	25.00	15.00	16.00			7	36.50	41.00	32.00	33.00

2. 常用螺纹紧固件

（1）六角头螺栓（GB/T 5782—2016；GB/T 5783—2016）

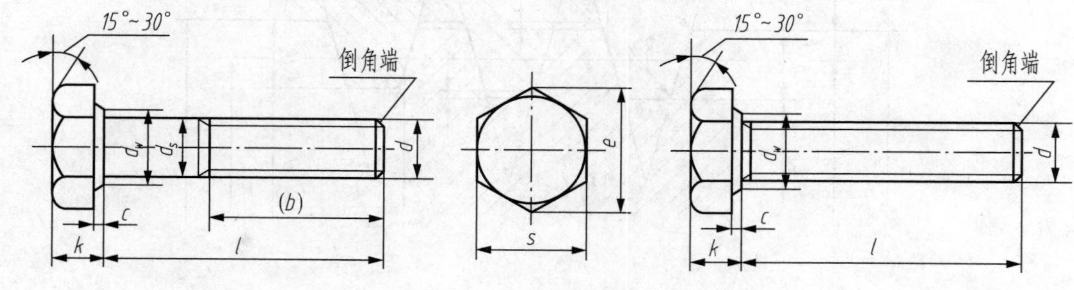

标记示例

螺纹规格 d＝M12、公称长度 l＝80 mm、性能等级为 8.8 级、表面氧化、产品等级为 A 级的六角头螺栓：螺栓　GB/T 5782　M12×80

螺纹规格 d＝M12、公称长度 l＝80 mm、性能等级为 8.8 级、表面氧化、全螺纹、产品等级为 A 级的六角头螺栓：螺栓　GB/T 5783　M12×80

附表 6　螺纹规格　　（单位：mm）

螺纹规格	d	M4	M5	M6	M8	M10	M12	M16	M20	M24	M30	M36	M42	M48
b 参考	l≤125	14	16	18	22	26	30	38	46	54	66	—	—	—
	125＜l≤200	20	22	24	28	32	36	44	52	60	72	84	96	108
	l＞200	33	35	37	41	45	49	57	65	73	85	97	109	121
c max		0.4	0.5		0.6			0.8					1	
k max	A	2.925	3.65	4.15	5.45	6.58	7.68	10.18	12.715	15.215	—	—	—	—
	B	3	3.74	4.24	5.54	6.69	7.79	10.29	12.85	15.35	19.12	22.92	26.42	30.42
d_0 max		4	5	6	8	10	12	16	20	24	30	36	42	48
s max		7	8	10	13	16	18	24	30	36	46	55	65	75
e min	A	7.66	8.79	11.05	14.38	17.77	20.03	26.75	33.53	39.98	—	—	—	—
	B	7.50	8.63	10.89	14.2	17.59	19.85	26.17	32.95	39.55	50.85	60.79	71.3	82.6
d_w min	A	5.88	6.88	8.88	11.63	14.63	16.63	22.49	28.19	33.61	—	—	—	—
	B	5.74	6.74	8.74	11.47	14.47	16.47	22	27.7	33.25	42.75	51.11	59.95	69.45
l(范围)	CB/T 5782	25～40	25～50	30～60	40～80	45～100	50～120	65～160	80～200	90～240	110～300	140～360	160～440	180～480
	GB/T 5783	8～40	10～50	12～60	16～80	20～100	25～120	30～150	40～150	50～150	60～200	70～200	80～200	100～200
l(系列)	GB/T 5782	20～65(5 进位)、70～160(10 进位)、180～500(20 进位)												
	CB/T 5783	8、10、12、16、20～65(5 进位)、70～160(10 进位)、180、200												

注：1. P—螺距。末端应倒角，对螺纹规格 d≤M4 为辗制末端(CB/T2)。

2. 螺纹公差带：6 g。

3. 产品等级：A 级用于 d＝1.6～24 mm 和 l≤10 d 或≤150 mm(按较小值)的螺栓；

B 级用于 d＞24 mm 或 l＜10 d 或＞150 mm(按较小值)的螺栓。

(2) 双头螺柱

b_m＝1d(GB/T 897)　b_m＝1.25d(GB/T 898)　b_m＝1.5d(GB/T 899)　b_m＝2d(GB/T 900)

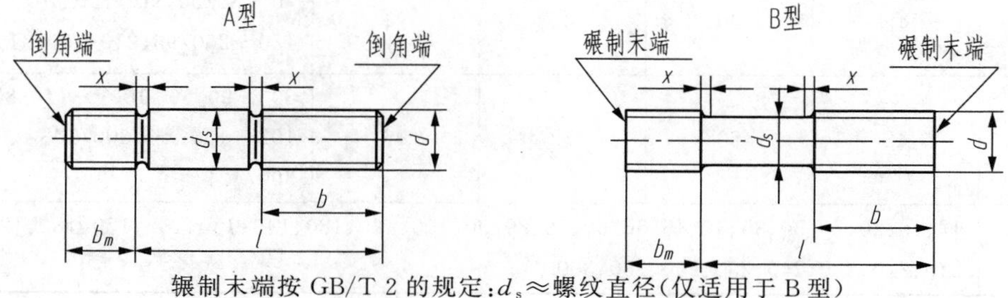

辗制末端按 GB/T 2 的规定：d_s≈螺纹直径(仅适用于 B 型)

标记示例

两端均为粗牙普通螺纹，$d=10$ mm、$l=50$ mm、性能等级为 4.8 级、不经表面处理、B 型、$b_m=1d$ 的双头螺柱标记为：螺柱 GB/T 897 M10×50；机体的一端为粗牙普通螺纹，旋入螺母的一端为螺距 $P=1$ mm 的细牙普通螺纹，$d=10$ mm、$l=50$ mm、性能等级为 4.8 级、不经表面处理、A 型、$b_m=1d$ 的双头螺柱标记为：螺柱 GB/T 897 AM10－M10×1×50。

附表 7　双头螺柱的尺寸规格　　(单位：mm)

螺纹规格 d	b_m(公称)				l/b
	GB/T 897	GB/T 898	GB/T 899	GB/T 900	
M2			3	4	12～16/6、20～25/10
M2.5			3.5	5	16/8、20～30/11
M3			4.5	6	16～20/6、25～40/12
M4			6	8	16～20/8、25～40/14
M5	5	6	8	10	16～20/10、25～50/16
M6	6	8	10	12	20/10、25～30/14、35～70/18
M8	8	10	12	16	20/12、25～30/16、35～90/22
M10	10	12	15	20	25/14、30～35/16、40～120/26、130/32
M12	12	15	18	24	25～30/16、35～40/20、45～120/30、130～180/36
M16	16	20	24	32	30～35/20、40～50/30、60～120/38、130～200/44
M20	20	25	30	40	35～40/25、45～60/35、70～120/46、130～200/52
M24	24	30	36	48	45～50/30、60～70/45、80～120/54、130～200/60
M30	30	38	45	60	60/40、70～90/50、100～200/66、130～200/72、210～250/85
M36	36	45	54	72	70/45、80～110/160、120/78、130～200/84、210～300/97
M42	42	50	63	84	70～80/50、90～110/70、120/90、130～200/96、210～300/109
M48	48	60	72	96	80～90/60、100～110/80、120/102、130～200/108、210～300/121
l(系列)	12、16、20、25、30、35、40、45、50、60、70、80、90、100、120、130、140、150、160、170、180、190、200、210、220、230、240、250、260、280、300				

（3）螺钉

开槽圆柱头螺钉(GB/T 65—2016)

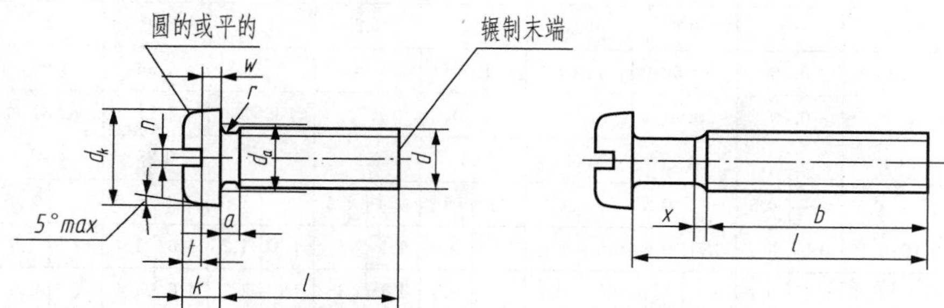

无螺纹部分杆径约等于中径或允许等于螺纹大径

标记示例

螺纹规格 d＝M5、公称长度 l＝20 mm、性能等级为 4.8 级、不经表面处理的 A 级开槽圆柱头螺钉：螺钉　GB/T 65　M5×20

开槽盘头螺钉(GB/T 67—2016)

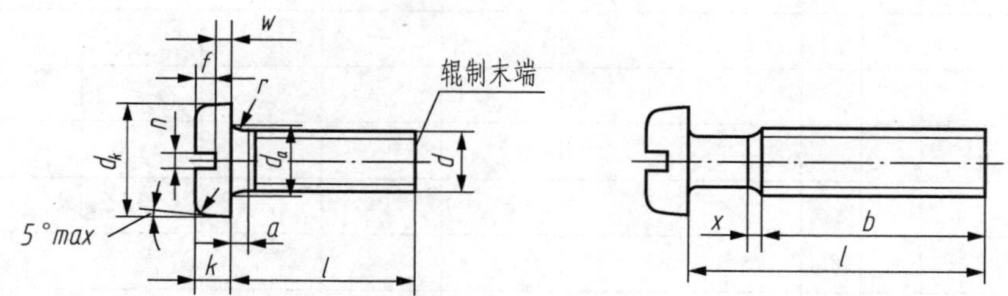

无螺纹部分杆径约等于中径或允许等于螺纹大径

标记示例

螺纹规格 d＝M5、公称长度 l＝20 mm、性能等级为 4.8 级、不经表面处理的 A 级开槽盘头螺钉：螺钉　GB/T 67　M5×20

附表 8　　(单位：mm)

螺纹规格 d		M1.6		M2		M2.5		M3		(M3.5)		M4		M5		M6		M8		M10	
类别		GB/T 65	GB/T 67	GB/T 65	GB/T 67	GB/T 65	GB/T 67	GB/T 65	GB/T 67	GB/T 65	GB/T 67	GB/T 65	GB/T 67	GB/T 65	GB/T 67	GB/T 65	GB/T 67	GB/T 65	GB/T 67	GB/T 65	GB/T 67
P		0.35		0.4		0.45		0.5		0. 6		0.7		0.8		1		1. 25		1.5	
a max		0.7		0.8		0.9		1		1.2		1.4		1.6		2		2.5		3	
b min		25		25		25		25		38		38		38		38		38		38	
d_k	公称＝max	3.00	3.2	3.80	4.0	4.50	5.0	5.50	5.6	6.00	7.00	7	8	8.5	9.5	10	12	13	16	16	20
	min	2.86	2.9	3.62	3.7	4.32	4.7	5.32	5.3	5.82	6.64	6.78	7.64	8.28	9.14	9.78	11.57	12.73	15.57	15.73	19.48
d_a max		2		2.6		3.1		3.6		4. 1		4.7		5.7		6.8		9.2		11.2	
k	公称＝max	1.10	1.00	1.40	1. 30	1.80	1. 50	2.00	1.80	2.40	2.10	2.6	2.40	3.30	3.00	3.9	3.6	5	4.8	6	
	min	0.96	0.86	1.26	1.16	1.66	1.36	1.86	1 .66	2.26	1.96	2.46	2.26	3.12	2.86	3.6	3.3	4.7	4.5	5.7	

续表

螺纹规格 d			M1.6		M2		M2.5		M3		(M3.5)		M4		M5		M6		M8		M10	
n	公称		0.4		0.5		0.6		0.8		1		1.2		1.2		1.6		2		2.5	
	min		0.46		0.56		0. 66		0. 86		1.06		1.26		1.26		1.66		2.06		2.56	
	max		0.60		0.70		0.80		1.00		1.20		1.51		1.51		1.91		2.31		2.81	
r min			0.1		0.1		0.1		0.1		0.1		0.2		0.2		0.25		0.4		0.4	
r_f 参考			—	0.5	—	0.6	—	0.8	—	0.9	—	1	—	1.2	—	1.5	—	1.8	—	2.4	—	3
t min			0.45	0.35	0.6	0.5	0.7	0.6	0.85	0.7	1	0.8	1.1	1	1.3	1.2	1.6	1.4	2	1.9	2.4	
w min			0.4	0.3	0.5	0.4	0.7	0.5	0.75	0.7	1	0.8	1.1	1	1.3	1.2	1.6	1.4	2	1.9	2.4	
x max			0.9		1		1.1		1.25		1.5		1.75		2		2.5		3.2		3.8	
l																						
公称	min	max																				
2	1.8	2.2																				
2.5	2.3	2.7																				
3	2.8	3.2																				
4	3.76	4.24																				
5	4.76	5.24																				
6	5.76	6.24																				
8	7.71	8.29			商品																	
10	9.71	10.29																				
12	11.65	12.35																				
(14)	13.65	14.35																				
16	15.65	16.35										规格										
20	19.58	20.42																				
25	24.58	25.42																				
30	29.58	30.42																				
35	34.5	35.5																		范围		
40	39.5	40.5																				
45	44.5	45.5																				
50	49.5	50.5																				
(55)	54.05	55.95																				
60	59.05	60.95																				

注：1.尽可能不采用括号内的规格。

2.P—螺距。

3.公称长度在阶梯虚线以上的螺钉，制出全螺纹($b=l-a$)。

4.开槽圆柱头螺钉(GB/T 65)无公称长度 $l=2.5$ mm 规格。

附表 9　　（单位：mm）

螺纹规格 d	M1.6	M2	M2.5	M3	M4	M5	M6	M8	M10
P①	0.35	0.4	0.45	0.5	0.7	0.8	1	1.25	1.5
a max	0.7	0.8	0.9	1	1.4	1.6	2	2.5	3
b min	25	25	25	25	25	38	38	38	38
D_k② 理论值 max	3.6	4.4	5.5	6.3	9.4	10.4	12.6	17.3	20
D_k② 实际值 max	3.0	3.8	4.7	5.6	8.40	9.30	11.30	15.80	18.30
D_k② 实际值 min	2.7	3.5	4.4	5.2	8.04	8.94	10.87	15.37	17.78
K③公称＝max	1	1.25	1.5	1.65	2.7	2.7	3.3	4.65	5
n 公称	0.4	0.5	0.6	0.8	1.2	1.2	1.6	2	2.5
n max	0.60	0.70	0.80	1.00	1.51	1.51	1.91	2.31	2.81
n min	0.46	0.56	0.66	0.86	1.26	1.26	1.66	2.06	2.56
r max	0.4	0.5	0.6	0.8	1	1.3	1.5	2	2.5
x max	0.9	1	1.1	1.25	1.75	2	2.5	3.2	3.8
f≈	0.4	0.5	0.6	0.7	1	1.2	1.4	2	2.3
r_1 max	3	4	5	6	905	905	12	16.5	19.5
t max GB/T 68—2000	0.50	0.6	0.75	0.85	1.3	1.4	1.6	2.3	2.6
t max GB/T 69—2000	0.80	1.0	1.2	1.45	1.9	2.4	2.8	3.7	4.4
t min GB/T 68—2000	0.32	0.4	0.50	0.60	1.0	1.1	1.2	1.8	2.0
t min GB/T 69—2000	0.64	0.8	1.0	1.2	1.6	2.0	2.4	3.2	3.8
x max	0.9	1	1.1	1.25	1.75	2	2.5	3.2	3.8
l（商品规格范围的公称长度）	2.5～16	3～20	4～25	5～30	6～40	8～50	8～60	10～80	12～80
l（系列）	2.5、3、4、5、6、8、10、12、(14)①、16、20、25、30、35、40、45、50、(55)、60、(65)、70、(75)、80								

注：① P—螺距。

② 螺纹规格 d 在 M1.6～M3、公称长度 l≤30 mm 的螺钉，或螺纹规格 d 在 M4～M10、公称长度 l≤45 mm 的螺钉，应制出全螺纹。

③ 尽可能不采用括号内的规格。

十字槽盘头螺钉（GB/T 818—2000）　十字槽沉头螺钉（GB/T 819—2000）　十字槽半沉头螺钉（GB/T 820—2000）

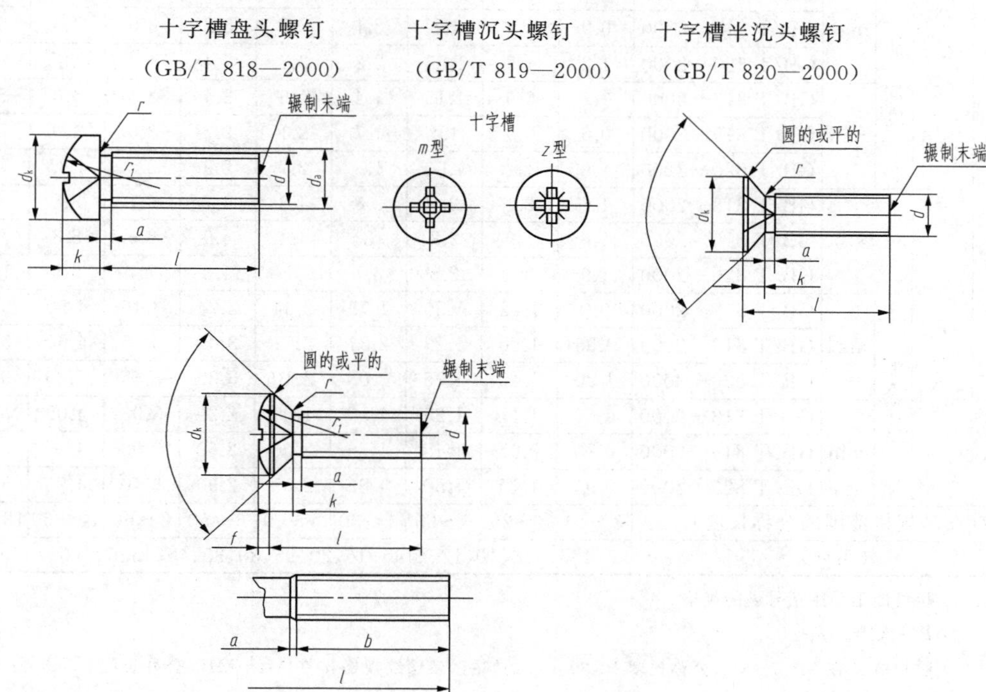

附表 10　　（单位：mm）

螺纹规格 d					M1.6	M2	M2.5	M3	M4	M5	M6	M8	M10
P（螺距）					0.35	0.4	0.45	0.5	0.7	0.8	1	1.25	1.5
a max					0.7	0.8	0.9	1	1.4	1.6	2	2.5	3
b min					25	25	25	25	25	38	38	38	38
d_1 max					2	2.6	3.1	3.3	4.7	5.7	6.8	9.2	11.2
d_k	max			GB/T 818—2000	3.2	4.0	5.0	5.6	8.00	9.95	12.00	16.00	20.00
				GB/T 819—2000	3.0	3.8	4.7	5.5	8.40	9.30	11.30	15.80	18.30
				GB/T 820—2000	3.0	3.8	4.7	5.5	8.40	9.30	11.30	15.80	18.30
	min			GB/T 818—2000	2.9	3.7	4.7	5.3	7.64	9.14	11.57	15.57	19.48
				GB/T 819—2000 GB/T 820—2000	2.7	3.5	4.4	5.2	8.04	8.94	10.87	15.37	17.78
k	公称＝max			GB/T 818—2000	1.30	1.60	2.10	2.40	3.10	3.70	4.6	6.0	7.50
				GB/T 819—2000 GB/T 820—2000	1	1.2	1.5	1.65	2.7	2.7	3.3	4.65	5
	min			GB/T 818—2000	1.16	1.46	1.96	2.26	2.92	3.52	4.3	5.7	7.14
k	min			GB/T 818—2000	0.1	0.1	0.1	0.1	0.2	0.2	0.25	0.4	0.4
	max			GB/T 819—2000 GB/T 820—2000	0.4	0.5	0.6	0.8	1	1.3	1.5	2	2.5
x max					0.9	1	1.1	1.25	1.75	2	2.5	3.2	3.8
r_f≈					2.5	3.2	4	5	6.5	8	10	13	16
十字槽	槽号 No				0		1		2		3	4	
	H型	m 参考		GB/T 818—2000	1.7	1.9	2.7	3	4.4	4.9	6.9	9	10.1
				GB/T 819—2000	1.6	1.9	2.9	3.2	4.6	5.2	6.8	8.9	10
				GB/T 820—2000	1.9	2	3	3.4	5.2	5.4	7.3	9.6	10.4
		插入深度	max	GB/T 818—2000	0.95	1.2	1.55	1.8	2.4	2.9	3.6	4.6	5.8
				GB/T 819—2000	0.9	1.2	1.8	2.1	2.6	3.2	3.5	4.6	5.7
				GB/T 820—2000	1.2	1.5	1.85	2.2	3.2	3.4	4.0	5.25	6.0
			min	GB/T 818—2000	0.7	0.9	1.15	1.4	1.9	2.4	3.1	4.0	5.2
				GB/T 819—2000	0.6	0.9	1.4	1.7	2.1	2.7	3.0	4.0	5.1
				GB/T 820—2000	0.9	1.2	1.50	1.8	2.7	2.9	3.5	4.75	5.5
	Z型	m 参考		GB/T 818—2000	1.6	2.1	2.6	2.8	4.3	4.7	6.7	8.8	8.9
				GB/T 819—2000	1.6	1.9	2.8	3	4.4	4.9	6.6	8.8	9.8
				GB/T 820—2000	1.9	2.2	2.8	3.1	5	5.3	7.1	9.5	10.3
		插入深度	max	GB/T 818—2000	0.9	1.42	1.50	1.75	2.34	2.74	3.46	4.50	5.69
				GB/T 819—2000	0.95	1.20	1.73	2.01	2.51	3.05	3.45	4.60	5.64
				GB/T 820—2000	1.20	1.40	1.75	2.08	3.10	3.35	3.85	5.20	6.05
			min	GB/T 818—2000	0.65	1.17	1.25	1.50	1.89	2.29	3.03	4.05	5.24
				GB/T 819—2000	0.70	0.95	1.48	1.76	2.06	2.60	3.00	4.15	5.19
				GB/T 820—2000	0.95	1.15	1.50	1.83	2.65	2.90	3.40	4.75	5.60
l（商品规格范围的公称长度）					3～16	3～20	3～25	4～30	5～40	6～50	8～60	10～60	12～60
l（系列）					3、4、5、6、8、10、12、(14)、16、20、25、30、35、40、45、50、(55)、60								

注：(1) 尽可能不采用括号内的规格。

(2) P—螺距。

(3) 纹规格 d 在 M1.6～M3、公称长度 l≤30 mm 的螺钉，或螺纹规格 d 在 M4～M10、公称长度 l≤45 mm 的螺钉，应制出全螺纹。

(4) 垫圈

平垫圈　A 级　(GB/T 97.1—2002)　平垫圈　倒角型　A 级　(GB/T 97.2—2002)

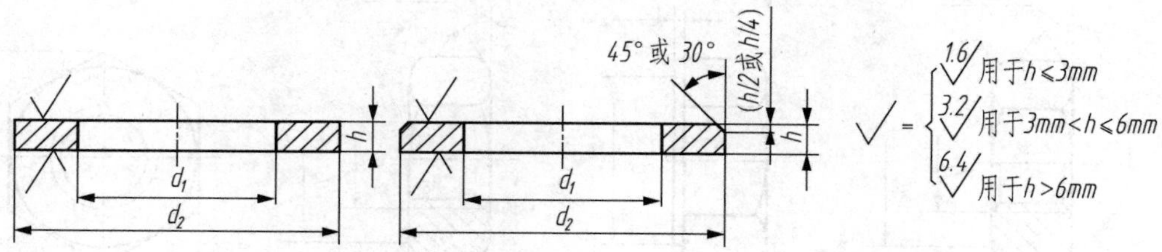

标记示例

标准系列、公称尺寸 d=8 mm、性能等级为 140HV 级、不经表面处理的平垫图:垫图　GB/T 97.1　8

附表 11　垫圈的公称规格　　(单位:mm)

公称规格(螺纹大径 d)	内径 d_1		外径 d_2		厚度 h		
	公称(min)	max	公称(max)	min	公称	max	min
1.6	1.7	1.84	4	3.7	0.3	0.35	0.25
2	2.2	2.34	5	4.7	0.3	0.35	0.25
2.5	2.7	2.84	6	5.7	0.5	0.55	0.45
3	3.2	3.38	7	6.64	0.5	0.55	0.45
4	4.3	4.48	9	8.64	0.8	0.9	0.7
5	5.3	5.48	10	9.64	1	1.1	0.9
6	6.4	6.62	12	11.57	1.6	1.8	1.4
8	8.4	8.62	16	15.57	1.6	1.8	1.4
10	10.5	10.77	20	19.48	2	2.2	1.8
12	13	13.27	24	23.48	2.5	2.7	2.3
16	17	17.27	30	29.48	3	3.3	2.7
20	21	21.33	37	36.38	3	3.3	2.7
24	25	25.33	44	43.38	4	4.3	3.7
30	31	31.39	56	55.26	4	4.3	3.7
36	37	37.62	66	64.8	5	5.6	4.4
42	45	45.62	78	76.8	8	9	7
48	52	52.74	92	90.6	8	9	7
56	62	62.74	105	103.6	10	11	9
64	72	70.74	115	113.6	10	11	9

注:平垫圈　倒例角型　A 级(CB/T 97.2—2002)用于螺纹规格为 M5～M64。

(5) 螺母

Ⅰ型六角螺母(CB/T 6170—2015)　六角螺母　C级(CB/T 41—2016)

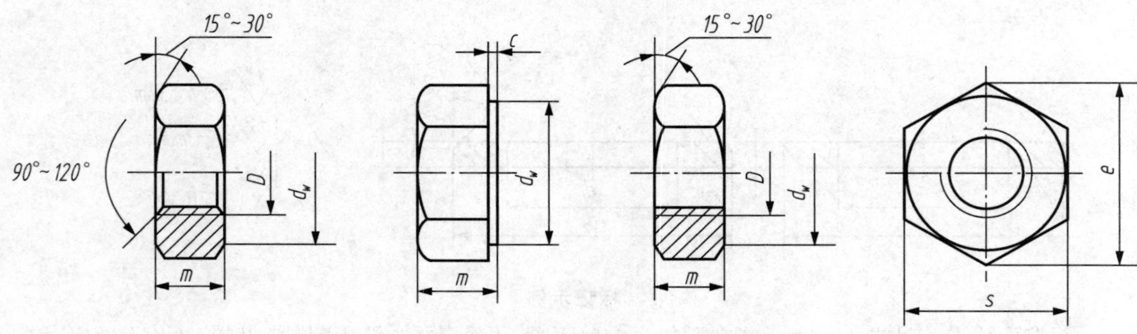

标记示例

螺纹规格 D=M12、性能等级为10级、不经表面处理、产品等级为A级的1型六角螺母:螺母　CB/T 6170　M12

螺纹规格 D=M12、性能等级为5级、不经表面处理、产品等级为C级的六角螺母:螺母　GB/T41　M12

附表 12　螺母的尺寸规格　(单位:mm)

螺纹规格 D		M4	M5	M6	M8	M10	M12	M16	M20	M24	M30	M36	M42	M48
c max		0.4	0.5		0.6			0.8					1	
s 公称=max		7	8	10	13	16	18	24	30	36	46	55	65	75
e min	A、B级	7.66	8.79	11.05	14.38	17.77	20. 03	26.75	32.95	39.55	50.85	60.79	71.3	82.6
	C级	—	8.63	10.89	14.2	17.59	19.85	26.17	32.95	39.55	50.85	60.79	71.3	82.6
m max	A、B级	3.2	4.7	5.2	6.8	8.4	10.8	14.8	18	21.5	25.6	31	34	38
	C级	—	5.6	6.4	7.9	9.5	12.2	15.9	19.0	22.3	26.4	31.9	34.9	38.9
d_a min	A、B级	5.9	6.9	8.9	11.6	14.6	16.6	22.5	27.7	33.3	42.8	51.1	60	69.5
	C级	—	6.7	8.7	11.5	14.5	16.5	22	27.7	33.3	42.8	51.1	60	69.5

注:1.A级用于 $D<16$ mm的1型六角螺母;B级用于 $D>16$ mm的1型六角螺母:C级用于螺纹规格为M5~M64的六角螺母。

2.螺纹公差:A、B级为6H,C级为 $7H_1$;性能等级:A、B级为6、8、10级(钢),A2~50、A2~70、A4~50、A4~70级(不锈钢),CU2、CU3、AL4级(有色金属);C级为4、5级。

3. 平键

平键　键槽的剖面尺寸(GB/T 1095—2003)

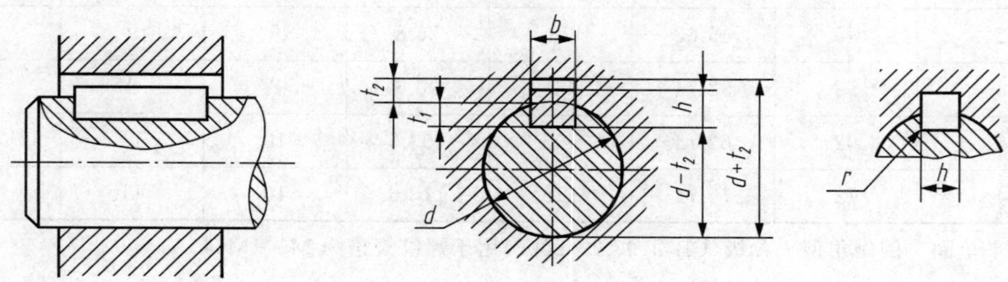

普通型　平键(CB/T 1096—2003)

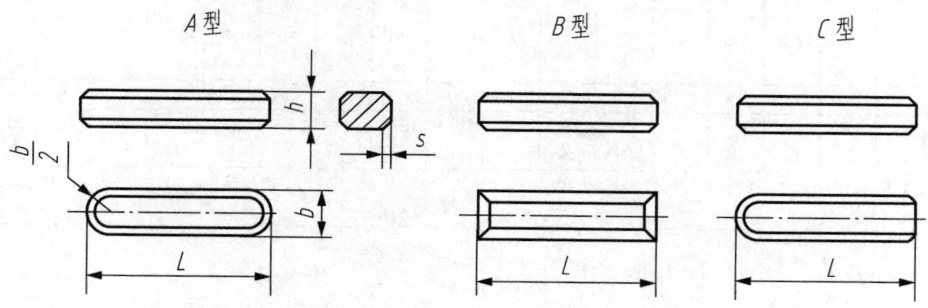

标记示例

平头普通平键(B 型)b=16 mm、h=10 mm、L=100 mm:GB/T 1096　键　B16×10×100

附表 13

(单位:mm)

轴径 d	键尺寸				键槽										
					宽度 b						深度				半径 r
					基本尺寸	极限偏差					轴 t_1		毂 t_2		
						松连接		正常连接		紧密连接					
	宽度 b	高度 h	长度 L	倒角或倒圆 s		轴 H9	毂 D10	轴 N9	毂 JS9	轴和毂 P9	基本尺寸	极限偏差	基本尺寸	极限偏差	min (max)
自 6~8	2	2	6~20	0. 16~0.25	2	+0.025	+0.060	−0.004	±0.0125	−0.006	1.2	+0.1	1	+0.1	0.08 (0.16)
>8~10	3	3	6~36		3	0	+0.020	−0.029		−0.031	1.8	0	1.4	0	
>10~12	4	4	8~45		4	+0.030	+0.078	0	±0.015	−0.012	2.5		1.8		
>12~17	5	5	10~56	0.25~0.40	5	0	+0.030	−0.030		−0. 042	3.0		2.3		0.16 (0.25)
>17~22	6	6	14~70		6						3.5		2.8		
>22~30	8	7	18~90		8	+0.036	+0.098	0	±0.018	−0.015	4.0	+0.2	3.3	+0.2	
>30~38	10	8	22~110	0. 40~0. 60	10	0	+0.040	−0.036		−0.051	5.0	0	3.3	0	0.25 (0.40)
>38~44	12	8	28~140		12	+0.043	+0.120	0	±0.0215	−0.018	5.0		3.3		
>44~50	14	9	36~160		14	0	+0.050	−0.043		−0.061	5.5		3.8		
>50~58	16	10	45~180		16						6.0		4.3		
L(系列)	6、8、10、12、14、16、18、20、22、25、28、32、36、40、45、50、56、63、70、80、90、100、110、125、140、160、180														

注:1.轴槽、轮毂槽的键槽宽度 b 两侧面粗糙度参数 Ra 值推荐为 1.6~3.2 μm。

2.轴槽底面、轮毂槽底面的表面粗糙度参数 Ra 值为 6.3 μm。

4. 圆柱销(GB/T 119.1—2000)

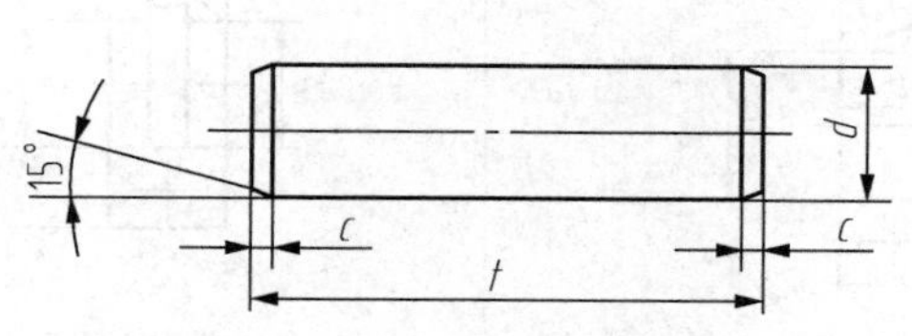

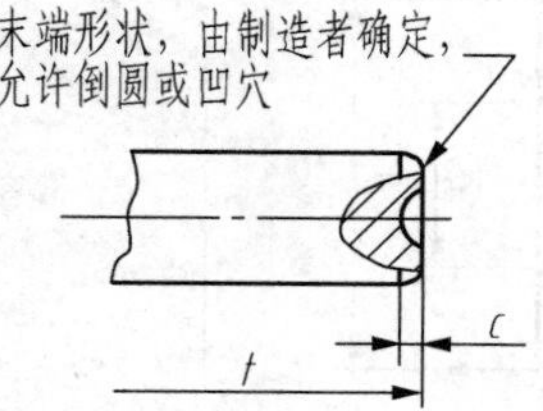

附表 14　圆柱销的尺寸规格

d（公称）m6/h8	0.6	0.8	1	1.2	1.5	2	2.5	3	4	5	6	8	10	12	16	20	25	30	40	50
c≈	0.12	0.16	0.2	0.25	0.3	0.35	0.4	0.5	0.63	0.8	1.2	1.6	2	2.5	3	3.5	4	5	6.3	8
l（范围）	2～6	2～8	4～10	4～12	4～16	6～20	6～24	8～30	8～40	10～50	12～60	14～80	18～95	22～140	26～180	35～200	50～200	60～200	80～200	95～200
l（系列）	2、3、4、5、6、8、10、12、14、16、18、20、22、24、26、28、30、32、35、40、45、50、55、60、65、70、75、80、85、90、95、100、120、140、160、180、200																			
长度公差范围	（2～10）±0.25、（12～50）±0.5、55 以上±0.75																			

5. 圆锥销（GB/T 119.2—2000）

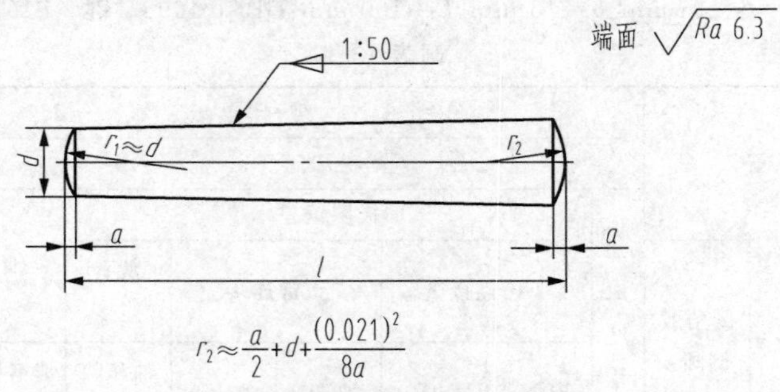

$$r_2 \approx \frac{a}{2}+d+\frac{(0.021)^2}{8a}$$

附表 15　圆锥销的尺寸规格

d（公称）h10	0.6	0.8	1	1.2	1.5	2	2.5	3	4	5	6	8	10	12	16	20	25	30	40	50
c≈	0.08	0.1	0.12	0.16	0.2	0.25	0.3	0.4	0.5	0.63	0.8	1	1.2	1.6	2	2.5	3	4	5	6.3
l（范围）	4～8	5～12	6～16	6～20	8～24	10～35	10～35	12～45	14～55	18～60	22～90	22～120	26～160	32～180	40～200	45～200	50～200	55～200	60～200	65～200
l（系列）	2、3、4、5、6、8、10、12、14、16、18、20、22、24、26、28、30、32、35、40、45、50、55、60、65、70、75、80、85、90、95、100、120、140、160、180、200																			
长度公差范围	（2～10）±0.25、（12～50）±0.5、55 以上±0.75																			

6. 滚动轴承

附表 16　滚动轴承（摘自 GB/T 276—2013，GB/T 297—2015，GB/T 301—2015）　　（单位：mm）

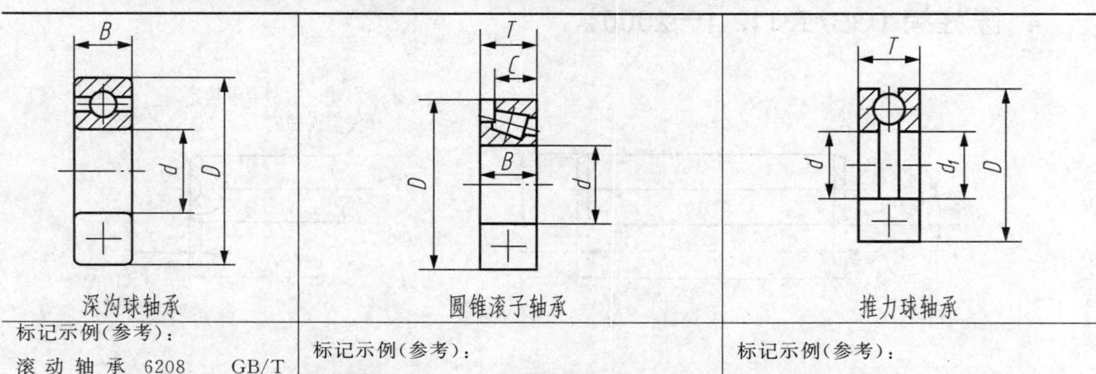

深沟球轴承	圆锥滚子轴承	推力球轴承
标记示例（参考）： 滚动轴承 6208　GB/T 276—2013	标记示例（参考）： 滚动轴承 30209　GB/T 297—2015	标记示例（参考）： 滚动轴承 51205　CB/T 301—2015

续表

轴承型号	d	D	B	轴承型号	d	D	B	C	T	轴承型号	d	D	T	d_1
尺寸系列(02)				尺寸系列(02)						尺寸系列(12)				
6202	15	35	11	30203	17	40	12	11	13.25	51202	15	32	12	17
6203	17	40	12	30204	20	47	14	12	15.25	51203	17	35	12	19
6204	20	47	14	30205	25	52	15	13	16.25	51204	20	40	14	22
6205	25	52	15	30206	30	62	16	14	17.25	51205	25	47	15	27
6206	30	62	16	30207	35	72	17	15	18.25	51206	30	52	16	32
6207	35	72	17	30208	40	80	18	16	19.75	51207	35	62	18	37
6208	40	80	18	30209	45	85	19	16	20.75	51208	40	68	19	42
6209	45	85	19	30210	50	90	20	17	21.75	51209	45	73	20	47
6210	50	90	20	30211	55	100	21	18	22.75	51210	50	78	22	52
6211	55	100	21	30212	60	110	22	19	23.75	51211	55	90	25	57
6212	60	110	22	30213	65	120	23	20	24.75	51212	60	95	26	62
尺寸系列(18)				尺寸系列(03)						尺寸系列(13)				
61802	15	24	5	30302	15	42	13	11	14.25	51304	20	47	18	22
61803	17	26	5	30303	17	47	14	12	15.25	51305	25	52	18	27
61804	20	32	7	30304	20	52	15	13	16.25	51306	30	60	21	32
61805	25	37	7	30305	25	62	17	15	18.25	51307	35	68	24	37
61806	30	42	7	30306	30	72	19	16	20.75	51308	40	78	26	42
61807	35	47	7	30307	35	80	21	18	22.75	51309	45	85	28	47
61808	40	52	7	30308	40	90	23	20	25.25	51310	50	95	31	52
61809	45	58	7	30309	45	100	25	22	27.25	51311	55	105	35	57
61810	50	65	7	30310	50	110	27	23	29.25	51312	60	110	35	62
61811	55	72	9	30311	55	120	29	25	31.5	51313	65	115	36	67
61812	60	78	10	30312	60	130	31	26	33.5	51314	70	125	40	72
61813	65	85	10	30313	65	140	33	28	36.0	51315	75	135	44	77

7. 常用标准结构和标准数据

普通螺纹的螺纹收尾、肩距、退刀槽和倒角(摘自 GB/T 3—1997)。

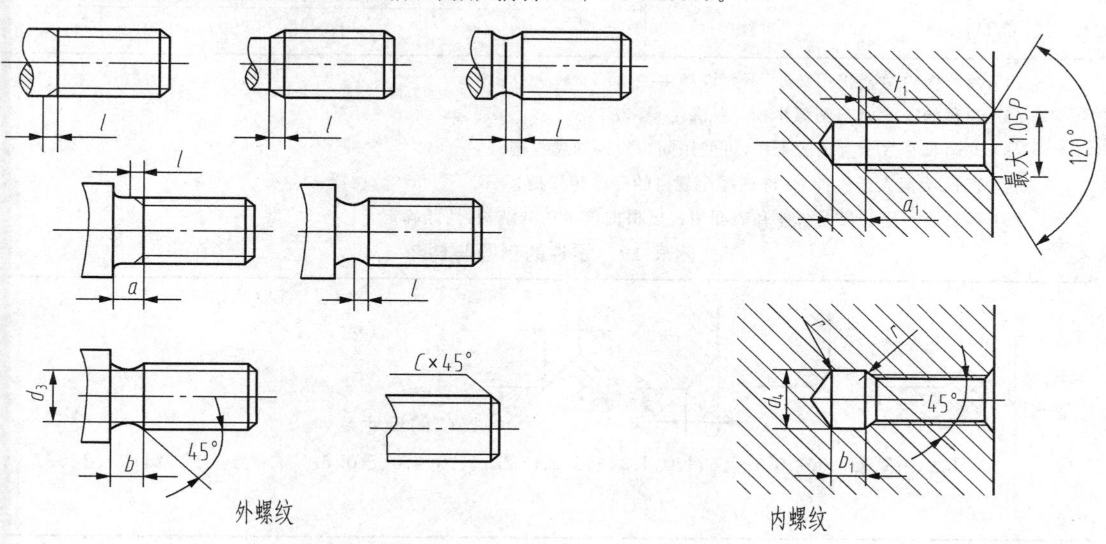

附表 17　常用的标准结构和标准数据

螺距	粗牙螺纹直径	细牙螺纹直径	螺纹收尾≤ 一般	短的		长的	肩距≤ 一般	长的		短的		退刀槽 一般	窄的		d_3	d_4	r 或 r_1		倒角 C
	d		l	l_1	l	l_1	a	a_1	a	a_1	a	b	b_1	b	b_1				
0.5	3		1.25	1	0.7	1.5	1.5	3	2	4	1	1.5	2			$d-0.8$			0.5
0.6	3.5		1.5	1.2	0.75	1.8	1.8	3.2	2.4	4.8	1.2				1.5	$d-1$			
0.7	4		1.75	1.4	0.9	2.1	2.1	3.5	2.8	5.6	1.4			1		$d-1.1$	$d+0.3$		0.6
0.75	4.5		1.9	1.5	1	2.3	2.25	3.8	3	6	1.5	2	3		2	$d-1.2$			
0.8	5		2	1.3	1	2.4	2.4	4	3.22	64	1.3					$d-1.3$			0.8
1	6、7		2.5	2	1.25	3	3	5	4	8	2	2.4	4	1.5	2.5	$d-1.6$			1
1.25	8		3.2	2.5	1.6	3.8	4	6	5	10	2.5	3	5		3	$d-2$			1.2
1.5	10	根据螺纹直径查表	3.8	3	1.9	4.5	4.5	7	6	12	3	4	6	2.5	4	$d-2.3$			1.5
1.75	12		4.3	5.5	2.2	5.1	5.3	9	7	14	3.5	5	7			$d-2.6$			3
2	14、16		5	4	2.5	6	6	10	8	16	4		8	3.5	5	$d-3$		0.5P	
2.5	18、20、22		6.3	5	3.2	7.5	7.5	12	10	18	5	6	10		6	$d-3.6$			2.5
3	24、27		7.5	6	3.8	9	9	14	12	22	6	7	12	4.5	7	$d-4.4$	$d+0.5$		
3.5	30、33		9	7	4.5	10.5	10.5	16	14	24	7	9	14		8	$d-5$			3
4	36、39		10	8	5	12	12	18	16	26	8	9	16	5.5	9	$d-5.7$			
4.5	42、45		11	9	5.5	13.5	13.5	21	18	29	9	10	18	6	10	$d-6.4$			4
5	48、52		12.5	10	6.3	15	15	23	20	32	10	11	21	6.5	11	$d-7$			
5.5	56、60		14	11	7	16.5	16.5	25	22	35	11	12	22	7.5	12	$d-7.7$			5
6	64、68		15	12	7.5	18	18	28	24	38	12	14	24	8	14	$d-8.3$			

附表 18　砂轮越程槽(摘自 GB/T 6403.4—2008)

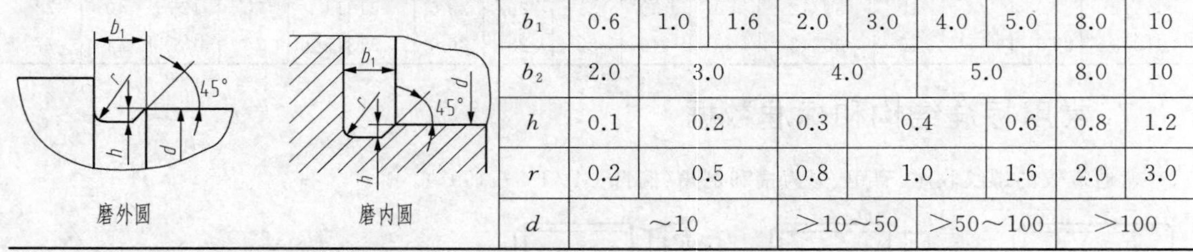

b_1	0.6	1.0	1.6	2.0	3.0	4.0	5.0	8.0	10
b_2	2.0	3.0		4.0		5.0		8.0	10
h	0.1	0.2		0.3	0.4		0.6	0.8	1.2
r	0.2	0.5		0.8	1.0		1.6	2.0	3.0
d	～10			＞10～50		＞50～100		＞100	

注：(1) 越程槽内两直线相交处，不允许产生尖角。

(2) 越程槽深度 h 与圆弧半径 r 要满足 $r \leqslant 3h$。

(3) 磨削具有数个直径的工作，可使用同一规格的越程槽。

(4) 直径 d 值大于零件，允许选择小规格的砂轮越程槽。

(5) 砂轮越程槽的尺寸公差和表面粗糙度根据该零件的结构、性能确定。

附表 19　零件的倒圆与倒角

型式	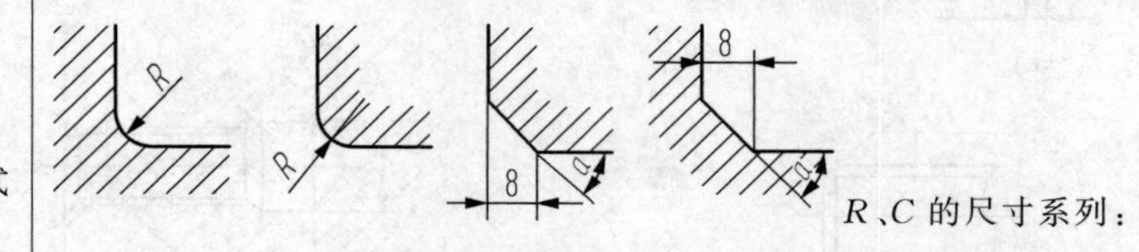 R、C 的尺寸系列： 0.1、0.2、0.3、0.4、0.5、0.6、0.8、1.0、1.2、1.6、2.0、2.5、3.0、4.0、5.0、6.0、8.0、10、12、16、20、25、32、40、50

续表

装配形式	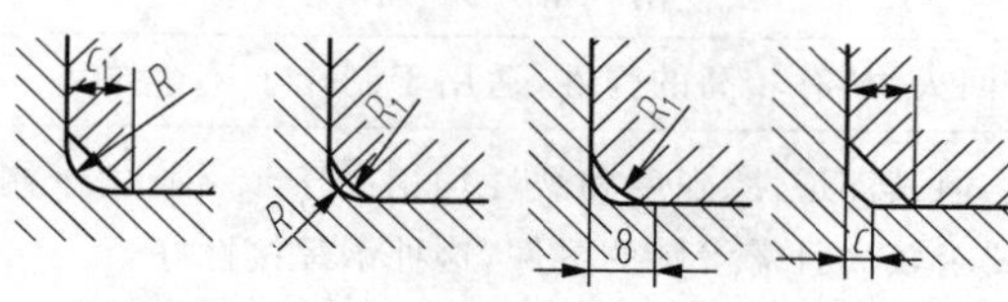 尺寸规定： (1) R_1、C_1 的偏差为正；R、C 的偏差为负。 (2) 左起第 3 种装配方式，C 的最大值 C_{max} 与 R_1 的关系如下：

R_1	0.1	0.2	0.3	0.4	0.5	0.6	0.8	1.0	1.2	1.6	2.0	2.5	3.0	4.0	5.0	6.0	8.0	10	12	16	20	25
C_{max}	—	0.1	0.1	0.2	0.2	0.3	0.4	0.5	0.6	0.8	1.0	1.2	1.6	2.0	2.5	3.0	4.0	5.0	6.0	8.0	10	12

注：(1) 本表未摘录 $P<0.5$ 的各有关尺寸；

(2) 国家标准局发布了国家标准《紧固件　外螺纹零件的末端》，要查阅其中的有关规定。

8. 常用金属材料

附表 20　常用钢材的牌号与用途

名　称	牌　号	应　用　举　例
碳素结构钢 (GB/T 700)	Q215 Q235	塑性较高，强度较低，焊接性好，常用作各种板材及型钢、制作工程结构件或机器中受力不大的零件，如螺钉、螺母、垫圈、吊钩、拉杆等；也可渗碳、制作不重要的渗碳零件
	Q275	强度较高，可制作中等应力的普通零件，如紧固件、吊钩、拉杆等；也可经热处理后制造不重要的轴
优质碳素结构钢 (GB/T 699)	15 20	塑性、韧性、焊接性和冷冲性很好，但强度较低。用于制造受力不大、韧性要求较高的零件、紧固件、渗碳零件及不要求热处理的低负荷零件，如螺栓、螺钉、拉杆、法兰等
	35	有较好的塑性和适当的强度，用于制造曲轴、转轴、轴销、杠杆、连杆、横梁、链轮、垫圈、螺钉、螺母等。这种钢多在正火和调质状态下使用，一般不作焊接作用
	40 45	用于要求强度较高、韧性要求中等的零件，通常进行调质或正火处理，用于制造齿轮、齿条、链轮、轴、曲轴等；经高频表面淬火后可替代渗碳钢制作齿轴、活塞销等零件
	55	经热处理后有较高的表面硬度和强度，具有较好的韧性，一般经正火或淬火、回火后使用，用于制造齿轮、连杆、轮圈及轧辊等。焊接性及冷变形性均低

续表

名称	牌号	应用举例
优质碳素结构钢(GB/T 699)	65	一般经淬火、中温回火，具有较高的弹性，适用于制作小尺寸弹簧
	15Mn	性能与15钢相似，但其淬透性、强度和塑性均稍高于15钢，用于制作中心部分的力学性能要求较高且需渗碳的零件，这种钢焊接性好
	65Mn	性能与65钢相似，适于制适弹簧、弹簧垫圈、弹簧环和片，以及冷拔钢丝(≤7 mm)和发条
合金结构钢(GB/T 3077)	20Cr	用于渗碳零件，制作受力不太大、不需要很高的耐磨零件，如机床齿轮、齿轮轴、蜗杆、凸轮、活塞销等
	40Cr 20Cr MnTi	调质后强度比碳钢高，常用作中等截面、要求力学性能比碳钢高的重要调质零件，如齿轮、轴、曲轴、连杆螺栓等。强度、韧性均高，是铬镍钢的替用材料。经热处理后，用于承受高速、中等负荷以及冲击、磨损等的重要零件，如渗碳齿轮、凸轮等
	38CrMoAl	是渗氮专用钢种，经热处理后用于要求高耐磨性、高疲劳强度和相当高的强度且热处理变形小的零件，如堂杆、主轴、齿轮、蜗杆、套筒、套环等
	35SiMn	除了要求低温(－20 ℃以下)及冲击韧性很高的情况外，可全面替代40Cr作调质钢，也可部分替代40CrNi，制作中小型轴类、齿轮等零件
	50CrVA	用于ϕ30～ϕ50 mm重要的承受大应力的各种弹簧；也可用作大截面的温度低于400 ℃的气阀弹簧、喷油嘴弹簧等
	ZG200－400	用于各种形状的零件，如机座、变速箱壳等
	ZG230－450	用于铸造平坦的零件，如机座、机盖、箱体等
	ZG270－500	用于各种形状的零件，如飞轮、机架、水压机工作缸、横梁等

附表21 常用铸铁的牌号与用途

名称	牌号	应用举例	说明
灰铸铁(GB/T 4949)	HT100	低载荷和不重要的零件，如盖、外罩、手轮、支架、重锤等	牌号中“HT”是“灰铁”二字汉语拼音的首字母，其后的数字表示最低抗拉强度(MPa)，但这一力学性能与铸件壁厚有关
	HT150	承受中等应力的零件，如支柱、底座、齿轮箱、工作台、刀架、端盖、阀体、管路附件及一般无工作条件要求的零件	
	HT200 HT250	承受较大应力和较重要的零件，如汽缸体、齿轮、机座、飞轮、床身、缸套、活塞、刹车轮、联轴器、齿轮箱、轴承座、油缸等	
	HT300 HT350 HT400	承受高弯曲应力及抗拉应力的重要的零件，如齿轮、凸轮、车床卡盘、剪床和压力机的机身、床身、高压油缸、滑阀壳体等	

续表

名　称	牌　号	应用举例	说　　明
球墨铸铁 (GB/T 1348)	QT 400—15 QT 450—10 QT 500—7 QT 600—3 QT 700—2	球墨铸铁可替代部分碳钢、合金钢，用来制造一些受力复杂，强度、韧性和耐磨性要求高的零件。前两种牌号的球墨铸铁，具有较高的韧性与塑性，常用来制造受压阀门、机器底座、汽车后桥壳等；后两种牌号的球墨铸铁，具有较高的强度与耐磨性，常用来制造拖拉机或柴油机中的曲轴、连杆、凸轮轴，各种齿轮，机床的主轴、蜗杆、蜗轮，轧钢机的轧辊、大齿轮，大型水压机的工作缸、缸套、活塞等	牌号中“QT”是“球铁”二字汉语拼音的首字母，后面两组数字分别表示其最低抗拉强度(MPa)和最小伸长率($\delta\times100$)

附表 22　常用有色金属的牌号及用途

名　称			牌　号	应用举例
加工黄铜	普通黄铜		H62	销钉、铆钉、螺钉、螺母、垫圈、弹簧等
			H68	复杂的冷冲压件、散热器外壳、弹壳、导管、波纹管、轴套等
			H90	双金属片、供水和排水管、证章、艺术品等
	铍青铜		QBe2	用于重要的弹簧及弹性元件，耐磨零件以及在高速、高压和高温下工作的轴承等
	铅青铜		HPb59－1	适用于仪器仪表等工业部门用的切削加工零件，如销、螺钉、螺母、轴套等
加工青铜	锡青铜	加工锡青铜	QSn4－3	弹性元件、管配件、化工机械中耐磨零件及抗磁零件
			QSn6.5－0.1	弹簧、接触片、振动片、精密仪器中的耐磨零件
		铸造锡青铜	ZCuSn10Pb1	重要的减磨零件，如轴承、轴套、蜗轮、摩擦轮、机床丝杠螺母等
			ZCuSn5Pb5Zn5	中速、中载荷的轴承、轴套、蜗轮等耐磨零件

9. 公差数值

附表 23　标准公差数值(摘自 GB/T 1800.1—2020)

公称尺寸(mm)		标准公差等级																	
		μm											mm						
大于	至	IT1	IT2	IT3	IT4	IT5	IT6	IT7	IT8	IT9	IT10	IT11	IT12	IT13	IT14	IT15	IT16	IT17	IT18
6	10	1	1.5	2.5	4	6	9	15	22	36	58	90	0.15	0.22	0.36	0.58	0.90	1.5	2.2
10	18	1.2	2	3	5	8	11	18	27	43	70	110	0.18	0.27	0.43	0.70	1.10	1.8	2.7
18	30	1.5	2.5	4	6	9	13	21	33	52	84	130	0.21	0.33	0.52	0.84	1.30	2.1	3.3
30	50	1.5	2.5	4	T	11	16	25	39	62	100	160	0.25	0.39	0,62	1.00	1.60	2.5	3.9
50	80	2	3	5	8	13	19	30	46	74	120	190	0.30	0.46	0.74	1.20	1.90	3.0	4.6
80	120	2.5	4	6	10	15	22	35	54	87	140	220	0.35	0.54	0.87	1.40	2.20	3.5	5.4
120	180	3.5	5	8	12	18	25	40	63	100	160	250	0.40	0.63	1.00	1.60	2.50	4.0	6.3

注：基本尺寸小于或等于 1 mm 时，无 IT14～IT18。

附表 24　轴的极限偏差(摘自 GB/T 1800.2—2020)　　(单位:μm)

代号	c	d		e		f		g		h						js
公称尺寸(mm)	等级															
	11	8	9	7	8	7	8	6	7	5	6	7	8	9	10	11	6
>10~14	−95	−50	−50	−32	−32	−16	−16	−6	−6	−0	0	0	0	0	0	0	±5.5
>14~18	−205	−77	−93	−50	−59	−34	−43	−17	−24	−8	−11	−18	−27	−13	−70	−110	
>18~24	−110	−65	−65	−40	−40	−20	−20	−7	−7	0	0	0	0	0	0	0	±6.5
>24~30	−240	−98	−117	−61	−73	−41	−53	−20	−28	−9	−13	−21	−33	−52	−84	−130	
>30~40	−120 −280	−80	−80	−50	−50	−25	−25	−9	−9	0	0	0	0	0	0	0	±8
>40~50	−130 −290	−119	−142	−75	−89	−50	−64	−25	−34	−11	−16	−25	−39	−62	−100	−160	
>50~65	−140 −330	−100	−100	−60	−60	−30	−30	−10	−10	0	0	0	0	0	0	0	±9.5
>65~80	−150 −340	−146	−174	−90	−106	−60	−76	−29	−40	−13	−19	−30	−46	−74	−120	−190	
>80~100	−170 −390	−120	−120	−72	−72	−36	−36	−12	−12	0	0	0	0	0	0	0	±11
>100~120	−180 −400	−174	−207	−107	−126	−71	−90	−34	−47	−15	−22	−35	−54	−87	−140	−220	
>120~140	−200 −450	−145	−145	−85	−85	−43	−43	−14	−14	0	0	0	0	0	0	0	
>140~160	−210 −460																±12.5
>160~180	−230 −480	−208	−245	−125	−148	−83	−106	−39	−54	−18	−25	−40	−63	−100	−160	−250	

代号	k		m		n		p		r		s		t		u	v	x	y	z
公称尺寸(mm)	等级																		
	6	7	6	7	5	6	6	7	6	7	5	6	6	7	6	6	6	6	6
>10~14	+12	+19	+18	+25	+20	+23	+29	+36	+34	+41	+36	+39	—	—	+44	—	+51 +40	—	+61 +50
>14~18	+1	+1	+7	+7	+12	+12	+18	+18	+23	+23	+28	+28			+33	+50 +39	+56 +45	—	+71 +60
>18~24	+15	+23	+21	+29	+24	+28	+35	+43	+41	+49	+44	+48	—	—	+54 +41	+60 +47	+67 +54	+76 +63	+86 +73
>24~30	+2	+2	+8	+8	+15	+15	+22	+22	+28	+28	+35	+35	+54 +41	+62 +41	+61 +48	+68 +55	+77 +64	+75 +75	+101 +88
>30~40	+18	+27	+25	+34	+28	+33	+42	+51	+50	+59	+54	+59	+64 +48	+73 +48	+76 +60	+84 +68	+96 +80	+110 +94	+128 +112
>40~50	+2	+2	+9	+9	+17	+17	+26	+26	+34	+34	+43	+43	+70 +54	+79 +54	+86 +70	+97 +81	+113 +97	+130 +114	+152 +136
>50~65	+21	+32	+30	+41	+33	+39	+51	+62	+60 +41	+70 +41	+66 +53	+72 +53	+85 +66	+96 +66	+106 +87	+121 +102	+141 +122	+163 +144	+191 +172
>65~80	+2	+2	+11	+11	+20	+20	+32	+32	+62 +43	+72 +43	+72 +59	+78 +59	+94 +75	+105 +75	+121 +102	+139 +120	+165 +146	+193 +174	+229 +210
>80~100	+25	+38	+35	+48	+38	+45	+59	+72	+73 +51	+86 +51	+86 +71	+93 +71	+113 +91	+126 +91	+146 +124	+168 +146	+200 +178	+236 +214	+280 +258
>100~120	+3	+3	+13	+13	+23	+23	+37	+37	+76 +54	+89 +54	+94 +79	+101 +79	+126 +104	+139 +104	+166 +144	+194 +172	+232 +210	+276 +254	+332 +310
>120~140	+28	+43	+40	+55	+45	+52	+68	+83	+88 +63	+103 +63	+110 +92	+117 +92	+147 +122	+162 +122	+195 +170	+227 +202	+273 +248	+325 +300	+390 +365
>140~160									+90 +65	+105 +65	+118 +100	+125 +100	+159 +134	+174 +134	+215 +190	+253 +228	+305 +280	+365 +340	+410 +415
>160~180	+3	+3	+15	+15	+27	+27	+43	+43	+93 +68	+108 +68	+126 +108	+133 +108	+171 +146	+186 +146	+235 +210	+277 +252	+335 +310	+405 +380	+490 +465

附表 25　轴的基本下偏差数值(GB/T 1800.3)

所有标准公差等级													
m	n	p	r	s	t	u	v	x	y	z	za	zb	zc
+2	+4	+6	+10	+14		+18		+20		+26	+32	+40	+60
+4	+8	+12	+15	+19		+23		+28		+35	+42	+50	+80
+6	+10	+15	+19	+23		+28		+34		+42	+52	+67	+97
+7	+12	+18	+23	+28		+33		+40		+50	+64	+90	+130
							+39	+45		+60	+77	+108	+150
+8	+15	+22	+28	+35		+41	+47	+54	+63	+73	+98	+136	+188
					+41	+48	+55	+64	+75	+88	+118	+160	+218
+9	+17	+26	+34	+43	+48	+60	+68	+80	+94	+112	+148	+200	+274
					+54	+70	+81	+97	+114	+136	+180	+242	+325
+11	+20	+32	+41	+53	+66	+87	+102	+122	+144	+172	+226	+300	+405
			+43	+59	+75	+102	+120	+146	+174	+210	+274	+360	+480
+13	+23	+37	+51	+71	+91	+124	+146	+178	+214	+258	+335	+445	+585
			+54	+79	+104	+144	+172	+210	+254	+310	+400	+525	+600
+15	+27	+43	+63	+92	+122	+180	+202	+248	+300	+365	+470	+620	+800
			+65	+100	+134	+190	+228	+280	+340	+415	+535	+700	+900
			+68	+108	+146	+210	+252	+310	+380	+465	+600	+780	+1000
+17	+31	+50	+77	+122	+166	+236	+284	+350	+425	+520	+670	+880	+1150
			+81	+130	+180	+258	+310	+385	+470	+575	+740	+960	+1250
			+84	+140	+196	+284	+340	+425	+520	+640	+820	+1050	+1350
+20	+34	+56	+94	+158	+218	+315	+385	+475	+580	+710	+920	+1200	+1550
			+98	+170	+240	+350	+425	+525	+650	+790	+1000	+1300	+1700
+21	+37	+62	+108	+190	+268	+390	+475	+590	+730	+900	+1150	+1500	+1900
			+114	+208	+294	+435	+530	+660	+820	+1000	+1300	+1650	+2100
+23	+40	+68	+126	+232	+330	+490	+595	+740	+920	+1100	+1450	+1850	+2400
			+132	+252	+360	+540	+660	+820	+1000	+1250	+1600	+2100	+2600
+26	+44	+78	+150	+280	+400	+600							
			+155	+310	+450	+660							
+30	+50	+88	+175	+340	+500	+740							
			+185	+380	+560	+840							
+34	+56	+100	+210	+430	+620	+940							
			+220	+470	+680	+1050							
+40	+66	+120	+250	+520	+780	+1150							
			+260	+580	+840	+1300							
+48	+78	+140	+300	+640	+850	+1450							
			+330	+720	+1050	+1600							
+85	+92	+170	+370	+820	+1200	+1850							
			+400	+920	+1350	+2000							
+68	+110	+195	+440	+1000	+1500	+2300							
			+460	+1100	+1650	+2500							
+76	+135	+240	+550	+1250	+1900	+2900							
			+850	+1400	+2100	+3200							

附表 26　孔的极限偏差(摘自 GB/T 1800.2—2020)　　　　(单位:μm)

代号	C	D		E		F		G		H						
公称尺寸(mm)	等级															
	11	9	10	8	9	8	9	6	7	6	7	8	9	10	11	12
>10~14 >14~18	+205 +95	+93 +50	+120 +50	+59 +32	+75 +32	+43 +16	+59 +16	+17 +6	+24 +6	+11 0	+18 0	+27 0	+43 0	+70 0	+110 0	+180 0
>18~24 >24~30	+240 +110	+117 +65	+149 +65	+73 +40	+92 +40	+53 +20	+72 +20	+20 +7	+28 +7	+13 0	+21 0	+33 0	+52 0	+84 0	+130 0	+210 0
>30~40	+280 +120	+142 +80	+180 +80	+89 +50	+112 +50	+64 +25	+87 +25	+25 +9	+34 +9	+16 0	+25 0	+39 0	+62 0	+100 0	+160 0	+250 0
>40~50	+290 +130															
>50~65	+330 +140	+174 +100	+220 +100	+106 +60	+134 +60	+76 +30	+104 +30	+29 +10	+40 +10	+19 0	+30 0	+46 0	+74 0	+120 0	+190 0	+300 0
>65~80	+340 +150															
>80~100	+390 +170	+207 +120	+260 +120	+125 +72	+159 +72	+90 +36	+123 +36	+34 +12	+47 +12	+22 0	+35 0	+54 0	+87 0	+140 0	+220 0	+350 0
>100~120	+400 +180															
>120~140	+450 +200	+245 +145	+305 +145	+148 +85	+185 +85	+106 +43	+143 +43	+39 +14	+54 +14	+25 0	+40 0	+63 0	+100 0	+160 0	+250 0	+400 0
>140~160	+460 +210															
>160~180	+480 +230															

代号	JS		K		M		N		P		R		S		T		U
公称尺寸(mm)	等级																
	7	8	6	7	7	8	6	7	6	7	6	7	6	7	6	7	6
>10~14 >14~18	±9	±13	+2 −9	+6 −12	0 −18	+2 −25	−9 −20	−5 −23	−15 −26	−11 −29	−20 −31	−16 −34	−25 −36	−21 −39	—	—	−30 −41
>18~24	±10	±16	+2 −11	+6 −15	0 −21	+4 −29	−11 −24	−7 −28	−18 −31	−14 −35	−24 −37	−20 −41	−31 −44	−27 −48	—	—	−37 −50
>24~30															−37 −50	−33 −54	−44 −57
>30~40	±12	±19	+3 −13	+7 −18	0 −25	+5 −34	−12 −28	−8 −33	−21 −37	−17 −42	−29 −45	−25 −50	−38 −54	−34 −59	−43 −59	−39 −64	−55 −71
>40~50															−49 −65	−45 −70	−65 −81
>50~65	±15	±23	+4 −15	+9 −21	0 −30	+5 −41	−14 −33	−9 −39	−26 −45	−21 −51	−35 −54	−30 −60	−47 −66	−42 −72	−60 −79	−55 −85	−81 100
>65~80											−37 −56	−32 −62	−53 −72	−48 −78	−69 −88	−64 −94	−96 −115
>80~100	±17	±27	+4 −18	+10 −25	0 −35	+6 −48	−16 −38	−10 −45	−30 −52	−24 −59	−44 −66	−38 −73	−64 −86	−58 −93	−84 −106	−78 −113	−117 −139
>100~120											−47 −69	−41 −76	−72 −94	−66 −101	−97 −119	−91 −126	−137 −159
>120~140	±20	±31	+4 −21	+12 −28	0 −40	+8 −55	−20 −45	−12 −52	−36 −61	−28 −68	−56 −81	−48 −88	−85 −110	−77 −117	−115 −140	−107 −147	−163 −188
>140~160											−58 −83	−50 −90	−93 −118	−85 −125	−127 −152	−119 −159	−183 −208
>160~180											−61 −86	−53 −93	−101 −126	−93 −133	−139 −164	−131 −171	−203 −228

附表 27　孔的基本上偏差数值(GB/T 1800.3)　　(单位:μm)

基本偏差数值													Δ值					
上偏差 ES																		
≤IT7	标准公差等级大于 IT7												标准公差等级					
P至ZC	P	R	S	T	U	V	X	Y	Z	ZA	ZB	ZC	IT	IT4	IT5	IT6	IT7	IT8
	-6	-10	-14		-18		-20		-26	-32	-40	-60	0	0	0	0	0	0
	-12	-15	-19		-23		-28		-35	-42	-50	-80	1	1.5	1	3	4	6
	-15	-19	-23		-28		-34		-42	-52	-67	+97	1	1.5	2	3	6	7
	-18	-23	-28		-33		-40		-50	-64	-90	-130	1	2	3	3	7	9
						-39	-45		-60	-77	-105	-150						
	-22	-28	-35		-41	-47	-54	-63	-73	-98	-136	-188	1.5	2	3	4	8	12
				-41	-48	-55	-64	-75	-88	-118	-160	-218						
	-26	-34	-43	-48	-60	-68	-80	-94	-112	-148	-200	-274	1.5	3	4	5	9	14
				-54	-70	-81	-97	-114	-136	-180	-242	-325						
	-32	-41	-53	-66	-87	-102	-122	-144	-172	-226	-300	-405	2	3	5	6	11	16
		-43	-59	-75	-102	-120	-146	-174	-210	-274	-360	-480						
	-37	-51	-71	-91	-124	-146	-178	-214	-258	-335	-445	-585	2	4	5	7	13	19
		-54	-79	-104	-144	-472	-210	-254	-310	-400	-525	-690						
	-43	-63	-92	-122	-170	-202	-248	-300	-365	-470	-620	-800	3	4	6	7	15	23
		-65	-100	-134	-190	-228	-280	-340	-415	-535	-700	-900						
		-68	-108	-146	-210	-252	-310	-380	-465	-600	-780	-1000						
	-50	-77	-122	-166	-236	-284	-350	-425	-520	-670	-880	-1150	3	4	6	9	17	26
		-80	-130	-180	-258	-310	-385	-470	-575	-740	-960	-1250						
		-84	-140	-196	-284	-340	-425	-520	-640	-820	-1050	-1350						
	-56	-94	-158	-218	-315	-385	-475	-580	-710	-920	-1200	-1550	4	4	7	9	20	29
		-98	-170	-240	-350	-425	-515	-650	-790	-1000	-1300	-1700						
	-62	-108	-190	-268	-390	-475	-590	-730	-900	-1150	-1500	-1900	4	5	7	11	21	32
		-114	-208	-294	-435	-530	-660	-820	-1000	-1300	-1650	-2100						
	-68	-126	-232	-330	-490	-595	-740	-920	-1450	-1100	-1850	-2400	5	5	7	13	23	34
		-132	-252	-360	-540	-660	-820	-1000	-1250	-1600	-2100	-2600						
	-78	-150	-280	-400	-600													
		-155	-310	-450	-660													
	-88	-175	-340	-500	-740													
		-185	-380	-560	-840													
	-100	-210	-430	-620	-940													
		-223	-470	-680	-1050													
	-120	-250	-520	-780	-1150													
		-260	-580	-810	-1300													
	-140	-300	-640	-960	-1450													
		-330	-720	-1050	-1600													
	-170	-370	-820	-1200	-1850													
		-400	-920	-1350	-2000													
	-195	-440	-1000	-1500	-2300													
		-460	-1100	-1650	-2500													
	-240	-550	1250	-1900	-2900													
		-580	-1400	-2100	-3200													

附表 28　基孔制优先、常用配合(摘自 GB/T 1801—2009)

基准孔	轴																				
	a	b	c	d	e	f	g	h	js	k	m	n	p	r	s	t	u	v	x	y	z
	间隙配合								过渡配合				过盈配合								
H6						H6/f5	H6/g5	H6/h5	H6/js5	H6/k5	H6/m5	H6/n5	H6/p5	H6/r5	H6/s5	H6/t5					
H7						H7/f6	▼H7/g6	▼H7/h6	H7/js6	▼H7/k6	H7/m6	▼H7/n6	▼H7/p6	H7/r6	▼H7/s6	H7/t6	▼H7/u6	H7/v6	H7/x6	H7/y6	H7/z6
H8					H8/e7	▼H8/f7	H8/g7	▼H8/h7	H8/js7	H8/k7	H8/m7	H8/n7	H8/p7	H8/r7	H8/s7	H8/t7	H8/u7				
				H8/d8	H8/e8	H8/f8		H8/h8													
H9			H9/c9	▼H9/d9	H9/e9	H9/f9		▼H9/h9													
H10			H10/c10	H10/d10				H10/h10													
H11	H11/a11	H11/b11	▼H11/c11	H11/d11				▼H11/h11													
H12		H12/b12						H12/h12													

注:1.标注▼的配合为优先配合。

2.$\frac{H6}{n5}$、$\frac{H7}{p6}$在基本尺寸小于或等于 3 mm 和$\frac{H8}{r7}$在小于或等于 100 mm 时,为过渡配合。

附表 29　基轴制优先、常用配合(摘自 GB/T 1801—2009)

基准孔	孔																				
	A	B	C	D	E	F	G	H	JS	K	M	N	P	R	S	T	U	V	X	Y	Z
	间隙配合								过渡配合				过盈配合								
h5						F6/h5	G6/h5	H6/h5	JS6/h5	K6/h5	M6/h5	N6/h5	P6/h5	R6/h5	S6/h5	T6/h5					
h6						F7/h6	▼G7/h6	▼H7/h6	JS7/h6	▼K7/h6	M7/h6	▼N7/h6	▼P7/h6	R7/h6	▼S7/h6	T7/h6	▼U7/h6				
h7					E8/h7	▼F8/h7		▼H8/h7	JS8/h7	K8/h7	M8/h7	N8/h7									
h8				D8/h8	E8/h8	F8/h8		H8/h8													
h9				▼D9/h9	E9/h9	F9/h9		▼H9/h9													
h10				D10/h10				H10/h10													
h11	A11/h11	B11/h11	▼C11/h11	D11/h11				▼H11/h11													
h12		B12/h12						H12/h12													

注:标注▼的配合为优先配合。

附表 30 配合轴的极限偏差(GB/T 1801) （单位:μm）

k		m		n		p		r		s		t		u	v	x	y	z
等级																		
6	7	6	7	5	6	6	7	6	7	5	6	6	7	6	6	6	6	6
+6 0	+10 0	+8 +0	+12 +2	+8 +4	+10 +4	+12 +6	+16 +6	+16 +10	+20 +10	+15 +14	+20 +14	—	—	+24 +18	—	+26 +20	—	+32 +26
+9 +1	+13 +1	+12 +4	+16 +4	+13 +8	+16 +8	+20 +12	+26 +12	+23 05	+27 +15	+24 +19	+27 +19	—	—	+31 +23	—	+36 +28	—	+43 +35
+10 +1	+16 +1	+15 +6	+21 +6	+16 +10	+19 +10	+24 +15	+30 +15	+28 +19	+34 +19	+29 +23	+32 +23	—	—	+37 +28	—	+43 +34	—	+51 +42
+12 +1	+19 +1	+18 +7	+25 +7	+20 +12	+23 +12	+29 +18	+36 +18	+34 +23	+41 +23	+36 +28	+39 +28	—	—	+44 +33	—	+51 +40	—	+61 +50
															+50 +39	+56 +45	—	+71 +60
+15 +2	+23 +2	+21 +8	+29 +5	+24 +15	+28 +15	+35 +22	+43 +22	+41 +28	+49 +28	+44 +34	+48 +35	—	—	+54 +41	+60 +47	+67 +54	+76 +63	+86 +73
												+54 +41	+62 +41	+61 +48	+68 65	677 +64	+88 +75	+101 +88
+18 +2	+27 +2	+25 +9	+34 +9	+28 +17	+33 +17	+43 +26	+51 +26	+50 +34	+59 +34	+54 +43	+59 +43	+64 +48	+73 +48	+76 +60	+84 +68	+96 +80	+110 +94	+127 +112
												+71 +54	+79 +54	+86 +70	+97 +81	+113 +97	+130 +114	+152 +136
+21 +2	+32 +2	+30 +11	+41 +11	+33 +20	+38 +20	+51 +32	+62 +32	+60 +41	+71 +41	+66 +53	+72 +53	+85 +55	+96 +66	+106 +87	+121 102	+141 +122	+163 +144	+191 +172
								+62 +43	+73 +43	+72 +59	+78 +59	+94 +75	+105 +75	+121 +102	+136 +120	+165 +146	+193 +174	+229 −210
+25 +3	+38 +3	+35 +13	+48 +13	+38 +23	+45 +23	+59 +37	+72 +37	+73 +51	+86 +51	+86 +71	+93 +71	+113 +94	+126 +91	+146 +124	+168 +146	+200 +178	+236 +214	+280 +258
								+75 +54	+89 +54	+94 +79	+101 +79	+126 +104	+138 +104	+166 +144	+194 +172	+232 +210	+276 +254	+332 +310
+28 +3	+43 +3	+40 +15	+55 +15	+45 +27	+52 +27	+68 +43	+83 +43	+88 +63	+103 +63	+110 +92	+117 +92	+147 +122	+162 +122	+195 +170	+227 +202	+237 +248	+325 +30	+390 +364
								+90 +65	+135 +65	+118 +100	+125 +100	+159 +134	+174 +134	+215 +190	+253 +228	+315 +280	+365 +340	+440 +415
								+93 +68	+108 +68	+126 +108	+133 +108	+171 +146	+186 +146	+235 +210	+277 +252	+335 +310	+405 +380	+490 +465
+33 +4	+50 +4	+46 +17	+63 +17	+51 +31	+60 +31	+79 +50	+96 +50	+106 +77	+123 +77	+142 +122	+151 +122	+195 +166	+212 +166	+265 +236	+313 +284	+379 +350	+454 +425	+549 +520
								+109 +80	+126 +80	+150 +130	+159 +130	+209 +180	+226 +180	+287 +258	+339 +310	+414 +385	+699 +470	+604 +575
								+113 +84	+130 +84	+160 +140	+169 +140	+225 +196	+242 +196	+313 +284	+369 +340	+454 +425	+549 +520	+669 +640

续表

k		m		n		p		r		s		t		u	v	x	y	z
等级																		
6	7	6	7	5	6	6	7	6	7	5	6	6	7	6	6	6	6	6
								+126	+136	+181	+190	+250	+270	+347	+417	+507	+612	+742
+36	+56	+52	+72	+57	+66	+88	+108	+94	+94	+158	+158	+218	+218	+315	+385	+475	+580	+710
+4	+4	+20	+20	+34	+34	+56	+56	+130	+150	+193	+212	+272	+292	+382	+457	+557	+682	+822
								+98	+98	+170	+170	+240	+240	+350	+425	+525	+650	+790
								+144	+165	+215	+226	+304	+325	+426	+511	+626	+766	+936
+40	+61	+57	+78	+62	+73	+98	+119	+108	+108	+190	+190	+268	+268	+390	+475	+590	+730	+900
+4	+4	+21	+21	+37	+37	+62	+62	+150	+171	+233	+244	+330	+351	+471	+566	+696	+856	+1036
								+114	+114	+208	+208	+294	+294	+435	+630	+660	+820	+1000
								+166	+189	+259	+272	+370	+393	+530	+635	+780	+960	+1140
+45	+68	+63	+86	+67	+80	+108	+131	+126	+126	+232	+232	+330	+330	+490	+595	+740	+920	+1100
+5	+5	+23	+23	+40	+40	+68	+68	+172	+195	+279	+292	+400	+423	+580	+700	+860	+1040	+1290
								+132	+132	+252	+252	+360	+360	+540	+660	+820	+1000	+1250

附表 31　基本尺寸至 500 mm 优先常用

代号	C	D		E		F		G		H					
基本尺寸(mm)	等级														
	11	9	10	8	9	8	9	6	7	6	7	8	9	10	11	12
≤3	+120 +60	+45 +20	+60 +20	+28 +14	+39 +14	+20 +6	+30 +6	+8 +2	+12 +2	+6 +0	+10 0	+14 0	+25 0	+40 0	+60 0	+400 0
3～6	+145 +70	+60 +30	+78 +30	+38 +20	+50 +20	+28 +10	+40 +10	+12 +4	+16 +4	+8 0	+12 0	+18 0	+30 0	+48 0	+75 0	+120 0
>6～10	+170 +80	+76 +40	+98 +40	+47 +25	+61 +25	+35 +13	+49 +13	+14 +5	+20 +5	+9 0	+15 0	+22 0	+36 0	+58 0	+91 0	+150 0
>10～14 >14～18	+205 +95	+93 +50	+120 +50	+59 +32	+75 +32	+43 +16	+59 +16	+17 +6	+24 +6	+11 0	+18 0	+27 0	+43 0	+70 0	+110 0	+180 0
>18～24 >24～30	+240 +110	+117 +65	+149 +65	+73 +40	+92 +40	+53 +20	+72 +20	+20 +7	+28 +7	+13 0	+21 0	+33 0	+52 0	+84 0	+130 0	+210 0
>30～40	+280 +120	+142 +80	+180 +80	+89 +50	+112 +50	+64 +25	+87 +25	+25 +9	+34 +9	+16 0	+25 0	+39 0	+62 0	+100 0	+160 0	+250 0
>40～50	+290 +130															
>50～65	+330 +140	+174 +100	+220 +100	+106 +60	+134 +60	+76 +30	+104 +30	+29 +10	+40 +10	+19 0	+30 0	+46 0	+74 0	+120 0	+190 0	+300 0
>65～80	+340 +150															
>80～100	+390 +170	+207 +120	+260 +12	+126 +72	+159 +72	+90 +36	+123 +36	+34 +12	+47 +12	+22 0	+35 0	+54 0	+87 0	+140 0	+220 0	+350 0
>100～120	+400 +180															

续表

代号	C	D		E		F		G		H					
基本尺	等级														
寸(mm)	11	9	10	8	9	8	9	6	7	6	7	8	9	10	11	12
>120~140	+450 +200															
>140~160	+460 +210	+245 +145	+305 +145	+148 +85	+185 +85	+106 +43	+143 +43	+28 +14	+54 +14	+25 0	+40 0	+63 0	+100 0	+160 0	+250 0	+400 0
>160~180	+480 +230															
>180~200	+530 +240															
>200~225	+550 +260	+285 +170	+355 +170	+172 +100	+215 +100	+122 +50	+165 +50	+44 +15	+61 +15	+29 0	+46 0	+72 0	+115 0	+185 0	+290 0	+460 0
>225~250	+570 +280															
>250~280	+620 +300	+320 +190	+400 +190	+191 +110	+240 +110	+137 +56	+186 +56	+49 +17	+69 +17	+32 0	+52 0	+81 0	+130 0	+210 0	+320 0	+520 0
>250~315	+650 +330															
>315~355	+720 +360	+350 +210	+440 +210	+214 +125	+265 +125	+151 +62	+212 +62	+54 +18	+36 0	+36 0	+57 0	+89 0	+140 0	+230 0	+360 0	+570 0
>355~400	+760 +400															
>400~450	+840 +440	+385 +230	+480 +230	+232 +135	+290 +135	+165 +68	+233 +68	+60 +20	+83 +20	+40 0	+63 0	+97 0	+155 0	+250 0	+400 0	+630 0
>450~500	+880 +480															

附表 32 配合孔的极限偏差(GB/T 1801) (单位:μm)

JS		K		M		N		P		R		S		T		U
等级																
7	8	6	7	7	8	6	7	6	7	6	7	6	7	6	7	6
±5	±7	0 −6	0 −10	−2 −12	−2 −16	−4 −10	−4 −14	−6 −12	−6 −16	−10 −16	−10 −20	−14 −20	−14 −24	—	—	−18 −24
±6	±9	+2 −6	+3 −9	0 −12	+2 −16	−5 −13	−4 −16	−9 −17	−8 −21	−12 −20	−11 −23	−16 −24	−15 −27	—	—	−20 −28
±7	±11	+2 −7	+5 −10	0 −15	+1 −21	−7 −16	−4 −16	−12 −21	−9 −24	−16 −25	−13 −28	−20 −29	−17 −32	—	—	−25 −34
±9	±13	+2 −9	+6 −12	0 −18	+2 −25	−9 −20	−5 −23	−15 −26	−11 −29	−20 −31	−16 −34	−25 −36	−21 −39	—	—	−30 −41
±10	±16	+2 −11	+6 −15	0 −21	+4 −29	−11 −24	−7 −28	−18 −31	−14 −35	−24 −37	−20 −41	−31 −44	−27 −48	—	—	−37 −50
														−37 −50	−33 −54	−44 −57

续表

JS		K		M		N		P		R		S		T		U
等级																
7	8	6	7	7	8	6	7	6	7	6	7	6	7	6	7	6
±12	±19	+3 −13	+7 −18	0 −25	+5 −34	−12 −28	−8 −33	−21 −37	−17 −42	−29 −45	−25 −50	−38 −54	−34 −59	−43 −59	−39 −64	−55 −71
														−49 −65	−45 −70	−65 −81
±15	±23	+4 −15	+9 −21	0 −30	+5 −41	−14 −33	−9 −39	−26 −45	−21 −51	−35 −54	−30 −60	−47 −66	−42 −72	−60 −79	−55 −85	−81 −100
										−37 −56	−32 −62	−53 −72	−48 −78	−69 −88	−64 −94	−96 −115
±17	±27	+4 −18	+10 −25	0 −35	+6 −48	−16 −38	−10 −45	−30 −52	−24 −59	−44 −66	−38 −73	−64 −86	−58 −93	−84 −106	−78 −113	−117 −139
										−47 −69	−41 −76	−72 −94	−66 −101	−97 −119	−91 −126	−137 −159
±20	±31	+4 −21	+12 −28	0 −40	+8 −55	−20 −45	−12 −52	−36 −61	−28 −68	−56 −81	−48 −88	−85 −110	−77 −117	−115 −140	−107 −147	−163 −188
										−58 −83	−50 −90	−93 −118	−85 −125	−127 −152	−119 −159	−183 −208
										−61 −86	−53 −93	−101 −126	−93 −133	−139 −164	−131 −171	−203 −228
±23	±36	+5 −24	+13 −33	0 −46	+9 −63	−22 −51	−14 −60	−41 −70	−33 −79	−68 −97	−60 −106	−113 −142	−105 −151	−157 −186	−149 −195	−227 −256
										−71 −100	−63 −109	−121 −152	−113 −159	−171 −200	−163 −209	−249 −278
										−75 −104	−67 −113	−131 −163	−123 −169	−187 −216	−179 −225	−275 −304
±26	±40	+5 −27	+16 −36	0 −52	+9 −72	−25 −57	−14 −66	−47 −79	−36 −88	−85 −117	−74 −126	−149 −181	−138 −190	−209 −241	−198 −250	−306 −338
										−89 −121	−78 −130	−161 −193	−150 −212	−231 −263	−230 −272	−341 −373
±28	±44	+7 −29	+17 −40	0 −57	+11 −78	−26 −62	−16 −73	−51 −87	−41 −98	−97 −133	−87 −144	−179 −215	−169 −226	−257 −293	−247 −304	−379 −415
										−103 −139	−93 −150	−197 −233	−187 −244	−283 −319	−273 −330	−424 −461
±31	±48	+8 −32	+18 −45	0 −63	+11 −86	−27 −67	−17 −80	−55 −95	−45 −108	−113 −153	−103 −166	−219 −259	−209 −272	−317 −357	−307 −370	−477 −517
										−119 −159	−109 −172	−239 −279	−229 −292	−347 −387	−337 −400	−527 −567